[荷]
保罗·A.M. 范兰格
Paul A.M. Van Lange

[美]
阿里·W. 克鲁格兰斯基
Arie W. Kruglanski

[美]
E. 托里·希金斯
E. Tory Higgins

编

蒋奖 王芳

等译

社会心理学经典理论手册

| 第 2 卷 |
动机和情绪

Handbook of
Theories of
Social Psychology
Volume1

机械工业出版社
CHINA MACHINE PRESS

Paul A.M. Van Lange, Arie W. Kruglanski, E. Tory Higgins. Handbook of Theories of Social Psychology, Volume 1.

Copyright © 2012 by SAGE Publications, Ltd. Introduction and Editorial arrangement © 2012 by Paul A.M. Van Lange, Arie W. Kruglanski, E. Tory Higgins.

Simplified Chinese Translation Copyright © 2025 by China Machine Press. This edition is authorized for sale in the Chinese mainland (excluding Hong Kong SAR, Macao SAR and Taiwan).

No part of this book may be reproduced or transmitted in any form or by any means, electronic or mechanical, including photocopying, recording or any information storage and retrieval system, without permission, in writing, from the publisher.

All rights reserved.

本书中文简体字版由 SAGE Publications, Ltd. 授权机械工业出版社在中国大陆地区（不包括香港、澳门特别行政区及台湾地区）独家出版发行。未经出版者书面许可，不得以任何方式抄袭、复制或节录本书中的任何部分。

北京市版权局著作权合同登记　图字：01-2023-4926 号。

图书在版编目（CIP）数据

社会心理学经典理论手册. 第 2 卷，动机和情绪 /（荷）保罗·A.M. 范兰格（Paul A.M. Van Lange），（美）阿里·W. 克鲁格兰斯基（Arie W. Kruglanski），（美）E. 托里·希金斯（E. Tory Higgins）编；蒋奖等译. 北京：机械工业出版社，2025. 1. -- ISBN 978-7-111-77163-0

I. C912.6-62

中国国家版本馆 CIP 数据核字第 202561ZV95 号

机械工业出版社（北京市百万庄大街 22 号　邮政编码 100037）
策划编辑：向睿洋　　　　　　　　责任编辑：向睿洋　曹　颖
责任校对：赵玉鑫　张雨霏　景　飞　责任印制：常天培
北京联兴盛业印刷股份有限公司印刷
2025 年 8 月第 1 版第 1 次印刷
185mm×260mm・17.5 印张・411 千字
标准书号：ISBN 978-7-111-77163-0
定价：95.00 元

电话服务	网络服务	
客服电话：010-88361066	机 工 官 网：	www.cmpbook.com
010-88379833	机 工 官 博：	weibo.com/cmp1952
010-68326294	金 书 网：	www.golden-book.com
封底无防伪标均为盗版	机工教育服务网：	www.cmpedu.com

前　言

　　世界的运转离不开思想，尤其是好的思想，且尤其是在科学领域。事实上，科学就是思想及其在实证研究中的应用。社会心理学也是如此。毋庸置疑，科学思想的典型载体是理论。正是这些理论让我们可以触及现象背后的本质，并追寻它们在无数具体情境中的意义。正是这些理论将看似不相干的事情串在一起，并把它们纳入到由共同原理指导的关联系统中。正如勒温所言，好的理论不仅实用，还对科学事业有着举足轻重的作用。因此，社会心理学研究从一开始就在各种理论的指导下展开，也就不足为奇了。随着时间的推移，富有创造力的思想家们为这个领域增添了许多理论框架。迄今为止，社会心理学的许多领域都产出了丰富的理论。有些社会心理学理论已经存在了很长一段时间，而另一些则只存在了十多年。有些理论已经过检验、修订和扩展，而另一些则基本保持原样，并继续以其中恒久的洞见启迪着研究工作。有趣的是，有些理论渐渐演变成了其他理论，而另一些则仍然忠实于最初的版本。有些理论已经得到完美的阐释，而另一些理论的轮廓还模糊不清，需要继续建构，正可谓璞玉尚待雕琢。在本手册[一]中，我们感兴趣于上述所有理论，不仅因为它们展现了社会心理学理论的全貌，还因为我们认为，理论创立者与读者分享理论建构、发展和培育过程是至关重要的，这些过程对科学起着非常关键的作用。我们的理由如下。

　　在我们的研究领域里，理论的推导过程和建构技巧一直笼罩着一层神秘的外衣。社会心理学研究生课程中很少讲授这些内容，青年研究人员也不认为这是一项必备技能。本手册的主要目的是揭开理论建构的神秘面纱，展示出其隐藏的复杂内在结构。确实，作者们所撰写的章节揭示了个人境遇中的

[一] 指《社会心理学经典理论手册》4卷本。——编辑注

偶然性如何决定一个人建构理论的历程；理论的发展往往需要坚韧、毅力、坚忍，还要付出"血汗和泪水"。本手册的另一个目的是说明理论建构对科学发展的不可或缺性，以及对执着建构和检验自己理论的人的重要性和它带来的喜悦之情。

基于我们自己的早期研究工作，我们认为理论应遵循真实性、抽象性、进步性和适用性法则，在本手册的导论中我们阐述了这一理念。这一理念是课题"社会心理学：联结社会中的理论和应用"（NWO 资助，编号 400-07-710）的基础，该课题受到荷兰科学研究机构的资助，这使得第一位主编有充足的时间投入到本手册的编撰工作中来。由于工作量巨大，以及对理论的共同兴趣，他邀请第二和第三位主编加入进来，他们都热情地答应了。经过初步讨论，我们一致认为，本手册应当担负起一个独特的使命，即由内而外地阐释理论建构。因此，我们给撰稿人提出了明确而精准的要求。我们要求各章作者不仅要概述他们提出的理论或模型，还要涉及以下三个基本方面：① 理论家本人叙述理论起源和发展的个性化历史；② 理论在特定领域知识结构中的位置（即该理论对所属领域思想史所做的贡献）；③ 理论与现实问题的关联性（即该理论对解决现实问题的潜在贡献）。不可避免的是，本手册中各章的重点和对上述各个方面的侧重不尽相同。但总体而言，这三个方面在各章中都得到了充分体现。最重要的是，这些章节讲述了一个个引人入胜的故事，记录了理论建构给理论家带来的挑战、困境和喜悦，以及理论建构给我们学科做出的贡献——带来了丰富的概念。

本手册主编

4卷本概览[一]

第1卷 · 生物、进化和认知

- 第1章　进化理论与人类社会行为
- 第2章　照料与结盟理论
- 第3章　评估空间模型
- 第4章　可提取性理论
- 第5章　冲动和沉思理论
- 第6章　建构水平理论
- 第7章　动机的归因理论
- 第8章　社会信息加工理论
- 第9章　平衡–逻辑理论
- 第10章　朴素认识理论
- 第11章　精细加工可能性模型
- 第12章　启发式–系统式信息加工理论
- 第13章　连续体模型和刻板印象内容模型
- 第14章　感受即信息理论
- 第15章　语言范畴模型
- 第16章　行为认同理论
- 第17章　社会认知理论

第2卷 · 动机和情绪

- 第1章　认知失调理论
- 第2章　恐惧管理理论
- 第3章　自我决定理论
- 第4章　计划行为理论

[一] 中文版的第1、2卷大致对应英文版的 Volume 1，第3、4卷大致对应英文版的 Volume 2。——编辑注

第 5 章　社会比较理论
第 6 章　调节定向理论
第 7 章　行为的自我调节模型
第 8 章　心理定势行动阶段理论
第 9 章　自我控制理论
第 10 章　自我验证理论
第 11 章　内隐理论
第 12 章　不确定性 – 认同理论
第 13 章　最优区分理论：历史及其发展
第 14 章　攻击行为的认知 – 新联想理论

第 3 卷 · 人际

第 1 章　归属需求理论
第 2 章　社会计量器理论
第 3 章　依恋理论
第 4 章　共享现实理论
第 5 章　亲密关系中的平等理论
第 6 章　承诺过程的投资模型
第 7 章　共享和交换关系理论
第 8 章　互依理论

第 4 卷 · 群体和文化

第 1 章　合作 – 竞争理论及其拓展
第 2 章　规范焦点理论
第 3 章　系统合理化理论
第 4 章　公平理论
第 5 章　少数派影响理论
第 6 章　社会认同理论
第 7 章　自我归类理论
第 8 章　社会支配理论
第 9 章　共同内群体认同模型
第 10 章　社会角色理论
第 11 章　社会表征理论
第 12 章　个体主义 – 集体主义理论

撰稿人简介
（第2卷）

伊塞克·艾奇森（Icek Ajzen）是美国马萨诸塞大学阿默斯特分校的社会心理学教授。他在伊利诺伊大学获得博士学位，曾担任特拉维夫大学和耶路撒冷希伯来大学的客座教授。艾奇森博士的研究兴趣是态度－行为关系，他最广为人知的是他提出的计划行为理论，这是一个应用广泛的行为预测模型。他出版了多部著作，并在专业期刊上发表了众多学术文章，被美国科学信息研究所网络数据库（ISI Web of Knowledge）评为高被引学者。他的著作包括《态度、人格和行为》（Open University Press, 2005），以及与马丁·菲什拜因（Martin Fishbein）教授合著的《预测和改变行为：理性行为理论》（Psychology Press, 2010）。

杰米·阿恩特（Jamie Arndt）是密苏里大学心理学教授兼社会（人格）项目主任。他在亚利桑那大学获得博士学位。他的研究兴趣在于人类的动机性和存在性动力，以及这些动力如何与各种形式的社会和健康行为相互作用。这些兴趣促使他涉足自我、心理防御和无意识动机等研究主题。他将这些想法应用到与健康相关的行为上，得到了美国国家癌症研究所的资助。他在《心理学公报》《心理学评论》《心理科学》《实验心理学杂志：总论》《人格与社会心理学杂志》《健康心理学》《人格与社会心理学公报》和《实验社会心理学杂志》等多个期刊上发表过文章。

查尔斯·S. 卡弗（Charles S. Carver）是迈阿密大学的杰出心理学教授。他在人格、社会、健康和临床心理学等领域进行了广泛研究。研究主题包括行为自我调节、乐观主义、情感的起源和功能等基本概念。他还致力于一些应用性主题的研究，如抑郁症和躁狂症的易感性因素。他曾获得美国心理学会第38分会（健康心理学）和第8分会（人格与社会心理学）颁发的杰出专业贡献奖。他曾任《人格与社会心理学杂志》编辑和《心理学评论》副主编。他和长期合作者迈克尔·F. 沙伊尔合著了《行为的自我调节》（Cambridge University Press, 2001）和《人格理论》第7版（第6版，Allyn & Bacon, 2007）。他后期的研究重点是人格和精神病理学的遗传相关性。

乔尔·库珀（Joel Cooper）是普林斯顿大学心理学教授和心理学系前主任。他的研究集中在态度和态度改变方面，尤其着重于认知失调。库珀是《认知失调：经典理论50年》（Sage, 2007）一书的作者，《性别与计算机：理解数字鸿沟》（Lawrence Erlbaum, 2003）的合著者。他也是《世哲社会心理学手册》（Sage, 2003; 2007）的合编者。库珀曾任实验社会心理学会执行委员会主任和《实验社会心理学杂志》主编。

爱德华·L. 德西（Edward L. Deci）是罗切斯特大学的海伦·F. 和弗雷德·H. 高恩社会科学教授。他拥有卡内基梅隆大学心理学博士学位，曾就读于宾夕法尼亚大学、伦敦大学和汉密尔顿学院，并在斯坦福大学做过博士后。几十年来，他一直致力于人类动机的研究，其中大部分是与理查德·M. 瑞安合作进行的。德西出版了10本著作，包括与瑞安合著的《人类行为中的内在动机和自我决定》（Plenum Press，1985）。他受美国国立卫生研究院、国家科学基金会和教育科学研究所的资助，曾在五大洲的23个国家的大学、组织和政府机构进行演讲并提供咨询。

彼得·M. 戈尔维策（Peter M. Gollwitzer）在德国获得心理学学士和硕士学位，并在得克萨斯大学奥斯汀分校获得博士学位。他是德国慕尼黑马克斯·普朗克学会心理研究所"意向与行动"研究室的负责人。他一直是康斯坦茨大学（自1993年以来）和纽约大学（自1999年以来）的心理学教授。戈尔维策提出了多种行动控制模型：符号自我完成理论［与罗伯特·维克隆德（Robert A. Wicklund）合作］、心理定势行动阶段模型［与海因茨·黑克豪森（Heinz Heckhausen）合作］、自动化目标奋斗的自动动机模型［与约翰·巴奇（John A. Bargh）合作］，以及有意行动控制理论，该理论区分了执行意向和目标意向，并描述了"如果－那么"计划（即执行意向的形成）是如何自动控制行动的。戈尔维策和其他学者合编了《行动心理学：将认知和动机与行为相连》（与约翰·巴奇合编；Guilford Press，1996）和《牛津人类行动手册》［与伊奇基尔·莫尔塞拉（Ezequiel Morsella）和约翰·巴奇合编；Oxford University Press，2008］。

杰弗里·格林伯格（Jeffrey Greenberg）是亚利桑那大学的心理学教授。他发表了200多篇文章和书籍章节，主要关注理解自尊、偏见和群际冲突。他与谢尔登·所罗门（Sheldon Solomon）和汤姆·匹茨辛斯基（Tom Pyszczynski）合作，提出了一个广泛的理论框架——恐惧管理理论，探讨了存在性恐惧在人类行为的不同方面所起的作用。他获得了美国国家科学基金会和国家老龄化研究所的多项研究资助，并获得了国际自我与认同学会终身成就奖。他是两本书的合著者，其中包括《"9·11"事件后：恐惧心理学》（American Psychological Association，2003），以及两本书的合编者，其中包括《实验存在主义心理学手册》（Guilford Press，2004）。

E. 托里·希金斯（E. Tory Higgins）是哥伦比亚大学斯坦利·沙赫特心理学教授、商学院教授和动机科学中心主任，1973年在哥伦比亚大学获得博士学位。他曾获得美国国家精神卫生研究所颁发的优秀奖、托马斯·M. 奥斯特罗姆社会认知奖、人格与社会心理学会颁发的唐纳德·T. 坎贝尔社会心理学杰出贡献奖和国际自我与认同学会终身贡献奖。他还获得了实验社会心理学会的杰出科学家奖、美国心理科学协会（American Psychological Society，APS）的威廉·詹姆斯心理科学杰出成就奖和美国心理学会杰出科学贡献奖。他是美国人文与科学院院士，也是哥伦比亚大学杰出教学校长特别奖的获得者。

理查德·M. 瑞安（Richard M. Ryan）是罗切斯特大学心理学、精神病学和教育学教授，以及临床培训主任。他是一位在人类动机、人格和幸福感领域发表了大量文章的研究者和理论家，也是自我决定理论的提出者之一（另一位提出者是爱德华·L. 德西）。瑞安曾在全球 60 多所大学中进行演讲，是美国心理学会、美国教育研究会、美国人格与社会心理学会会员，也是德国心理学会的荣誉会员。他曾是《动机与情绪》杂志的主编，获得过詹姆斯·麦基恩·卡特尔奖，还曾是马克斯·普朗克人类发展研究所的客座科学家。

迈克尔·F. 沙伊尔（Michael F. Scheier）是卡内基梅隆大学的教授兼心理学系主任。他的研究涉及人格、社会和健康心理学的交叉领域。他的研究重点是特质性乐观对心理和身体健康的影响，以及面对逆境时目标调整对健康的益处。他是美国心理学会第 8 分会和第 38 分会以及行为医学会的成员。他获得过健康心理学杰出贡献奖和唐纳德·坎贝尔社会心理学终身杰出贡献奖（分别由美国心理学会第 38 分会和第 8 分会颁发）。他曾担任第 38 分会（健康心理学）提名和选举委员会主席、《健康心理学》杂志的副主编和主席。

杰里·苏尔斯（Jerry Suls）是艾奥瓦大学心理学教授。他的主要研究兴趣是社会比较、心理因素在身体健康方面的作用，以及有关社会规范的偏见，例如优于平均效应和虚假独特性偏差。他编写了《社会比较手册》（与拉德·惠勒合编；Springer，2000）和其他几卷著作。他曾任《人格与社会心理学公报》编辑与《社会与人格心理学指南》主编。

拉德·惠勒（Ladd Wheeler）曾是澳大利亚悉尼麦考瑞大学的教授。他曾长期在美国罗切斯特大学担任教职。他的主要研究兴趣是社会比较、行为传染、外表吸引力和社会互动。他是使用日记法（例如罗切斯特互动记录和社会比较记录）的先驱。他曾任人格与社会心理学会主席，是《人格与社会心理学评论》的创始编辑。

沃尔特·米歇尔（Walter Mischel）从 1983 年起在哥伦比亚大学担任罗伯特·约翰斯顿·尼文人文心理学教授，在此之前他在斯坦福大学担任了 21 年教授。他于 1956 年获得俄亥俄州立大学临床心理学博士学位。他的专著《人格与评估》（1968）挑战了心理学中的传统特质理论，引发了对人与情境互动的本质和影响的研究。他与绍田裕一（Yuichi Shoda）合作提出了认知－情感加工系统（1995），为分析心理情境互动中的个体差异提供了一个模型，该模型建立在证明了行为倾向的情境化表达的实证研究基础上。他对延迟满足能力的纵向发展研究和实验操纵研究确定了自我控制的基本认知和注意控制机制。他于 2004 年当选为美国国家科学院院士，1991 年当选为美国人文与科学院院士，曾任《心理学评论》主编。

小威廉·B. 斯旺（William B. Swann, Jr.）目前是得克萨斯大学奥斯汀分校的社会人格心理学教授，在心理系和商学院任职。他是明尼苏达大学的博士，主要研究身份与自我、身份协商、身份融合。他还当选为美国心理学会和美国心理科学协会的会员。他曾在普林斯顿大学及其行为科学高级研究中心任职，曾多次获得美国国家精神卫生研究所颁发的研究科学家发展奖。他的研究得到了美国国家科学基金会、美国国家精神卫生研究所和美国国家药物与酒精滥用研究所的资助。

卡罗尔·S. 德韦克（Carol S. Dweck）是斯坦福大学刘易斯和弗吉尼亚·伊顿心理学教授。她的研究考察了人们用来指导个人和人际行为的"理论"。她撰写了《自我理论》（Psychology Press，1999）和《终身成长》（Random House，2006），与人合编了《终身动机和自我调节》（Cambridge University Press，1998）和《能力与动机手册》（Guilford Press，2005）。她是美国人文与科学院及美国政治和社会科学院院士，曾获得唐纳德·坎贝尔社会心理学奖、安·布朗发展心理学奖、克林根斯坦奖和E. L. 桑代克教育学奖。她还利用自己的研究成果创建了一个旨在促进学业成就、自我调节和冲突解决的项目。

迈克尔·A. 豪格（Michael A. Hogg）是洛杉矶克莱蒙特研究生大学社会心理学教授。他获得了布里斯托尔大学的博士学位。他是众多学会的成员，包括美国心理科学协会、人格与社会心理学会，以及社会问题心理学研究协会。他是澳大利亚社会科学院院士，2010年获得了人格与社会心理学会颁发的卡罗尔和埃德·迪纳社会心理学奖。他与多米尼克·阿布拉姆斯（Dominic Abrams）共同创办了《群体过程和群际关系》期刊，并担任该刊编辑。他曾任《实验社会心理学杂志》副主编，他的文章集中在社会认同理论、群体过程和群际关系方面，出版了著作《领导力的社会认同理论》和《不确定性认同理论》。

玛丽莲·B. 布鲁尔（Marilynn B. Brewer）是俄亥俄州立大学心理学荣誉教授和澳大利亚悉尼新南威尔士大学心理学客座教授。她的主要研究领域是社会认同、集体决策和群际关系，撰写了大量关于这些研究主题的文章和著作。布鲁尔博士曾任美国心理科学协会主席，于2003年获得了实验社会心理学会杰出科学家奖。2004年，她当选美国人文与科学院院士，2007年获得美国心理学会颁发的杰出科学贡献奖。

伦纳德·伯科威茨（Leonard Berkowitz）曾是威斯康星大学麦迪逊分校心理系的韦勒斯荣誉教授。他于1951年获得密歇根大学心理学博士学位。他提出了攻击行为的认知－新联想模型，该模型有助于解释挫折－攻击假说无法解释的攻击行为。他的研究成果发表在《美国心理学家》(1990)、《心理学公报》(1984，1989)和《人格与社会心理学杂志》(1987)上。他还被授予美国心理学会心理学应用杰出科学奖、实验社会心理学会杰出科学家奖和美国心理科学协会詹姆斯·麦基恩·卡特尔奖。

目录

前言
4卷本概览
撰稿人简介（第2卷）

社会心理学理论：导论 / 1
保罗·A.M.范兰格　阿里·W.克鲁格兰斯基　E.托里·希金斯

第1章　认知失调理论 / 8
乔尔·库珀

第2章　恐惧管理理论 / 27
杰弗里·格林伯格　杰米·阿恩特

第3章　自我决定理论 / 44
爱德华·L.德西　理查德·M.瑞安

第4章　计划行为理论 / 64
伊塞克·艾奇森

第5章　社会比较理论 / 84
杰里·苏尔斯　拉德·惠勒

第6章　调节定向理论 / 105
E.托里·希金斯

第7章　行为的自我调节模型 / 125
查尔斯·S.卡弗　迈克尔·F.沙伊尔

第 8 章　心理定势行动阶段理论　/ 144
　　　彼得·M. 戈尔维策

第 9 章　自我控制理论　/ 162
　　　沃尔特·米歇尔

第 10 章　自我验证理论　/ 183
　　　小威廉·B. 斯旺

第 11 章　内隐理论　/ 201
　　　卡罗尔·S. 德韦克

第 12 章　不确定性 – 认同理论　/ 219
　　　迈克尔·A. 豪格

第 13 章　最优区分理论：历史及其发展　/ 238
　　　玛丽莲·B. 布鲁尔

第 14 章　攻击行为的认知 – 新联想理论　/ 253
　　　伦纳德·伯科威茨

社会心理学理论：导论

保罗·A.M.范兰格（Paul A.M. Van Lange） 阿里·W.克鲁格兰斯基（Arie W. Kruglanski）
E.托里·希金斯（E. Tory Higgins）

  理论的发展是科学的一个关键目标。理想情况下，理论帮助我们解释特定的事件和现象，并帮助我们透过现象看到本质。理论帮助我们在看似混乱的环境中找到有关联的结构，深入到以前未知的领域，从而用更有效的方式了解周围世界。因为理论阐明了能够产生明显效果的因果机制，所以它提供了干预现象和改变事件进程的方法。因此，理论具有重要的实践价值，是一种不可或缺的应用工具。

  本手册的主要内容是社会心理学理论。社会心理学被广泛定义为个体与其所处社会环境（即真实的、想象的或隐含的他人在场）之间的相互影响（Allport, 1954; Deutsch & Krauss, 1965: 1; Jones & Gerard, 1967: 1; Shaver, 1977: 4; Van Lange, 2006: 13）。与这一定义相一致，社会心理学涵盖了广泛的领域，涉及多种影响目标（包括个体的思想、情感和行为）和不同类型的影响（有意识和无意识，内隐和外显）。鉴于其研究主题，社会心理学与社会生活中的大量事件息息相关，从个体自身的判断和决定到人际关系、群体和群际动力学问题，一直到文化和跨文化接触带来的影响。事实上，社会心理学家已经在他们付出过努力的所有领域开展了重要的概念建构和实证研究工作。

  鉴于社会心理学的范围和关联性，以及理论对于一个科学领域的重要性，自上一本专门介绍社会心理学理论的书出版以来，已有相当长时间未出版过相关书籍，这有点儿令人惊讶。最新的这类著作出版于1980年，由韦斯特（West）和维克隆德（Wicklund）所著，是对肖（Shaw）和科斯坦佐（Costanzo）1970年的著作（1982年修订）以及多伊奇和克劳斯（Deutsch & Krauss, 1965）的早期经典著作的补充。然而，在随后的三十年里，社会心理学又完成了大量的理论建构工作。在社会心理学分析的各个层面上，研究者已经构建了许多概念框架。此外，针对社会理论建构的方法（如Higgins, 2004; Kelley, 2000; Kruglanski & Higgins, 2004）、社会（人格）理论的现状（Kruglanski, 2001; Mischel, 2004），以及社会心理学分析与其他领域和学科间的理论桥梁（Kruglanski,

2006；Van Lange，2006，2007），学界出现了理论争论和评论。本手册反映了这些讨论，并提供了自社会心理学诞生以来，主要理论发展的完整视角。因此，本手册描绘了我们的学科从青涩到成熟的过程，在科学地理解社会世界方面，我们的学科经历了半个多世纪的成长和概念进步。

理论：规制理想

要准确地定义什么是理论，或者更重要地，什么可以称为理论，什么不能称为理论并不容易。和早期的作者一样，我们认为一个理论可以被最低限度地定义为与一个或一组现象有关的一组相关命题（或原则）（Mandler & Kessen，1959：159；Shaw & Costanzo，1982：4）。显然，理论在概括性、精确性和起源上可能有所不同。在本手册中，我们采用的方法是包容性而非排他性，并用"理论"概念的最低限度定义来指导我们最终决定纳入的理论。我们认为，一个激发了大量实证研究的概念框架是值得被纳入的，即使从"纯粹"的元理论角度来看，它是不完整或不完善的。此外，社会心理学理论往往是"中观"（middle range）理论（Merton，1949：5），因此提出的都是中小型"工作假设"（working hypotheses），而不是宏大的理论体系。社会心理学中有非常丰富的中观理论，每种理论都代表着一项"正在进行的工作"，而不是板上钉钉的总体方案（Pinker，2002：241；Van Lange，2006：8）。

无论选择什么样的理论定义，重要的是确定什么构成了一个好理论。尽管人们提出了许多概念来勾勒"好"理论的各种资格、标准和条件，但在这个问题上已经达成了相当多的共识。我们认为，一个好理论应该：具有较强的解释力；更适合于进行实证检验和建模；在一致性和内在连贯性上更具有"逻辑性"；能够用更少（假设）来解释更多（现象），以反映出简约性标准或奥卡姆剃刀（Occam's razor）原理；最关键的是，能激发产生实证发现的新研究（例如Fiske，2004；Higgins，2004）。就本手册当前的目的而言，我们关注的是一个以四种规制理想（regulatory ideals）为特征的好理论框架，即真实性（truth）、抽象性（abstraction）、进步性（progress）和适用性（applicability；另可参见Kruglanski，2006）。下面我们将依次对这四点展开讨论。

理想1：真实性

一个理论应该与事实打交道，应该把事实和虚构分开，应该确定什么是真实的而非想象的。虽然一个不准确的、虚构的理论也可以发挥重要的作用（例如起到启发作用以促进进一步的研究），但我们应该清楚地知道，理论追求的是"真实性，且只有真实性"。这就是假设检验的全部意义所在。实验设计的整个逻辑就是消除经验事实（empirical facts）可能的替代性解释（或证明其无效）。批判性实验的目的是区分竞争性理论，并决定哪个理论比其竞争者更有效，更能得到现有证据的支持。如果明知道一个理论是错误的，而我们仅仅因为它具有启发性或交流价值（即很容易传达给他人）就坚持它，这种做法显然自相矛盾，因为认同一个理论就等于相信它是正确的。

然而，作为一种规制理想，真实性可以争取，但永远无法保证其实现。任何理论（无论多么成功）都是不可靠的，因为即使在当前并不明显，但未来总是可能出现对相同证据的替代性解释。你可以证伪一个理论，但永远不能证实它。你只能在目前已知的基础上为理论找到支持。此外，经验"事实"远不是绝对的。正如波普尔（Popper, 1959：111）所指出的那样，科学的经验基础既具有推测性，又容易出错：

> 客观科学的经验基础没有任何"绝对性"可言。科学并不是建立在坚不可摧的基础之上。它大胆的理论结构就像是在沼泽之上，像一座建在桩上的建筑物。这些桩是从上而下打入沼泽的。当我们停止将桩打入更深一层时，并不是因为我们已经到达了坚实的地面，而只是因为确信它们坚固到能够支撑这座建筑。这时我们就会停下来，至少目前是这样。

因此，尽管追求真实性是科学的基本理想，但它永远是一项无法完全完成的使命。

理想2：抽象性

理论应该是抽象的结果，因为细节（如现象、事件）需要用一般性的术语（概念、假设、原则）来描述。虽然一个特定现象本身可能很有趣，但我们需要一个理论来理解现象背后的心理学原理，这些原理也适用于其他看似不同的现象。理论应该追求更高层次的整合，以超越特定的观察，并在更深的层次（即更抽象的层次）上将它们与其他观察联系起来。因此，理论关注的是理解和洞察事物的核心，因为它涉及观察到的效应背后最根本的因果机制。

理想3：进步性

任何新理论都应该做出超越以往已知知识的贡献，改进或扩大我们对代表进步性理想的某一特定现象领域的解释。它应该用智慧取代神话，应该在现有知识中增加真实性以扩大我们的理解范围。因此，理想情况下，新理论与过往理论相关并建立在其基础之上，用准确的原理取代不准确的理论，或用以前未发现的新原理补充先前的理论。如果理论不通过磨砺和实证检验而加以完善，科学就不可能取得进步。从这个意义上讲，进步性原则与真实性原则是密切相连的，因为理论的改进和修正是为更有效和更精确服务的。由于真实性是理论的一个重要规制目标（尽管在很大程度上无法实现），因此理论往往要经过完善和精确化，例如，概述从理论中推导出来的假设的成立条件。此外，理论常常会激发新的思维方式，因为它（至少在内隐层面）是理论家和研究者用来看到那些仅凭数据无法发现的联系和关系的一种工具（参见 Shaw & Costanzo, 1982）。最后，理论通常是新研究问题的灵感来源，往往伴随着新的工具、方法和范式的产生（Fiedler, 2004; Fiske, 2004）。因此，理论是通向过去（理论解释的过往发现）和未来（受理论启发的未来研究和发现）的桥梁。因为理论会激发新的预测，进而激发新的研究对其进行检验，所以理论是关于世界是什么以及它是如何运转的新实证发现背后的驱动力，也就是从新发现中体现进步性（Higgins, 2004）。

理想4：适用性

理想情况下，心理学理论应该涉及日常生活中的许多事件和问题。它应适用于现实世界所关心的问题，并提供旨在以理想方式改变事件进程的干预措施。正如爱德华·E. 琼斯（Edward E. Jones, 1986：100）恰如其分地指出："社会心理学的未来不仅取决于其主题的重要性，还取决于其独特的概念和方法优势，这些优势可以识别日常社会生活中的内在过程。"正如科学的进步性与对真实性的追求密切相关，理论的适用性则与抽象性原则密切相关。换句话说，理论越抽象，其经验内容就越丰富（Popper，1959），适用范围也就越广。当然，理论的广博本身并不等同于应用，要将理论转化为具有实际价值的具体程序和干预措施，还需要相当程度的独创性。

事实上，尽管理论和应用之间有着密切联系，但二者经常被并列在一起，并被认为根本不同——一个是理论，一个是实践。理论通常与逻辑、演绎和知识（"知道"）联系在一起，而应用常常与直觉、归纳和实施（"做"）联系在一起。也许库尔特·勒温（Kurt Lewin）的名言"没有什么比一个好的理论更实用"之所以受到如此多的关注，是因为人们普遍倾向于把应用看作理论的对立面，因此勒温的视角让人觉得惊讶。尽管如此，"转化研究"（translational research）突出了理论与应用之间的密切联系，并鼓励理论家（通常通过资助机会）摆脱"纯思想的奥林匹斯山"（Olympus of pure thought），探索他们的思想对解决众多现实世界问题的可能贡献。

理论需要有 TAPAS 证据

我们将理论建构概念化为四个规制理想，即真实性（T）、抽象性（A）、进步性（P）和适用性（A）。这些可以作为批判性评价某个理论的标准（TAPAS）。这意味着，TAPAS 被广泛用于评估心理学研究。真实性是通过恰当的实验设计、关键性实验的实施，以及对现有证据的概念性回顾和元分析来评估。抽象性通常用于评估理论的广度，更具体地说，是通过特定的实证观察来检验一般性的心理假设。研究的创新性和研究对知识体系做出重大新贡献的普遍需求是评估进步性的标准。最后，适用性往往是由于人们希望心理学工作具有"更广泛的影响"而产生的（例如 Buunk，2006；Fiedler，2006；Van Lange，2006），并且美国联邦资助机构（如美国国家科学基金会和美国国立卫生研究院）在提供研究资金时将此列为一个重要标准，因为人们都知道科学知识应该具有社会效益。我们明确强调 TAPAS，希望这能提高社会心理学理论家对 TAPAS 的理解和运用。

理论建构与发展

思想从何而来？理论家的灵感来源是什么？社会心理学家如何将隐性的预感和早期的直觉转化为清晰明确的理论陈述？又如何推进理论的发展？理论家对他思想产物的未来命运负有多大的"责任"？在社会心理学文献中，很少有人公开讨论这些问题，尽管在个别理论家的脑海中可能已经积累了关于这些问题的经验。后一种假设是《人格与社会心理学评论》（2004 年第 8 卷）特刊的出发点，特刊名为《社会人格理论的理论建构：个人经验和教训》。特刊的撰稿人与读者分享了他们内心深处的见解和元理论的自我反思，以及"行业诀窍"和个人理论建构与发展的策略。例如，有人讨论了如何发现不同现象的共同特征，从而发展出起主导作用的理论，并揭示被显著的表面差异所掩盖的深层结构（例如 Kruglanski，2004）。另一篇文章讨论了如何实施受理论启发的研究项目，并确保该理论的潜在贡献和影响得到最大程度的发挥（Higgins，2004）。还有一些文章讨论了如何从休假中获益［例如，利用这段时间对一系列实证研究进行分析，从而拓展自己的观点（Zanna，2004）］，以及如何与同事合作从而深化和丰富自己的理论框架（Levine & Moreland，2004）。本手册中的各章通过众多理论家对其学术之旅的个人叙述，阐明了这些精彩的策略和方法。在这些旅程中，他们清晰地阐述了自己的概念，建立和发展了自己的理论结构。

传授理论建构

有人认为，在社会心理学的历史发展过程中，社会心理学对理论的关注度已经有所下降，变得越来越以数据为导向和以现象为中心（例如，Fiedler，2004；Kruglanski，2001；另可参见 Jones，1986）。该问题的部分原因可能是缺乏系统的理论建构教学方法，以及没有给社会心理学研究生开设这方面的课程和研讨会。我们的研究生培养在很大程度上侧重于方法、研究设计和数据分析等方面。理论建构通常被认为是无法教授的，主要依靠灵感。然而，大量关于理论建构的内容是可以明确阐述和传授的。一个成功理论的要点可以被定义、解释和刻意建构，我们称之为 TAPAS。这些理论特性在各位理论家培育和发展理论的方式中也已得到明确阐述（Kruglanski & Higgins，2004）。针对这方面，本手册希望通过成功理论家的个人故事深化对理论工作的理解，从而实现通过实例教授理论建构技能的目的。

诚然，被动接触理论建构策略的历史发展过程显然是不够的，将理论建构的一般原则转化为概念的实践尝试似乎是必要的。我们主编中的一位曾简要介绍过一门旨在做到这一点的研讨会课程（Higgins，2004）。关于应用性方面的教学工作，布恩克和范福特（Buunk & Van Vugt，2007）的著作提供了一个平台，可以让学生练习将理论概念应用于具体现实问题的技巧。它要求学生将一个重要社会问题的关键属性形式化（例如，如何减少足球场中的故意破坏行为，如何增加对环境的关注），并运用社会心理学的概念和原理，从因果关系的角度对其进行分析，并在此基础上提出可能的政策措施。

关于本手册

像早期出版的社会心理学理论书籍一样，本手册回顾了我们领域的主要理论发展。然而，它与之前的理论书籍存在明显的不同。首先，本手册涵盖了自上一批此类书籍（West & Wicklund，1980；Shaw & Costanzo，1982）出版后的几十年间所出现的重大理论进展。这些年来，社会心理学在世界范围内经历了迅猛的发展，涌现出一系列由各个分析层面的社会心理学家所提出的理论框架，包括生物系统、认知系统、动机（和情感）系统、人际关系系统，以及群体和文化系统（参见 Higgins & Kruglanski，1996；Kruglanski & Higgins，2007）。与此同时，经典理论在其不同的演变形态中继续激发研究，例如费斯廷格的认知失调理论（1957）在库珀和法齐奥（Fazio）的解读中获得了"新面貌"。有些理论则经历了转型，例如班杜拉的社会学习理论转变为他的社会认知理论（更多信息请参阅本手册中库珀和班杜拉撰写的章节）。

除了提供有关社会心理学理论的最新面貌之外，本手册还至少在三个重要方面对前人的工作进行了补充。首先，每位作者都提供了有关该理论发展的个人化的历史叙述，包括影响理论选择、演变和作用的各种灵感、偶然事件、关键时刻和解决问题的努力。这些个人叙述是本手册独有的，它们提供了丰富的背景知识，让我们能更好地理解理论是如何随着时间的推移被创建、培育和塑造的。

其次，每位作者都把自己的理论置于它所涉及主题的知识历史中，并以这些知识为背景评论了该理论对该领域的独特贡献。如此便把每种理论纳入了第二种历史——思想史，这一点也是本手册的特色。本手册的这方面强有力地回答了"我为什么要关心？这个理论贡献了什么额外价值"这类问题。最后，每位作者都对自己的理论进行了评价，评价的依据是理论对理解和解决关键社会问题与现实问题的适用性。本手册的这方面为"我为什么要关心？这个理论贡献了什么额外价值"这类问题提供了第二个强有力的答案。

上述三方面背后的首要原则是理论终究是关于思想的。因此，重要的是要学习：①这些思想从何而来，如何发展；②为何这些思想在知识和历史上都很重要；③这些思想在处理当前的社会问题方面有何不同。

理论的纳入标准

概念框架何时是理论，何时是模型，何时是假设？尽管社会心理学家可能同意本领域中众多概念框架的理论"地位"，但他们可能不认可其中的某些框架。对此我们并不感到惊讶，因为在过去的几十年里（自1982年肖和科斯坦佐的著作出版以来），社会心理学领域在许多方面都取得了长足发展。此外，社会心理学缺乏一种广为接受的"大理论"（grand theory），这种大理论旨在解释各种现象，并作为进一步展开专业化分析的共识平台（如生物学中的进化论或经济学中的理性选择理论）。

在为本手册选择理论时，我们采用了下述广泛性指导原则。首先，我们决定纳入一些有"年头"的理论，其发展可以追溯到多年前。事实上，我们的目标之一就是深入了解社会心理学家设计、发展和"培育"其理论的方法，而这个过程不可避免地需要花费时间，因为发展理论的有效性（真实性标准）、普遍性（抽象性标准）、生成能力（进步性标准）及其在解决现实问题中的有用性（适用性标准）都需要时间。

其次，我们决定纳入那些随着时间流逝而幸存下来，并继续在"此时此地"指导研究的理论。当然，一些理论在将来可能会以某种方式得到复苏，那么它们很可能会被纳入到未来的理论手册中。

最后，我们决定纳入在社会心理学传统中发展起来的理论，而不是在社会心理学领域之外发展起来的理论。诚然，在社会心理学领域外有许多有影响力的理论和模型可以纳入，例如认知神经科学、决策学、经济学、社会学和政治学等领域的理论。但我们认为，如果将这些理论都囊括进来，会过度扩大我们的工作范围，并使我们的视角偏离社会心理学本身所进行的概念建构工作。

应该指出的是，并非所有符合上述原则的理论最终都会出现在本手册中。某些理论的作者已经去世了，也有一些理论的创立者谢绝了我们的邀请，我们很遗憾没有纳入这些理论。但我们非常感谢所有入选的理论，也非常感谢我们的作者对本手册所做出的贡献。对于我们这些编者来说，这是一次绝妙的经历，因为它让我们更多地了解了作者创立的这些具有里程碑意义的理论的历史。

参考文献

Allport, G.W. (1954) The historical background of modern social psychology. In G. Lindzey (ed.), *Handbook of Social Psychology*, 1, 3–56. Cambridge, MA: Addison-Wesley.

Buunk, A.P. (2006) Social psychology deserves better: Marketing the pivotal social science. In P.A.M. Van Lange (ed.), *Bridging Social Psychology: Benefits of Transdisciplinary Approaches*, pp. 83–89. Mahwah, NJ: Erlbaum.

Buunk, A.P. and Van Vugt, M. (2007) *Applying Social*

Psychology: From Problems to Solutions. Thousand Oaks, CA: Sage.

Deutsch, M. and Krauss, R.M. (1965) *Theories in Social Psychology*. New York: Basic Books.

Einstein, A. (1934) *Mein Weltbild*. Amsterdam: Querido.

Festinger, L. (1957) *A Theory of Cognitive Dissonance*. Stanford, CA: Stanford University Press.

Fiedler, K. (2004) Tools, toys, truisms, and theories: Some thoughts on the creative cycle of theory formation. *Personality and Social Psychology Review, 8*, 123–131.

Fiedler, K. (2006) On theories and societal practice: Getting rid of a myth. In P.A.M. Van Lange (ed.), *Bridging Social Psychology: Benefits of Transdisciplinary Approaches*, pp. 65–70. Mahwah NJ: Erlbaum.

Fiske, S.T. (2004) Mind the gap: In praise of informal sources of formal theory. *Personality and Social Psychology Review, 8*, 138–145.

Higgins, E.T. (2004) Making a theory useful: Lessons handed down. *Personality and Social Psychology Review, 8*, 138–145.

Higgins, E.T. and Kruglanski, A.W. (eds) (1996) *Social Psychology: Handbook of Basic Principles*. New York: Guilford Press.

Jones, E.E. (1986) Major developments in social psychology during the past five decades. In G. Lindzey and E. Aronson (eds), *The Handbook of Social Psychology*, 3rd Edition, pp. 47–135. New York: McGraw-Hill.

Jones, E.E. (1988) Major developments in five decades of social psychology. In D.L. Gilbert, Susan T. Fiske and G. Lindzey (eds), *The Handbook of Social Psychology, 1*, 3–57. New York: McGraw-Hill.

Jones, E.E. and Gerard, H.B. (1967) *Foundations of Social Psychology*. New York: Wiley.

Kelley, H.H. (2000) The proper study of social psychology. *Social Psychology Quarterly, 63*, 3–15.

Kruglanski, A.W. (2001) That 'vision thing': The state of theory in social and personality psychology at the edge of the new millennium. *Journal of Personality and Social Psychology, 80*, 871–875.

Kruglanski, A.W. (2004) The quest for the gist: On challenges of going abstract in social and personality psychology. *Personality and Social Psychology Review, 8*, 156–163.

Kruglanski, A.W. (2006) Theories as bridges. In P.A.M. Van Lange (ed.), *Bridging Social Psychology: Benefits of Transdisciplinary Approaches*, pp. 21–34. Mahwah, NJ: Erlbaum.

Kruglanski, A.W. and Higgins, E.T. (2004) Theory construction in social and personality psychology: Personal experiences and lessons learned. *Personality and Social Psychology Review, 8*, 96–97.

Kruglanski, A.W. and Higgins, E.T. (eds) (2007) *Social Psychology: Handbook of Basic Principles*, 2nd Edition. New York: Guilford Press.

Levine, J.M. and Moreland, R.L. (2004) Collaboration: The social context of theory development. *Personality and Social Psychology Review, 8*, 164–172.

Mandler, G. and Kessen, W. (1959) *The Language of Psychology*. New York: Wiley.

Merton, R.K. (1949) *Social Theory and Social Structure*. Glencoe, IL: The Free Press.

Mischel, W. (2004) Toward an integrative science of the person. *Annual Review of Psychology, 55*, 1–22.

Pinker, S. (2002) *The Blank Slate: The Modern Denial of Human Nature*. New York: Viking.

Popper, K.R. (1959) *The Logic of Scientific Discovery*. New York: Harper. (Original work published as *Logik der Forschung*, 1935).

Shaver, K.G. (1977) *Principles of Social Psychology*. Cambridge, MA: Winthrop.

Shaw, M.E. and Costanzo, P.R. (1982) *Theories of Social Psychology*. New York: McGraw-Hill. (Originally published 1970).

Van Lange, P.A.M. (ed.) (2006) *Bridging Social Psychology: Benefits of Transdisciplinary Approaches*. Mahwah, NJ: Erlbaum.

Van Lange, P.A.M. (2007) Benefits of bridging social psychology and economics. *Academy of Management Review, 32*, 671–674.

West, S.G. and Wicklund, R.A. (1980) *A Primer of Social Psychological Theories*. Monterey, CA: Brooks/Cole.

Zanna, M. (2004) A naïve epistemology of a working social psychologist (Or the working epistemology of a social psychologist): The value of taking "temporary givens" seriously. *Personality and Social Psychology Review, 8*, 210–218.

第1章

认知失调理论

乔尔·库珀（Joel Cooper）

彭文雅[一] 译　蒋奖 审校

摘　要

几十年来，认知失调理论（cognitive dissonance theory）一直是社会心理学的一大支柱。在本章中，我探讨了费斯廷格对认知之间关系的简洁明了的观点引发激烈争论的原因，这些争论将认知失调理论推向了学科前沿。本章还将追溯广义认知失调理论的修正历程。然后，我介绍了新面貌模型（New Look model）和自我标准模型（Self-Standards model），这些模型试图整合现有研究并改变我们对失调动机基础的理解。目前关于认知失调的观点聚焦于替代失调唤起（vicarious dissonance arousal），即个体由于群体成员的行为而体验到失调。最后，本章探讨了个体认知失调在优化心理治疗有效性方面的潜在作用，以及替代失调在增加积极行为以保护健康和幸福感方面的应用。

开篇语

半个多世纪以来，认知失调理论一直是社会心理学的主要内容。在本章中，我将介绍我对失调起源的看法，然后介绍两种替代理论：新面貌模型（Cooper & Fazio, 1984）以及随后出现的自我标准模型（Stone & Cooper, 2001）。这两种理论修正了我们对认知失调的看法。故事从费斯廷格对认知不一致的观察开始，然后转向我们提出的认知失调动机的新观点。

已故的利昂·费斯廷格（Leon Festinger）从人们对场力（field forces；Lewin, 1951；包括群体压力）易感性（susceptibility）的研究兴趣中初创了认知失调理论。他发表了许多关于群体对个体施加压力以达成态度共识的重要文章（Festinger, 1950）。1954年，他把研究重点转向了个体。他没有从群体需求和目标的角度考察压力，而是从个体角度

[一] 北京师范大学心理学部

出发，即个体以他人为基准来衡量自己在群体中的地位。他提出，人们将自己的观点和能力与相似他人进行比较，无论是遵从相似他人的态度还是说服他人持有与自己相似的态度，都会感到有压力（Festinger，1954）。

在认知失调理论中，费斯廷格（1957）完成了从个体视角看待世界的工作。失调理论认为认知一致性表征存在于人的大脑之中。把心理活动看作一组认知表征与20世纪50年代的主流观点大相径庭。人们对社会环境的看法、对群体成员的评价、对世界的看法以及对自己和他人行为的观察，第一次可以投射到一起——所有这些都是大脑内部的认知表征。而且，其中一些认知表征彼此间存在关系。认知失调就发生于认知表征彼此产生关系的这一瞬间。这一新理论——认知失调理论成为费斯廷格所有创造性见解中最富成效的理论，带动了持续半个世纪的研究。

学习理论领域中的认知失调

初版失调理论的主要原则众所周知且简单明了，即当人们感知到一对不一致的认知时，认知失调状态就出现了。费斯廷格给失调所下的正式定义为：如果行动者认为一种认知来自另一种认知的对立面，这样的一对认知就被定义为是失调的。费斯廷格假设认知失调是一种不愉快的驱力状态，和其他不愉快的驱力状态一样，人们需要减少它。减少失调的方法是改变最不抗拒改变的认知或者增加新的认知，以最小化感知到的不一致程度。根据费斯廷格的哲学假设，即失调的斗争是在感知者的头脑中进行的，他推断不一致本身就是一种心理状态，也就是说，如果感知者认为两种认知是失调的，那么它们就是失调的。是感知者的心理而不是逻辑的哲学规则决定了失调的存在。

人们更喜欢一致性而非不一致性，这一观点并不鲜见。弗里茨·海德（Fritz Heider，1946）和西奥多·纽科姆（Theodore Newcomb，1956）之前就表达过这种观点，它们也与费斯廷格的导师——库尔特·勒温的场论观点一致。据我所知，费斯廷格1957年的著作中就概述了他的这一观点，但直到两年后，费斯廷格和卡尔史密斯（Festinger & Carlsmith，1959）的经典研究表明人们在进行与态度不一致的表达后会经历失调，这才引起了争议。众所周知，费斯廷格和卡尔史密斯让被试参与一项枯燥乏味的任务，然后让这些被试向下一个参加实验的学生（实际上是主试同盟）表达这项任务的有趣程度。很少有人会觉得该研究的结果难以理解，即表达这项任务的有趣程度会促使人们朝着他们表达的方向改变态度。如果我们接受这样一个前提，即人们不喜欢不一致，并且他们有动力减少行为与态度间的不一致，那么上述研究结果就讲得通，并且任何一个一致性理论都可以预测到这个结果。

费斯廷格和卡尔史密斯（1959）的研究中起作用的因素是，要求被试表达与其看法相反的观点后得到的奖励程度。有些人得到了高额奖励，而另一些人只得到了低额奖励。费斯廷格和卡尔史密斯推断，高额奖励是一个重要因素，它促使人们的认知与行为保持一致以降低失调的程度，而获得低额奖励时人们则处于失调的痛苦中。研究发现，与高额奖励相关的行为相比，低额奖励相关的行为产生了更大的变化，这类似于用小棍子戳一只沉睡的大型动物。这一举动唤醒了沉睡的动物，它不仅让挑衅者被注意到，而且最终在（动物繁多的）"丛林"中占据了领导地位。

1957年是学习理论（learning theory）的主场。当时认为自己是社会心理学家的人很少。心理学的"科学性"集中体现在感觉、知觉和学习的规则上。其中与学习有关的研究特别活跃，在专业性文献中随处可见赫尔、斯彭斯、托尔曼和斯金纳等人的追随者间的激烈辩论。他们在很多问题上持不同意见，如习惯的重要性和驱力状态的作用。然而，他们都同意奖励（rewards）和强化（reinforcements）的作用。虽然他们有着不同的奖励和强化概念，但一般都认可较大的奖励会导致更多的行为改变，较小的奖励会导致更少的行为改变。这对学习理论而言就是真理。

失调理论的出现，尤其是费斯廷格和卡尔史密斯的研究发现，踩下了这一假设继续前行的刹车。研究者们的争论点变了。争论突然间变为态度和行为的改变是由于较小的奖励而非较大的奖励。大的奖励只是减少了失调的驱力状态，导致的变化比小的奖励或者根本没有奖励要少。我们也不应该低估费斯廷格将驱力状态作为改变的动机的做法。通过假设人们的动机本质上是一种驱力，他将失调理论与主要的学习理论联系起来，在学习理论中，驱力降低起着关键作用。虽然目前尚不清楚费斯廷格是否相信我们会为驱力概念找到证据，但通过将其比作动机，他的发现立即被认为是对某些人（这些人将社会行为视为仅仅是适用于老鼠和鸽子的行为规则的延续）的挑战。

其他的研究结果也在继续挑战传统学习理论的观点。人们遭受的磨难越多，他们就越喜欢经历磨难后获得的东西（Aronson & Mills, 1959）。通过惩罚威胁来禁止儿童玩对他们有吸引力的玩具时，较轻惩罚威胁组的儿童更倾向于贬低玩具的价值（Aronson & Carlsmith, 1963），他们不玩玩具的时间也越长（Freedman, 1965）。面对这些研究发现提出的挑战，学习理论学家从方法论、结论和理论方面进行了批评。包括新的《人格和社会心理学杂志》在内的期刊都充斥着基于认知失调理论的有趣新想法的争论。在最初几年有关失调结果的争论后，随之而来的是来自批评家的挑战，紧接着又有越来越多的失调研究者开展认知失调研究。到了20世纪70年代初，失调已经成为一种"运动"，很少有人质疑失调作为人类社会行为的一项强有力原则的存在。

失调理论遭遇的麻烦

作为一个失调理论的研究者，我研究工作的源头令人意想不到。我在杜克大学（Duke University）读研究生，部分原因是为了跟随杰克·W. 布雷姆（Jack W. Brehm）学习，他是费斯廷格最初的学生之一，也是最早发表失调理论实验研究的研究者（Brehm, 1956）。然而，布雷姆正忙于他的心理逆反（psychological reactance）新理论，因此我被指派和爱德华·E. 琼斯（Edward E. Jones）一起做研究，他后来很快成为个体认知和归因领域中的一位杰出人物。不仅如此，琼斯还是失调研究的一名粉丝，他对罗森伯格（Rosenberg, 1965）发表的一项研究感到困惑，这项研究似乎给羽翼未丰的失调理论带来了麻烦。

罗森伯格认为，费斯廷格和卡尔史密斯得出惊人研究结果的原因在于，被试担心他们正在接受心理一致性水平的评估。他创造了评价忧虑（evaluation apprehension）一词反映被试的这种担忧，即进行因变量测量时让他们声称这项实验有趣的人同样也知道他们在态度上的撒谎。罗森伯格提供的证据表明，当收集因变量测量的实验者与请求被试做出反态度行为（counterattitudinal behavior）的人没有任何关系时，态度改变是奖励水平的直接函数（即更多的态度改变会获得更高的奖励）。琼斯怀疑罗森伯格的批判性研究中缺失的关键因素是选择性。虽然费斯廷格没有太多地关注一个人选择反态度行为的需要，但他已经把选择纳入他最初的实验中（Festinger & Carlsmith, 1959）。因此，我的导师派我去设计一项研究，以表明人们知觉态度差异行为（attitude discrepant behavior）的自由如何对失调唤起产生影响。

我们的研究结果以林德（Linder）、库珀和琼斯（1967）的形式发表——这是我发表的第一篇有关失调的文章。在两个实验中，我们发现态度改变是奖励水平的直接函数还是反函数，取决于研究程序是否唤起了失调。如果人们认为他们可以自由接受或拒绝进行反态度表达的请求，那么就会引起失调。我们发现，当人们可以自由拒绝进行反态度表达时，就像费斯廷格和卡尔史密斯发现的那样，态度是奖励水平的反函数：奖励越小，态度改变越大。只有在缺乏决策自由，没有出现失调的情况下，态度改变才会成为奖励大小的直接函数。换句话说，强化可以引起态度的改变，但它的作用弱于失调唤起。当感知到决策自由而存在失调时，失调为进行反态度表达后的态度改变提供了基础。（后来，琼斯告诉我，我完全误解了他的想法，我做了一个不同于他认为我正在做的实验，但他对最终结果没有任何异议。）

理论演变：对补充条件的探索形成失调的新面貌模型

广义的理论几乎总需要补充条件来进行修正。在失调理论盛行的前十年，许多研究都在做这件事。林德等人（1967）的研究结果就属于这种类型。当决策自由度高时，失调被唤起并导致态度改变，但当决策自由度较低时并非如此。因此，我们了解到选择性是失调的一个补充条件。卡尔史密斯等人（1966）以及戴维斯和琼斯（Davis & Jones, 1960）的研究都表明人们需要对自己的反态度行为做出承诺。如果被试认为他们有机会"收回"他们的反态度表达，那么失调就不会发生。因此，我们了解到承诺是认知失调的一个补充条件。

几年后，史蒂夫·沃克尔（Steve Worchel）和我想知道，在任何情况下的任何反态度表达是否都会产生失调，或者是否会因为这种行为而产生失调。换言之，在自己黑暗的家中独自说出与态度不一致的话，而且在没有人听到这句话的情况下，会引起失调唤起吗？我们认为独自言语不会导致失调。我们设计了一项研究，重复了费斯廷格和卡尔史密斯（1959）的研究程序，并增加了一个因素，即等候室的学生是否被被试的表达所说服并认为这项任务好玩有趣。我们预期并发现，只有当反态度行为产生后果时，即在本研究中，只有当反态度行为误导学生产生错误期望时，才会出现奖励水平与态度改变间的反比关系（Cooper & Worchel, 1970）。于是我们发现了另一个补充条件：当一个不想要的行为后果出现（而不是缺乏）时，认知不一致会导致失调。

1980年，普林斯顿大学（Princeton University）的客座教授保罗·西科德（Paul Secord）表达了他对失调理论现状的惊愕。他告诉我，他喜欢过去那个广泛、简单和易理解的失调理论，即不一致的认知会导致失调状态。然而，在失调领域的研究进行了20年后，他觉得自己需要一张卡片记下各种补充条件，才能了解不一致的认知何时会真正引起失调，何时不会。他认为失调的补充条件已经成为理论的代表性特征，需要有人来理解清楚这些补充条件。这就是我以前的研究生罗素·法齐奥（Russell Fazio）和我在文章中所面临的挑战，这篇论文提出了"新面貌"模型（Cooper & Fazio, 1984），它是我们对失调理论的标志性修正。

失调的新面貌模型

法齐奥和我仔细检查了已发表的研究，发现西科德说得有道理，不一致的认知会唤起失调，

- 但前提是行动是自由选择的；
- 但前提是行动者对不一致的认知做出了承诺；
- 但前提是失调后发生了厌恶性事情；
- 但前提是可以预见厌恶性后果（aversive consequences）。

补充条件的清单还在继续。失调理论极其需要解决"但前提是"补充条件的方法。

我们意识到，寻找失调补充条件的这一重要探索有助于更深刻地理解失调。从略微不同的角度来看，过去20年的研究已将失调转化为一种不同的理论。但这些研究并未坚持认为失调造成了认知不一致，而是呼吁对失调的含义进行新的阐述。这些研究就摆在那里并未改变，新面貌模型只是用不同的语言讲述了新的故事。

正如费斯廷格所推测的那样，失调是一种被唤起的令人不舒服的紧张状态，它会引发变化。然而，失调不是由认知不一致本身带来的，而是由个体对造成不想要的后果负责的知觉造成的，也就是说，是这种负责知觉而非不一致知觉导致了认知失调体验。

失调唤起和失调动机

根据新面貌模型，失调始于一种行为。行为导致认知或态度的改变，这种改变包含一系列过程，通常有两个阶段：**失调唤起**（dissonance arousal）和**失调动机**（dissonance motivation）。当人们需要对厌恶性后果负责时，就会产生失调唤起。得出这个结论也许很快，但并不容易。行为需要与几个关键点结合在一起才会产生失调唤起。

首先，行为必须被感到会产生不想要的后果。几乎所有行为都会造成一定后果。对于行动者而言，面对的问题是后果是否是不想要的，如果是，不想要的程度有多大。例如，一个人也许会赞成一个解决美国医疗服务困境的解决方案，但主张一项与此有点儿不同的法案。如果这个人成功地说服了他的朋友、同事或参议员支持这项法案，这一后果是否足以导致失调？在这里，我们认为，后果必须超出个体能接受的可能立场的"接受范围"（latitude of acceptance）才能唤起失调，否则这种行为不会产生失调。实证证据也支持这是失调过程的第一个关键点（Fazio et al., 1977）。

第二个关键点是对行为后果承担**个人责任**（personal responsibility）。我们将责任定义为两个因素的组合：行为的决策自由和预见该行为后果的能力。承担责任会导致失调，否认责任可以让人们避免失调的不适感。决策自由至关重要，因为它是承担责任的必要条件。

虽然决策自由是必要的，但它不足以令个体承担责任。想象一下上个例子中，如果提倡医疗服务的人购买了一本书，这本书考察了私有化医疗服务的潜在用途和滥用。购买后，他发现这本书的收益被捐赠给了一个组织，该组织谴责政府支持的任何医疗服务计划。那么这位提倡者对于支持了一个他认为不可接受和违背他价值观的组织是否会感到有责任？新面貌模型认为答案是否定的。尽管他真的为不喜欢的组织提供了资金支持，但他无法预见他的行为会导致这样一个不想要的后果。因此，可预见性是第二个要

素，它与决策自由结合才能确定一个人是否对厌恶性后果负责（Goethals et al., 1979）。承担个人责任为失调唤起提供了必要且充分的条件。

论新面貌模型的本质

虽然我们并不希望新面貌模型与费斯廷格最初的想法大相径庭，但我们很快就看到了这一点。失调唤起不再取决于它的主要原则，即不一致的存在。诚然，不一致通常是引发失调唤起的有效且合理的因素。当人们的行为与所珍视的信念不一致时，他们通常会为可能造成的不想要后果承担个人责任。人们可能永远不会知道他人是否会被态度不一致的表达所说服，但很明显，这种不一致容易导致不想要的后果。因此，根据新面貌模型，不一致行为通常带有的特征实际上是失调过程中起有效作用的因素。同样地，当人们在失调的自由选择研究范式（Brehm, 1956）中选择一个有吸引力的项目而非另一个项目时，他们需要对由此带来的厌恶性后果负责，即拒绝未选择方案中所有有吸引力的元素，并接受所选择方案中所有无趣的元素。一项关于努力辩护（effort justification）的研究（Aronson & Mills, 1959）发现，当人们选择为了达到目标而承受磨难时，他们会为选择带来的不想要后果（从事不愉快的工作，感到尴尬或付出努力）负责。认知失调取决于认知不一致的问题在于，它需要很多限定和例外（即"但前提是"）来补充修正其观点。新面貌模型的基础令更全面地了解失调过程成为可能。

检验新面貌模型

关于失调的新面貌模型的大部分研究都发表在新面貌模型提出之前。如前所述，新面貌模型只是理解失调的理论基础的一种方式，因为我们从已发表的失调研究中已经可以了解到它的内容。

我认为新面貌模型依赖于四类主要的研究发现。第一，研究必须表明，当人们选择进行态度不一致的行为而非被迫这么做时，他们会产生失调唤起。这一发现在新面貌模型出现前就已得到充分证实，而且仍是一个可靠的研究结果。第二，当且仅当存在潜在厌恶性后果时，与态度不一致的行为必定导致失调。在新面貌模型之前，我们已在多种情境中发现了这一现象。库珀和沃克尔（1970）首先证实了这一点，重复验证这一效应的研究比比皆是（Cooper et al., 1974; Goethals & Cooper, 1972; Goethals et al., 1979; Norton et al., 2003）。[公平地说，该特征已成为一个更具争议性的问题，部分研究质疑的并非其重要性而是其普遍性（Harmon-Jones et al., 1996）]。第三，失调唤起取决于行动者做出行为承诺时可预见的行为后果。这一观点也已得到充分证实（Cooper & Goethals, 1974; Goethals & Cooper, 1972; Goethals et al., 1979）。

第四类发现在该模型首次提出时尚未得到证实。后果责任模型（the responsibility-for-consequences model）预测，如果任何行为（不仅仅是不一致的行为）都可预见地会导致厌恶性后果，那么就会唤起认知失调。新面貌模型的本质在于其立场，即不一致并非失调产生的必要条件。在一项旨在检验这一假设的研究中，谢尔和库珀（1989）让人们承诺做出与态度一致或不一致的行为。通过虚构的故事令被试相信大学委员会正在考虑一项政策，即向家长开放学生的健康记录以方便家长仔细阅读。要求部分被试写支持这一不受欢迎且不必要的政策的反态度文章，而要求其他被试写反对这一政策的与自己态度相吻合的文章。然后，让学生们相信这些文章要么能说服委员会，要么可能适得其反，委员会反而相信与所写文章相反的内容。通过这种方式，对行为[反态度与顺态度（proattitudinal）]与委员会可能相信的问题一方（文章带来的期望结果和不想要结果）进行了正交操纵。

被试写完文章后测量其态度。结果发现，文章带来的后果而非行为与态度的不一致会对实验结果产生影响。这一结果重复了库珀和沃克尔（1970）的发现，即只有当有可能产生厌恶性后果时，反态度才会导致态度改变。但顺态度也会导致态度改变。当被试依据自己的想法写文章但发现文章可能起反作用，会导致不想要的后果时，他们会改变自己的态度。因此是行为后果而非行为与态度的不一致引起失调唤起并最终促使态度改变。

失调具有激励作用吗

费斯廷格才华的标志之一是他采用驱力模型来介绍认知失调理论。克拉克·赫尔、肯尼思·斯彭斯和他们的同事一直在争论如何将驱力与习惯适当地结合起来，以了解生物体是如何学习的。斯金纳（1953）提出了一个独特的观点，即驱力并非理解学习的必要条件。由于费斯廷格将认知失调引入了进来，所以驱力概念变得极易理解且具有争议性。

通过假设失调过程背后的驱力状态，费斯廷格使其研究与社会心理学和其他领域的学习研究联系起来。通过假设社会行为中失调的减少通常与激励和奖励程度成反比，他颠覆了学习研究领域为社会心理学家奠定的基础。我认为驱力和强化概念均是失调在20世纪50年代产生影响的关键，但我不了解费斯廷格是否曾期望驱力概念能得到直接检验。它是一个虚拟的比喻，是对失调过程的一种思考方式，它令费斯廷格羽翼未丰的理论备受关注和饱受争议。我相信，当后续研究证实了他的猜想时，他会感到很惊喜。

越来越多的证据表明，正如费斯廷格（1957）所说，失调具有"类似驱力的特性"。沃特曼和卡特金（Waterman & Katkin, 1967）认为，如果失调是一种驱力，那么它应当具有驱力对学习产生的典型影响：它应当促进简单的学习并干扰复杂的学习。沃特曼和卡特金（1967）证实了前者，但未证实后者。几年后，帕拉克和皮特曼（Pallak & Pittman, 1972）证实了后者，他们发现提倡反态度后的失调会干扰人们学习复杂任务的能力。

通过采用另一种解释方法，赞纳和库珀（Zanna & Cooper, 1974）发现，如果人们认为其失调唤起是由提倡反态度以外的原因（比如一粒药片）而非提倡反态度导致的，那么他们在提倡反态度后不会表现出态度的改变。显然，态度改变是为了降低不舒服的驱动状态。如果失调唤起是由其他因素引起的，那么态度就不会随之改变。此外，研究发现，通过镇静剂降低生理唤起水平可以减少提倡反态度后的态度变化，而摄入唤醒剂后则可以增加态度变化（Cooper et al., 1978）。

另外一系列证据是提倡反态度后对唤起的测量。克罗伊尔和库珀（Croyle & Cooper, 1983）发现，高失调组和低失调组被试间的皮肤电传导存在差异。洛施和卡乔波（Losch & Cacioppo, 1990）重复了该结果，而且也发现降低失调是为了减少失调引发的不适感。艾略特和迪瓦恩（Elliot & Devine, 1994）的研究为不适感驱动状态领域又增加了一篇文献。通过询问被试在失调唤起后的感受，他们发现这些被试比低失调组被试报告了更多的不适感。

新面貌模型接受了认知变化的动机是心理不适和生理唤起这一观点，由此对初版认知失调理论进行了补充。最初作为预测态度变化的那个比喻已得到众多研究的大力支持。我们认为，失调是由对行为带来的不想要后果负责的动机引起的。它会带来不适感并激发认知变化。

自我标准：推动新面貌模型发展的前景

失调的新面貌模型并非没有批评者（见Harmon-Jones & Mills，1999）。艾略特·阿伦森（Elliot Aronson）是失调理论最具创新精神的先驱之一，他主张从个体违背自我概念的角度看待失调。好人预期自己会做好事，坏人预期自己会做坏事，而当两者混杂时则会唤起失调。早期研究（如Aronson & Carlsmith，1962）发现，预期失败的人会选择失败，以此作为与其自我概念保持一致的方式。否则就会导致令人不快的不一致，即失调。阿伦森（例如，Aronson，1992；Thibodeau & Aronson，1992）认为，与自我有关的不一致足以引发失调，而新面貌模型强调的厌恶性后果并不是必要的。

为了证实在没有厌恶性后果时也会出现失调，蒂博多和阿伦森（Thibodeau & Aronson，1992）引入了所谓的"伪善范式"（hypocrisy paradigm）。在这项研究中，人们被要求进行与其个人信念一致的表达，但要回忆他们曾经与该信念不一致的行为次数。这项研究的总体发现是，当被试自由选择表达且注意到自己之前有不一致的行为时，失调会受到顺态度表达的影响。通常，被试后续的行为会与其提倡的态度更一致。例如，斯通等人（Stone et al.，1994）的一项研究要求大学生向一群高中生进行公开演说，提倡在发生性行为时使用避孕套。演说与被试对使用避孕套的态度是一致的。要求伪善组被试回想未曾践行刚刚所宣讲内容的时刻，即回忆其发生性行为时未使用避孕套的次数。研究结束后，允许被试购买任意数量的避孕套。结果表明，自由选择进行宣讲且回忆不一致行为组的被试购买的避孕套比其他任何组都多。为降低失调，被试夸大了自己的行为，使其与自身的态度和顺态度表达相一致。

这一有趣的研究思路提出了一个问题，即厌恶性后果对失调过程的必要性（Aronson，1992）。另外，在我看来（Cooper，1992），厌恶性后果本质上是对专注力的操纵。被提醒未戴避孕套，被提醒浪费水的次数（Dickerson et al.，1992）或被提醒未回收利用（Fried & Aronson，1995），这些都是令人厌恶的后果。虽然这些行为都发生在过去，但它们仍然是不想要的后果。因此，这些发现似乎与新面貌模型一致。

尽管如此，一系列伪善研究取得了重大成就。它增加了考察失调唤起的研究方法。伪善引发的失调通常被引导到行为改变层面，而非更典型的态度改变，行为改变通常朝着促进建设性的社会和个人价值观的方向发展，这一问题我们将在本章的后面进行讨论。从理论角度来看，这些研究揭示了我们在新面貌模型中很少提到的一个问题：我们所说的厌恶性后果是什么意思？

在新面貌模型中，法齐奥和我将厌恶性后果定义为人们不愿发生的事情。如果你能想到一些你不想引发的事情，比如说服一个人认可一个不受欢迎的观点，或令其遭遇为难的处境，或使其受困于枯燥的任务，那么这就是我们所说的"厌恶性后果"。我们认为目前尚无关于厌恶性后果的充分的先验定义。无论什么事，只要个体认为它是不受欢迎的但其仍以某种方式导致了事件的发生，那么就会引发失调。我们同意阿伦森（1969）的观点，即只要人们觉得违背自我期望是不舒服的，那么违背自我期望就会导致失调。新面貌模型之所以不同于自我期望的观点，是因为我们不认为违背自我期望是导致失调的唯一途径。个体认为的任何令人厌恶或不受欢迎的事，无论它是违背自我期望还是导致任何其他厌恶性后果的行为，都符合新面貌模型对厌恶性事件的理解，都会唤起认知失调。

杰夫·斯通（Jeff Stone）曾是艾略特·阿伦森的研究生，后来成为一名博士后研究员与我一起工作，他整合了引发失调的必要条件，即将新面貌模型强调的任何厌恶性后果和自我期望观点强调的违背自我期望相结合。在最新的失调过程完整模型中，斯通和我（Stone & Cooper, 2001）改进了失调的自我标准模型。新面貌模型缺少的是一种判断行为含义的明确方法。在斯通和库珀（2001）的一篇论文中，我们提及失调唤起是对违反某一特定行为标准的初步评估。所有行为都有一定后果。判断这些后果的可取性需要与判断标准相比较。在自我标准模型中，我们详细阐述了这些判断标准。

规范标准和个人标准

我们推断，个体评估其行为后果含义的标准主要有两类——规范标准（normative standards）和个人标准（personal standards）。在这个世界上，我们可以制造出一些众人认可且具有特定效价的后果。大多数人都会认同，为慈善事业做贡献或帮助室友备考是积极事件。我们知道帮助室友或为慈善事业做贡献有时可能有复杂的混合动机，但总体而言这些行为被认为是积极的。同样地，大多数人也都会同意一些后果是消极的或不尽如人意的。例如，在街上碰到一个人并撞倒了他通常是令人厌恶的；对一个人撒谎也是如此，尤其当这个人相信你并受到你的谎言影响时（例如，Festinger & Carlsmith, 1959）。诚然，这些后果可能是积极的，但通常大多数人都会认同它们是消极的。

当判断标准建立在大多数人认为愚蠢的、不道德的或其他消极看法的基础上时，这时人们采用的是一种规范判断标准。这一定义的核心在于，标准基于人们对好与坏、受欢迎或不受欢迎、愚蠢或聪明的共识（Higgins, 1989）。另一种广泛的判断标准基于个体的独特特征，即个人判断标准。它们仅指人们在只考虑自己的价值观或愿望时所做的判断。以一个在 4.5 分钟内跑完 1 英里⊖的业余跑步者为例。从大多数业余跑步者的标准来看，这次经历非同寻常。然而，这位跑步者却事先预计他将在 4 分钟内跑完 1 英里。不管这是否合理，也不管别人是否同意该跑步者的判断，跑步结果并不符合跑步者的个人判断标准。因此，当与跑步者的个人判断标准相比时，这种跑步结果根本不是一种成就，而是一种不想要的厌恶性后果。

自我标准模型认为，人们可以采用规范判断标准或个人判断标准来评估行为。他们采用的标准是行为发生时易获得的标准。如果在一定情境中规范标准易获得，那么人们就会采用大多数人认为可取的观点评估他们的行为后果。相反，如果引导人们发现其个人标准易获得，那么他们将采用自我期望作为判断标准以确定后果是否是令人厌恶的。

某些个体也可以长期采用个人判断标

⊖ 1 英里 ≈ 1.61 千米。

准和规范判断标准。如果一个人认为自己是不诚实的，那么他就不会因为要说服下一个等待实验的同学相信枯燥的任务其实很有趣而感到不安。他会长期采用易获得的自我标准，并将自己的行为与该标准进行比较。而如果一个人认为自己是诚实的，并将这种自我标准作为判断他行为的长期标尺，那么在同意欺骗下一个等待实验的同学后，他会陷入失调的痛苦中。对这两种假设情况下的学生而言，他们的判断是以比社会环境的影响更重要的个人标准来衡量的。

自我标准模型的预测作用得到了许多研究的支持（Weaver & Cooper, 2002; Stone, 1999; Stone & Cooper, 2003）。当人们将自己的行为与规范判断标准比较时，他们就会以与文化背景下大多数人类似的方式评估后果是否是厌恶性的。我们不用期望他们的自我意识（如自尊水平）会调节他们的失调。相对地，当与个人判断标准比较而唤起失调时，被认为的厌恶性后果会随自尊水平的变化而有所不同。高自尊的人预期自己会做正确且理性的选择。当他们的选择导致厌恶性后果时，他们会感到沮丧。当长期低自尊的人进行选择时，他们预期自己的选择会产生消极后果，从而不会因为其他人也认为这是消极后果而感到沮丧。

斯通（Stone, 1999）的一项研究将被试分为高自尊组和低自尊组，要求被试在两张有吸引力的音乐专辑中做出选择。经启动后，一半被试采用易获得的个人标准，另一半被试采用易获得的规范标准。在决定保留哪张专辑后，被试对专辑进行了重新评估。研究假设规范组被试在难以做出选择时会经历失调，并且表现出典型的失调，即提高对所选专辑的评价，降低被拒绝专辑的吸引力。斯通预期自尊不会对研究结果产生影响，因为这些被试是依据规范判断标准来衡量其行为后果的。相对地，当被试采用个人判断标准时，研究者预期自尊会发挥作用。与低自尊的被试相比，高自尊的被试更可能相信与其选择不一致的后果是厌恶性的，因为他们正依据个人判断标准评估行为后果。斯通发现，当启动规范标准时，自尊不起作用，而且正如失调理论所预测的那样，被试改变了他们对专辑的态度。然而，当启动个人标准时，高自尊被试的态度改变程度远高于低自尊被试。

经典理论的进展报告

费斯廷格认为，失调受到认知不一致的影响。当我回顾半个多世纪以来关于这个现已成为经典的理论的理论和研究时，可以从费斯廷格的著作中明显看出他天才的两方面。一方面是关于理论发展形式（form），另一方面是关于理论内容（substance）。费斯廷格围绕当时争论的重要问题形成了他的理论。在20世纪50年代，学习是心理学研究中最重要的内容，费斯廷格将学习领域中赫尔的驱力概念应用于社会心理学。在社会心理学中，学习和强化概念是说服和态度改变领域中很多研究的支柱（Hovland et al., 1949, 1953）。费斯廷格通过其理论对说服做出了与学习理论完全相反的假设，从而立即引发了争议和研究。

从理论内容的视角看，费斯廷格认为，认知不一致导致了不适感的唤起，即失调。据我们目前所知，他的观点部分正确。"所有理论都是错误的，"费斯廷格（1987）曾经写道，"有人会问'它能解决多少实证领域的问题？随着它走向成熟，它必须如何修改和改变'。"在新面貌模型和自我标准模型中，我的同事和我试图纠正失调理论偏离的路径，使其重新步入正轨，并试图寻找新的解决"但前提是"困境的方案，这一困境让我们认识到失调理论并未捕捉到全部失调现象。显然，我们并不是唯一注意到该理论需要其他概念和视角来捕捉最丰富的现象和数据的研究者。例如，博瓦和焦耳（Beauvois & Joule, 1999）、哈蒙 – 琼斯（Harmon-Jones, 1999）和斯蒂尔（Steele, 1988）都是富有开创性的学者，他们从不同角度分析了失调几十年来的发展。人们一致认为，费斯廷格让我们走上了理解人们如何看待自己认知"匹配"的道路。而且人们也一致认为，他辉煌且永恒的见解之一就是允许我们在同一层面上考虑所有认知，无论是关于外界的心理表征还是对内部状态的心理表征，从而使这些认知服从于失调过程的规则。人们一致认为，他那套简单易懂的原则以一种社会心理学领域前所未有的方式激发了研究。

我相信在我和法齐奥（1984）的研究中进行概述并在斯通和我（2001）的研究中加以改善的失调过程。然而，正如费斯廷格曾教导我们的那样，我们自己的理论终有一天会被证明是错误的（我希望只是部分错误）。费斯廷格写道："唯一一种能且仅能以几十年内保持绝对不可侵犯的形式提出的理论……是一种无法检验的理论。如果一个理论是可以检验的，它就不会保持不变。它必须改变。"

失调研究的新途径
从个人失调到替代失调

人们的自我对失调过程而言不可或缺。有理论表明，自我既是个人的，也是社会的（Leary & Tangney, 2003）。它是关于个体自身的个人特征，同时也是关于个体与他人和社会群体的相互联系（例如 Brewer & Gardner, 1996）。然而，在失调研究开展初期，将认知失调体验与社会群体成员联系起来的既往研究很少。讽刺的是，有史以来首个关于认知失调的研究是对世界末日崇拜者的不实预期的研究，他们认为世界将在一场灾难性的洪水中结束。他们对不实预期的反应构成了《预言何时失败》（*When Prophecy Fails*）一书的基础（Festinger et al., 1956）。然而，研究者需要花费几十年的时间来系统地改变群体成员，以及评估和比较被试作为个体与作为小群体成员时的行为影响（Cooper & Mackie, 1983; Zanna & Sande, 1987）。

在替代失调理论（theory of vicarious dissonance; Cooper & Hogg, 2007）中，我们更深入地探讨了群体成员的核心含义，并考虑了其对失调的影响。我们考虑了一个群体成员的反态度倡导对该群体其他成员态度和行为的影响。社会认同理论（social identity theory）有助于我们将一个群体成员的失调行为与群体中其他成员的态度联系起来。由于社会认同对社会群体成员的影响，我们推断，一个群体成员的失调唤起可能导致群体中其他成员间接地经历失调，并导致其他群体成员的态度改变。

如同我们从社会认同理论（Tajfel, 1970）和社会分类理论（social categorization theory; Turner & Hogg, 1987）的关键研究中了解到的那样，群体中的人们会建立共同身份认同。当人们把自己看作群体成员时，就会出现一种去个体化（depersonalization）和主体间性（intersubjectivity）[⊖]倾向，从而使成员同化为群体的典型成员。人们对群体的感觉越强烈，主体间性就越高，接

[⊖] 主体间性主要强调主体之间的相互关系。——译者注

受的群体成员特征和情绪也就越多。简而言之，群体中的一个成员所经历的快乐、恐惧或悲伤可以通过主体间性传递给其他成员（Mackie et al., 2007）。

迈克尔·A. 豪格和我想知道，一个群体成员的失调是否会以同样的方式传递给其他群体成员。假设你是一个保守的反税收组织的成员，你观察到一名群体成员发表了一篇公开演讲，主张增加累进所得税来支持社会项目。你知道这个人是自愿发表演讲的，而且演讲将在有可能被说服的观众面前播放。这种情境具备了造成演讲者产生认知失调的所有因素。但是作为见证人的你呢？我们推断你会间接地经历认知失调。由于你们是同一个群体的成员，你对自己的看法部分取决于你和演讲者所属群体的成员身份。你的身份认同与你所属群体的成员紧密相连，主体间性令你和演讲者拥有共同身份认同。演讲者的不适体验将成为你的不适体验。演讲者的态度改变将成为你的态度改变。演讲者减少的失调也将成为你的。

诺顿等人（Norton et al., 2003）的研究为替代失调唤起提供了实证支持。通过虚构的故事编造了一个理由，让一名学生看到下一位学生同意写一则持反态度的信息，并了解该学生是否是被试所属社会群体的成员。在普林斯顿大学，所有本科生都被随机分配到五所住宿学院中的一所。每位学生都在其中一所学院生活和就餐，每所学院都有自己的社团和学术活动。学生的住宿学院是内群体与外群体操纵的关键，因为每名被试都认为他看到的学生碰巧是他的住宿学院的同学（内群体成员），或者碰巧是其他住宿学院的同学（外群体成员）。

学生们以两人一组的方式来参加一项"语言亚文化"研究，尽管每个人都在一个由双面镜隔开的单独房间里进行研究活动。我们告诉学生，我们对不同住宿学院的人的说话方式如何不同感兴趣，想学习他们在口语中采用的略微不同的词形变化或术语。例如，我们了解到生活在中西部的人与生活在南卡罗来纳州（South Carolina）或马萨诸塞州（Massachusetts）的人的言语模式略有不同。实验者向学生介绍了本研究的目的是观察这些言语模式是否会发生在微观世界（即大环境下的小群体）中。我们告诉学生，在本项研究中，我们想看看普林斯顿大学不同住宿学院学生的言语模式是否不同，以及我们是否能测量它们。

我们解释说，随机选择的两名学生中的一名要就给定的主题发表演讲，另一名学生要仔细倾听，然后回答关于演讲者言语模式的几个问题。每名被试都被告知，他是被随机选取来对演讲进行评分的，而另一个房间里的学生则是被指派发表演讲的。该研究程序允许我们突出学生的住宿学院群体，并系统操纵演讲者的住宿学院群体与被试相同（内群体）还是不同（外群体）。实验者找一个借口把房间里的灯打开了一会儿，让被试看到在另一个房间里确实有另一名学生。由于灯的照明度很低，被试无法准确识别那名学生的身份。学生们不知道的是，他们每个人都被分配了倾听者的角色。所有其他学生所说或所做事情的信息都由指令或录音带操纵。

实验者离开了房间，假装是为了指导其他被试将要做的演讲。在此期间，被试填写各种量表，包括豪格及其同事开发的量表，旨在测量他们对自己所在住宿学院的喜爱程度和认同感（Hogg et al., 1998）。几分钟后，实验者带着录音带回来了，其中包括已完成的演讲和所谓的实验者与另一名学生的对话。在录音里实验者解释说，他很幸运能够将两项研究合二为一。具体而言，院长办公室要求进行一项研究，以评估学生对将学费提高至比一般标准更高的看法。然后，实验者要求学生写一篇强有力的演讲来倡导提高学费。他介绍说，这篇演讲将由其他被试（即真正的被试）对其语言特点进行评价，然后送交院长办公室。实验者还询问所谓的另一名学生，他对提高学费有何看法，学生回答说："嗯……我反对。"

因此，被试将面临一个尽管是捏造但可信的故事，让他们在无意间听到一个内群体或外群体成员就一个争议性话题发表反态度演讲。录音在演讲者整理想法时暂停，然后重新开始，让被试听到所谓的演讲。演讲是相对简短的一个阐述，说明更高的学费如何有助于大学雇用更多的教职员工，为图书馆购买更多的书籍，等等。在对演讲的语言特点进行评定前，被试被问及他们自己对大学学费上涨的态度，这是本研究的因变量测量。

研究结果表明，看到一个内群体成员的反态度会导致被试的态度朝与之一致的方向改变。正如替代失调所预测的那样，这种影响仅在被试强烈认同其群体时才会发生。当被试与群体没有很强的密切关系时，观察内群体或外群体成员并不会影响被试的态度（另见 Monin et al., 2004）。

失调、替代失调和文化

替代失调的概念有助于我们阐明在不同文化下认知失调表达存在的文化差异。琼·米勒（Joan Miller, 1984）是最早提出文化差异可能导致不同社会心理过程表达的人之一。她分析了能动性文化（agentic cultures）与整体性文化（holistic cultures）之间的差异，这些文化分别广泛对应着西欧和北美文化以及亚洲和印度文化。在能动性文化中，人们认为自己要对自己的行为和决定负责。他们对事件进行个人归因，将行为视为了解自己特质和特征的窗口。在整体性文化中，人们会在与他人的关系中来看待自我。他们认为情境和社会角色决定了他们的行为，并将行为看作是构建和谐社会关系的一种手段。

随后出现了一篇具有开创性意义的文章，马库斯和北山（1991）通过区分集体主义文化（collectivist cultures）与个体主义文化（individualist cultures）扩大了对文化差异的分析。集体主义文化关注人与人之间的关系，社会和谐是其关键目标，态度和行为则主要服务于该目标。个体主义文化关注自我实现，人们的态度和行为都是他们自己的，真实且诚实地表达态度和行为是自我实现过程的重要组成部分。

马库斯和北山通过提出不同文化是否对态度表达产生不同影响这一问题，为认知失调开辟了一个全新的研究方向。他们认为这种失调是一种独特的西方或个体主义现象。在个体主义文化中，人们表达的观点会准确地反映自己的判断。他们会说自己认可的话，并认可自己所说的话。不一致的认知不符合个体主义文化的态度表达观念。另外，集体主义文化中的态度表达虽然仅是部分的自我描述，但也影响人与人之间或群体与群体之间的和谐程度。集体主义文化背景下的人可能不会觉得表达与其行为不同的态度是令人厌恶的，但如果表达的观点破坏了人际或群际和谐，他们会觉得这样的态度表达是令人厌恶的。

虽然本章并未回顾过去二十年来在集体主义和个体主义文化中开展的众多失调研究，但这些研究均揭示了失调过程本身有趣且重要的方面。海涅和莱曼（Heine & Lehman, 1997）在加拿大的研究比较了欧裔加拿大人和日裔加拿大人的失调过程。他们采用典型的自由选择范式，发现与欧裔加拿大人不同，日裔加拿大被试没有表现出在社会心理学研究中多次发现的选择扩散效应（spreading of alternatives effect）。

这是否意味着集体主义文化中的人们不会经历认知失调？星野 – 布朗（Hoshino-Browne）及其同事（2005）进行了一系列具有开创性的实验，在这些实验中，他们阐明了文化对认知失调的影响。研究发现，来自集体主义文化的人如果是为朋友而不是为自己做选择时，他们在做出选择后失调会减少。也就是说，当处于社会关系中的人存在态度和行为不一致时，就会产生失调。但当他们未处于社会关系中时，不一致则不会引发失调。

对文化和失调的研究为了解重要社会价值观提供了一个窗口，即当价值观被破坏时，会产生厌恶性后果，从而导致认知失调。集体主义文化的价值观是人际和谐。当人们的行为方式扰乱了社会秩序时，它会产生厌恶性后果，从而导致认知失调。在西方文化中，当人们的行为方式对个体行动者产生了不想要的后果时，会导致失调。北山及其同事的研究还发现，当他人的存在被巧妙启动时，导致个体主义者唤起失调的行为同样也会导致集体主义者产生失调（Imada & Kitayama, 2010; Kitayama et al., 2004）。

替代失调研究为考察个体主义和集体主义文化之间的差异提供了另一个视角。宗和库珀（Chong & Cooper, 2007）采用失调的诱导服从范式（induced compliance paradigm），让韩国学生撰写一篇短文，文章内容可能会给其所在大学带来不受欢迎的政策改变。宗和库珀发现，韩国学生在反态度演讲后并未改变其态度，尽管他们的行为是自由选择的，而且他们了解自己的行为可能带来不受欢迎的后果。然而，当情境变为替代失调时，韩国学生则改变了态度。就像诺顿等人（Norton et al., 2003）研究中的被试所做的那样，当韩国学生看到自己所在小组的学生写了一篇反态度文章时，他们改变了自己的态度。

替代失调本质上是一种社会现象，它代表着在重要社会关系中他人体验的唤起。结合星野 – 布朗等人和北山等人的研究，我们现在了解到集体主义和个体主义文化中都存在失调唤起。与个体主义者相比，对集体主义者来说更重要的是，行为带来的社会后果对于该行为被认为是厌恶性的并导致失调的紧张状态而言似乎是一个必要条件。

社会生活中的失调

它为什么重要

认知失调的特征之一是它的普遍性。当我们做出选择、遭遇尴尬或付出努力时，我们都处于一种失调状态。一天之中人们想要不遭遇失调唤起是很难的。从消费者偏好（Menasco & Hawkins, 1978）到服兵役（Staw, 1974），人们的态度都可以从失调的角度加以考虑。例如，从认知失调的角度，我们已深入了解为什么人们对诸如姐妹会和兄弟会这类需要经受磨难才能加入的社会团体充满热情。又例如，教授是否从认知失调的角度考虑过，有些学生是否出于为自己付出的努力进行辩护的原因而喜欢非常难的课程？

接下来，我会讨论已采用认知失调原则系统处理问题的两个社会领域来结束本章内容。首先探讨认知失调在优化心理治疗有效性方面的潜在作用，然后探讨采用替代认知失调在引导健康行为积极变化方面的作用。

作为心理治疗的失调

心理治疗可以被认为是认知失调的一个例子吗？在20世纪80年代，丹尼·阿克索姆（Danny Axsom）和我开展了一系列研究，发现了失调如何以心理治疗的方式引导人们改变其态度和行为（Axsom, 1989; Axsom & Cooper, 1985; Cooper, 1980）。我们注意到，大多数心理疗法与阿伦森和米尔斯（Mills）在1959年提出的努力辩护原则间存在相似性。所有的治疗都需要付出努力。虽然人们可以自由选择需要为之努力的治疗任务，但任务目标仍会令他们感到有些害怕，这可能是因为他们接受治疗就是为了减少对某个物体的恐惧或对进行某种特定行为的焦虑。无论目标是什么，患者都会对它产生矛盾心理，所以进行一系列需要努力的治疗活动来克服它。

我们推断，选择参与需要付出努力的治疗，类似于努力辩护研究中的高选择组。在我们开展的系列研究中，人们试图通过与任何真正的心理治疗理论完全无关的高度努力来达到目标。在一项研究中，我们邀请那些想减少对蛇的恐惧的人来到实验室，首先测量他们能离六英尺⊖长的蟒蛇有多近。然后，他们参加了一项需要付出努力的治疗，他们相信治疗活动与克服恐惧有关。事实上，活动包含了一套困难的、令人尴尬和筋疲力尽的体育锻炼。我们发现，进行这种体育锻炼的治疗后，被试能够克服他们对蛇的恐惧。此外，在研究中我们也改动了被试参与努力治疗的选项。与失调理论预测相一致的是，与未能自由选择组相比，自由选择参与努力治疗组的被试更能消除自己的恐惧（Cooper, 1980）。

在另一项类似研究中，阿克索姆和我（Axsom & Cooper, 1985）采用失调来应对肥胖问题。超重和参与过许多减肥项目的人自愿参与我们的实验研究。我们要求实验组被试在五次活动中进行需要大量认知努力的任务。他们要进行知觉判断、读绕口令以及背诵童谣，在一小时内来回做这些任务。控制组只需要付出较低程度的认知努力，进行简单的判断和放松任务。最后一次活动结束后六个月，测量被试的体重。正如失调理论预测的那样，高努力组比低努力组减重更多（分别为8.6磅和0.8磅⊖），而且减轻的体重保持了一年。

我们并不认为所有的心理治疗都是认知失调，但认知失调确实是大多数心理治疗的有效成分之一。在了解了导致最大化失调的条件后，我们应该能设计一种心理疗法，使失调有助于心理治疗产生改变。无论治疗师采用哪种方法，在治疗方案中最大化失调的影响都能提高治疗效果。建议治疗师将患者的注意力集中在治疗任务的努力性上。此外，治疗师也需强调患者参与努力治疗的个人责任。如果将这些因素都包括在心理治疗中，那么失调过程中的唤起和动机将能有效用于患者的治疗。

替代失调能带来一个更健康的社会

我认为在将失调应用于社会生活使生活变得更美好的过程中，替代失调的存在助益颇多。如前所述，接触失调的群体成员会造成其他群体成员产生失调（Monin et al., 2004; Nortonet al., 2003）。考虑下述情境：一个人注意到一名内群体成员在提倡风险防护的健康行为，如健康饮食，发生性行为时使用避孕套，戒烟或涂防晒霜以预防癌症。如果这个人也了解到该成员承认他以前没做过他提倡的这些行为，那么这个人就会

⊖ 1英尺≈0.3米。

⊖ 1磅≈0.45千克。

产生替代失调。而想要减弱这种替代失调，则需要这个人承诺未来自己会做出更健康的行为。

我们（Fernandez et al., 2007）在亚利桑那大学（University of Arizona）开展了一项研究，要求学生们听一名学生的演讲，演讲旨在鼓励人们将使用防晒霜作为预防皮肤癌的措施。让学生们相信进行演讲的是本校的一名学生（内群体组）或另一所有竞争关系的大学的一名学生（外群体组）。演讲内容与被试和演讲者对防晒霜的态度都是一致的，传达的观点是——"无论你认为你的工作或学业有多忙，你都可以而且应该经常涂防晒霜以降低你患癌的风险"。

通过使用恰当的虚构故事，被试会听到内群体或外群体演讲者提到她每次外出时都没有使用防晒霜。我们预期，当学生听到内群体成员而非外群体成员承认了这种虚伪时，他们将被唤起替代失调体验，而且越认同其所属群体（亚利桑那大学）的学生体验到的替代失调越多。

我们预期并发现替代失调会引发被试健康行为和健康态度的改变。参与研究的女性改变了自己的态度，她们更加坚定地认为在所有场合都应使用防晒霜。而且，当她们可以用优惠券免费领取一瓶防晒霜时，替代虚伪组中有74%的女性都领取了防晒霜，而低替代虚伪组（外群体演讲者）中仅有54%的女性领取。

我们有充分的理由相信，从学校到工作场所，各种机构都可以利用替代虚伪来帮助其成员拥有更健康的生活方式，做出更健康且更低风险的生活决策。替代失调是一个倍增器（multiplier）。一个被诱导表达替代虚伪的人不仅自身会发生改变，也会给其所属群体带来成倍的这种改变。例如，在学校里，让学生们观看一位同学掷地有声地讲述自己的健康行为计划并做出承诺，如承诺经常锻炼。如果该同学承认其实在某些情况下他没有去健身房，那么这就满足了替代失调产生的条件。演讲者的认知失调将传递给其他群体成员，而成员会通过采用演讲者讲述的锻炼方案来减少他们的替代失调。同样地，在工作场所中也可以把团队成员聚集在一起，让他们观看一个同事提倡进行健康饮食的演讲。如果该同事承认他有违背健康饮食的行为，那么其他团队成员将体验到替代失调，他们会通过选择更健康的食物来减少这种失调。单个群体成员的失调可以扩散到整个群体，影响群体中的所有成员。我们可以进一步推测，如果成员对其所属群体有强烈的认同感，这种替代认知失调将会更明显。

结　论

我刚开始接触认知失调理论时，虽然它还处于初步发展阶段，但已经有了支持者和批评者。半个世纪后，这个理论仍具有启发意义。尽管只有少数最狂热的怀疑者仍然质疑失调的存在，但其确切的机制仍难以捉摸。作为失调理论的支持者，我的快乐来自对理论进行新的深入的理解。就我自身的理解而言，相比于认知不一致对失调的作用，失调的产生更取决于对后果负责任（新面貌模型的核心观点）和自我概念（自我标准模型的基础）。

正如费斯廷格所说，随着研究继续开展，任何人对失调过程的观点终将被证明是不充分的。所有的理论至少是部分错误的，而且所有的理论都必须改变。寻求变革是科学的一部分，也是一种乐趣。在费斯廷格首次提出失调并引起我们注意以来的半个世纪里，我们不仅对这个似乎无处不在的过程有了更深入的理解，而且还看到了这个理论催生出了新的思想和关联。一些主要的理论观点，如孔达（Kunda）的动机推理（motivated reasoning；Kunda，1990）、希金斯（1989）的自我差异（self-discrepancy）以及特塞尔（Tesser，1988）的自我评价维护（self-evaluation maintenance），这些都只是理论探索中的几个例子。今后将会涌现出更多的理论。失调的理论稳定性和它不断激发的变化是认知失调理论的双重遗产。

参考文献

Aronson, E. (1969) The theory of cognitive dissonance: A current perspective. In L. Berkowitz (ed.), *Advances in Experimental Social Psychology, 7,* 1–34. New York: Academic Press.

Aronson, E. (1992) The return of the repressed: dissonance theory makes a comeback. *Psychologicial Inquiry, 3,* 303–311.

Aronson, E. and Carlsmith, J.M. (1962) Performance expectancy as a determinant of actual performance. *Journal of Abnormal and Social Psychology, 65,* 178–182.

Aronson, E. and Carlsmith, J.M. (1963) The effect of the severity of threat on devaluation of forbidden behavior. *Journal of Abnormal and Social Psychology, 66,* 584–588.

Aronson, E. and Mills, J. (1959) The effect of severity of initiation on liking for a group. *Journal of Abnormal and Social Psychology, 59,* 177–181.

Axsom, D. (1989) Cognitive dissonance and behavior change in psychotherapy. *Journal of Experimental Social Psychology, 25,* 234–252.

Axsom, D. and Cooper, J. (1985) Cognitive dissonance and psychotherapy: The role of effort justification in inducing weight loss. *Journal of Experimental Social Psychology, 21,* 149–160.

Beauvois, J. and Joule, R.V. (1999) A radical point of view on dissonance theory. In E. Harmon-Jones and J. Mills (eds), *Cognitive Dissonance: Progress on a Pivotal Theory in Social Psychology,* pp. 43–70. Washington, DC: American Psychology Association.

Brehm, J. (1956) Postdecision changes in the desirability of alternatives. *Journal of Abnormal and Social Psychology, 52,* 384–389.

Brewer, M.B. and Gardner, W. (1996) Who is the 'We'? Levels of collective identity and self representation. *Journal of Personality and Social Psychology, 71,* 83–93.

Carlsmith, J.M., Collins, B.E. and Helmreich, R.L. (1966) Studies in forces compliance: I. The effect of pressure for compliance on attitudes change produced by face to face role playing and anonymous essay writing. *Journal of Personality and Social Psychology, 4,* 1–13.

Chong, J. and Cooper, J. (2007) Cognitive dissonance and vicarious dissonance in East Asia: Can I feel your discomfort but not my own? Poster presentation at a Meeting of Society for Personality and Social Psychology, Memphis, TN.

Cooper, J. (1980) Reducing fears and increasing assertiveness: The role of dissonance reduction. *Journal of Experimental Social Psychology, 16,* 199–213.

Cooper, J. (1992) Dissonance and the return of the self-concept. *Psychological Inquiry, 3,* 320–323.

Cooper, J. and Fazio, R.H. (1984) A new look at dissonance theory. In L. Berkowitz (ed.), *Advances in Experimental Social Psychology, 17,* 229–262. Hillsdale, NJ: Erlbaum.

Cooper, J. and Goethals, G.R. (1974) Unforeseen events and the elimination of cognitive dissonance. *Journal of Personality and Social Psychology, 29,* 441–445.

Cooper, J. and Hogg, M.A. (2007) Feeling the anguish of others: A theory of vicarious dissonance. In M.P. Zanna (ed.), *Advances in Experimental Social Psychology, 39,* 359–403. San Diego, CA: Academic Press.

Cooper. J. and Mackie, D.M. (1983) Cognitive dissonance in an intergroup context. *Journal of Personality and Social Psychology, 44,* 536–544.

Cooper, J. and Worchel, S. (1970) The role of undesired consequences in the arousal and cognitive dissonance. *Journal of Personality and Social Psychology,* 312–320.

Cooper, J., Zanna, M.P. and Goethals, G.R. (1974) Mistreatment of an esteemed other as a consequence affecting dissonance reduction, *Journal of Experimental Social Psychology, 10,* 224–233.

Cooper, J., Zanna, M.P. and Taves, P. (1978) Arousal as a necessary condition for attitude change following induced compliance. *Journal of Personality and Social Psychology, 36,* 1101–1106.

Croyle, R. and Cooper, J. (1983) Dissonance arousal: Physiological evidence. *Journal of Personality and Social Psychology, 45,* 782–791.

Davis, K.E. and Jones, E.E. (1960) Change in interpersonal perception as a means of reducing cognitive dissonance. *Journal of Abnormal and Social Psychology, 61*, 402–410.

Dickerson, C.A., Thibodeau, R., Aronson, E. and Miller, D. (1992) Using cognitive dissonance to encourage water conservation. *Journal of Applied Social Psychology, 22*, 841–854.

Elliot, A.J. and Devine, P.G. (1994) On the motivational nature of cognitive dissonance: Dissonance as psychological discomfort. *Journal of Personality and Social Psychology, 67*, 382–394.

Fazio, R.H., Zanna, M.P. and Cooper, J. (1977) Dissonance and self-perception: An integrative view of each theory's proper domain of application. *Journal of Experimental Social Psychology, 13*, 464–479.

Fernandez, N., Stone, J., Cascio, E., Cooper, J. and Hogg, M.A. (2007) Vicarious hypocrisy: The use of attitude bolstering to reduce dissonance after exposure to a hypocritical ingroup member. Paper presented at the Meeting of the Society for Personality and Social Psychology, Memphis, TN.

Festinger, L. (1950) Informal social communication. *Psychological Review, 57*, 271–282.

Festinger, L. (1954) A theory of social comparison processes. *Human Relations, 7*, 117–140.

Festinger, L. (1957) *A Theory of Cognitive Dissonance*. Evanston, IL: Row, Peterson.

Festinger, L. (1987) Reflections on cognitive dissonance: Thirty years later. Paper presented at the 95th Annual Convention of the American Psychological Association. August, 1987, New York.

Festinger, L. and Carlsmith, J.M. (1959) Cognitive consequences of forced compliance. *Journal of Abnormal and Social Psychology, 58*, 203–210.

Festinger, L., Riecken, H.W. and Schachter, S. (1956) *When Prophecy Fails*. Minneapolis, MN: University of Minnesota Press.

Freedman, J.L. (1965) Long-term behavioral effects of cognitive dissonance. *Journal of Experimental Social Psychology, 1*, 145–155.

Fried, C.B. and Aronson, E. (1995). Hypocrisy, misattribution, and dissonance reduction. *Personality and Social Psychology Bulletin, 21*, 925–933.

Goethals, G.R. and Cooper, J. (1972) Role of intention and postbehavioral consequences in the arousal of cognitive dissonance. *Journal of Personality and Social Psychology, 23*, 292–301.

Goethals, G.R., Cooper, J. and Naficy, A. (1979) Role of foreseen, foreseeable, and unforeseeable behavioral consequences in the arousal of cognitive dissonance. *Journal of Personality and Social Psychology, 37*, 1179–1185.

Harmon-Jones, E. (1999) Toward an understanding of the motivation underlying dissonance effects: Is the production of aversive consequences necessary? In E. Harmon-Jones and J. Mills (eds), *Cognitive Dissonance: Progress on a Pivotal Theory in Social Psychology*, pp. 71–99. Washington, DC: American Psychological Association.

Harmon-Jones, E. and Mills, J. (eds) (1999) *Cognitive Dissonance: Progress on a Pivotal Theory in Social Psychology*, Washington, DC: American Psychological Association.

Harmon-Jones, E., Brehm, J.W., Greenberg, J., Simon, L. and Nelson, D.E. (1996) Evidence that the production of aversive consequences is not necessary to create cognitive dissonance. *Journal of Personality and Social Psychology, 70*, 5–16.

Heider, F. (1946) Attitudes and cognitive organization. *The Journal of Psychology, 21*, 107–112.

Heine, S.J. and Lehman, D.R. (1997) Culture, dissonance, and self-affirmation. *Personality and Social Psychology Bulletin, 23*, 389–400.

Higgins, E.T. (1989) Self-discrepancy theory: what patterns of self-beliefs cause people to suffer? In L. Berkowitz (ed.), *Advances in Experimental Social Psychology, 22*, 93–1360. San Diego, CA: Academic Press.

Hogg, M.A., Haines, S.C. and Mason I. (1998) Identification and leadership in small groups: Salience, frame of reference, and leader stereotypicality effects on leader evaluations. *Journal of Personality and Social Psychology, 75*, 1248–1263.

Hoshino-Browne, E., Zanna, A.S., Spencer, S.J., Zanna, M.P., Kitayama, S. and Lackenbauer, S. (2005) On the cultural guises of cognitive dissonance: The case of Easterners and Westerners. *Journal of Personality and Social Psychology, 89*, 294–310.

Hovland, C.I., Lumsdaine, A.A. and Sheffield, F.D. (1949) *Experiments on Mass Communication* (Studies in Social Psychology in World War II, Vol. 3. Princeton, NJ: Princeton University Press.

Hovland, C.I., Janis, I.L. and Kelley, H.H. (1953) *Communication and Persuasion*. New Haven: Yale University Press.

Kunda, Z. (1990) The case for motivated reasoning. *Psychological Bulletin, 8*, 480–498.

Imada, T. and Kitayama, S. (2010) Social eyes and choice justification: Culture and dissonance revisited. *Social Cognition, 28*, 589–608.

Kitayama, S., Snibbe, A.C., Markus, H.R. and Suzuki, T. (2004) Is there any "free" choice? Self and dissonance in two cultures. *Psychological Science, 15*, 527–533.

Leary, M.R. and Tangney, J.P. (2003) *Handbook of Self and Identity*. New York: Guilford Press.

Lewin, K. (1951) *Field Theory in Social Psychology*. New York: Harper.

Linder, D.E., Cooper, J. and Jones, E.E. (1967) Decision freedom as a determinant of the role of incentive magnitude in attitude change. *Journal of Personality and Social Psychology*, 6, 245–254.

Losch, M.E. and Cacioppo, J.T. (1990) Cognitive dissonance may enhance sympathetic tonus, but attitudes are changed to reduce negative affect rather than arousal. *Journal of Experimental Social Psychology*, 26, 289–304.

Mackie, D.M., Maitner, A.T. and Smith, E.R. (2007) Intergroup emotions theory. In T.D. Nelson (ed.), *Handbook of Prejudice, Stereotyping, and Discrimination*, pp. 285–307. Mahwah, NJ: Erlbaum.

Markus, H. and Kitayama, S. (1991). Culture and the self: Implications for cognition, emotion, and motivation. *Psychological Review*, 98, 224–253.

Menasco, M.B. and Hawkins, D.L. (1978) A field test of the relationship between cognitive dissonance and state anxiety. *Journal of Marketing Research*, 15, 650–655.

Miller, J.G. (1984) Culture and the development of everyday social explanation. *Journal of Personality and Social Psychology*, 46, 961–978.

Monin, B., Norton, M.I., Cooper, J. and Hogg, M.A. (2004) Reacting to an assumed situation vs. conforming to an assumed reaction: The role of perceived speaker attitude in vicarious dissonance. *Group Processes and Intergroup Relations*, 7, 207–220.

Newcomb, T.M. (1956) The prediction of interpersonal attraction. *American Psychologist*, 11, 575–586.

Norton, M.I., Monin, B., Cooper, J. and Hogg, M.A. (2003) Vicarious dissonance: Attitude change from the inconsistency of others, *Journal of Personality and Social Psychology*, 85, 47–62.

Pallak, M.S. and Pittman, T.S. (1972) General motivational effects of dissonance arousal. *Journal of Personality and Social Psychology*, 21, 349–358.

Rosenberg, M. (1965) *Society and the Adolescent Self-image*. Princeton, NJ: Princeton University Press.

Scher, S. and Cooper, J. (1989) The motivational basis of dissonance: The singular role of behavioral consequences. *Journal of Personality and Social Psychology*, 56, 899–906.

Skinner, M.L. (1953) *Science and Human Behavior*. Oxford: Macmillan.

Staw, B.M. (1974) Attitudinal and behavioral consequences of changing a major organizational reward: A natural field experiment. *Journal of Personality and Social Psychology*, 29, 742–751.

Steele, C.M. (1988) The psychology of self-affirmation: sustaining the integrity of the self. In L. Berkowitz (ed.), *Advances in Experimental Social Psychology*, 21, 261–302. San Diego, CA: Academic Press.

Stone, J. (1999) What exactly have I done? The role of self-attribute accessibility in dissonance. In E. Harmon-Jones and J. Mills (eds), *Cognitive Dissonance: Progress on a Pivotal Theory in Social Psychology*, pp. 175–200. Washington, DC: American Psychological Association.

Stone, J. and Cooper, J. (2001) A self-standards model of cognitive dissonance. *Journal of Experimental Social Psychology*, 37, 228–243.

Stone J. and Cooper, J. (2003) The effect of self-attribute relevance on how self-esteem moderates attitude change in dissonance processes, *Journal of Experimental Social Psychology*, 39, 508–515.

Stone, J., Aronson, E., Crain, A.L., Winslow, M.P. and Fried, C.B. (1994) Inducing hypocrisy as a means of encouraging young adults to use condoms, *Personality and Social Psychology Bulletin*, 20, 116–128.

Tajfel, H. (1970) Experiments in intergroup discrimination. *Scientific American*, 223, 96–102.

Tesser, A. (1988) Toward a self-evaluation maintenance model of social behavior. In L. Berskowitz (ed.), *Advances in Experimental Social Psychology*, 21, 181–227. New York: Academic Press.

Thibodeau, R. and Aronson, E. (1992) Taking a closer look: Reasserting the role of the self-concept in dissonance theory. *Personality and Social Psychology Bulletin*, 18, 591–602.

Turner, J.C. and Hogg, M.A. (1987) *Rediscovering the Social Group*. Oxford: Blackwell.

Waterman, C.K. and Katkin, E.S. (1967) Energizing (dynamogenic) effect of cognitive dissonance on task performance. *Journal of Personality and Social Psychology*, 6, 126–131.

Weaver, K.D. and Cooper, J. (2002) Self-standard accessibility and cognitive dissonance reduction. Paper presented at the Meeting of the Society for Personality and Social Psychology. Palm Springs, CA, January, 2002.

Zanna, M.P. and Cooper, J. (1974) Dissonance and the pill: An attribution approach to studying the arousal properties of dissonance. *Journal of Personality and Social Psychology*, 29, 703–709.

Zanna, M.P. and Sande, G.N. (1987) The effects of collective actions on the attitudes of individual group members: A dissonance analysis. In M.P. Zanna, J.M. Olson, and C.P. Herman (eds), *The Ontario Symposium: Vol. 5. Social Influence*, pp. 151–163. Hillsdale, NJ: Lawrence Erlbaum Associates.

第 2 章

恐惧管理理论

杰弗里·格林伯格（Jeffrey Greenberg） 杰米·阿恩特（Jamie Arndt）
董艺佳① 译 蒋奖 审校

摘 要

恐惧管理理论旨在解释诸如自尊防御（self-esteem defense）和偏见（prejudice）等现象背后的动机基础。这一理论植根于人类的死亡意识及其对心理功能的影响这一悠久思想传统。该理论认为，为了应对意识到死亡所引发的潜在恐惧，人类会选择坚信一种世界观，这种世界观使他们感到自己是持久并且有意义的世界中的一个重要存在，而不仅仅是注定会在死亡后消失的"肉体"。这一理论得到了广泛的研究支持，这些研究结果表明，自尊和世界观会保护个体免受焦虑和与死亡相关认知的影响，死亡提醒会促使人们认同自己的世界观并极力保护自尊，对他们的世界观和自尊的威胁则会使人们更容易产生与死亡相关的想法。这些研究还提出了对意识层面和潜意识层面死亡想法做出反应的双重防御模型（dual defense model）。然后我们将重点讨论该理论众多主题中的两

个：与身体健康有关的态度和行为，以及政治偏好和群际冲突（intergroup conflict）。接下来，我们将思考哪些因素能够减轻恐惧管理产生的破坏性影响。最后，我们将简要总结到目前为止人们在恐惧管理领域做出的贡献，以及该领域的未来发展方向。

恐惧管理理论

恐惧管理理论大约诞生于1980年，主要源于堪萨斯大学的三个研究生对社会心理学领域的不满，他们分别是谢尔登·所罗门（Sheldon Solomon）、汤姆·匹茨辛斯基（Tom Pyszczynski），以及本章的第一作者杰弗里·格林伯格。当时的社会心理学领域深受社会认知思想的影响，将人描绘成一台冷漠的信息处理器，受图式（schema）和启发法（heuristics）引导，在历史、文化、动机和情感的真空中运作。我们三个都在工薪阶层家庭长大，感受过快乐和愤怒、手足之争

---

① 北京师范大学心理学部

和手足之爱、热情和讽刺；我们生活的社区四周是基督教堂和犹太教堂、酒吧和棒球场，身边人的行为都受地域、种族，以及职业自豪感和职场冲突的驱使。因此，让我们吃惊的是，社会心理学描述的竟是一些我们三人从未见过的没有感情的机器人。

由于认识到人具有维护自尊和主张自己的群体优于其他群体的需要，且会在这些需要的驱动下产生动机，我们就像幼小的鲑鱼一般逆流而上，反对认知革命。我们的研究重点在于动机如何影响人们对自己和他人的看法，特别是在维护自尊的情境中。我们进行了关于自我服务偏差（self-serving biases）和自我妨碍（self-handicapping）的研究，这些研究表明，人们为了维护自尊会产生认知偏差。虽然我们已经完成了研究生学业，但仍不知道是什么使人们产生了傲慢和偏见。

由于亘古不变的就业难题，我们三个分散到了美国不同地方，并开始在心理学文献之外寻找答案。我记得1982年谢尔登给我打了个电话，他说找到了一个知道答案的人。那是一位已故的文化人类学家厄内斯特·贝克尔（Ernest Becker），而答案就在他的《死亡否认》（The Denial of Death）一书中，该书获得了1973年普利策奖（非小说类）。我很快读完了这本书，发现它很可怕、很残忍，但很有启发性。这本书基于大量资料，从存在主义精神分析（existential psychoanalytic）视角出发，似乎解释了我们在成长过程中观察到的所有人类行为趋势——从众（conformity）、服从（obedience）、自我服务偏差、攻击（aggression）和偏见，而这些行为趋势都已得到社会心理学研究的充分证明。从德国纳粹主义（Nazism）的兴起到性的复杂性，这本书几乎解释了一切事物。

谢尔登、汤姆和我开始讨论这本书里提到的许多观点，还有贝克尔的早期著作《意义的诞生与死亡》（The Birth and Death of Meaning；1971）及最后一本著作《逃避罪恶》（Escape from Evil；1975）里的观点。我们开始接受贝克尔的思想，以一种更整合的方式来教授社会心理学课程，将谈论自尊时涉及的人与谈论社会影响、攻击、偏见和亲密关系时涉及的人相提并论。1984年10月，实验社会心理学会（Society of Experimental Social Psychology，SESP）在犹他州斯诺伯德举行了会议，应罗伊·鲍迈斯特（Roy Baumeister）之邀，我们参加了其中一个题为"公众自我与私人自我"（Public and Private Self）的研讨会，并将一篇文章投稿到了会议论文集。尽管汤姆没能到场，我们还是决定在会议上把贝克尔观点的核心内容介绍给与会的社会心理学同人。一个下雪的早晨，在斯诺伯德滑雪旅馆，谢尔登和我站在房间里一个没有点燃的壁炉前，兴奋地对这个理论做了一个简单的总结，我们称之为"恐惧管理理论"。

当谢尔登开始演讲时，会议室里还算坐满了人，但当他开始讨论马克思（Marx）、克尔恺郭尔（Kierkegaard）、弗洛伊德（Freud）和奥托·兰克（Otto Rank）时，大半的听众都相继离开了会议室。从房间的后面，我在留下来的人中看到了一些重要人物，比如约翰·达利（John Darley），在整个演讲过程中都在明显摇头的内德·琼斯（Ned Jones），还有我们在研究生院读书时的导师（也是我们的一位支持者）杰克·W. 布雷姆。演讲完毕后，迎接我们的不是想象中雷鸣般的掌声，而是令人目瞪口呆的沉默、震惊和沮丧。令人欣慰的是，那时已经不流行用石头砸人了。

我们没有被最初的冷遇吓到，而是继续推进会议文章的写作，这也成为恐惧管理理论的第一个书面介绍（Greenberg et al.,

1986)。同时，我们撰写了一篇论文，更全面充分地介绍了该理论，并解释了其作为一个广泛性解释框架的潜在价值。我们希望这篇论文能被《美国心理学家》(American Psychologist)杂志轻松录用，因为这本杂志非常欢迎广泛、综合的观点。但论文被两位审稿人毫不客气地拒绝了，一位审稿人回复了一段话，另一位只写了一句话："我毫不怀疑，任何活着或已故的心理学家都不会对这篇文章感兴趣。"

由于完全沉浸在了这个领域中，我们不打算接受这些简短且毫无道理的拒绝理由。经过一年左右的反复交涉，编辑伦纳德·埃龙（Leonard Eron）给了我们一个解释，他认为这些观点可能有一定的道理，但除非得到实证研究的支持，否则不会被广泛接纳。事实上，我们那时还没有想到可以根据恐惧管理理论进行实证研究。埃龙的解释让我们顿悟，这正是我们一直以来被训练要做的事情，即从理论中推导出可验证的假设，然后对它们进行检验。

我们相信恐惧管理理论解释了人类及其社会行为的一些基本问题，但它并不是标准的社会心理学理论。社会心理学中的大多数理论都是小型理论，专注于与领域内特定主题相关的特定过程，例如刻板印象威胁（偏见）、精细加工可能性模型（说服）、荣誉文化（攻击）和自我验证理论（自我）。恐惧管理理论描述了无意识的死亡恐惧在人类所做的几乎一切事情中的作用。我们很快就从这个广泛的存在主义心理动力学理论中推导出假设，并与我们的研究生合作，想出了检验这些假设的具体研究设计。

由于意识到反对声会很强烈，我们在把文章投稿给《人格与社会心理学杂志》之前进行了六项研究，这比当时普遍的研究量要大。这篇文章被接收了（Rosenblatt et al., 1989），审稿人回复道：这不可能是对的，我不喜欢这个结论，但我无法解释他们的结果，所以就勉强接受吧。当时我们觉得这话说得没错。

自那时起，恐惧管理理论的实证研究已经发展为一个独立领域，囊括了在16个国家进行的400多项研究。研究工作包括许多理论上的扩展和改进，对此贡献颇多的是第二代（现在是第三代）恐惧管理理论的研究者，他们都是最初三位"开路者"的学生，其中也包括本章的第二作者。在过去的十年里，来自世界各地独立实验室的研究者也为这一不断扩大的领域做出了宝贵的贡献。我们认为，这一领域的发展反映了一个广义理论的推广价值，该理论通过探索驱动人类行为的根源性力量，将人类广泛多样的活动整合在了一起。事实上，本章的第二作者还在斯基德莫尔学院（Skidmore College）读本科时，就被恐惧管理理论的广泛存在主义视角以及让这些观点接受实证检验的想法所深深吸引。之后如果有机会的话，我们将对本领域过去20年的研究进行简要概述，并重点阐述与当代热点问题相关的最新研究方向。但在这里，我们要先退后一步来了解这个理论相当广泛的立足根源。

恐惧管理理论的远端和近端起源

虽然在20世纪80年代，社会心理学家对这一理论的引入还是感到惊讶和怀疑，但我们可以为它的出现提出一个像样的理由，即恐惧管理理论其实是一个古老的理论，可以追溯到公元前3000年左右的第一批叙事文本之一——苏美尔的《吉尔伽美什史诗》。这个故事主要叙述了主角对死亡的深切担忧以及对永生的追求，它影响了后来中东地区的主要宗教。吉尔伽美什被好友恩奇都（Enkidu）的死亡击溃了，意识到自己也会死去。他在沙漠中漫无目的地闲逛，哀叹道："我怎能休息，我怎能平静？我心中充满了绝望。我的兄弟现在什么样，我死后也会是什么样……我害怕死亡……"于是他踏上了寻找永生的旅程。

从那时起，"人类害怕死亡，迫切渴望以某种方式否认或超越死亡"的观念一直是文学、宗教著作和哲学的一大主题。的确，叔本华（Schopenhauer）曾说死亡是哲学的源泉。虽然我们在此无法立刻概述死亡在哲学思想中的作用，也无法立即想到它对哲学思想产生的影响，但我们应该注意到，第一个把恐惧管理理论的基本观点组合在一起的人似乎是著名的古希腊历史学家修昔底德（Thucydides）。

公元前400年左右，修昔底德专注于理解困扰古希腊的族群间的恶性冲突问题。他提出，不可避免的死亡恐惧会促使人们以三种方式寻求永生：通过英勇、高尚的行为来重建正义，使自己能获得神赐予的来世；通过回忆自己的英雄事迹；通过使死亡认同超越群体认同。正如阿伦斯多夫（Ahrensdorf, 2000：591）所说："修昔底德声称，人们将通过一些方式寻求解脱——通过想方设法战胜死亡，通过死后继续'活着'（即依靠自己的城市、荣耀或来世），以及通过赞颂自己高尚、虔诚或正义的行为来赢得神的青睐。"修昔底德还指出，一旦冲突开始，死亡讯号就会越来越明显，从而增强人们英勇克敌的愿望。

时光跨越2000年，来到现代英语文学时代，从莎士比亚（Shakespeare）到华兹华斯（Wordsworth），济慈（Keats）和雪莱（Shelley）到狄更生（Dickinson）和爱默生（Emerson），数百位诗人都认识到了对死亡的恐惧和逃避死亡的渴望在人类心灵中扮演的角色。同样，从斯威夫特（Swift）、狄更斯（Dickens）、陀思妥耶夫斯基（Dostoevsky）和托尔斯泰（Tolstoy）等小说家到詹姆斯·鲍德温（James Baldwin）、唐·德里罗（Don Delillo）、詹姆斯·乔伊斯（James Joyce）、菲利普·罗斯（Phillip Roth）、米兰·昆德拉（Milan Kundera）和库尔特·冯内古特（Kurt Vonnegut）等近现代作家，都探索了死亡恐惧如何驱动人类的各种行为。在这里，鲍德温概括了恐惧管理理论的主旨：

生活是场悲剧，仅仅是因为地球在转动，太阳雷打不动地升起、落下。对我们每个人来说总会有那么一天，太阳会最后一次落下。也许问题的根源、人类的麻烦，就是为了否认死亡这一事实，也是唯一的事实，我们将牺牲生活中所有的美，将自己禁锢在图腾、禁忌、尖塔、种族中［詹姆斯·鲍德温，《下一次将是烈火》（*The Fire Next Time*），1963］。

对死亡在人类心灵中所起作用的认识不仅存在于伟大的哲学家、诗人和小说家的作品中，也广泛存在于视觉艺术中，例如凡·高（Van Gogh）、克里姆特（Klimt）；音乐，例如舒伯特（Schubert）和马勒（Mahler）；电影，例如伍迪·艾伦（Woody Allen）和英格玛·伯格曼（Ingmar Bergman）。而且它并不局限于典型的"高雅文化"，在当代流行文化中似乎也越来越普遍。2009年初，当我们开始撰写本章时，大卫·芬奇（David Fincher）执导的电影《本杰明·巴顿奇事》（*The Curious Case of Benjamin Button*）㊀和

㊀ 改编自菲茨杰拉德（Fitzgerald）的同名小说。——译者注

弗兰克·米勒（Frank Miller）执导的电影《闪灵侠》（The Spirit）[一]，以及2009年出品的情景喜剧《实习医生风云》（Scrubs）第二部都直接聚焦于死亡的心理问题。20世纪80年代，许多西方文化背景下的作品都认识到了这个问题，这也让它变得更加有趣。由于社会心理学领域中不曾提过死亡，该领域的大多数人都认为恐惧管理理论很古怪，与理解人类的社会行为无关。

如前所述，恐惧管理理论产生于贝克尔的三本书——《意义的诞生与死亡》《死亡否认》和《逃避罪恶》，这些书融合了人类学、进化生物学、哲学、精神分析和社会学中的思想。我们非常推荐对理解人类行为感兴趣的人去阅读这些书。

大约在贝克尔开始整合自己的观点时，进化哲学家苏珊·兰格（Susanne Langer）和精神分析历史学家罗伯特·杰伊·利夫顿（Robert Jay Lifton）也提出了同样的观点；1980年稍晚时，存在主义心理治疗师欧文·亚隆（Irvin Yalom）也有了同样的想法。克尔恺郭尔、威廉·詹姆斯（William James）、弗洛伊德、格雷戈里·齐尔博格（Gregory Zilboorg）、欧文·戈夫曼（Erving Goffman）、诺曼·布朗（Norman Brown），特别是奥托·兰克，都是影响贝克尔思想的主要人物。作为弗洛伊德的门徒和20世纪30年代一位令人印象深刻的跨学科学者，兰克首次在心理学领域承认死亡恐惧和永生追求是人类文化和社会行为的核心。通过将这些存在主义心理动力学观点系统化，形成一个连贯的解释框架，恐惧管理理论整合了我们对人类行为的许多认识，并为大量可验证假设的产生提供了坚实基础。反过来，恐惧管理理论的研究又驱使我们对该理论进行进一步的扩展和完善。

恐惧管理理论的基础

认识恐惧管理理论可以从两个简单的事实开始。第一，人类是一种动物，有许多用于维持生存的系统，包括对即将到来的威胁做出的"战或逃"反应（fight-or-flight response）。第二，人类的认知能力使其意识到死亡是不可避免的，随时可能因为许多潜在原因而发生。该理论假设，动物身上这种避免死亡的意识使其可能永远存在强烈的焦虑或恐惧，必须不断对此加以控制。通过坚持一种对世界和自己的看法可以管理这种焦虑或恐惧，这种看法否认了一个人存在的不稳定性和短暂性。

从远古时代开始，文化世界观就已经开始发挥这种作用。大概在某个时间点，我们的大脑皮层变得足够发达，从而拥有了自我意识，以及根据过去、现在和未来进行思考的能力。这些非常具有适应性的认知能力也使人们意识到了死亡。尽管畏惧即将到来的威胁往往具有适应性，但对持续存在的脆弱性及其不可避免结局的持续性焦虑不具有适应性。

在这一点上，我们的祖先构建了一些共同的现实概念并对这些概念深信不疑，这有效地减轻了人们对其脆弱性和死亡的认识所带来的潜在恐惧。这些文化世界观赋予外部现实以秩序、稳定、意义和目的，并给人们提供了一些方法，例如通过永生的灵魂，通过超越死亡的象征性身份，或者（在大多数世界观中）通过上述两者，让人们相信自己死亡之后将继续存在。

在最基础的层面上，所有文化世界观都

[一] 改编自同名漫画作品。——译者注

认为人们主要在现实概念中生活，在这些概念中，人们将自己视为存在于有意义世界中的象征性或精神性存在，而不仅仅是死后注定要灭亡的短暂存在的动物。的确，意识的内容是由个体成长的文化世界观构成的。我们会根据名字、日期、月份、星期、小时、分钟、社会角色和类别来进行思考，但这些其实都是为了将人为的且很大程度上随意的结构引入自始至终都持续体验到的独特感知觉的精心粉饰。诸如"你是谁""你在哪儿""现在几点"之类的问题，都只能通过文化创造的结构来回答。

人们如何融入为他们提供基本心理安全感的文化世界观中？从发展的角度看，人类新生儿是所有生物的新生儿中最无助和最具依赖性的。他们也是一种极度痛苦的生物，因为正如兰克（1932/1989）所说，他们从母亲的怀抱中孕育和发育而来，但在出生时突然要和温暖的家园——子宫分离。从听到父母说出的第一句话开始，婴儿就开启了融入主流文化世界观的社会化过程。在幼儿期，这些无助孩子的心理安全感的唯一来源就是父母的关心和爱。父母为他们提供知识、安慰、营养和保护。

当父母开始要求孩子通过一些行为来维系自己的爱和认同时，孩子会了解到，当他做得对时，一切都好，但当他做错事时，顿时会变得一团糟。为了维持父母的爱带来的心理安全感，孩子会内化父母价值观中的好与坏，并尽其所能做到其中的"好"，尽管这可能违背了他们的自然欲望。对于乖乖坐在妈妈腿上的5岁小孩来说，一切都好；但对于只是不小心用飞行玩具碰坏了父亲新立体声扬声器的5岁"捣蛋鬼"来说，这个世界就会变得十分可怕。这样一来，孩子就会将表现好和有价值与安全感联系在一起，将表现不好和无价值与恐惧感联系在一起。因

此，自尊这种有价值的感觉可以起到缓解焦虑的作用。

随着孩子认知能力的发展，他们会意识到自己害怕的东西（如黑暗、怪物、鬼魂、大狗）威胁着自己的生存，并且父母的陪伴是有限的，不可能永远保护他们免受一切伤害，而认识到这些问题会使情况变得更为复杂。随着这些认识的出现，孩子会逐渐寻找更强大的安全感基础，通常是神和文化。在孩子的整个成长过程中，父母会一直给他们灌输更大的世界观，包括父母自己的心理安全感基础，这些举动会促进上述安全感的转移。

所以在美国孩子的童年期，心理安全感的基础是成为一个好的基督徒、美国人等，也是在个体内化的文化世界观中具有价值。这种持久的意义感不仅与安全感有内隐联系，也与永远存在于文字中的天堂和超越死亡的象征性实体（如家庭和国家，科学、政治和艺术领域持久的文化成就）的不朽有外显联系。通过这些方式，社会中的重要人物会觉得自己成了永恒现实中永恒的一部分。

恐惧管理理论的总结及其基本含义

总之，有效的恐惧管理简单来说就是一种信念，一种关于提供意义的文化世界观，以及人对有意义的世界有价值的信念（即自尊在恐惧管理理论中的概念）。我们最初从该理论中提取了两个基本含义（Solomon et al., 1991）。第一，自尊及其所依据的世界观起到了关键的焦虑缓冲作用。所以，为了心理安全感和个体认同的特定文化世界观，人们会努力争取和维护自尊。第二，由于这些构念本质上都是脆弱的社会构念，人们会对任何有损于他们世界观或自我价值的人或事做出消极反应。我们认为，这为理解偏见和群际冲突提供了一个非常基本的观点。那

些批评自己世界观的人，或者持有跟自己完全不同的世界观的人，都会质疑自己心理安全感来源的有效性。

因此，恐惧管理理论假设这些与自己不同的人天生就具有威胁性，人们会用四种防御方式对他们做出反应。第一种是贬损（derogation），这是最普遍的一种方式。如果这些不同的人是无知或邪恶的，那我们就可以摒弃他们持有的信念。第二种是同化（assimilation）。如果这些人是错的，那我们可以帮助他们看到光明，这将使我们更加确信自己的世界观是正确的。传教活动就是使用这种策略的一个典型。第三种是适应（accommodation），即把另一种世界观中有吸引力的部分融入自己的世界观中。这样一来，个体就可以保持对自己世界观核心部分的信念。最初的摇滚乐和饶舌乐表达了愤怒，挑战了美国的主流文化，但在转变为酒吧或饭店里的助兴音乐或销售快餐汉堡时的背景音乐后，它们就失去了威胁性。最后一种是毁灭（annihilation）。如果一个人认为自己的世界观是对的，而别人的是错的，那么他就只会以自己的世界观为准。

检验恐惧管理理论的核心假设

恐惧管理理论与许多来自人类学、考古学和历史学的证据都是一致的，我们面临的挑战主要是推导出将理论付诸检验的假设。恐惧管理理论的核心假设基于对文化世界观和自尊的心理功能的解释。如果这些结构能保护人们免受与死亡相关恐惧的影响，那么：①提醒人们他们终有一死应能增强他们对自己世界观的支持和对自我价值的追求；②加强这些结构应能减少人们面对威胁时的焦虑和面对死亡提醒时的防御反应；③威胁这些结构应引起人们的焦虑，使得与死亡相关的担忧上升到意识层面。

数百项研究都支持了这些假设。首先，我们来思考假设①：提醒人们死亡，即死亡突显（mortality salience）会增加他们对能验证自己世界观的人的积极反应，也会增加他们对挑战自己世界观或支持不同世界观的人的消极反应（Greenberg et al., 2008）。例如，死亡突显会导致基督徒对犹太人产生负面评价，美国人对批评美国的人产生负面评价，德国人对外来产品产生负面评价。无论是自由派还是保守派，死亡突显都会使他们对批评其政治偏好的人产生更多攻击性。另外，死亡突显还会增加人们对英雄和名人、本国足球队和自己的宗教团体成员的积极反应，并增加给自己重视的慈善机构的捐款。死亡突显也增加了人们对自我价值的追求（Greenberg et al., 2008）。对那些重视自我价值的人而言，死亡突显会增加他们大胆驾驶的可能性、对身体力量的展示、环保意愿、对个人外表的关注、对能提升自尊的约会对象的兴趣，以及对名利重要性和渴望程度的评价。

大量研究也支持了假设②：自尊的增强减少了面对威胁时的焦虑（Greenberg et al., 1992b），也减少了死亡提醒后的防御反应和死亡想法的可及性（Harmon-Jones et al., 1997）。同样，支持或捍卫自己的世界观也会降低死亡突显后的防御反应和死亡想法的可及性（例如 Arndt et al., 1997）。

还有研究也支持了假设③：对人类属于动物的提醒、对参与者世界观的批评，以及对参与者自尊的威胁，都增加了与死亡相关的想法的可及性，而没有增加其他负面想法的可及性（例如 Friedman & Rholes, 2007; Schimel et al., 2007）。

上述研究已经用各种方式将死亡突显操作化，并将死亡突显与其他负面想法的突显进行了大量比较（Greenberg et al., 2008）。

对人们进行死亡突显的方式包括回答两道简单的问卷题目,写一个关于死亡的句子,填写死亡恐惧量表,接近墓地和殡仪馆,以及潜意识层面上的死亡启动。许多研究会将想到死亡与想到下述事件相比较,例如瘫痪、失败、不确定感、广泛焦虑、当众演讲、剧痛、牙痛、疾病、难以预料的疼痛、毫无意义的生活、遭遇社会排斥、即将到来的考试、意外事件以及对大学毕业后的担忧。

尽管一些研究发现,在一定情境下,其他厌恶性想法也会产生跟死亡突显类似的效果(McGregor et al., 2001; van den Bos, 2001),但绝大多数研究发现,死亡突显的效果是截然不同的。恐惧管理理论家(Greenberg et al., 2008)认为,这是因为死亡是唯一不可避免的未来事件,它是人类的生理系统(包括战或逃系统)最想要避免的,可能会破坏人类的所有欲望,包括对归属感、认知、控制感和成长的欲望。一种可能性是,当其他威胁引起的防御类似于死亡突显引起的防御时,它们就可能破坏为恐惧管理服务的结构,使死亡的想法更接近意识的焦点。例如,兰多等人(Landau et al., 2004a)发现,威胁个体的公正世界信念会提高其产生死亡想法的可能性。在某些情况下,其他令人厌恶的经历本身也可能具有威胁性。鉴于有明确的证据表明,对死亡的思考往往会引起与其他厌恶认知不同的反应,未来研究的一个重要方向就是了解心理防御何时用于恐惧管理,何时用于其他厌恶想法。

理论的完善:双过程模型

罗森布拉特等人(Rosenblatt et al., 1989)的论文发表后,德国心理学家兰道夫·欧彻斯曼(Randolph Ochsmann)称很难重复验证死亡突显效应。不同于采用两道简单的题目,欧彻斯曼通过大量的引导性想象练习(即让人们想象自己的死亡和葬礼)来对人们进行死亡提醒。这种差异让我们对死亡突显引发的过程有了更深的理解。由于最初的恐惧管理研究总是在死亡突显操纵和因变量测量(如情绪量表,主试指令)之间包含某种干预,因此我们假设,当死亡在意识层面突显时,恐惧管理防御不会发生;而当死亡思维可及度高但不是注意的焦点时,恐惧管理防御才会发生。

最初支持这一观点的研究(参见综述Pyszczynski et al., 1999)表明,只有在死亡突显启动和因变量测量间有非死亡相关任务时,死亡突显才会引起世界观防御。这些研究还表明,死亡突显启动后,即刻出现死亡相关想法的可能性很低。相比之下,延迟一段时间后,与死亡相关的想法不再是注意的焦点,但会变得高度可及。考虑到人们不愿意有意识地思考自己的死亡,我们假设,当产生了关于死亡的想法后,人们一开始会压抑这些想法。一系列研究都支持了这一推测,例如有研究发现,如果参与者处于高认知负荷状态下,死亡突显会立即增加死亡想法的可及性。另一系列研究表明,世界观防御是对无意识死亡想法的反应(如当人们经历了潜意识层面的死亡提醒时),这进一步阐明了意识在死亡突显引发的世界观防御中的作用。

恐惧管理的双过程模型就来自这一系列研究。外显的死亡想法会激起直接的近端防御,将与死亡相关的想法从当前的注意焦点中移除。这种"伪理性"(pseudorational)机制使死亡看起来像是一个遥远的问题,从而使个体停止对它的思考。然而,当死亡想法从注意焦点中移除后,它的可及性反而会增加,从而提升个体经历死亡相关焦虑的可能性。这反过来又会引起象征性的远端防御,例如支持某人的世界观或自我价值。之后，这些恐惧管理防御会将死亡想法的可及性降低到基线水平。

小 结

恐惧管理理论最初主要被用来解释人类经验中的两个事实，即人们很难跟和自己不同的人相处，以及人们非常需要良好的自我感觉。研究表明，这两种倾向都是人们将自己与根深蒂固的死亡恐惧隔绝开来的方式。此外，研究还支持了由死亡提醒引发的双过程防御模型。基于此，该理论指导了有关人类行为方方面面的研究，数量远远超出我们在犹他州那个雪天的预想。

重大问题：恐惧管理理论在当代人类关注的问题中的应用

恐惧管理理论与许多人类行为有关。虽然有人批评我们试图用恐惧管理理论解释一切，但我们的立场不是说所有事情都源于恐惧管理的需要，而是大多数重要的人类行为都会受到恐惧管理的影响。事实上，该理论帮助我们理解了许多现象，包括人类对性的矛盾情绪（Goldenberg et al., 2000）、对残疾人的反应（Hirschberger, 2006）、刻板印象的作用（Schimel et al., 1999）、学业成绩（Landau et al., 2009）、利他主义（altruism；Jonas et al., 2002）、亲子关系（Wisman & Goldenberg, 2005）、依恋和亲密关系（Mikulincer et al., 2003）、污名化（stigmatization；Salzman, 2001）、对自然的反应（Koole & van den Berg, 2005）、对女性的态度（Landau et al., 2006a）、宗教（Greenberg et al., in press）、艺术（Landau et al., 2006b）、电影（Sullivan et al., 2010），甚至人机关系（MacDorman, 2005）。

继库尔特·勒温之后，该理论还帮助我们理解了一些具有特殊实际意义的事，包括法律事务（Arndt et al., 2005a）、消费者行为（Arndt et al., 2004）和心理健康（Arndt et al., 2005b）。由于篇幅有限，我们将重点关注恐惧管理理论被研究得最多的两个应用领域。第一个是人们在健康方面做出的决策，第二个涉及政治领域和我们似乎不断升级的群际暴力倾向。最后，我们将思考能够减轻因死亡担忧而引起的不良防御反应的因素，并得出相应的结论。

了解死亡意识在日常健康决策中的作用

很明显，死亡对个体的健康来说不是好兆头。尽管如此，理论和研究在很大程度上都忽视了死亡担忧对理解人们健康决策的深层心理意义。这一忽视令人惊讶，因为许多健康运动都提醒人们不遵从健康建议会加速死亡。这种提醒会产生什么样的后果呢？为了解决这些问题，戈登堡和阿恩特（Goldenberg & Arndt, 2008）扩展了恐惧管理理论，提出了恐惧管理健康模型（terror management health model，TMHM）。

恐惧管理健康模型始于一个观点，即与健康相关的场景可以在不同程度上激活与死亡相关的认知，然后从前面提到的恐惧管理的近端和远端防御入手进行建构。当健康状况使人们明确地想到死亡，或者使关于死亡的想法处于注意力焦点时，健康决策就会受到近端动机的影响，从注意力焦点中摆脱掉具有威胁性的认知。例如，个体可以采取主动的（例如多运动）或回避的（例如否认感知到的风险）方式来减少对死亡的直接关注。当死亡的想法在内隐层面上被激活时（即在注意力焦点之外），与健康相关的决策就会更多由一种确认自我象征性价值的欲望所驱动。例如，通过努力提升自尊，寄希望于世界观信念，或者让自己忘记身体的生物属性。对有意识和无意识死亡相关想法的反应既可能有益健康，也可能有害健康，但对无意识死亡想法的反应将受到个体的世界观和自我价值感的调节，而对有意识死亡想法的反应将受到个体关于努力的效能感的调节，这种效能感可以直接减少死亡威胁（对此的支持性研究综述参见 Goldenberg & Arndt，2008）。

在一项阐明这一基本区别的研究中，参与者经历了（或不经历）死亡提醒，然后立即（或延迟一段时间后）回答关于晒黑意愿[⊖]的问题。若在参与者想到死亡后立即提问，他们会报告更低的晒黑意愿，这表明他们在努力减少受到的伤害并保护健康。然而，若延迟一段时间后提问（即当死亡的想法可及，但不处于意识层面时），参与者的晒黑意愿会增加，这表明他们会通过增强当代社会定义的吸引力来增强自尊。因此，有意识的死亡想法会使人们做出寻求健康而非美丽的决策，而无意识的死亡想法则会使人们做出寻求美丽而非健康的决策。

为了使人们注意到这些区别，恐惧管理健康模型解释了恐惧诉求的一系列后果，例如所谓的"飞镖"效应（"boomerang" effect），即恐惧诉求（通常强调死亡威胁）可能产生与预期相反的结果。虽然对恐惧诉求的最初反应可能反映了一个人为保护身体自我（physical self）所做的努力（然后将死亡从意识层面移除），但无意识死亡想法的延迟效应可能会激发个体对自尊的追求，从而使其做出更冒险的行为。

恐惧管理健康模型主要关注三大研究方向。第一个研究方向是，人们的健康决策将反映出人们努力抹去有意识的死亡想法，使其不受关注。相应地，研究发现，当产生了明确的死亡想法时，人们会试图避免威胁，或试图通过促进健康的行为（例如增加锻炼）来减少死亡发生的可能性。当然，问题的关键在于避免威胁或促进健康的反应在什么时候以及对谁来说最有可能出现。当个体认为健康反应有效，保持乐观，用积极应对策略来处理健康问题，或认为自己不容易受到伤害时，就会采用趋向健康而非避免威胁的策略来应对有意识的死亡想法，尤其是在与死亡相关的健康领域中（例如乳腺癌和皮肤癌筛查）。

第二个研究方向探索了死亡相关认知的无意识共鸣是如何促进个体维持意义感和自尊，而不是维护健康的。例如，注意力焦点之外的死亡想法既会增加损害健康的结果（如晒黑的意愿），也会增加促进健康的结果（如锻炼），这取决于情境自尊和特质自尊的结合（Goldenberg & Arndt，2008）。这表明，死亡突显可能导致自我和他人的健康相关结果都产生看似违反直觉的风险效应。在一项研究的死亡提醒操纵后，信奉基督教的医学生更有可能对抱怨胸痛的基督教病人采取谨慎的分诊策略，而对报告相同症状的穆斯林病人采取更随意的方法（Arndt et al.，2009）。这表明，即使是经常接触死亡的人也仍然容易受到恐惧管理效应的影响。但个体为什么会做出这样的决策呢？因为这样的反应有助于加强象征性缓冲，保护人们免受根深蒂固的存在性恐惧的影响。与上述分析一致的是，维斯等人（Vess et al.，2009）发现，面对死亡提醒时，宗教激进主义者不仅支持（对自己和他人）使用基于信仰的疾病治疗手段（而不是基于医学的疾病治疗手段），而且认为这样做有助于满足他们对生

⊖ 被阳光晒黑的皮肤在西方国家被认为是美丽且有吸引力的。——译者注

命意义的需求。

然而，这并不意味着无意识的死亡想法必然会增加健康风险行为。如果个体从对健康有利的行为中获得了自尊，那么当死亡想法的可及性较高时，他们会在不同的健康领域表现出有利于健康的行为。此外，在一些领域中（如锻炼、戒烟、日光浴、乳腺癌筛查），当实验操纵以有益健康的方式改变了自尊联结性时，人们会产生更多的保护意愿和行为来面对增加的死亡想法可及性。例如，当注意力被死亡想法分散时，将原本正常的肤色标准转变为以苍白皮肤为美会使得海滩游客（尤其是那些依赖外部标准建立自尊的游客）要求使用防晒系数更高的防晒霜（Arndt et al., 2009）。事实上，在启动死亡突显后，向那些为了融入他人而吸烟的人展示一则关于吸烟会降低个体受欢迎程度的广告，这将使他们更愿意戒烟。

恐惧管理健康模型的第三个研究方向来自戈登堡及其同事（2000）的研究，关于对人类物理性和生物性本质的提醒是如何增强恐惧管理效应的。直面现实的躯体会威胁到有象征性意义的幻象，进而威胁到我们的心理安全。研究表明，死亡提醒和身体生物学方面的提醒都会影响与健康相关的态度和行为。例如，这些提醒会增加对母乳喂养和孕妇的消极反应，增加对乳房X光检查的不适感，以及降低乳房自查的彻底性。总而言之，恐惧管理健康模型的研究表明，死亡意识对与癌症检测和预防相关的态度和行为以及更普遍的健康生活都有重要作用。

恐惧管理理论、政治和群际冲突

死亡意识在群际冲突方面有两种主要表现形式。首先，正如贝克尔（1971）所说，仅仅是那些世界观和自己截然不同的群体的存在，就会威胁到个体世界观中缓和恐惧的信念。我们梳理的一些研究表明，死亡提醒会导致参与者对那些批评自己世界观，或仅仅是赞同另一种世界观的人进行贬低甚至攻击。

然而，在《死亡否认》里名为"不自由的关系"（The Nexus of Unfreedom）这章中，贝克尔（1973）阐明了死亡恐惧带来的更具破坏性的后果。他认为，造成流血冲突的不是那些怀有邪恶动机的人，而是那些为领袖、上帝和国家服务的人。死亡要求我们找到比自己更重要的东西来拯救自己。当个体或组织认为其他群体是邪恶的，或认为某个群体威胁到了能缓和自己恐惧的领袖、神灵或实体时，就会产生试图根除这种邪恶威胁的暴力活动。

在其最后一本著作中，贝克尔（1975）还指出，无论我们的世界观是什么，死亡焦虑都将存在，人们会寻找这种焦虑的可控来源以掩盖其真正原因（即寻找替罪羊）。因此，最伟大的死亡超越感来自英勇战胜邪恶。换句话说，死亡担忧会让人们更偏好某种世界观和领导者，这种世界观和领导者能最有力地让人们感觉到自己是某个伟大事物的一部分，并且肩负着"英勇战胜邪恶"的使命。僵化的世界观和有魅力的领导者能让人清楚地区分善和恶，因此最能满足人们的这种需求。的确，人类历史的大部分进程似乎都被英勇战胜邪恶的努力推动着，无论是为了超越死亡的意识形态还是为了人们拥护的领导人。

恐惧管理理论的研究在很多方面都支持了上述观点。死亡提醒使人们倾向于关注那些认同内群体的伟大且愿意消灭恶势力的有魅力的领导者和意识形态。通过对假想州长候选人的描述，科恩等人（Cohen et al., 2004）发现，死亡突显增加了魅力型候选人（即一个充满自信、强调国家和民族伟大的人）的吸引力。随着 2004 年美国总统大选的临近，美国人面临着一个选择，这个选择使我们可以实施领导者吸引力的恐惧管理理论分析。一位候选人是安逸自在的乔治·W. 布什（George W. Bush），他强调美国的伟大，强调有必要清除世界上的邪恶势力，比如"邪恶轴心国"。另一位是民主党候选人约翰·克里（John Kerry），他的演讲风格生硬，对问题的看法复杂，有时甚至难以理解，共和党称其为一个喋喋不休、反复无常的人。兰多等人（Landau et al., 2004b）认为，死亡突显以及通过引发死亡恐惧来对人们进行恐怖主义提醒都会增加布什的吸引力，并降低克里的吸引力。在 2004 年大选前的一系列研究中，他们证实了这一点。后来，借助大选前几天公布的一盘关于本·拉登的录像带，布什赢得了连任，尽管他入侵了一个国家，并以一纸虚假声明使美国卷入了一场旷日持久的战争。

科恩的研究表明，布什效应源于布什有魅力的风格和简单的善恶世界观。作为美国当时的国家领导人，布什在恐惧管理方面也占优势。此外，约斯特（Jost）及其同事（2003）提出，保守的右翼意识形态可能比自由主义或左翼意识形态更有益于恐惧管理。然而，在兰多等人（2004b）的研究中，尽管死亡突显增加了参与者对布什的偏好，但并没有增加他们自我报告的政治保守主义。在科恩等人研究的基础上，科斯洛夫等人（Kosloff et al., 2010）的一项研究发现，只有当魅力型假想领导者支持的政策与个体先前的政治取向（无论是保守的还是自由的）相匹配时，死亡突显才会让人们更偏好这个领导者。

因此，死亡突显会让人们偏好那些善恶意识形态更直接的人，只要这些意识形态与个体原有的世界观相符。基于这些发现，匹茨辛斯基等人（2006）想知道死亡突显是否也会增加人们对被其文化认为是邪恶的人使用暴力的意愿。在他们的第一项研究中，他们将伊朗学生分配到死亡突显组或对照组，然后考察他们对某个同学的反应，这个同学可能支持对美国人实施自杀式炸弹袭击或以和平方式解决与美国间的问题。在控制组中，伊朗学生更喜欢爱好和平的同学。然而，在死亡突显后，他们更偏好自杀式爆炸的支持者，并表达了更多加入这项事业的兴趣。

为了避免仅将这种效应局限于伊朗人，拉特利奇和阿恩特（Rutledge & Arndt, 2008）同样发现，英国学生在死亡突显后为祖国牺牲的意愿更高。而且，在死亡突显后，人们不仅表现出炸毁自己的倾向，还更倾向于只炸毁敌人。事实上，在第二项研究中，匹茨辛斯基等人（2006）操纵了死亡突显，并询问保守派和自由派美国人在多大程度上支持极端军事行动，包括在中东和其他地区使用核武器以抵御美国受到的威胁。与控制组相比，死亡突显增加了保守派参与者对此类暴力行动的支持。同样，由于对 2005 年即将从加沙地带和约旦河西岸北部撤军感到失望，死亡突显增加了以色列人的暴力反应（Hirschberger & Ein-Dor, 2006）。最后，海斯等人（Hayes et al., 2008）发现，当基督徒的世界观受到威胁后，告知他们有 117 名穆斯林在飞机事故中丧生会减少他们死亡相关想法的可及性和世界观防御，这一结果表明死亡的恐惧管理价值在其他恶性事件中也有同样的作用。

综上所述，恐惧管理理论领域的研究表明，死亡威胁会增加人们对不同人的负面看法，助长"我们是好的，他们是坏的"的简单世界观，也会增加消除邪恶的欲望。因此，研究支持了恐惧管理需求在世界各地的群际冲突中发挥的作用。

我们该去向何方？探索更好的恐惧管理方式

鉴于人们管理死亡恐惧的方式通常具有破坏性，我们如何才能减少这种影响？幸运的是，一系列研究已经解决了这个问题，并提出了减少甚至逆转这种影响的方法。贝克尔认为，关键是要确定一种安全、持久的世界观，这种世界观可以为其持有者提供广泛的自我价值来源，同时要尽量使文化内和文化外的成本最小化。这种观点引申出了两种被广泛用来减轻不利恐惧管理的方法，且都已经过实证检验。

加强防御：抵御死亡想法的心理缓冲器

恐惧管理理论的早期观点认为，由于自尊可以缓冲焦虑，提高自尊或拥有高特质自尊应使人们不那么容易受到死亡意识的影响。哈蒙-琼斯等人（1997）和其他研究者都支持这个假设，即提升个体的自我价值感会使其思考死亡，但不会增加死亡想法的可及性和相关的防御反应。只要其他人构成的威胁不损害个体的自我价值感（Arndt & Greenberg, 1999），自尊就能为他们提供心理保护，从而防止其对死亡提醒做出防御性反应。

人们还可以从与亲密他人的依恋关系中获得存在性保护。兰克（1941/1958）首先提出，由于占主导地位的宗教教条已经失去了力量，人际关系成了一个特别重要的慰藉源。与此一致，米库利茨（Mikulincer）和其他研究者已经证明，当受到死亡提醒时，与亲密他人有安全依恋关系的人不太可能表现出防御性反应和支持暴力（Mikulincer et al., 2003; Weise et al., 2008）。

虽然关系依恋和自尊（以及我们在这里没有提及的其他缓冲器）都能减少死亡突显导致的后果，但这些给个体带来心理安全感的关键根基往往很难维持一生。当关系和自尊出现问题时，人们还是可能出现焦虑、抑郁和物质滥用等问题。因此，自我价值和依恋越持久，个体的恐惧管理行为可能越不具破坏性。

拥护包容、同情和开放的世界观

另一种减轻恐惧管理不利影响的方法不是加强存在性防御，而是将应对措施引向更具建设性的方向。可以通过拥护包容和开放的世界观来实现这一目标。如果死亡突显能激励人们努力践行重要的价值观，而个体的重要价值观就是重视包容，那么死亡突显就可以增加包容性。相应地，格林伯格及其同事（1992a）的研究结果表明，经过包容启动或本身就具有高包容性的参与者会更少贬损那些威胁他们信念的人。这些结果肯定是有意义的，因为人们可以让自己的孩子学会接纳他人。

在没有明确启动的情况下，包容和同情能被加强吗？一种可能性是人们重新定义内群体认同（ingroup identification）的概念，从而认识到我们与世界各地人的共性。例如，莫蒂尔（Motyl）及其同事（2011）将美国参与者分配到死亡提醒组或控制组，然后让他们看来自世界不同地区的非美国普通家庭、典型美国家庭，或一组不相干的人的照片。在中性组和美国家庭组中，死亡突显导致反阿拉伯偏见增加；然而，当提醒参与者全人类共有的人类属性时，死亡突显又大大减少了反阿拉伯偏见。在另一项研究中，研究者将美国人分配到死亡提醒组或控制组，然后让他们看一些由美国人或其他国家的人撰写的常见童年经历小故事。当向参与者呈现美国人的童年经历时,死亡突显会增加他们对移民的敌意偏见;然而,当同样的童年经历出自外国作者之笔时,这种负面影响就消失了。

帮助人们意识到我们共同的人类属性是减少破坏性影响的一条有效途径,特别是在世界日益全球化的情况下。这些目标也可以通过更广泛地激发开放和灵活的思维来实现。由于创造力活动可以锻炼开放性思维,它可能是鼓励人们更多地接受不同个体的一种方法。

最初考察创造力和恐惧管理的研究(参见综述 Greenberg et al., 2008)都建立在奥托·兰克(1932)的理论基础上。创造力活动会使个体跳脱传统思维,因此会威胁到个体在为其提供安全感的世界观中所珍视的地位。因此,当收到死亡提醒时,创造力活动会使人们产生内疚感[一种反映社会补偿(social reparation)需求的情绪]。但是,增强了社会联结感后,当收到死亡提醒时,人们就可以在不产生内疚感的情况下运用创造力,并且可以从这种创造力活动中获得更多积极影响。因此,在收到死亡提醒后,如果产品是面向公共利益的,人们会更有创造力;但如果产品是面向个人利益的,人们的创造力就会降低。

上面这项研究还表明,当人们面临存在性恐惧时,创造力可能会帮助他们更好地生活(Routledge & Arndt, 2009)。一项研究发现,被社会认可的创造力会使人们变得更开放,从而减少其通过贬低那些与自己有信念冲突的人来管理恐惧的倾向。另一些研究表明,在死亡突显后,启动创造力的文化价值甚至可以使个体更愿意接受与主流文化信念背道而驰的想法。这些研究和其他研究表明,通过世界为个体提供的丰富多样的视

角、真实的自我超越的可能性和内在的目标追求,人们可以管理自己的死亡意识(例如 Lykins et al., 2007)。

最后,结构需求的个体差异可能在人们应对死亡担忧时发挥了作用。维斯和劳特利奇等人(Vess & Routledge, 2009)的一系列研究表明,虽然高结构需求的人更喜欢通过严格的方式获取认知知识(例如 Landau et al., 2004a, 2006a),但低结构需求的人可能会更多使用探究的形式去发现,用整体加工去提取他们生活的意义。因此,减少恐惧管理破坏性影响的大部分潜力似乎可以追溯到个体认同的世界观的内容中。当一个人的世界观中包含了亲社会行为、灵活的思维,或包容和同情时,就有可能对人类的存在性困境做出建设性反应。

长夜漫漫路迢迢

恐惧管理理论把死亡问题带入了社会心理学,我们希望当你读到这里时,也认为这是一个有价值的贡献(尽管想起来不太愉快)。死亡威胁潜伏在大多数(如果不是全部)人们所关心的事背后:健康、经济福利、环境、恐怖主义、战争、亲密关系和衰老。恐惧管理理论已经向我们阐明了死亡意识如何影响人们在上述事项中的态度和行为。在对抗死亡时,我们都急切地捍卫我们所珍视的信念,努力在这个世界上留下我们所能留下的最伟大的印记。恐惧管理理论的研究表明,这些欲望塑造了最高尚和最卑劣的人类行为。

恐惧管理理论也提出了许多目前研究者正在考虑的问题。有意识和无意识引起的防御是如何相互关联的?恐惧管理理论如何解读无意识的基本性质?哪些脑区促成了管理死亡意识及其引发的防御?随着时间的

推移，持续增加的死亡突显会带来什么影响（例如对于肿瘤学家和殡葬业者等专业人士来说）？一项研究表明，无须启动死亡突显，印度操办葬礼的工人比其他工作人员有更强的亲印度偏见；而其他工作人员只有在首先被引导思考自己的死亡时，亲印度水平才会和操办葬礼的工人一样强（Fernandez et al., 2010）。但还需要更多研究考察关于持续性死亡突显的问题。文化世界观中是否有对恐惧管理特别重要的成分？由于进化塑造了我们的基本动机、思维方式和情感（如共情、对正义的渴望），那么是否有某些信念和价值观是所有世界观所共有的？除了恐惧管理外，是否还有其他动机会使人们渴望在一个有意义的世界中保持信仰和个人意义？

我们还认为，恐惧管理理论广泛拓展了心理学领域，使人们更加认识到文化、无意识动机和过程、情感，以及人类在社会行为中关注的核心问题的重要作用。其中一个方面是在社会心理学中出现了一个叫做实验存在主义心理学（experimental existential psychology，XXP）的分支（Greenberg et al., 2004；Pyszczynski et al., 2010）。这个子领域关注五大存在主义问题（即死亡、意义、认同、孤立和自由）对思想、情感和行为的影响。我们希望实验存在主义心理学能继续向前发展，全面理解人类的这些核心问题，以及它们在重要社会现象中的作用。这样的前景让我们获得了一种基本的满足感。

参考文献

Ahrensdorf, P.J. (2000) The fear of death and the longing for immortality: Hobbes and Thucydides on human nature and the problem of anarchy. *The American Political Science Review*, 94, 579–593.

Arndt, J., Cox., C.R., Goldenberg, J.L., Vess, M., Routledge, C. and Cohen, F. (2009) Blowing in the (social) wind: Implications of extrinsic esteem contingencies for terror management and health. *Journal of Personality and Social Psychology*, 96, 1191–1205.

Arndt, J. and Greenberg, J. (1999) The effects of a self-esteem boost and mortality salience on responses to boost relevant and irrelevant worldview threats. *Personality and Social Psychological Bulletin*, 25, 1331–1341.

Arndt, J., Greenberg, J., Solomon, S., Pyszczynski, T. and Simon, L. (1997) Suppression, accessibility of death-related thoughts, and cultural worldview defense: Exploring the psychodynamics of terror management. *Journal of Personality and Social Psychology*, 73, 5–18.

Arndt, J., Lieberman, J.D., Cook, A. and Solomon, S. (2005a) Terror management in the courtroom: Exploring the effects of mortality salience on legal decision-making. *Psychology, Public Policy, and Law*, 11, 407–438.

Arndt, J., Routledge, C., Cox, C.R. and Goldenberg, J.L. (2005b) The worm at the core: A terror management perspective on the roots of psychological dysfunction. *Applied and Preventative Psychology*, 11, 191–213.

Arndt, J., Solomon, S., Kasser, T. and Sheldon, K.M. (2004) The urge to splurge: A terror management account of materialism and consumer behavior. *Journal of Consumer Psychology*, 14, 198–212.

Arndt, J., Vess, M., Cox, C.R., Goldenberg, J.L. and Lagle, S. (2009) The psychosocial effect of personal thoughts of mortality on cardiac risk assessment. *Medical Decision Making*, 29, 175–181.

Baldwin, J. (1963) *The Fire Next Time*. New York: Random House.

Becker, E. (1971) *The Birth and Death of Meaning*, 2nd Edition. New York: Free Press.

Becker, E. (1973) *The Denial of Death*. New York: Academic Press.

Becker, E. (1975) *Escape from Evil*. New York: Academic Press.

Cohen, F., Solomon, S., Maxfield, M., Pyszczynski, T. and Greenberg, J. (2004) Fatal attraction: The effects of mortality salience on evaluations of charismatic, task-oriented, and relationship-oriented leaders. *Psychological Science*, 15, 846–851.

Fernandez, S., Castano, E. and Singh, I. (2010) Managing death in the burning grounds of Varanasi, India: A terror management investigation. *Journal of*

Cross-Cultural Psychology, 41, 182–194.

Friedman, M. and Rholes, W.S. (2007) Successfully challenging fundamentalist beliefs results in increased death awareness. Journal of Experimental Social Psychology, 43, 794–801.

Goldenberg, J.L. and Arndt, J. (2008) The implications of death for health: A terror management health model for behavioral health promotion. Psychological Review, 115, 1032–1053.

Goldenberg, J.L., McCoy, S.K., Pyszczynksi, T., Greenberg, J. and Solomon, S. (2000) The body as a source of self-esteem: The effects of mortality salience on identification with one's body, interest in sex, and appearance monitoring. Journal of Personality and Social Psychology, 79, 118–130.

Greenberg, J., Koole, S. and Pyszczynski, T. (eds) (2004) Handbook of Experimental Existential Psychology. New York: Guilford Press.

Greenberg, J., Landau, M.J., Solomon, S. and Pyszczynski, T. (in press) The case for terror management as the primary psychological function of religion. In D. Wulff (ed.), Handbook of the Psychology of Religion. London: Oxford University Press.

Greenberg, J., Pyszczynski, T. and Solomon, S. (1986) The causes and consequences of a need for self-esteem: A terror management theory. In R.F. Baumeister (ed.), Public Self and Private Self, pp. 189–212. New York: Springer-Verlag.

Greenberg, J., Simon, L., Pyszczynski, T., Solomon, S. and Chatel, D. (1992a) Terror management and tolerance: Does mortality salience always intensify negative reactions to others who threaten one's worldview? Journal of Personality and Social Psychology, 63, 212–220.

Greenberg, J., Solomon, S. and Arndt, J. (2008) A uniquely human motivation: Terror management. In J. Shah and W. Gardner (eds), Handbook of Motivation Science, pp. 113–134. New York: Guilford.

Greenberg, J., Solomon, S., Pyszczynski, T., Rosenblatt, A., Burling, J., Lyon, D., Pinel, E. and Simon, L. (1992b) Assessing the terror management analysis of self-esteem: Converging evidence of an anxiety-buffering function. Journal of Personality and Social Psychology, 63, 913–922.

Harmon-Jones, E., Simon, L., Greenberg, J., Pyszczynski, T., Solomon, S. and McGregor, H. (1997) Terror management theory and self-esteem: Evidence that increased self-esteem reduces mortality salience effects. Journal of Personality and Social Psychology, 72, 24–36.

Hayes, J., Schimel, J. and Williams, T.J. (2008) Fighting death with death: The buffering effects of learning that worldview violators have died after worldview threat. Psychological Science, 19, 501–507.

Hirschberger G. (2006) Terror management and attributions of blame to innocent victims: Reconciling compassionate and defensive responses. Journal of Personality and Social Psychology, 91, 832–844.

Hirschberger, G. and Ein-Dor, T. (2006) Defenders of a lost cause: Terror management and violent resistance to the disengagement plan. Personality and Social Psychology Bulletin, 32, 761–769.

Jonas, E., Schimel, J., Greenberg, J. and Pyszczynski, T. (2002) The Scrooge effect: Evidence that mortality salience increases prosocial attitudes and behavior. Personality and Social Psychology Bulletin, 28, 1342–1353.

Jost, J.T., Glaser, J., Kruglanski, A.W. and Sulloway, F. (2003) Political conservatism as motivated social cognition. Psychological Bulletin, 129, 339–375.

Koole, S.L. and van den Berg, A.E. (2005). Lost in the wilderness: Terror management, action orientation, and nature evaluation. Journal of Personality and Social Psychology, 88, 1014–1028.

Kosloff, S., Greenberg, J., Weise, D. and Solomon, S. (2010) The effects of reminders of death on political preferences: The roles of charisma and political orientation. Journal of Experimental Social Psychology, 46, 139–145.

Landau, M.J., Goldenberg, J., Greenberg, J., Gillath, O., Solomon, S., Cox, C., Martens, A. and Pyszczynski, T. (2006a) The siren's call: Terror management and the threat of men's sexual attraction to women. Journal of Personality and Social Psychology, 90, 129–146.

Landau, M.J., Greenberg, J. and Rothschild, Z. (2009) Motivated cultural worldview adherence and culturally loaded test performance. Personality and Social Psychology Bulletin, 35, 442–453.

Landau, M.J., Greenberg, J., Solomon, S., Pyszczynski, T. and Martens, A. (2006b) Windows into nothingness: Terror management, meaninglessness, and negative reactions to modern art. Journal of Personality and Social Psychology, 90, 879–892.

Landau, M.J., Johns, M., Greenberg, J., Pyszczynski, T., Solomon, S. and Martens, A. (2004a) A function of form: Terror management and structuring of the social world. Journal of Personality and Social Psychology, 87, 190–210.

Landau, M.J., Solomon, S., Greenberg, J., Cohen, F., Pyszczynski, T., Arndt, J., Miller, C.H., Ogilvie, D.M. and Cook, A. (2004b) Deliver us from evil: The effects of mortality salience and reminders of 9/11 on support for President George W. Bush. Personality and Social Psychology Bulletin, 30, 1136–1150.

Lykins, E.L.B., Segerstrom, S.C., Averill, A.J., Evans, D.R. and Kemeny, M.E. (2007) Goal shifts following reminders of mortality: Reconciling posttraumatic growth and terror management theory. *Personality and Social Psychology Bulletin, 33*, 1088–1099.

MacDorman, K.F. (2005) Mortality salience and the uncanny valley. *Proceedings of the 5th IEEE-RAS International Conference on Humanoid Robots*, Tsukuba, Japan, 399–405. Doi: 10.1109/ICHR.2005.1573600.

McGregor, I., Zanna, M.P., Holmes, J.G. and Spencer, S.J. (2001) Compensatory conviction in the face of personal uncertainty: Going to extremes and being oneself. *Journal of Personality and Social Psychology, 80*, 472–488.

Mikulincer, M., Florian, V. and Hirschberger, G. (2003) The existential function of close relationships: Introducing death into the science of love. *Personality and Social Psychology Review, 7*, 20–40.

Motyl, M., Pyszczynski, T., Cox, C., Siedel, A., Maxfield, M. and Weise, D.R. (submitted) We are family: The effects of mortality salience and priming a sense of common humanity on intergroup prejudice.

Pyszczynski, T., Abdollahi, A., Solomon, S., Greenberg, J., Cohen, F. and Weise, D. (2006). Mortality salience, martyrdom, and military might: The Great Satan versus the Axis of Evil. *Personality and Social Psychology Bulletin, 32*, 525–537.

Pyszczynski, T., Greenberg, J., Koole, S. and Solomon, S. (2010) Experimental existential psychology: Coping with the facts of life. In S. Fiske, D. Gilbert, and G. Lindzey (eds), *Handbook of Social Psychology, Vol.1*, 5th Edition, pp. 724–757. London: John Wiley and Sons.

Pyszczynski, T., Greenberg, J. and Solomon, S. (1999) A dual-process model of defense against conscious and unconscious death-related thoughts: An extension of terror management theory. *Psychological Review, 106*, 835–845.

Rank, O. (1932/1989) *Art and Artist: Creative Urge and Personality Development*. New York: Knopf.

Rank, O. (1941/1958) *Beyond Psychology*. New York: Dover.

Rosenblatt, A., Greenberg, J., Solomon, S., Pyszczynski, T. and Lyon, D. (1989) Evidence for terror management theory I: The effects of mortality salience on reactions to those who violate or uphold cultural values. *Journal of Personality and Social Psychology, 57*, 681–690.

Routledge, C. and Arndt, J. (2008) Self-sacrifice as self-defense: Mortality salience increases efforts to affirm a symbolic immortal self at the expense of the physical self. *European Journal of Social Psychology, 38*, 531–541.

Routledge, C. and Arndt, J. (2009) Creative terror management: Creativity as a facilitator of cultural exploration after mortality salience. *Personality and Social Psychology Bulletin, 35*, 493–505.

Salzman, M.B. (2001) Cultural trauma and recovery: Perspectives from terror management theory. *Trauma Violence and Abuse, 2*, 172–191.

Schimel, J., Hayes, J., Williams, T.J. and Jahrig, J. (2007) Is death really the worm at the core? Converging evidence that worldview threat increases death-thought accessibility. *Journal of Personality and Social Psychology, 92*, 789–803.

Schimel, J., Simon, L., Greenberg, J., Pyszczynski, T., Solomon, S., Waxmonski, J. and Arndt, J. (1999) Support for a functional perspective on stereotypes: Evidence that mortality salience enhances stereotypic thinking and preferences. *Journal of Personality and Social Psychology, 77*, 905–926.

Solomon, S., Greenberg, J. and Pyszczynski, T. (1991) A terror management theory of social behavior: The psychological functions of self-esteem and cultural worldviews. In M.P. Zanna (ed.), *Advances in Experimental Social Psychology, 24*, 93–159. New York: Academic Press.

Sullivan, D., Greenberg, J. and Landau, M.J. (2010) Toward a new understanding of two films from the dark side: Terror management theory applied to Rosemary's Baby and Straw Dogs. *Journal of Popular Film and Television, 37*, 42–51.

van den Bos, K. (2001) Uncertainty management: The influence of uncertainty salience on reactions to perceived procedural fairness. *Journal of Personality and Social Psychology, 80*, 931–941.

Vess, M., Arndt, J., Cox, C.R., Routledge, C. and Goldenberg, J.L. (2009) The terror management of medical decisions: The effect of mortality salience and religious fundamentalism on support for faith-based medical intervention. *Journal of Personality and Social Psychology, 97*, 334–350.

Vess, M., Routledge, C., Landau, M. and Arndt, J. (2009) The dynamics of death and meaning: The effects of death-relevant cognitions and personal need for structure on perceptions of meaning in life. *Journal of Personality and Social Psychology, 97*, 728–744.

Weise, D., Pyszczynski, T. Cox, C., Arndt, J., Greenberg, J., Solomon, S. and Kosloff, S. (2008) Interpersonal politics: The role of terror management and attachment processes in political preferences. *Psychological Science, 19*, 448–455.

Wisman, A. and Goldenberg, J.L. (2005) From the grave to the cradle: Evidence that mortality salience engenders a desire for offspring. *Journal of Personality and Social Psychology, 89*, 46–61.

第3章

自我决定理论

爱德华·L. 德西（Edward L. Deci） 理查德·M. 瑞安（Richard M. Ryan）

喻绘先[①] 译 蒋奖 审校

摘 要

自我决定理论（self-determination theory，SDT）是一个基于实证证据的关于社会情境中人类动机和人格的理论，它将动机区分为自主性动机和受控性动机。该理论建构的工作始于探究外在奖励如何影响内在动机的系列实验。自这些早期研究以来的三十多年里，我们发展出了五个子理论，对一些互不相同又彼此关联的问题进行了论证：社会环境对内在动机的影响；自主性外在动机的发展以及通过内化和整合进行的自我调控；一般性动机取向中的个体差异；那些对于个人成长、人格整合和健康来说普遍而根本的心理需要的功能；不同的目标内容对幸福感和表现的影响。随后，我们用自我决定理论及其子理论指导和解读了很多关于新议题的研究，包括不同文化下动机和健康的关系、亲密关系、能量与活力的提高和损耗，以及正念觉察和无意识过程在行为调控中的作用。

尽管自我决定理论中很多内容的发展都基于实验室实验，但它也得到了大量应用性研究的支持，这些研究用现场研究和临床实验的方法探讨了很多重大的社会问题。我们会简要提及一些这类研究，特别是与健康行为变化、教育、心理治疗、工作动机、运动和锻炼，以及亲社会行为相关的部分。

引 言

长久以来，社会心理学关注的核心一直是社会环境对人们的态度、价值观、动机以及行为的影响，毫无疑问，环境的力量对这些结果变量的影响是巨大的。很多社会心理学理论都或隐或显地将学习（即获得态度、价值观、动机和行为）看作社会环境教人思考什么、看重什么、需要什么以及做什么。这种观点被称为"标准社会科学模型"，描述了人性在社会情境影响下的相对可塑性（参见 Tooby & Cosmides, 1992）。在发

[①] 北京师范大学心理学部

展心理学中，社会学习理论（social learning theory）最清晰地表达了这个视角，该理论中榜样和强化是学习和成长的首要机制。在社会心理学、社会认知领域和文化相对主义中，这些模型常用来解释受环境影响的认知和行为。

自我决定理论的社会心理学也关注社会环境对态度、价值观、动机和行为的影响，包括长期发展性影响和当前情境性影响；但是，它采用了一种相当不同的方式处理这些问题。具体而言，自我决定理论假设，人类有机体具备由进化得来的积极天性和内在的动机，并以通过有机整合过程实现自然发展为导向。这些品质不需要学习，它们与生俱来。不过，它们也随时间的推移得以发展，在学习中扮演着重要的角色，并且受到社会环境的影响。

为了让自然的积极过程——内在动机和有机整合——能朝着健康和心理幸福的方向有效展开，人类需要某些营养物质——既包括生理的，也包括心理的（Ryan, 1995）。在这些营养物质相对匮乏的环境下，这些自然过程会受到阻碍，从而带来不太理想的体验、发展和行为。在自我决定理论中，我们主要关注心理需要以及它们在社会环境中的动态变化，尽管生物因素以及个体差异也有相当重要的作用。

根据自我决定理论以及数十年的实证研究，至少存在三种普遍的心理需要，具体来说是指对胜任（competence）、自主（autonomy）和联结（relatedness）的需要，它对最佳发展和机能发挥是不可或缺的。和某些进化视角不同，我们认为这些需要是适应性行为组织的基础，由很多个体适应提供支持，它们本身并不具有某种特定功能或者模块性加成（"add-ons"; Deci & Ryan, 2000）。随着本章的展开，我们会更

明显地看到，以自然积极性、内在动机、整合趋势以及基本心理需要为出发点，导致自我决定理论的预测与其他重要的社会心理学理论的预测存在重大分歧，我们会在本章中谈论其中一些。

自我决定理论的发展

自我决定理论起源于对外在奖励如何影响内在动机的研究。在最早发表的研究中（Deci, 1971），大学生因致力于解决有趣的智力游戏而得到报酬，这些金钱奖励降低了他们对于这项活动的内在动机。此后有100多项类似的研究（参见Deci et al., 1999）证实了这个具有争议性的想法，即奖励（rewards）并不总是会激励坚持性；事实上，它们可能降低内在动机。我们使用了归因概念——动因定点感知（perceived locus of causality; de Charms, 1968; Heider, 1958），作为我们对上述效应以及内在动机的其他变化的解释，但是我们还将内在动机，以及作用于内在动机的社会-环境效应与人类对于胜任和自我决定（即自主）的需要联系起来。内在动机被认为是人类的一种内在特征，是心理自由或自我决定的原型。它可能被损害或提高，取决于社会环境是阻抑了还是支持了胜任需要和自我决定的需要。如果奖励或者其他外部事件如惩罚威胁（Deci & Cascio, 1972）、积极反馈（Deci, 1971）、竞争（Deci & Betley et al., 1981）或者选择（Zuckerman et al., 1978）阻抑了这些基本需要，那么它就会导致外部动因定点感知（external perceived locus of causality），降低内在动机；但如果外部事件支持了这些基本需要，那么它就会导致内部动因定点感知（internal perceived locus of causality），提高内在动机。我们预测

金钱奖励、威胁以及竞争会阻抑自主，并且这些事件一般会降低内在动机（例如 Deci, Betley et al., 1981; Deci et al., 1999）。与之相反，我们预测积极反馈和选择会提高胜任感和自主感，增强内在动机，并且得到了研究结果的证实（Deci et al., 1999; Zuckerman et al., 1978）。

我们的理论假设将环境因素与人类基本心理需要联系起来，作为解释社会环境影响内在动机的基础，这与其他研究内在动机的心理学家的观点形成了鲜明对比。例如，莱珀等人（Lepper et al., 1973）认为内在动机是行为发生后的自我归因，并且他们使用贝姆（Bem, 1972）的自我知觉理论（self-perception theory）来解释有形奖励对内在动机的消极影响，即只是人们归因于自我的内在动机更少了，因为有过多的理由可以做出该行为。

认知评价理论

随着研究逐渐推进，为了解释越来越复杂的实验现象，如表现相依性（performance-contingent）奖励［因在某项任务上表现好（如，比80%的人更好）而得到的奖励］比任务相依性（task-contingent）奖励（因做了或者完成某项任务而得到奖励）具有更少的损害性，越来越有必要考虑社会环境中自主需要和胜任需要之间的相互作用。与此相应，我们（Deci & Ryan, 1980）回顾了已有文献并引进了一个正式的子理论来解释外在因素对内在动机的影响，这个子理论叫作认知评价理论（cognitive evaluation theory, CET）。

认知评价理论提出了内在动机受到影响的两个过程。第一，如果事件（如奖励）带来外部动因感知，从而阻抑自主或自我决定的需要，该事件就会降低内在动机；相反，如果事件（如选择）带来内部动因感知，从而支持自主需要，该事件就会提高内在动机。第二个过程阐述了如积极反馈等事件通过支持胜任需要提高胜任感，从而提高内在动机；相反，消极反馈等导致低胜任感的事件会降低内在动机。然而，积极反馈必须针对自主动机行为（Pritchard et al., 1977）或者在一个支持自主的氛围下出现（Ryan, 1982），才能提高内在动机。

最后认知评价理论提出，社会-环境事件例如奖励或反馈有两个与内在动机相关的方面。第一个是**控制方面**（controlling aspect），即迫使人们以特定方式思考、感受和行为，从而加强外部动因感知，阻抑自主，降低内在动机，让动机主要处于受控（controlled）的状态而不是自主（autonomous）的状态。第二个方面是**信息方面**（informational aspect），即在一定程度的支持自主的氛围下，传达胜任信息。当这个方面肯定了人们对某项自主行动的胜任力时，它就支持了胜任需要，以及一定程度上支持了自主需要，从而提高了内在动机。然而，当它增强了不胜任感从而阻抑了胜任需要时，就会降低内在动机。事实上，如果关于胜任力的信息足够消极，暗示一个人太无能以至于不能实现期待的结果，它既会降低内在动机也会降低外在动机，最终导致一个无动机状态（amotivation，即没有导向该行为的意图或动机）。一个外部事件的总体效应取决于这两个方面的相对显著性。认知评价理论关于奖励的这两个方面的命题为诸如有形奖励降低内在动机而言语奖励（即积极反馈）提高内在动机的现象提供了解释。它也解释了表现相依性奖励，虽然大大降低了内在动机，但是还不像任务相依性奖励那么严重：因为虽然这两种类型的奖励的控制方面是一样显著的，但是表现相依性奖励的信息方面相比任务相依性奖励是更显著的（Ryan et al., 1983）。

再次审视奖励效应

关于奖励效应的研究从一开始就充满争议，并且在一定程度上这种争议已经持续了数十年。不喜欢有形奖励降低内在动机这个研究发现的人提出异议，要么认为研究方法存在问题（如 Calder & Staw, 1975），要么认为行为层面的解释比认知评价理论的认知-动机层面的解释更有效（如 Scott, 1975），要么认为这些发现没有提供不将奖励作为教育及其他领域中主要动机策略的真正理由（Eisenberger & Cameron, 1996）。面对这些批评，我们做了一个关于外在奖励对内在动机的效应的元分析，综合了 128 项实验结果（Deci et al., 1999）。这项元分析强有力地验证了我们一直以来所说的内容，即：①积极反馈会提高内在动机；②有形奖励会降低内在动机；③任务相依性奖励和表现相依性奖励都会降低内在动机，但是意料之外的奖励以及不要求做目标任务的奖励不会降低内在动机。更进一步说，认知评价理论对从这项元分析中浮现的复杂发现提供了一个完整的解释。

社会氛围

还有一组有趣的发现是从认知评价理论研究中浮现的，即一个情境如教室或工作组的总体人际氛围可以被分为支持自主型或控制型。例如，德西和施瓦茨（Schwartz）等人（1981）发现当小学教师创造了一个支持自主型教室氛围时，相比那些创造了控制型氛围的教师而言，他们的学生会展现更高的内在动机以及体验到更高的胜任需要的满足。因为，在前一种氛围下，学生感受到可以自由发展他们的胜任力。更进一步地，德西等（1989）发现当管理者更支持自主时，相比于更偏控制型的管理者，他们的下属会更有满足感和信任感。

在实验室实验中，我们操控社会氛围以检验在支持自主型与控制型氛围中施以各种外部事件的效应。例如，瑞安（Ryan, 1982）发现在一个支持自主型氛围中得到积极反馈的时候，往往会提高内在动机，这正如以往研究已经发现的那样，但是如果积极反馈是在一个控制型氛围中被给予的，它就会降低内在动机。由此表明，只有在伴以某种程度的支持自主的时候，积极反馈才可以提高内在动机。（简言之，被迫的胜任力发展并不能提高内在动机。）类似地，瑞安等人（1983）发现当表现相依性金钱奖励是以一种控制型的方式被给予时，会降低内在动机，正如之前所发现的那样，但是当它们在一种支持自主型氛围中被给予时，相比于没有奖励或者反馈，就会提高内在动机，尽管相比于单纯的积极反馈（和内隐于表现相依性奖励中的积极反馈程度相当，如，"你比其他 80% 的被试做得要好"），这些反馈还是会导致内在动机的减少。克斯特纳等（Koestner et al., 1984）进一步发现，当对儿童设置限制时，如果是在一个支持自主型氛围下进行的，这些限制会对后面的动机有一个积极的效应，但是如果它们是在一个控制型氛围被给予的，这个效应就是负面的。

小结

认知评价理论研究可以确定通常能提高内在动机的外部事件（如积极反馈和选择）的具体类型，以及通常能降低内在动机的外部事件（如奖励和竞争）类型。研究能够区分支持自主型与控制型的社会环境，以及可以用这些来预测身在其中的人的内在动机。最后，它解释了这些社会环境或氛围如何与外部事件相互作用来调节其对内在动机的影响。

其他的子理论

我们在撰写关于认知评价理论研究的综述（Deci & Ryan, 1980）时，开始思考两个新的问题。第一，理论上是否可以有一个描述个体差异的概念，与自主动机、受控动机和无动机这些"状态"性概念类似？这一点很重要，因为不可否认的是，在任何时候，不仅是当时社会–环境因素在影响人们的动机和行为，持续性的个人因素也有影响。研究表明外在驱动的行为通常阻碍自主需要并破坏内在动机，所以第二个问题是外在驱动的行为是否可以自主地进行，以及如果这个答案是肯定的，自主性的外在动机可以怎样得到促进。这一点也很重要，因为对我们大多数人来说，日常行为包含了很大部分的外在驱动行为，其中一些是自主完成的，而另一些则在行动时无疑是感到受控和疏离的。

动因定向理论

上述两个新问题的第一个带来了"动因定向"（causality orientations）作为个体差异的概念，具体为自主定向、受控定向，以及非个人（impersonal）定向（Deci & Ryan, 1985a）。每个人都在某种程度上存在着这三种定向，所以它们中的任何一个都可以用来预测结果。自主定向既指一种对内在线索和外在线索的取向——看重这些线索中支持自主或信息性的一面，同时也指跨领域和跨时间的总体自主性水平更高。受控定向是指将线索解读为控制和要求，以及在个人水平上总体上是受控的。最后，非个人定向指的是将线索作为没有能力的表示，以及总体上是无动机的状态。

动因定向的概念以及相应的心理量表可以有效地预测成年人很多结果变量的变化。例如，自主定向与自我实现、自尊、更多选择性的自我表露以及支持他人自主存在正相关；受控定向与公众自我意识、易患冠心病的 A 型行为模式、态度和行为的不一致性以及更高的防御性存在正相关；非个人定向和自我贬损、较差的自我调控能力以及抑郁存在正相关。

与自我决定理论一致，自主定向和受控定向都与内部控制点（internal locus of control; Rotter, 1966）存在正相关。内部控制点的概念所涉及的只是一个人是否相信自己的行为可以影响结果，但是它并没有区分相应的动机是自主的还是受控的。相反，内部动因感知反映的只有自主动机。

动因定向指的是相对稳定的动机定向，对应于描述人际环境的三个概念——支持自主型、控制型和无动机型，动因定向也对应于状态性的动机概念——自主动机、受控动机和无动机。很重要的一点是，研究发现动因定向和社会环境的类型也可以相应地预测这三种动机状态，以及可以在彼此的基础上，独立地解释动机状态的部分变异，以及其他的一些结果，例如工作表现（Baard et al., 2004），更能将减下来的体重保持超过两年（Williams, Ryan, & Deci, 1996）。相比于属于社会心理学领域，动因定向理论（causality orientations theory, COT）更应该属于人格心理学领域，但是自我决定理论的概念都是彼此关联的。

有机整合理论

我们在 1980 年思索的第二个问题，也就是外在动机是否可以变得自主，让我们开始处理内化（internalization）这个概念，对内化了的外在动机进行区分，分为受控的和自主的两种。由此形成的概念体系，因其对应的多方面影响，被称为有机整合理论（organismic integration theory, OIT; Deci & Ryan, 1985b; Ryan et al., 1985）。它有一个核心假设——内在整合趋势（inherent integrative tendency），被看作是基本的发展过程，这个趋势，如同内在动机，在基本心理需要被支持的时候得到促进，在需要被阻抑的时候受到损害。然而，为了理解内化，有一点变得格外清晰，那就是为了对内化和整合有一个全面的理解，我们需要第三种基本心理需要，也就是联结需要（need for relatedness）。联结需要就是需要亲近、信任、关怀他人和被他人关怀，与鲍迈斯特和利里（Baumeister & Leary, 1995）提出的归属需要类似。自1985年开始，我们开始了对这三种基本而普遍的心理需要的研究，同时并没有发现有十分必要的理由再加上某种需要。

也许有机整合理论最重要、影响最深远的元素就在于它对不同类型被内化的外在动机的区分。大部分的内化理论都认为价值或行为调控要么在人的外部，要么在人的内部（并认为内部的更好）。有机整合理论具体地刻画了一种行为调控以及其对应的价值可能被内化的不同程度，以及由此带来的不同调控类型。一种相对不稳定的内化形式是内摄（introjection），其中个体接受了周围环境的价值或做法，并且有动机进行坚持，因为他们"应该"（should）如此以维持自我肯定或者避免内疚。条件性自尊（self-esteem contingencies; Deci & Ryan, 1995）以及自尊卷入（ego-involvement; Ryan, 1982）都是内摄调控的形式。另一种类型的内化是认同（identification），即个人认同一项行为的价值，并且将其完全接受为自己的价值观。最后一种内化类型是整合（integration），其中个体将认同与他们核心的价值观念和实践整合起来。内化是有机整合过程的一种体现，当这个过程完全地内化了一项行为调控就会带来整合调控。

通过具体刻画内化的程度，有机整合理论为一个棘手的问题提供了解释，即人们会用诸如条件性自尊或者内疚威胁等内在压力来强迫自己行动。这些过程是人们内部的过程，但它们绝不是人们用来调控自身的最健康的方式，因为它们不具有自主的性质，也就是灵活性、意志力以及选择感。事实上，研究发现，内摄的相关变量和结果变量与外部控制而不是认同更相似（例如，Ryan et al., 1993）。相比于内摄，认同和整合与内在动机有更多相似的性质，代表相对更自主的外在动机形式。这些调控风格和外部调控（由外部的奖励或惩罚条件控制行为）、内在动机一起，代表了五种调控自我的方式，并且人们进行某项行为的理由也可以对应这些不同类型的动机与调控，也就是外部理由、内摄理由、认同理由、整合理由以及内在理由。

在这种新的概念体系下，自我决定理论中最凸显和重要的区分既不是"内在与外在动机"，也不是"个体的内部与外部"，而是自主与受控动机。自主动机包括内在动机以及经过认同和整合的外在动机，而受控动机包括外部控制和内摄调控。此外，自主是相对性的，因为大多数的行为都代表了上述五种理由中多种理由的混合。

对有机整合理论的研究很活跃，经常使用的测量方法是由瑞安和康奈尔（Ryan & Connell, 1989）所研发的，测量了个体在何种程度上因各种自主和受控的理由进行某项行为。举例而言，研究者用这种方法发现这些调控类型形成了一个简单模式（simplex pattern），即它们落在一个相对自主连续体上，外部调控处在最控制一端，整合调控和内在动机处在最自主的一端。更进一步,研究表明更自主形式的动机与一些结果有关,如幸福感、工作或学习的参与程度、胜任力感知以及更深度的概念学习(例如 Grolnick & Ryan, 1987; Ryan & Connell, 1989; Vallerand, 1997)。

内化在童年期尤其重要,但是它也贯穿了生命全程。例如,在我们对成年人健康行为改变的研究中,我们认为改变的过程是基于对健康行为的价值和调控的内化(Williams et al., 1998)。研究发现一项调控被内化得越彻底,该行为就越自主,人就越容易改变和维持健康行为,如健康饮食和戒烟(例如 Williams et al., 2006)。更进一步,内化在心理治疗中实现积极改变方面也有着类似的作用(Pelletier et al., 1997)。这个一般的命题在很多人生领域中都得到了使用,本章的后面会进一步讨论。

基于经过良好内化的外在动机对高效发挥个体机能和幸福感的重要性,我们很快着手研究最能促进完整内化的条件。我们假设能支持基本心理需要满足的社会环境会推动外在动机更彻底的内化,并且很多研究都关注了支持自主与内化的关系。**支持自主**指的是采择他人观点,鼓励主动性和探索性,提供选择感,积极回应他人。在一个对父母的访谈研究中,格罗尔尼克和瑞安(Grolnick & Ryan, 1989)发现,父母在养育孩子时如果更加地支持自主而非控制,孩子就能更加完整地内化做作业和做家务的规则。此外,德西等人(1994)的一项实验研究揭示,对于参与一项不那么有趣的任务,提供一个有意义的理由,接纳参与者对这个任务的感受,用更类似于选择而不是控制的方式提出请求,这些都可以促进更大程度的内化和整合。

父母进行控制而不是支持自主的常见方式就是通过父母的条件性关注(parental conditional regard)。也就是说,在孩子的行为或表现如父母所愿的时候,父母给予孩子更多的关注和感情,同时在孩子没有达到他们期望的时候减少关注和爱意。阿索尔等人(Assor et al., 2014)发现当父母的关注是条件性的时,他们的孩子会内摄那些要求,因而有条件地给予自己尊重,如同他们的父母对待他们一样。如此一来,他们会体验到内心冲突,当他们失败时会感到羞愧和内疚,也会感到对父母的愤怒和怨恨。随后的研究比较了父母的条件性关注和父母支持自主(Roth et al., 2009)。结果显示,条件性关注预测了内摄、情绪的压抑和失调,以及学业上的受控动机和无动机;而支持自主则带来了选择感、情绪的整合调控和学业兴趣。总之,支持自主的结果比条件性关注更具有适应性。

尽管很多有机整合理论研究都把重点放在促进内化的支持自主上,但该理论认为,满足所有三种需要才是完整内化的关键。结果发现支持自主需要的父母以及其他权威也往往支持胜任需要和联结需要,所以情况常常是,当自主得到支持时,胜任感和联结感也得到了支持,尽管每一种需要的满足都有着独立的影响并导致结果的动态变化。

总之,以有机整合理论为指导的研究发现,外在动机可以在不同程度上得到内化,导致不同类型的内部调控,代表着不同程度的自主。更为自主的类型(认同的和整合的)与包括学业和情绪调控在内的许多领域更积极的结果有关,而更具控制性的调控类型(外部的和内摄的)则与许多领域更差的结果相关。最后,支持自主、胜任和联结需要的社会环境也促进更完整的内化,而阻抑需要满足的社会环境,比如用奖励和惩罚或条件性关注只会促进内摄同时也会伴随着不健康的指标。

有机整合理论可能最应该被看作一个人格发展和自我调控的理论，尽管其中关于"社会环境通过支持或阻抑基本心理需要而促进或损害内化过程"的核心观点具有鲜明的社会心理学属性。在这个方面，我们看到社会环境越是能在关系上接纳和包容，提升胜任力以及支持自主，人就越能够内化环境中的社会价值和规范。因此，促进外在动机内化的社会环境条件与保持和提升内在动机的条件是有很多共通之处的。

在 20 世纪 80 年代后期，自我决定理论的三个相互联系的子理论（认知评价理论、动因定向理论和有机整合理论）得到了很多研究的验证。然而，随着研究的积累，我们发现基本心理需要的概念还有额外的效用。在三种基本心理需要得到满足的环境中，人们更可能表现出内在动机以及更偏向于整合形式的外在动机。但同样重要的是，在这些研究中，我们发现需要得到满足时，被试都会报告更大程度的幸福感；而当其中任何一种需要被阻抑时，则会显现出不止一种形式的防御和不幸。这让我们形成了第四个子理论，专注于自主、胜任和联结这三种基本心理需要的核心定义，以及它们作为营养要素在健康发展、幸福感和成熟关系中的作用。我们现在简要地看一下第四个子理论以及围绕它组织起来的研究。

基本心理需要理论

基本心理需要理论（basic psychological needs theory，BPNT；Ryan et al., 1996）是建立在普遍心理需要（universal psychological needs）这个概念上的，这个概念从我们研究工作的早期开始就已经很重要了。提出基本心理需要理论主要是为了解释与自主、胜任和联结需要满足相关的幸福感效应，并且大量研究已经揭示了基本心理需要满足对于幸福感的必要性，以及基本心理需要作为社会环境影响幸福感的中介的重要性。例如，需要满足在个体间水平（between-person level）预测了工作情境中更好的表现以及更高的心理健康水平（例如，Baard et al., 2004），同时需要满足跨时间的变化中介了法学院教授支持自主和法学生幸福感的纵向关系（Sheldon & Krieger, 2007）。其他基本心理需要理论研究不仅在个体间层面也在个体内层面（within-person level）检验了基本需要满足的作用，结果发现，基本需要的满足与个体更高的心理健康水平有关，而且从每一天的情况来看，个体在基本需要得到更多满足的日子里体验了更多积极情绪和更少消极情绪（Reis et al., 2000；Ryan et al., 2010）。后面我们会看到，很多不同领域、社会环境和文化的研究都使用了基本心理需要满足这个概念。

当我们在提出基本心理需要理论的时候，卡塞尔和瑞安（Kasser & Ryan, 1993）的研究工作开始检验不同目标内容的重要性。在他们的研究中，基于因素分析的结果，人生目标被区分为内在的（直接满足基本心理需要的）或外在的（距离基本心理需要更远的，以及可能处于它们对立面的）。我们最先用基本心理需要理论来解读这些关于目标内容的研究，但是逐渐我们意识到这个研究领域变得更加广阔和复杂，需要形成一个它自己的子理论。因此自我决定理论的第五个子理论被称为目标内容理论（goal content theory，GCT）。

目标内容理论

基于因素分析，内在的抱负或人生目标包括个人成长、归属感以及社区贡献，而外在的目标包括财富、名声和形象（Kasser & Ryan, 1996）。研究表明当人们评估自己的外在抱负强于内在抱负时,他们表现出更少的自我实现和活力,更高水平的抑郁、焦虑和自恋。卡塞尔和瑞安发起的一系列研究将抱负或人生目标看作个体差异,而范斯汀基斯特(Vansteenkiste)和同事则操纵了目标的显著程度,并且发现让人们关注外在目标时会导致他们在学习任务上表现更差(例如,Vansteenkiste et al., 2004)。总之,不管是因为个体差异还是因为实验启动,努力地追求外在目标会导致幸福感降低、疾病加重和表现不佳,这很可能是因为外在抱负并不能直接满足基本需要,并且实际上经常挤占了满足基本需要的时间或损害了它们的满足。例如,当物质主义者将时间和精力用于累积财富时,他们常常在追求更多"东西"的过程中损害了自主和联结。其他的研究表明,追求外在的目标会对心理健康造成不良影响,实现外在的目标也可能会对心理健康造成不良影响(Niemiec et al., 2009)。具体而言,经由基本需要满足的中介作用,内在抱负的实现与更高的幸福感和更低的不幸福感相关联,而外在抱负的实现并不会提高幸福感,而是与更高的不幸福感相关。

研究进一步显示,在父母是接纳的、肯定的和支持自主的时候,个体会发展出更内在的人生目标(Williams et al., 2000),但在父母是拒绝的和控制的时候,个体会发展出更外在的目标。这大概是因为,当父母是冷漠的、给人压力时,他们的孩子不能体验到足够的需要满足,从而体验到不安全感并且发展出我们所说的替代性需要,比如对财富、名声和形象的追求。这些目标会指导后续的行动,这些行动又会导致进一步的需要阻抑并形成一个恶性循环。

自我决定理论的持续扩展

在最近的这些年,自我决定理论持续扩展以纳入一系列广阔的新研究主题。然而,除了已经讨论过的五个子理论之外,我们还没有提出新的子理论,而是只用自我决定理论这一宏观的理论作为这些新研究的指导并做出解读。在这个部分我们简要谈及四个基本的研究主题,在过去十年左右自我决定理论对这些主题做出了探究。

跨文化研究

自我决定理论有一个很强的论断,即三种基本心理需要是普遍的,因此它们的满足或阻抑会影响所有人的心理幸福(psychological well-being)。这个命题隐含两个重要的意思。第一,它要求这个命题和进化视角兼容;第二,需要满足或阻抑与幸福感的关系应该在多种多样的文化中得到验证,这些文化有着不同的政治经济体系以及不同的文化价值观。在另一篇文章中(Deci & Ryan, 2000),我们提出对胜任、联结和自主的普遍心理需要事实上和进化视角是一致的。此外,已经有几个研究支持了这个需要命题的跨文化适用性。这里我们简要讨论其中的两个研究。

在心理学中,人需要联结(或者归属感或爱)这一点是得到广泛接受的,关于它在不同文化中的适用性也很少有争论。此外,对胜任的需要也和几个著名理论一致,其多文化适用性同样没有争议。然而,将自主作为一种基本的、普遍的心理需要就备受争议,跨文化理论家像马库斯等人(Markus et al., 1996)就坚持认为,人是从他们的文化中习得需要的,东亚文化并不看重自主和独立,而是看重联结和互依。因此,这些作者坚持认为,自我决定理论中自主的概念只适用于看重个体主义的西方文化。这当然也隐含了自主不是一种普遍需要的观点。

从自我决定理论的视角来看,不同的文化下自主都会通过两个方面得以显现。第一,自主的典型原型是人性自然具有的内在动机,所以不管在什么文化下,作为内在动机的自主都是显而易见的。第二,在所有的文化中,自主都会表现在那些由经过良好内化的外在动机所驱动的行为中。多数跨文化研究都关注了第二点。

不过,任何人只要认真观察过不管什么文化下的小孩子,都可以轻易看到内在动机驱动的学习和玩耍的普遍性。当然,在不同文化中,对这些活动的支持程度以及进行内在动机行为的机会可能会有差异,但是在任何尚有人迹的地方都能看到自发地行动、大笑和玩耍的现象。此外,有一些教育研究指出,内在动机受到社会环境中支持自主与控制的影响,并且和美国的情况一样,在日本、中国、韩国和其他集体主义环境中,自主动机会带来更有效的学习(例如 Bao & Lam, 2008; Jang et al., 2009; Kage & Namiki, 1990)。

在一项对自主的跨文化研究中,奇尔科夫等人(Chirkov et al., 2003)指出,西方或东方文化的自主可能从相应的被完全内化的价值中积累而得。例如,在东方文化中,人们可以通过实践一种集体主义文化价值而实现自主,正如西方文化中的人可以通过实践一种个体主义文化价值而实现自主,如果他们都完全内化了相应价值的话。奇尔科夫等人对俄罗斯、土耳其、韩国以及美国的学生进行了抽样调查,学生们填写了自我调控问卷,该问卷用于测量他们参与多种文化习俗活动的原因。结果发现,被试对多种文化习俗活动所对应规则和其中蕴含价值的内化(并表示对实践这些价值有更多自主性)程度预测了他们的心理健康和幸福感水平。这证实了如同在美国一样,在韩国以及此研究中的任何一个国家,自主对心理幸福都一样重要。奇尔科夫还进一步发现,自主和幸福感的关系并没有被性别调节。这一点很重要,因为像约尔丹(Jordan, 1997)这样的理论家认为自主是一个男性特征,和善感的女性没有任何关联。奇尔科夫等人的研究指出,在所研究的每种文化中自主与男性和女性都息息相关。研究者还指出,存在强烈分歧的部分原因是,像马库斯等人(1996)和约尔丹这样的作者往往将自主(作为意志)和独立(作为不依赖)混淆了,而没有像自我决定理论研究和理论那样对这些重要的构念进行区分(Deci & Ryan, 2000)。

德西等人(2001)的一项研究考察了美国和保加利亚的成年人工作群体,其中美国是资本主义经济制度国家,而在研究者收集数据时,保加利亚的大多数企业是国有制,处在中央计划经济体制下。研究者发现,这两个国家的工作者从他们的管理者那里所感知到的支持自主程度都正向预测了工作中自主、胜任和联结需要的满足。需要满足又进一步正向预测了工作参与度和工作中的心理调适。综合来看,这项研究、奇尔科夫等人(2003)的研究和其他很多研究(例如 Lynch et al., 2009)用多种方法都支持了这个观点,即基本心理需要满足,特别是自主需要的满足在很大范围的文化中都对心理幸福感很重要,而不管该文化更看重个体主义还是更看重集体主义。

个人亲密关系

常有一种说法是在一段有意义的关系中,比如与恋人或最好的朋友的关系,需要人们放弃自主以保持关系的牢固。然而,自我决定理论的观点是,在关系中感受到自主性是让关系牢固和亲密的本质要素。因此,在过去十年里,自我决定理论研究人员深入研究了自主和支持自主对于最高质量关系的重要性。

拉瓜迪亚等人(La Guardia et al., 2000)

开展的三项研究考察了对于不同亲密关系对象（母亲、父亲、最好的朋友以及恋人）的依恋安全性在个体内水平的变化。依恋理论家认为，儿童主要基于早期和主要照料者的互动形成关于依恋的工作模式，这些个体间的差异很大地影响了与随后的所有亲密依恋对象的依恋安全性。拉瓜迪亚等人的研究指出了在依恋的安全性上确实存在个体差异；然而很大一部分变异也存在于个体内水平。个体在那些最亲密的关系中感受到的依恋安全性从一段关系到另一段关系有着实质性的差异，并且在一段关系中的安全感随在该段关系中体验到的包括自主在内的基本心理需要满足的变化而变化。林奇等人（Lynch et al., 2009）测量了在多种文化背景下从亲密他人处得到的自主支持，也同样发现在支持自主型关系中，关系满意度以及自我机能的发挥都更高。帕特里克等人（Patrick et al., 2007）进一步发现，恋爱关系中的基本心理需要满足预测了个人幸福感、关系幸福感以及在该段关系中对冲突的有效处理。另一项考察自主在关系中作用的研究关注了与最好的朋友的关系（Deci et al., 2006）。研究发现，从最好的朋友那里获得的自主支持与更好的关系质量以及被支持者更高的幸福感相关。此外，给予最好的朋友自主支持也与给予者体验到的更好关系质量和更高幸福感相关。换言之，在一段友谊中，得到和给予自主支持都独立地解释了个体体验到的更高关系质量和更大幸福感水平的显著变化。

从这些研究以及其他研究可以清楚地看到，在亲密关系中感受到自主感和意志感对于关系满意度是重要的（La Guardia & Patrick, 2008）。因此感到自主与联结并不是本质上对立，而是相互支持的，尽管要想让这两种需要对立起来也是可能的，就像关系中一方提供条件性关注这种情况，或者要求对方放弃他的自主以获得另一方的喜爱或关注。

活力：可为己所用的能量

瑞安和弗雷德里克（Ryan & Frederick, 1997）用了主观活力（subjective vitality）这个概念，指为意志行动注入能量的活力感。他们认为活力源于基本心理需要的满足，是健康的重要指标，为有效的自我调控以及压力应对提供了必要的能量。瑞安和德西（2008）提出，虽然控制自我的努力（即经过内摄调控的行为）可能消耗能量，降低活力，但是自主性的自我调控并不是耗竭性的，相反它可以激发活力。因此活力和自主性的自我调控是唤醒性（activating）的，它包含了积极情感的唤醒，而不同于人们在生气和焦虑时体验到的能量。简言之，活力是和人的整合性自我相联系的能量，因此它为选择、意志行动和有效应对挑战等进程提供活力（例如 Rozanski, 2005）。

鲍迈斯特等人（1998）提出，任何形式的自我调控都会消耗心理能量，因此他们预测，做选择应该会损耗能量和活力，虽然研究已经发现选择在很多情境中都会提高自主动机。他们报告了一些支持其论断的结果。然而，和自我决定理论的观点一致，莫勒等人（Moller et al., 2006）认为真正的选择是不会产生损耗的，他们指出鲍迈斯特等人提到的"高选择"实际上代表了一种受控的而非自主的条件（即导向某种选择的压力），因此不是真正的选择。相反，莫勒等人（2006）在三项实验中发现，在没有压力的情况下给被试以真正的选择，损耗没有发生，并且相比于鲍迈斯特所用的"受控性选择"条件，这种真正的选择明显带来了更高的能量和活力。

其他的实验也发现，正如自我决定理论

所预测的那样，受控性调控（即自我控制）是损耗性的，但是自主性调控往往是带来活力的（例如 Muraven et al., 2008; Nix et al., 1999）。总之，自我决定理论对受控性调控（即自我控制）和自主性调控（即真正的自我调控）的区分是理解活力和损耗的关键。自我控制损耗能量和活力，但是自我调控是增加活力的，因为它提高了基本心理需要满足程度。

在自我决定理论中，活力（即可为己所用的能量）与身体健康和胜任、自主以及联结的心理需要满足有关（Ryan & Frederick, 1997）。因此，尽管能量和昼夜模式以及生物基础有关（例如 Thayer, 2001），但它也随着心理需要的支持和阻抑的变化而变化，影响从动机到心境的很多结果。

无意识过程与正念觉察

虽然我们使用"选择感"作为定义自主的一个方面来描述一个人的行为，很多作者对此解读为有意识的决策对于自主是必要的。然而，选择感并不要求有意的决策，它只是要求赞同自己的行动。因此，自我决定理论允许无意识地发起自主行为，无数的实验也考察了自主行为和受控行为的阈下启动。

莱韦斯克和佩尔蒂埃（Levesque & Pelletier, 2003）用与自主动机和受控动机相关的词语进行启动，然后让被试花15分钟做一个有趣的活动。随后的因变量测量发现，相比于被启动了控制相关的词语的被试，那些被启动了自主相关词语的被试对该任务有更强的内在动机。霍金斯（Hodgins）和同事的几个实验研究也发现，相比于被启动了控制的人，被启动了自主的人表现出更少的防御倾向。例如，霍金斯等人（2006）用了一个词语启动的流程，然后考察了被试关于一个体育活动表现的自我设障（self-handicapping）。自我设障是一种故意做某事（比如在一个重要活动的前一天晚上熬夜）以便在表现不好的时候有所借口的防御性反应。研究发现相比于被启动了自主的被试，被启动了受控的被试表现出更多的自我设障。这些使用了启动流程的研究结果，呼应了尼和朱克曼（Knee & Zuckerman, 1988）的研究结果，他们发现，用动因定向量表测量的控制定向也会比自我定向带来更多的自我设障。

总之，无意识发起的行动可以和自主性或受控性功能发挥一致。此外，在人们缺少觉察的时候，他们更容易受到启动的影响而变得受控；然而，当受控启动存在时，通过正念，人们即便受到了启动也有能力更加自主。在自我决定理论发展的早期（例如 Deci & Ryan, 1980）我们就提出正念觉察（mindful awareness）会促进更多的自主行为调控，但从布朗和瑞安的研究（Brown & Ryan, 2003）开始，越来越多的研究积极地致力于研究正念与更自主、自我赞同的调控，更少的防御性以及更高水平的需要满足与幸福感的联系。

自我决定理论的源头与联系

自我决定理论的灵感和基础来自几个心理学传统。内在动机的概念首先出现于实验心理学，当时研究者发现赫尔的驱力理论概念不能解释老鼠和猴子的探索行为（例如 Harlow, 1950）。怀特（White, 1959）将那些研究工作综合起来，引入了胜任力这个概念，将它作为一个根本动机和基本需要。用这些作为出发点，自我决定理论从一开始就完全遵从这种实证传统，同时海德（Heider, 1958）的归因理论为内在动机的实证研究提供了路径，在当时，心理学的动机领域研究几乎处于停滞状态。

尽管自我决定理论的实证源头落在实验心理学领域（Heider，1958），但它的理论源头可以追溯到机体论（Goldstein，1939）、自我心理学（Hartmann，1958）以及存在-现象主义（Pfander，1910/1967）传统，这些传统认为人类的体验和意义是决定其行为的关键，同时关注导向整合性机能发挥的生物学内在趋向（参见 Ryan，1995；Ryan & Deci，2004）。换言之，我们在实证主义传统框架下开展研究，同时与后面的这些传统有相同的元理论，在理论的某些方面也有相似之处。

例如，当精神分析传统下的自我心理学家放弃将性心理发展阶段作为其关于正常发展的主要理论时，无冲突的自我能量（ego energy）这个概念就浮现成为内在的动机而不是本我（id）的衍生物。这被称为独立的自我能量（White，1963），它可以在内在动机中被明显看到，是发展性自我（ego）和健康自体（self）的动机基础。在自我决定理论中，内在动机因为其背后存在的对自主、胜任和联结的需要，为这个机体整合过程发挥作用提供能量。整合过程被我们看作是人内在的自然发展过程，它是由内在动机驱动的，包括了对态度、价值、动机以及情绪调控过程的内化和整合，同时它和洛文杰（Loevinger，1976）的自我发展（ego-development）概念有很多共同之处，自我发展概念在她关于自我及其调控的结构阶段理论中具有中心地位。同洛文杰的理论一样，皮亚杰（Piaget，1971）关于认知发展的理论也是一个机体主义的理论，因为它也假设了一个朝向同化和整合的内在发展过程。尽管自我决定理论不是一个阶段理论，但它和这些理论以及相关的机体主义理论有共同的线索，即假设了发展的自然趋势，这个趋势不需要环境来"编程"，虽然如自我决定理论所强调的，环境的支持对于这个整合过程有效发挥机能是必要的。最后，人本主义理论（例如 Rogers，1963）也假设了一个内在的发展过程，并在理论中称之为自我实现（self-actualization）。

自我决定理论确实认识到与年龄相关的动机改变，但是我们的关注点在于：①贯穿生命全程的根本性整合过程；②驱动这个自然发展过程的基本心理需要(自主、胜任和联结)；③不同的调控过程虽然反映的调控成熟程度有所不同，但它们的发展并不是通过年龄相关的阶段序列进行的。此外，与阶段理论不同，我们坚持认为成年人是通过某种程度的内在动机以及某种程度的其他各种外在动机（外部的、内摄的、认同的、以及整合的）进行调控的，人的动机剖面图会随着时间变化但不一定是单一方向的变化。最后，尽管自我决定理论是一个关于人类需要及其与整合性机能发挥的关系的理论，但是它拒绝了马斯洛（Maslow，1971）的需要层次理论，并声明这三种基本心理需要存在于整个发展过程。

也许自我决定理论和这些理论最大的分歧，除了它是基于实证的，还在于它对于动机的关注。虽然其他的这些理论都假设发展背后的内在积极性以及整合趋势，但是它们只是提出这个趋势会发挥作用，没有涉及本来具有的需要与支持它的社会条件之间的相互作用。处理这个问题最重要的原因之一就是它提供了一种方法，可以预测何种条件下发展过程可以最有效地发挥作用。具体而言，它有效发挥作用的程度取决于胜任、自主和联结需要被满足的程度。从而，这允许对促进儿童健康发展、心理治疗改变的有效性、最佳学习、技能表现以及亲社会行为的条件进行基于理论的考察。

社会问题中的应用

自我决定理论可能和任何其他社会心理学理论一样，甚至是更多地被广泛应用于各个生活领域以及各种社会问题。一些研究是追踪性的或者横断性的现场研究，一些是临床的随机试验，还有一些是实验室实验。自我决定理论，特别是子理论认知评价理论，明确指出了一些具体的环境事件，比如奖励、最后期限、惩罚威胁、竞争和评价，还有控制型人际环境，它们往往①降低内在动机，②在人们想用最便捷的路径达到目的，甚至有时这个路径不合适或者不道德时，会有严重的后果（Ryan & Brown, 2005），以及③与更差的启发式表现和更低的幸福感相关。自我决定理论研究也明确指出了一些外部事件，比如选择、积极反馈和接纳感受，以及支持自主的社会环境，它们会提升内在动机，促进内化以及提高心理幸福感。

因为自我决定理论研究表明，社会环境和沟通方式会影响动机、表现以及幸福感，很多研究在真实世界的背景和社会问题中考察了支持自主与控制是如何影响一些结果的，比如学习、社会化、健康行为、工作满意度、亲社会行为、心理治疗的结果，以及各种治疗条件下的康复。在这个部分我们只涉及这些工作中的一小部分，提供一些说明性例子，而不是一个全面的综述。

促进健康行为

个体日常生活中所做的行为选择是身体健康最严重的威胁之一。例如，抽烟会导致心脏病和癌症等严重后果；不健康的饮食习惯和缺乏身体锻炼会造成肥胖、糖尿病以及心血管疾病；不遵医嘱用药也会妨碍疾病症状的缓解。自我决定理论研究检验了戒烟（Williams et al., 2002）、减肥（Williams et al., 1996）、糖尿病患者的控糖（Williams et al., 2004）、医嘱遵从（Williams & Rodin et al., 1998）以及其他健康问题的过程模型，发现医生或者其他从业者的自主支持预测了患者的自主动机以及胜任感，进而预测了维持健康行为的变化，以及具体的健康指标，比如糖化血红蛋白或经化验证实的戒断。

这些一致的研究结果促成了将基于自我决定理论的干预进行临床试验，这些干预旨在对自主、胜任以及联结需要提供支持。目前，来自我们以及其他实验室的随机试验涉及了戒烟、戒酒、改善饮食、锻炼以及低密度脂蛋白胆固醇（Williams et al., 2006）；增加体育活动（Fortier et al., 2007）；提高口腔健康水平（Halvari & Halvari, 2006）。例如，威廉斯（Williams）等人的临床试验发现，相比于只有社区关怀的控制组，一项支持自主的干预在六个月结束的时候实现了显著更高的戒烟率，这个显著差异在18个月以及30个月之后仍然存在。重要的是，这些患者的社会经济地位相对较低，他们中超过50%的人在初次就诊时表示，在后面30天内他们不会停止抽烟，这与"意愿"（readiness）阶段是治疗和改变的前提条件这一想法相悖。

促进学校学习和适应

自我决定理论研究者考察了教室和家庭环境中的自主支持（相对于控制）、学生的自主动机和胜任力感知与学习改善、学业成就以及幸福感这些结果变量之间的关系。例如，德西等人（1981）发现支持自主的教室环境会提高内在动机，满足胜任需要；格罗尔尼克和瑞安（1987, 1989）发现支持自主与外在动机内化和幸福感之间的联系；奇尔科夫和瑞安（2001）在俄罗斯样本中也发现了这些关系；里夫等人（Reeve et al., 2002）发现用支持自主的方式为行为提供理由，可以促进内化和学习的投入度；本瓦尔和德西（Benware & Deci, 1984）以及格罗尔尼克和瑞安（1987）都发现了支持自主与深度学习以及概念理解之间的联系；范斯汀基斯特等（2004）发现内在的而不是外在的学习目标可以促进更好的学习。

包括上述发现在内的整个结果网络促成了以自我决定理论为主要理论基础的革新性干预方案的发展（Deci, 2009）。自我决定理论的取向与美国国内对激励、责任制以及高风险测试的关注形成鲜明对比，后者的假设是行政管理者、教师以及学生都需要对他们的表现负责（通常用在州级考试中学生取得的分数进行评估），并且假设这种高压的责任制以及各种激励措施的使用（即高风险）会驱动处在教育系统中每一层的个体更高效地行使功能。自我决定理论的观点是，伴随着高压和高风险会损害教与学的自主动机并且带来各种类型的"赌博"，其中最极端的可能就是"操纵"测验分数和学生的成绩记录（参见 Ryan & Brown, 2005）。

与此相反，以自我决定理论为基础的学校改革，包括范伯格等人（Feinberg et al., 2007）在以色列进行的研究，用支持自主的方式将自我决定理论的基本原则教给行政管理者和教师，然后促进学校教职工创造并实施改进策略的进程。在美国，由詹姆斯·康奈尔（James Connell）开发的一种学校改革措施是一个全面的结构化改革，带有很多自我决定理论相关的元素，包括在学校内建设更小的单位，改善师生关系，给师生更大的选择，以及给予具有恰当挑战性和吸引性的指导。对这种方式的效果进行考察的结果显示，它在提高出勤率、毕业率以及学业成就上是很有前景的。

心理治疗和行为改变

在多数的心理治疗中，我们鼓励来访者处理和改变具有不良适应性的行为、人际关系问题以及其他存在的问题。接着，这些来访者可以选择是否要进行自我反思和改变。成功的心理治疗要求来访者对投入到改变过程有一个真诚的意愿，特别是当我们期望在治疗结束之后治疗效果可以保持时（Deci & Ryan, 1985b; Ryan & Deci, 2008）。具体而言，自我决定理论认为，不管是行为上的变化还是心理的变化，治疗性变化的维持和迁移都需要有对内化过程和自主动机的支持（Pelletier et al., 1997）。从自我决定理论的视角来看，这就意味着治疗师为改变提供一个支持自主的环境的重要性。

自我决定理论提供了一个广泛的与治疗相关的思考框架，用以理解心理治疗对于发展的多种影响（Ryan et al., 2006）。它也确定了一项心理治疗法的主要元素，认为心理和行为改变所包含的成长与动机进程需要理解基本心理需要与治疗师提供的人际支持之间的动态关系（Ryan & Deci, 2008）。自我决定理论已经被应用于各种心理问题的治疗中，从自杀（Britton et al., 2008）、抑郁症（例如 Zuroff et al., 2007），到毒瘾和酒瘾的康复（例如 Ryan et al., 1995; Zeldman et al., 2004）。事实上，自我决定理论不仅是一种心理治疗的方法，也可以被应用到任何一种现有的干预方案中，只要这种干预方案在驱动和实现改变过程中会影响来访者的投入和意愿。

运动和体育活动

自我决定理论的应用研究中最活跃的领域之一就是运动和体育活动。研究表明了自主性的自我调控和支持自主对增强体育活动的动机以及坚持性的作用，同时自我决定理论还被用于全球的体育教育、健康促进以及教练行为，这可以从两篇文献综述中看到（Hagger & Chatzisarantis, 2007; Vlachopoulos, 2009）。

其他社会问题

尽管自我决定理论对很多其他的横跨了各个生活领域的社会问题都有涉及，我们只非常简短地再提三个。第一个是在工作场所中，人们在工作时体验到的工作满意度以及幸福感。例如，巴德等人（Baard et al., 2004）对银行业的研究发现，从管理者中得到自主支持更多的员工也相应报告了更高程度的自主、胜任和联结需要的满足，进而有更好的表现、更高的幸福感以及更少的不适感。事实上，很多研究都指出了支持基本需要对一个工作场所得以高产和良好运转的重要性（例如Deci et al., 2001）。

第二个问题是关于亲社会行为的。最近由温斯坦和瑞安（Weinstein & Ryan, 2010）开展的研究揭示，在实施帮助行为时，如果被试被给予了选择（相对于没有选择），他们会体验到显著更高的需要满足并表现出更高的心理幸福感。同样重要的是，这些以及其他的研究表明，当帮助是自主给予时，接受帮助的人会受益更多，更少感受到心理威胁，同时也更加感恩。

还有一个有趣的研究领域是研究虚拟世界中的动机。自我决定理论研究揭示了需要满足在玩电子游戏的动机中的作用，以及基本需要与电子游戏中的过度沉迷、攻击行为以及其他问题之间的关系（例如Przybylski et al., 2009；Ryan et al., 2006）。

我们已经说过，我们最多只能为基于自我决定理论的不断扩展的应用研究提供一个非常有限的回顾。事实上，自我决定理论在可持续性（Pelletier & Sharp, 2008）、父母教养（Grolnick, 2003）、宗教（Ryan et al., 1993）、幸福的本质（Ryan & Deci, 2001）以及其他研究领域也有大量的研究。我们认为这是因为自我决定理论的基础理论具有良好的哲学根基和实证可检验性，以及它对人类经验的中心问题及其对动机和幸福感影响的关注。

结 论

自我决定理论是一个心理学的宏观理论，它极大程度地关注了社会-环境因素对人类动机、行为和人格的影响。在本章中，我们探索了本理论及其发展，强调与控制型相对的支持自主型人际环境对于理想的动机、有效的行为、健康的发展以及心理幸福感的重要性。我们展示了自我决定理论的五个基础子理论，以及对这个基础框架进行扩展的一些新研究领域。我们指出自我决定理论是一个产生于实证证据的理论，而构成其元理论的元素则来自机体主义、现象学、自我心理学，以及人本主义传统，由此形成的基本假设以及理论元素使这个理论与其他的主流社会心理学理论有非常大的区别。最后，我们简要地回顾了自我决定理论在许多社会问题上的应用，包括健康行为改变、教育、心理治疗、工作动机、虚拟环境和亲社会行为。

参考文献

Assor, A., Roth, G. and Deci, E.L. (2004) The emotional costs of parents' conditional regard: A self-determination theory analysis. *Journal of Personality*, 72, 47–89.

Bao, X. and Lam, S. (2008) Who makes the choice? rethinking the role of autonomy and relatedness in Chinese children's motivation. *Child Development*, 79, 269–283.

Baard, P.P., Deci, E.L. and Ryan, R.M. (2004) Intrinsic need satisfaction: A motivational basis of performance and well-being in two work settings. *Journal of Applied Social Psychology*, 34, 2045–2068.

Baumeister, R.F., Bratslavsky, E., Muraven, M. and Tice, D.M. (1998) Ego depletion: Is the active self a limited resource? *Journal of Personality and Social Psychology*, *74*, 1252–1265.

Baumeister, R. and Leary, M.R. (1995) The need to belong: Desire for interpersonal attachments as a fundamental human motivation. *Psychological Bulletin*, *117*, 497–529.

Bem, D.J. (1972) Self-perception theory. In L. Berkowitz (ed.), *Advances in Experimental Social Psychology*, *6*, 1–62. New York: Academic Press.

Benware, C. and Deci, E.L. (1984) The quality of learning with an active versus passive motivational set. *American Educational Research Journal*, *21*, 755–766.

Britton, P.C., Williams, G.C. and Conner, K.R. (2008) Self-determination theory, motivational interviewing, and the treatment of clients with acute suicidal ideation. *Journal of Clinical Psychology*, *64*, 52–66.

Brown, K.W. and Ryan, R.M. (2003) The benefits of being present: Mindfulness and its role in psychological well-being. *Journal of Personality and Social Psychology*, *84*, 822–848.

Calder, B.J. and Staw, B.M. (1975) The interaction of intrinsic and extrinsic motivation: Some methodological notes. *Journal of Personality and Social Psychology*, *31*, 76–80.

Chirkov, V.I. and Ryan, R.M. (2001) Parent and teacher autonomy-support in Russian and U.S. adolescents: Common effects on well-being and academic motivation. *Journal of Cross Cultural Psychology*, *32*, 618–635.

Chirkov, V.I., Ryan, R.M., Kim, Y. and Kaplan, U. (2003) Differentiating autonomy from individualism and independence: A self-determination theory perspective on internalization of cultural orientations and well-being. *Journal of Personality and Social Psychology*, *84*, 97–110.

de Charms, R. (1968) *Personal Causation*. New York: Academic Press.

Deci, E.L. (1971). Effects of externally mediated rewards on intrinsic motivation. *Journal of Personality and Social Psychology*, *18*, 105–115.

Deci, E.L. (2009) Large-scale school reform as viewed from the self-determination theory perspective. *Theory and Research in Education*, *7*, 247–255.

Deci, E.L., Betley, G., Kahle, J., Abrams, L. and Porac, J. (1981) When trying to win: Competition and intrinsic motivation. *Personality and Social Psychology Bulletin*, *7*, 79–83.

Deci, E.L. and Cascio, W.F. (1972) Changes in intrinsic motivation as a function of negative feedback and threats. Paper presented at the Eastern Psychological Association, Boston, April.

Deci, E.L., Connell, J.P. and Ryan, R.M. (1989) Self-determination in a work organization. *Journal of Applied Psychology*, *74*, 580–590.

Deci, E.L., Eghrari, H., Patrick, B.C. and Leone, D.R. (1994) Facilitating internalization: The self-determination theory perspective. *Journal of Personality*, *62*, 119–142.

Deci, E.L., Koestner, R. and Ryan, R.M. (1999) A meta-analytic review of experiments examining the effects of extrinsic rewards on intrinsic motivation. *Psychological Bulletin*, *125*, 627–668.

Deci, E.L., La Guardia, J.G., Moller, A.C., Scheiner, M.J. and Ryan, R.M. (2006) On the benefits of giving as well as receiving autonomy support: Mutuality in close friendships. *Personality and Social Psychology Bulletin*, *32*, 313–327.

Deci, E.L. and Ryan, R.M. (1980). The empirical exploration of intrinsic motivational processes. In L. Berkowitz (ed.), *Advances in Experimental Social Psychology*, *13*, 39–80. New York: Academic Press.

Deci, E.L. and Ryan, R.M. (1985a) The General Causality Orientations Scale: Self-determination in personality. *Journal of Research in Personality*, *19*, 109–134.

Deci, E.L. and Ryan, R.M. (1985b) *Intrinsic Motivation and Self-determination in Human Behavior*. New York: Plenum.

Deci, E.L. and Ryan, R.M. (1995) Human autonomy: The basis for true self-esteem. In M. Kernis (ed.), *Efficacy, Agency, and Self-esteem*, pp. 31–49. New York: Plenum.

Deci, E.L. and Ryan, R.M. (2000) The 'what' and 'why' of goal pursuits: Human needs and the self-determination of behavior. *Psychological Inquiry*, *11*, 227–268.

Deci, E.L., Ryan, R.M., Gagné, M., Leone, D.R., Usunov, J. and Kornazheva, B.P. (2001) Need satisfaction, motivation, and well-being in the work organizations of a former Eastern Bloc country. *Personality and Social Psychology Bulletin*, *27*, 930–942.

Deci, E.L., Schwartz, A.J., Sheinman, L. and Ryan, R.M. (1981) An instrument to assess adults' orientations toward control versus autonomy with children: Reflections on intrinsic motivation and perceived competence. *Journal of Educational Psychology*, *73*, 642–650.

Eisenberger, R. and Cameron, J. (1996) Detrimental effects of reward: Reality or myth? *American Psychologist*, *51*, 1153–1166.

Feinberg, O., Kaplan, H., Assor, A. and Kanat-Maymon, Y. (2007) The concept of 'internalization' (based on SDT) as a guide for a school reform program. Paper presented at the Third International Conference on Self-Determination Theory, Toronto, May.

Fortier, M.S., Sweet, S.N., O'Sullivan, T.L. and Williams, G.C. (2007) A self-determination process model of physical activity adoption in the context of a randomized controlled trial. *Psychology of Sport and Exercise*, *8*, 741–757.

Gambone, M.A., Klem, A.M., Summers, J.A., Akey, T.A. and Sipe, C.L. (2004) *Turning the Tide: The Achievements of the First Things First Education Reform in the Kansas City, Kansas Public School District*. Philadelphia, PA: Youth Development Strategies, Inc.

Goldstein, K. (1939) *The Organism*. New York: American Book Co.

Grolnick, W.S. (2003) The psychology of parental control. Mahwah, NJ: Erlbaum.

Grolnick, W.S. and Ryan, R.M. (1987) Autonomy in children's learning: An experimental and individual difference investigation. *Journal of Personality and Social Psychology*, 52, 890–898.

Grolnick, W.S. and Ryan, R.M. (1989) Parent styles associated with children's self-regulation and competence in school. *Journal of Educational Psychology*, 81, 143–154.

Hagger, M.S. and Chatzisarantis, N.L. (2007) *Intrinsic Motivation and Self-determination in Exercise and Sport*. Champaign, IL: Human Kinetics.

Halvari, A.M. and Halvari, H. (2006) Motivational predictors of change in oral health: An experimental test of self-determination theory. *Motivation and Emotion*, 30, 295–306.

Harlow, H.F. (1950) Learning and satiation of response in intrinsically motivated complex puzzle performance by monkeys. *Journal of Comparative and Physiological Psychology*, 43, 289–294.

Hartmann, H. (1958) *Ego Psychology and the Problem of Adaptation*. New York: International Universities Press. (Originally published 1939.)

Heider, F. (1958) *The Psychology of Interpersonal Relations*. New York: Wiley.

Hodgins, H.S., Yacko, H.A. and Gottlieb, E. (2006) Autonomy and nondefensiveness. *Motivation and Emotion*, 30, 283–293.

Jang, H., Reeve, J., Ryan, R.M. and Kim, A. (2009) Can self-determination theory explain what underlies the productive, satisfying learning experiences of collectivistically oriented Korean students? *Journal of Educational Psychology*, 101, 644–661.

Jordan, J.V. (1997) Do you believe that the concepts of self and autonomy are useful in understanding women? In J.V. Jordan (ed.), *Women's Growth in Diversity: More Writings from the Stone Center*, pp. 29–32. New York: Guilford Press.

Kage, M. and Namiki, H. (1990) The effects of evaluation structure on children's intrinsic motivation and learning. *Japanese Journal of Educational Psychology*, 38, 36–45.

Kasser, T. and Ryan, R.M. (1993) A dark side of the American dream: Correlates of financial success as a central life aspiration. *Journal of Personality and Social Psychology*, 65, 410–422.

Kasser, T. and Ryan, R.M. (1996) Further examining the American dream: Differential correlates of intrinsic and extrinsic goals. *Personality and Social Psychology Bulletin* 22, 80–87.

Knee, C.R. and Zuckerman, M. (1998) A nondefensive personality: Autonomy and control as moderators of defensive coping and self-handicapping. *Journal of Research in Personality*, 32, 115–130.

Koestner, R., Ryan, R.M., Bernieri, F. and Holt, K. (1984) Setting limits on children's behavior: The differential effects of controlling versus informational styles on intrinsic motivation and creativity. *Journal of Personality*, 52, 233–248.

La Guardia, J.G. and Patrick, H. (2008) Self-determination theory as a fundamental theory of close relationships. *Canadian Psychology*, 49, 201–209.

La Guardia, J.G., Ryan, R.M., Couchman, C. E. and Deci, E.L. (2000) Within-person variation in security of attachment: A self-determination theory perspective on attachment, need fulfillment, and well-being. *Journal of Personality and Social Psychology*, 79, 367–384.

Lepper, M.R., Greene, D. and Nisbett, R.E. (1973) Undermining children's intrinsic interest with extrinsic rewards: A test of the 'overjustification' hypothesis. *Journal of Personality and Social Psychology*, 28, 129–137.

Levesque, C. and Pelletier, L.G. (2003) On the investigation of primed and chronic autonomous and heteronomous motivational orientations. *Personality and Social Psychology Bulletin*, 29, 1570–1584.

Loevinger, J. (1976) *Ego Development*. San Francisco: Jossey-Bass.

Lynch, M.F., La Guardia, J.G. and Ryan, R.M. (2009) On being yourself in different cultures: Ideal and actual self-concept, autonomy support, and well-being in China, Russia, and the United States. *Journal of Positive Psychology*, 4, 290–394.

Markus, H.R., Kitayama, S. and Heiman, R.J. (1996) Culture and basic psychological principles. In E.T. Higgins and A.W. Kruglanski (eds), *Social Psychology: Handbook of Basic Principles*, pp. 857–913. New York: Guilford Press.

Maslow, A.H. (1971) *The Farther Reaches of Human Nature*. New York: Viking Press.

Moller, A.C., Deci, E.L. and Ryan, R.M. (2006) Choice and ego-depletion: The moderating role of autonomy. *Personality and Social Psychology Bulletin*, 32, 1024–1036.

Muraven, M., Gagné, M. and Rosman, H. (2008) Helpful self-control: Autonomy support, vitality, and depletion. *Journal of Experimental Social Psychology*, 44, 573–585.

Niemiec, C.P., Ryan, R.M. and Deci, E.L. (2009) The

path taken: Consequences of attaining intrinsic and extrinsic aspirations in post-college life. *Journal of Research in Personality, 43*, 291–306.

Nix, G.A., Ryan, R.M., Manly, J. B. and Deci, E.L. (1999) Revitalization through self-regulation: The effects of autonomous and controlled motivation on happiness and vitality. *Journal of Experimental Social Psychology, 35*, 266–284.

Patrick, H., Knee, C.R., Canevello, A. and Lonsbary, C. (2007) The role of need fulfillment in relationship functioning and well-being: A self-determination theory perspective. *Journal of Personality and Social Psychology, 92*, 434–457.

Pelletier, L.G. and Sharp, E. (2008) Persuasive communication and proenvironmental behaviours: How message tailoring and message framing can improve integration of behaviors through self-determined motivation. *Canadian Psychology, 49*, 210–217.

Pelletier, L.G., Tuson, K.M. and Haddad, N.K. (1997) Client motivation for therapy scale: A measure of intrinsic motivation, extrinsic motivation, and amotivation for therapy. *Journal of Personality Assessment, 68*, 414–435.

Pfander, A. (1910/1967) *Phenomenology of Willing and Motivation*. Chicago: Northwestern.

Piaget, J. (1971) *Biology and Knowledge.* Chicago: University of Chicago Press.

Pritchard, R.D., Campbell, K.M. and Campbell, D.J. (1977) Effects of extrinsic financial rewards on intrinsic motivation. *Journal of Applied Psychology, 62*, 9–15.

Przybylski, A.K., Ryan, R.M. and Rigby, C.S. (2009) The motivating role of violence in video games. *Personallity and Social Psychology Bulletin, 35*, 243–259.

Reeve, J., Jang, H., Hardre, P. and Omura, M. (2002) Providing a rationale in an autonomy-supportive way as a strategy to motivate others during an uninteresting activity. *Motivation and Emotion, 26*, 183–207.

Reis, H.T., Sheldon, K.M., Gable, S.L., Roscoe, J. and Ryan, R.M. (2000) Daily well-being: The role of autonomy, competence, and relatedness. *Personality and Social Psychology Bulletin. 26*, 419–435.

Rogers, C. (1963) The actualizing tendency in relation to 'motives' and to consciousness. In M.R. Jones (ed.), *Nebraska Symposium on Motivation, 11*, 1–24. Lincoln, NE: University of Nebraska Press.

Roth, G., Assor, A, Niemiec, C.P., Ryan, R.M. and Deci, E.L. (2009) The emotional and academic consequences of parental conditional regard: Comparing conditional positive regard conditional negative regard and autonomy support as parenting practices. *Developmental Psychology, 45*, 1119–1142.

Rotter, J. (1966) Generalized expectancies for internal versus external control of reinforcement. *Psychological Monographs, 80* (1, Whole No. 609), 1–28.

Rozanski, A. (2005) Integrating psychologic approaches into the behavioral management of cardiac patients. *Psychosomatic Medicine, 67*, S67–S73.

Ryan, R.M. (1982) Control and information in the intrapersonal sphere: An extension of cognitive evaluation theory. *Journal of Personality and Social Psychology, 43*, 450–461.

Ryan, R.M. (1995) Psychological needs and the facilitation of integrative processes. *Journal of Personality, 63*, 397–427.

Ryan, R.M., Bernstein, J.H. and Brown, K.W. (2010) Weekends, work, and well-being: Psychological need satisfactions and day of the week effects on mood, vitality, and physical symptoms. *Journal of Social and Clinical Psychology, 29*, 95–122.

Ryan, R.M. and Brown, K.W. (2005) Legislating competence: The motivational impact of high stakes testing as an educational reform. In C. Dweck and A.E. Elliot (eds), *Handbook of Competence,* pp. 354–374. New York: Guilford Press.

Ryan, R.M. and Connell, J.P. (1989) Perceived locus of causality and internalization: Examining reasons for acting in two domains. *Journal of Personality and Social Psychology, 57*, 749–761.

Ryan, R.M., Connell, J.P. and Deci, E.L. (1985) A motivational analysis of self-determination and self-regulation in education. In C. Ames and R.E. Ames (eds), *Research on Motivation in Education: The Classroom Milieu,* pp. 13–51. New York: Academic Press.

Ryan, R.M. and Deci, E.L. (2001) On happiness and human potentials: A review of research on hedonic and eudaimonic well-being. In S. Fiske (ed.), *Annual Review of Psychology, 52*, 141-166. Palo Alto, CA: Annual Reviews, Inc.

Ryan, R.M. and Deci, E.L. (2004) Autonomy is no illusion: Self-determination theory and the empirical study of authenticity, awareness, and will. In J. Greenberg, S.L. Koole, and T. Pyszczynski (eds), *Handbook of Experimental Existential Psychology,* pp. 449–479. New York: Guilford Press.

Ryan, R.M. and Deci, E.L. (2008) From ego depletion to vitality: Theory and findings concerning the facilitation of energy available to the self. *Social and Personality Psychology Compass, 2*, 702–717.

Ryan, R.M., Deci, E.L., Grolnick, W.S. and La Guardia, J.G. (2006) The significance of autonomy and autonomy support in psychological development and psychopathology. In D. Cicchetti and D.J. Cohen (eds), *Developmental Psychopathology, Vol 1: Theory and Method,* 2nd Edition, pp. 795–849. New Jersey: Wiley.

Ryan, R.M. and Frederick, C.M. (1997) On energy,

personality, and health: Subjective vitality as a dynamic reflection of well-being. *Journal of Personality*, 65, 529–565.

Ryan, R.M., Mims, V. and Koestner, R. (1983) Relation of reward contingency and interpersonal context to intrinsic motivation: A review and test using cognitive evaluation theory. *Journal of Personality and Social Psychology*, 45, 736–750.

Ryan, R.M., Plant, R.W. and O'Malley, S. (1995) Initial motivations for alcohol treatment: Relations with patient characteristics, treatment involvement and dropout. *Addictive Behaviors*, 20, 279–297.

Ryan, R.M., Rigby, S. and King, K. (1993) Two types of religious internalization and their relations to religious orientations and mental health. *Journal of Personality and Social Psychology*, 65, 586–596.

Ryan, R.M., Rigby, C.S. and Przybylski, A. (2006) Motivation pull of video games: A self-determination theory approach. *Motivation and Emotion*, 30, 347–365.

Ryan, R.M., Sheldon, K.M., Kasser, T. and Deci, E.L. (1996) All goals are not created equal: An organismic perspective on the nature of goals and their regulation. In P.M. Gollwitzer and J.A. Bargh (eds), *The Psychology of Action: Linking Cognition and Motivation to Behavior*, pp. 7–26. New York: Guilford.

Scott, W.E., Jr. (1975) The effects of extrinsic rewards on 'intrinsic motivation': A critique. *Organizational Behavior and Human Performance*, 15, 117–129.

Sheldon, K.M. and Krieger, L.S. (2007) Understanding the negative effects of legal education on law students: A longitudinal test of self-determination theory. *Personality and Social Psychology Bulletin*, 33, 883–897.

Thayer, R.E. (2001) *Calm Energy: How People Regulate Mood with Food and Exercise*. New York: Oxford University Press.

Tooby, J. and Cosmides, L. (1992) The psychological foundations of culture. In J.H. Barkow, L. Cosmides, and J. Tooby (eds), *The Adapted Mind*, pp. 19–136. New York: Oxford University Press.

Vallerand, R.J. (1997) Toward a hierarchical model of intrinsic and extrinsic motivation. In M.P. Zanna (ed.), *Advances in Experimental Social Psychology*, 29, 271–360. San Diego: Academic Press.

Vansteenkiste, M., Simons, J., Lens, W., Sheldon, K.M. and Deci, E.L. (2004) Motivating learning, performance, and persistence: The synergistic effects of intrinsic goal contents and autonomy-supportive contexts. *Journal of Personality and Social Psychology*, 87, 246–260.

Vlachopoulos, S.P. (2009) Prologue. *Hellenic Journal of Psychology*, 6, vii–x.

Weinstein, N. and Ryan, R.M. (2010) When helping helps: Autonomous motivation for prosocial behavior and its influence on well-being for the helper and recipient. *Journal of Personality and Social Psychology*. 98, 222–244.

White, R.W. (1959) Motivation reconsidered: The concept of competence. *Psychological Review*, 66, 297–333.

White, R.W. (1963) *Ego and Reality in Psychoanalytic Theory*. New York: International Universities Press.

Williams, G.C., Cox, E.M., Hedberg, V. and Deci, E.L. (2000) Extrinsic life goals and health risk behaviors in adolescents. *Journal of Applied Social Psychology*, 30, 1756–1771.

Williams, G.C., Deci, E.L. and Ryan, R.M. (1998) Building health-care partnerships by supporting autonomy. In A.L. Suchman, P. Hinton-Walker, and R. Botelho (eds), *Partnerships in Healthcare*, pp. 67–87. Rochester, NY: University of Rochester Press.

Williams, G.C., Gagné, M., Ryan, R.M. and Deci, E.L. (2002) Facilitating autonomous motivation for smoking cessation. *Health Psychology*, 21, 40–50.

Williams, G.C., Grow, V.M., Freedman, Z., Ryan, R.M. and Deci, E.L. (1996) Motivational predictors of weight loss and weight-loss maintenance. *Journal of Personality and Social Psychology*, 70, 115–126.

Williams, G.C., McGregor, H.A., Sharp, D., Kouides, R.W., Levesque, C., Ryan, R.M. and Deci, E.L. (2006) A self-determination multiple risk intervention trial to improve smokers' health. *Journal of General Internal Medicine*, 21, 1288–1294.

Williams, G.C., McGregor, H.A., Zeldman, A., Freedman, Z.R. and Deci, E.L. (2004) Testing a self-determination theory process model for promoting glycemic control through diabetes self-management. *Health Psychology*, 23, 58–66.

Williams, G.C., Rodin, G.C., Ryan, R.M., Grolnick, W.S. and Deci, E.L. (1998) Autonomous regulation and adherence to long-term medical regimens in adult outpatients. *Health Psychology*, 17, 269–276.

Zeldman, A., Ryan, R.M. and Fiscella, K. (2004) Client motivation, autonomy support and entity beliefs: Their role in methadone maintenance treatment. *Journal of Social and Clinical Psychology*, 23, 675–696.

Zuckerman, M., Porac, J., Lathin, D., Smith, R. and Deci, E.L. (1978) On the importance of self-determination for intrinsically motivated behavior. *Personality and Social Psychology Bulletin*, 4, 443–446.

Zuroff, D.C., Koestner, R., Moskowitz, D.S., McBride, C., Marshall, M. and Bagby, M. (2007) Autonomous motivation for therapy: A new common factor in brief treatments for depression. *Psychotherapy Research*, 17, 137–147.

第4章

计划行为理论

伊塞克·艾奇森（Icek Ajzen）

彭文雅[一] 译　蒋奖 审校

摘 要

本章介绍了一种重要的理性行为模型——计划行为理论（theory of planned behavior, TPB），包括该理论的概念基础、发展历史和衍生出的研究。计划行为理论源于命题控制和期望理论，是理解、预测和改变人类社会行为的主要理论框架。该理论认为，意向是行为的直接原因，意向本身受行为态度、主观规范和知觉行为控制的影响，而这三种决定因素分别来自对行为可能后果的信念、对重要他人的规范期望的信念以及对可能控制行为表现的因素的信念。一系列相关研究为该理论提供了实证支持，这些研究证实了该理论预测意向和行为的能力；一些干预研究同样为该理论提供了实证支持，这些干预研究表明行为信念、规范信念和控制信念的变化可以导致意向的变化，而意向的变化又会反映在随后的行为中。结合最近关于人类社会行为中自动的、无意识的过程的研究工作，本章还提及了计划行为理论的理性行为视角，对自动化的了解可以帮助我们更好地理解理性行为视角下的行为。

引 言

人类行为的理性行为视角（reasoned action approach）引起了人们的共鸣。我们内省地意识到引导我们做出决策的想法和感受，在这些过程中，我们找到了一种有关行为的令人信服的解释。根据这种解释，人类社会行为的直接原因既不神秘，也没有处于意识之外。行为不是自动或无意识产生的，而是合理且一致地遵循着我们可以获得的行为相关信息。自从我1966年进入伊利诺伊大学读研究生并开始跟随马丁·菲什拜因做研究以来，这种理性行为假设就一直指导着我的理论方法和实证研究。

当代许多人类社会行为模型都具有理性行为视角的特征，其中包括班杜拉（Bandura, 1986, 1997）的社会认知理论、特里安迪斯（Triandis, 1972）的主观文化与

[一] 北京师范大学心理学部

人际关系理论（theory of subjective culture and interpersonal relations）、健康信念模型（health belief model；Rosenstock et al.，1994）、目标设定理论（goal setting theory；Locke & Latham，1994）、信息-动机-行为技能模型（information-motivation-behavioral skills model；Fisher & Fisher，1992）和技术接受模型（technology acceptance model；Davis et al.，1989）。而本章将侧重于讨论最具影响力的理性行为视角，即通过我与马丁·菲什拜因的密切合作发展出的理性行为理论（theory of reasoned action，TRA；Ajzen & Fishbein，1980；Fishbein & Ajzen，1975），以及我对这一模型的扩展而提出的计划行为理论（Ajzen，1985，1991a，2005a）。

理性行为理论的根源在一定程度上至少可以追溯到与激进行为主义（radical behaviorism）及其效果律的对抗。根据操作性条件反射（operant conditioning）原则，奖励性事件后的行为将被强化，而惩罚性事件后的行为将被削弱。这一过程被认为是自动发生的，既不需要有意识地知觉到行为-结果的条件性强化，也不需要任何其他高阶认知为中介。然而在成年人中，缺乏足够的证据证明这种操作性条件反射的存在，以及无意识的经典条件反射的存在（参见Brewer，1974）。

在伊利诺伊大学，我接触到了从事语言学习研究的唐·杜拉尼（Don Dulany）的思想，并深受其影响。对于行为主义对行为的解释与我们对行为决定因素的直观理解之间的不同，杜拉尼（1962，1968）感到震惊。在一系列实验室实验中，杜拉尼开始检验这两种形成鲜明对比的观点。他向参与实验的被试呈现成对的句子，每个试次呈现一对，

要求被试从每对句子里选择一个句子并大声朗读。在完成这项任务期间，被试坐在一个恒温110华氏度$^{\ominus}$、湿度35%的房间里。在呈现完包含特定单词的句子后，以预定频率让热气流、冷气流或室温下的正常气流拂过被试的脸。

现在，严格根据操作性条件反射原理来解读实验，热气流作为一个惩罚性事件，应该会减少被试朗读在热气流之前呈现的句子的可能性。也就是说，热气流应该减少被试在随后的试次中选择包含刺激词的句子的可能性，因为这些刺激词出现后会紧跟惩罚性事件。相对地，冷气流应该有助于加强被试选择前面这类句子的可能性。然而，杜拉尼认为，情感上的积极或消极事件并没有直接加强或削弱反应倾向。相反，他认为这些事件的效应受到更高级的心理过程的中介，特别是被试对事件意义的解释。为了检验这一想法，他操纵了关于事件意义的指导语，这一操纵与冷的、正常的或热的气流相互独立。有些被试被告知气流代表着反应正确，有些被试被告知它既不代表反应正确，也不代表反应不正确，还有些被试则被告知它代表反应不正确。

杜拉尼认为，在这种情况下，被试可以形成两种假设。第一种是他们可能会相信，某种口头反应（即句子选择）之后有一定概率会紧跟某一事件（即冷的、正常的或热的气流）。他将这种信念称为强化分布假设（hypothesis of the distribution of reinforcement）。第二种是被试可能会形成这样的信念，即气流意味着他们刚刚做了自己应该做的事、不应该做的事，或者自己既不应该做也不能避免做的事。他将这一信念称为强化物重要性假设（hypothesis of the significance of a reinforcer）。这两个假设为杜拉尼的命题控

$\ominus$ 110华氏度约为43.3摄氏度。——译者注

制理论（theory of propositional control）提供了基础。根据该理论，人们会有意识地形成选择一种特定反应的意向，正是这种行为意向（behavioral intention，BI）决定了人们实际做出的反应。意向本身受两个因素的影响。第一个是由强化物的主观效价（subjective value of the reinforcer，RSv）加权的强化分布假设（RHd）。人们越坚信一种特定反应会带来某一特定结果，且越重视这一结果，他们就会越强烈地产生这种反应意向。影响意向的第二个因素是由强化物重要性假设加权的强化分布假设，这个复合变量被称为行为假设（behavioral hypothesis，BH）。行为假设受两个因素的影响，一是反应在多大程度上会产生某一特定后果，二是这个后果在多大程度上表明了一种正确的反应，即一种预期的反应。产生预期反应的意向会在一定程度上得到加强，被试会被激励去遵从（motivated to comply，MC）他们认为自己应该做的事情。杜拉尼（1968）提出的关于行为意向的命题控制理论可以由式（4-1）表示，实际反应被假定为受行为意向的直接影响。

$$BI = (RHd)(RSv) + (BH)(MC) \quad (4\text{-}1)$$

当然，杜拉尼的理论并不意味着强化是无关紧要的，它只是表明人们对条件性强化及其意义的信念中介了强化对行为的影响。与该理论一致，被试选择特定类型句子的意向与他们实际选择句子的相关系数为0.94，而（RHd）(RSv)和（BH）(MC)预测行为意向的多重相关系数为0.88。有趣的是，与强化的情感效价相比，关于强化意义的指导语对意向和实际反应选择的影响更大。换句话说，被试的反应选择主要是由他们认为实验者希望他们大声朗读的句子所引导，而不是由他们做出选择后的情感后果所引导。因此，如果他们认为这就是实验者期望他们在实验中所做的（且如果他们被激励去遵从的话），那么他们愿意坐在很热的房间中，忍受热气流吹拂到他们的脸上。

理性行为理论

对我来说，杜拉尼的实验结果非常令人信服，而且很难与反应-条件事件产生的自动反应增强达成一致。相反，他的研究工作表明，人类行为是由更高级的心理过程中介和控制的。尽管杜拉尼认识到随着练习的进行，自发的反应将倾向于习惯化，有意识的规则可能会变得无意识，但他（1968）仍认为有意识的、意志的过程是行为的因果性或工具性影响因素。然而，有意识觉察和意志在人类社会行为中的因果作用仍然存在争议（参见Bargh & Chartrand，1999；Wegner & Wheatley，1999），我将在本章后面的部分再次论述这个问题。

无论体验是否总是有意识，杜拉尼命题控制理论中提到的认知过程在理性行为理论中都有其对应的部分（Ajzen & Fishbein，1980；Fishbein，1967a；Fishbein & Ajzen，1975），理性行为理论是计划行为理论的前身（Ajzen，1991b）。让我们先来想一下强化分布假设。在理性行为理论中，这一假设被称为行为信念。它被定义为一个人做出某一特定行为将产生某一特定后果的主观可能性，而强化物的主观效价则是此人对这一后果的评估。当然，社会心理学家感兴趣的大多数行为都能产生不止一种后果，因此，理性行为理论假设人们持有多种行为信念，每种信念都将行为表现与不同的后果联系起来。一项关于大学生酒精和药物滥用的研究（Armitage et al.，1999：306，表2）提供了一个具体的例证。在这项研究中，下述关于酒精和药物使用的行为信念常常被大学生提到：

这些物品"使我更善于交际""导致我身体健康状况较差""将使我产生依赖性""将致使我招惹执法部门",以及"使我感觉良好"。

杜拉尼模型中的第二个成分是行为假设,在理性行为理论中被称为规范信念。它被定义为一个人主观认为一个特定的规范参照者(杜拉尼研究中的实验者)希望自己做出某种给定行为的可能性。与杜拉尼的模型相一致,这种规范信念被加权(乘)以个人遵从参照者的期望行事的动机。然而,理性行为理论假设,人们可以对多个参照者或参照群体持有规范信念。常见的参照者是一个人的配偶或伴侣、亲密的家人、朋友,以及当下行为所涉及的同事、健康专家和执法部门。

行为态度:期望价值模型

如前所述,人们通常对任何给定行为都持有许多行为信念,每种信念都将行为与一种后果联系起来,而且每种后果都有一个特定的主观效价。理性行为理论假设,这些行为信念和后果评估结合在一起,对行为产生了一种整体的积极或消极态度。具体而言,每种后果的主观效价或评价对态度的影响,都与人们对行为产生某种后果可能性的主观认识成正比。这种态度的期望价值模型(expectancy-value model)如式(4-2)所示,其中 A 表示行为态度(attitude toward a behavior),b_i 是对行为产生后果 i 的主观可能性或信念,e_i 是对后果 i 的评估,它们的总和超过了行为信念的总数。

$$A \propto \sum b_i e_i \quad (4\text{-}2)$$

在理性行为理论的态度模型中,主观可能性(信念)和效价(评估)的乘积可以追溯到关于社会态度形成和结构的一般理论。在一篇关于态度和动机的文章中,皮克(Peak)假设对任何物体的态度都"与它所服务的目的,即与其结果有关"(1955:153),因此,态度"影响①判断该物体会产生好结果或坏结果的可能性,以及②预期这些结果产生影响的强度"(1955:154)。她建议将判定某一特定后果出现的可能性乘以其期望效价,并将所有结果的乘积相加以估计与该物体相关的影响或评估,即提供对态度的估计(另可参见 Carlson, 1956;Rosenberg, 1956)。

皮克通过考虑动机及其对态度结构的影响得出了态度模型,菲什拜因(1963)也提出了一个非常相似的模型,但只提供了概念构成并将学习理论作为其基础(Fishbein, 1967b)。他的态度加和模型(summation model)启发了理性行为理论中的期望价值模型。在初步检验自己的模型时,菲什拜因(1963)考察了人们对非裔美国人的信念和态度之间的关系。罗森伯格(Rosenberg, 1956)采用的是先前用过的一系列信念评估问卷,与之相反,菲什拜因以一种自由反应的形式激发人们自己的信念。被试阅读一份包括"黑人"在内的不同群体的名单五遍,并回答出一个他们认为是该群体特征的词。选出被试最经常提到的与黑人有关的十个属性词进行进一步考察,这些属性词包括深色皮肤、卷发、音乐、运动和辛勤工作。

在研究的第二部分,采用五个两极评价指标对这十个属性词进行评估,两极评价指标包括"好-坏""干净-肮脏"和"明智-愚蠢"等。为了测量信念的强度,被试还被要求对这十个属性词中的每一个进行评价,也就是在五个概率量表上[例如,不大可能-可能(unlikely-likely),很可能-不可能(probably-improbably),错误-正确(false-true)]对黑人拥有该属性的可能性进行评分。最后,对非裔美国人的态度也通过上述同样的五个概率量表进行评估。信念强度乘以对属性的评价,并将十个属性词的结果进行加和。研究结果发现,这种合成的预期价值与直接态度测量间的相关为 0.80。

态度的认知基础

总之,二十世纪五六十年代的几条理论路线都集中在态度的期望价值模型上(参见 Dabholkar, 1999; Feather, 1982 的综述)[1]。然而,理性行为理论中态度的期望价值模型具有其他关于态度形成和结构的期望价值理论所不具备的一些特征。

信念对态度的因果影响

从理论的角度来看,也许最重要的是,理性行为理论的态度结构和其他态度理论在关于信念和态度之间关系性质的假设上存在差异。继罗森伯格和霍夫兰(Rosenberg & Hovland, 1960)之后,许多研究者都认为信念(或认知)和评价(或情感)是态度的两个成分,行为倾向(或意向)则是第三个成分。根据这类理论,态度可以从对态度对象的认知、情感或意向反应中推断出来,但理论并未假设一个成分是另一个成分产生的原因。也就是说,三元模型仅仅规定了三个成分需要在评价上相互一致(Rosenberg, 1965)。然而,在理性行为理论中,做出某种行为的信念将引发某种结果,也会引发对这些结果的评估,从而会使人们对这种行为产生有利或不利的态度。正如我们将在下文中看到的,这种态度会对行为意向产生因果影响。

然而,需要注意的是,并不是行为的所有潜在结果都会影响态度。根据理性行为理论的期望价值模型,只有容易从记忆中提取的信念才能决定普遍的态度。这限制了作为观察到的行为态度基础的信念的数量,也意味着必须采用适当的方式来确定易提取的信念。例如,仅仅向被试提供一份由研究者构建的信念清单是不够的,因为其中的许多项目可能并不代表易提取的信念,而一些易提取的信念则可能并没有被罗列上去。虽然对一系列先验信念的反应可以用来推断潜在态度,但如果假设这些反应必然提供关于易提取信念的信息从而为态度提供因果基础,那就是错误的。

主观规范

如前所述,在理性行为理论中,杜拉尼(1968)的行为假设被称为规范信念,即对于一个特定的参照者希望我们做出某种行为的一种信念。该理论假设,关于不同社会参照者的规范信念将被合成为一个整体感知到的社会压力或主观规范(subjective norm, SN)。类比于针对一种行为态度的期望价值模型,普遍的主观规范(SN)取决于关于重要参照者期望的总体易提取规范信念。具体而言,每种规范信念的强度(n_i)由遵从参照者 i 的动机(m_i)加权,最后将所有参照者的结果进行加和,如式(4-3)所示。

$$\text{SN} \propto \sum n_i m_i \quad (4\text{-}3)$$

我们可以通过两种方式形成关于他人对我们的期望的信念,一种是他人告知或直接推断重要他人希望我们做什么[即指令性规范(injunctive norms)],另一种是观察重要社会参照者的行为或推测他们可能会做出的行为[即描述性规范(descriptive norms);参见 Cialdini et al., 1990; Fishbein & Ajzen, 2010]。主观规范与行为态度不是一个概念。原则上,人们可以对某种行为持积极的态度,却会感受到不做出这种行为的社会压力;他们可以对行为持消极的态度和积极的主观规范;还有些时候,人们的态度与主观规范可能是一致的。然而,实际上,个人的态度和主观规范很少彼此完全正交,这是因为许多事件都可能使人们产生相似的行为和规范信念。例如,在大众媒体上发表的新医学研究结果表明，低热量饮食使实验室小鼠的寿命延长了35%。接触到这些信息的人可能会形成一种行为信念，即低热量饮食很可能延长自己的寿命，同时，他们也形成了伴侣和医生都希望他们低热量饮食的规范信念。因此，对低脂肪饮食的态度和关于这种行为的主观规范就可能相互关联。

主观规范的认知基础

主观规范模型中的乘积项 [见式(4-3)]意味着规范信念对主观规范的影响受到遵从动机的调节。一个重要的社会参照者希望我们做出某种行为，这种信念只在我们有动机遵从这个参照者的情况下才会增加做出这种行为所感知到的社会压力。与态度的期望价值模型的检验相似，对主观规范模型的检验通常涉及将规范信念强度与遵从动机的乘积之和与主观规范的直接测量值相关联。直接测量是通过询问被试重要他人有多大可能认为他们应该做出某种行为，以及重要他人自身有多大可能做出或愿意做出这种行为，等等。也可以设置类似的题目来评估与特定社会参照者有关的规范信念。也就是说，被试会表达他们认为某些人或群体（例如，配偶、同事）希望他们做出这种行为，或者这些人或群体自己会做出这种行为的可能性有多大。（在给定的研究群体中，可以通过自由反应的形式来确定容易想到的规范参照者。）最后，要求被试评估他们遵从每一个规范参照者的动机有多强。规范信念强度乘以相应的遵从动机，再将这些乘积项进行加和，就会产生一个规范信念的聚合，然后将其与主观规范的直接测量值相关联（示例可参见 Ajzen & Driver, 1991; Conner et al., 1998）。

实证证据支持规范信念的聚合与感知社会压力或主观规范之间的相关，计划行为理论研究的元分析则说明了这种相关的强度（Armitage & Conner, 2001）。在34组关于各种行为的数据中，规范信念与主观规范之间的平均相关为0.50。然而，许多研究者报告说这种相关应该归因于规范信念强度，而遵从动机对提高这种相关来说几乎没有作用，甚至可能会使这一相关略微降低（例如 Ajzen & Driver, 1991; Budd et al., 1984）[2]。对这些研究结果的一个可能解释是，人们通常倾向于被激励去遵从他们的社会参照者，因此，遵从动机这一变量的变异相对较小。在这种情况下，将规范信念乘以遵从动机对改善主观规范的预测效果几乎没有什么促进作用。

历史和理论背景

理性行为理论提出后不久，就带动了大量的实证研究，试图预测和解释各个领域中的行为（对这些文献的早期综述参见 Sheppard et al., 1988）。要想理解该理论的广泛吸引力，我们必须先了解研究者在探究言语态度与实际行为之间的密切关联中曾经历过的失败。在理性行为理论得到发展之前，许多态度理论和研究都涉及对组织、政策、种族或民族群体等一般概念和其他广泛对象的态度。研究者假设，这种态度将预测我们对态度对象做出的任何行为，但实证研究挑战了这一假设。对非裔美国人的态度与遵从非裔美国人所做的判断无关（Himelstein & Moore, 1963），也与和非裔美国人合影的意愿无关（De Fleur & Westie, 1958; Linn, 1965）；工作满意度这种态度未能预测工作表现、缺勤和离职（例如 Bernberg, 1952; Vroom, 1964）；对工会的态度也未能预测工会会议的出席情况（Dean, 1958），等等。在这一领域的一篇极具影响力的综述中，威克（Wicker, 1969）呼吁研究者注意言语态度与外显行为间的不一致，并且和之前的几位理论家一样（例如 Blumer, 1955; Deutscher, 1966; Festinger,

1964），他也质疑态度这一概念的效用。

兼容性

当我在20世纪60年代开始跟随马丁·菲什拜因做研究时，我们面临着解释为什么言语态度无法预测实际行为的挑战。在对理性行为理论的研究工作中，我们（Ajzen, 1982; Ajzen & Fishbein, 1980; Fishbein & Ajzen, 1975）区分了两种态度：一种是对物理对象、机构、群体、政策和事件的一般态度，即在大多数以往研究中所探讨的那种态度；另一种是对特定行为的态度，这些行为涉及健康和安全（锻炼、采取避孕措施、进行癌症筛查、戴安全帽、健康饮食）、种族关系（雇用少数群体成员、邀请外群体成员参加聚会）、政治（参加选举、向政治候选人捐款、为候选人投票）、环境（乘坐公共交通、回收利用、节约能源），以及其他一些领域。我们制定了一种对应性或兼容性原则（principle of correspondence or compatibility; Ajzen, 1987; Ajzen & Fishbein, 1977），以帮助澄清言语态度与外显行为之间关系的本质。根据这一原则，态度和行为在一定程度上相互关联，它们在行动、目标、情境和时间要素方面是相容的。对行为的测量通常涉及特定的行动（例如，交朋友）和目标（例如，单身者），也涉及特定的情境（例如，在学校）和时间框架（例如，在未来六个月里）。相比之下，一般态度（例如，对单身者）只确定目标，没有具体说明任何特定的行动、情境或时间要素。我们认为这种兼容性的缺乏，特别是行动元素中兼容性的缺乏，是导致研究中一般态度和特定行为之间相关程度较低且往往不显著的原因。

然而，这并不是说当涉及对行为的预测时，针对目标的一般态度就无关紧要。根据兼容性原则，一般态度可以预测广泛的行为模式或行为聚合（Ajzen, 2005a; Ajzen & Fishbein, 1977）。当针对一个给定目标聚合不同行为时，我们会跨行动、情境和时间元素进行概括，从而确保与对该目标同样广泛的态度相兼容。因此，对宗教和教会的态度虽然很大程度上与个体在这方面的行为无关，但被证明与广泛的宗教行为模式密切相关（Fishbein & Ajzen, 1974）；对环保的态度则能够预测个体环保行为的聚合（Weigel & Newman, 1976）。

理性行为理论在一般态度失败的背景下取得了成功，它提供了一种用态度预测和解释个体行为的方法。根据该理论及其兼容性原则，我们可以从对特定行为的态度来预测个体行为，而这正是理性行为理论中态度成分的定义。此外，该理论通过考虑社会规范的作用而扩展了个人态度的影响，再次与特定行为产生了关联。因此，该理论认为，做出特定行为的意向取决于对该行为有利或不利的态度以及鼓励或阻止该行为表现的主观规范的共同作用。

计划行为理论

我们最初提出理性行为理论时，明确地将其限定在人们可以完全通过意志控制的行为上，并假定这一类别包含了社会心理学家感兴趣的大多数行为（参见 Ajzen & Fishbein, 1980）。然而，我很快意识到，这一提法对一个旨在预测和解释各种具有社会意义的行为的理论而言施加了太多限制。即使在意志控制的原则下，许多行为也很难执行。例如，在一项关于癌症患者体育锻炼的研究中（Courneya et al., 2000），研究者发现大剂量化疗和骨髓移植后的医疗并发症对患者坚持推荐锻炼方案的能力提出了重大挑战。因此我认为，为了解释人们意志控制可能有限的行为，必须扩展理性行为理论模型，将对行为的控制程度纳入考虑（Ajzen，1985）。计划行为理论（Ajzen，1987，1991b，2005a）就是为了实现这一目标而提出的。

行为控制

内部和外部的许多因素都会损害（或促进）特定行为的表现，例如人们掌握必要信息的程度、心理和身体技能、社会支持的可获得性、情绪和强迫，以及是否存在外部障碍（参见 Ajzen，2005a：第5章）。人们应该能够在一定程度上依据自己的意向行事，只要他们拥有做出某种行为所需的信息、智力、技能、能力和其他内部因素，此外，他们还应能够在一定程度上克服任何可能干扰行为表现的外部障碍。因此，实际行为控制（actual behavioral control）的程度有望调节意向对行为的影响。当控制力都很强，以至于几乎每个人都可以表现出该行为时，单凭意向应该就足以预测行为；但当个体间的控制力不同时，意向和控制力就应该相互作用，共同影响行为表现。有意做出该行为的个体和对该行为有高度控制力的个体最有可能做出该行为。

知觉行为控制

与实际控制力的重要性相比，知觉行为控制（perceived behavioral control）的作用也许不那么显而易见，但从心理学的角度来看更有趣。知觉行为控制指个体在多大程度上相信，只要自己愿意，就能够执行指定行为。知觉行为控制在计划行为理论中的概念化在很大程度上归功于阿尔伯特·班杜拉（Albert Bandura）关于自我效能感（self-efficacy）的研究工作（Bandura，1977，1986，1997）。在班杜拉的社会认知理论中，人们认为自己能否控制影响自己生活的事件是人类动机和行为的近端决定因素。班杜拉强调，自我效能感不是一种与情境无关的整体倾向，而是"指一个人有能力组织和执行产生特定成就所需行为的信念"（Bandura，1997：3）。很明显，计划行为理论中知觉行为控制的概念虽然侧重于人们认为自己能够完成或控制某一特定行为的程度，但这与班杜拉的自我效能概念非常相似。

大量研究都证实了自我效能感信念对动机和表现的强大影响（综述参见 Bandura & Locke，2003）。最强有力的证据来自一些研究，这些研究通过实验操纵了自我效能感水平，并观察这一操纵对任务坚持性和任务表现的影响。这些研究中的大部分是在可以按照给定意向来做出特定行为的情况下进行的。在这些条件下，坚持性和任务表现会随着自我效能感的提高而提高。例如，塞尔沃纳和皮克（Cervone & Peake，1986）让被试解决一系列无解的智力问题（字谜或循环图）。任务开始前，他们通过锚定和调整启发式来操纵被试的自我效能感信念（Tversky & Kahneman，1974）。表面上让被试随机抽取一个相对较大的数字（18）或相对较小的数字（4），之后，要求被试说明自己是否能够解决比抽取的数字更多、相同或更少的问题，以及自己能够解决多少问题（以此测量自我效能感）。研究发现，高锚定条件下的自我效能感水平显著高于低锚定条件下的自我效能感水平。然后，研究者记录了被试在切换到第二个任务之前尝试解决给定类型问题的次数。结果表明，高锚定条件组被试在无解任务上坚持的时间比低锚定条件组被试长得多，且这一效应完全由测得的自我效能感中介。

因为这个实验中的问题没有解决办法，所以无法评估任务表现。其他实验表明，操纵自我效能感不仅能影响坚持性，还能影响实际任务表现。例如，班杜拉和亚当斯（Bandura & Adams，1977）让恐蛇症患者（即害怕蛇的人）在深度放松的情况下，通过想象有威胁性的有蛇场景来进行象征性脱敏（symbolic desensitization）。这一操纵提高了被试处理与蛇有关场景的自我效能感，也提高了他们随后执行各种与蛇有关任务的能力。研究甚至发现，通过虚假表现反馈进行的自我效能感操纵还会提高被试在冷加压实验中的疼痛耐受性（Litt，1988）和在身体耐力任务中的表现（Weinberg et al.，1981）。

显然，自我效能感或知觉行为控制可以通过影响个体的坚持性来影响其在困难行为中的表现。人们越相信自己有能力做出想要做的行为，就越有可能坚持下去，从而取得成功。然而，在计划行为理论中，知觉行为控制的作用至少在两个方面扩展了它对坚持性的影响。首先，计划行为理论是一个通用模型，它适用于任何行为，而不仅仅是个体被激励去做的行为。事实上，对于社会心理学家感兴趣的大多数行为来说，人们的意向差异很大。有些人想要锻炼，有些人不想；有些人想要酗酒，有些人不想；有些人想要进行癌症筛查，而另一些人则不想这样做。理性行为理论认为这种意向受对某种行为的态度和主观规范的影响，而在计划行为理论中，知觉行为控制则被增添为行为意向的第三个决定因素。具体来说，人们的态度和主观规范越有利，就越会认为自己有能力做出某种行为，行为意向也就越强。相反，那些不相信自己有能力做出该行为的人则不太可能形成这样做的意向。

因此，知觉行为控制可以通过对参与行为的意向和在执行过程中遇到困难时坚持性的影响而间接地影响行为表现。此外，知觉行为控制可以作为实际控制的潜在指标。回想一下，我们预期实际控制会调节意向对行为的影响。然而，在计划行为理论的大多数应用中，实际控制的测量都非常难以获得。事实上，对许多行为而言，难以识别各种可能有促进或抑制作用的内部和外部因素，更不用说对这些因素进行测量。也许正是出于这个原因，许多研究者都依赖于对知觉行为控制的测量。当然，这就假设对行为控制的感知可以准确地反映个体在一定情境下的实际控制，也就是说，对控制的感知在一定程度上是真实的，它们可以作为实际控制的指标，有助于我们预测行为。

知觉行为控制的认知基础

与态度和主观规范一样，对行为控制的感知一贯被认为是从易提取的信念中获得的，在这种情况下，关于资源和障碍的信念可以促进或干扰特定行为的表现。与态度的期望价值模型相似，每个控制因素促进或抑制行为表现的能力都可能有助于知觉行为控制，且与人们主观认为该控制因素存在的概率成正比。该模型如式（4-4）所示，其中 PBC 是知觉行为控制，c_i 是控制因素 i 存在的主观概率或信念，p_i 是控制因素 i 能促进或抑制行为表现的能力，二者的总和超过了可提取控制信念的总量。

$$PBC \propto \sum c_i p_i \quad (4-4)$$

实证证据表明，知觉行为控制的直接测量与控制信念的总和之间存在很强的相关，从而支持了这一模型。知觉行为控制的直接测量通常是询问人们是否相信自己有能力进行某种行为，是否相信这样做完全在自己的控制之下，等等。易获得的控制因素以自由反应的形式产生。例如，在一项关于低脂饮食的研究（Armitage & Conner，1999）中，最常提到的七个控制因素主要涉及维持低脂饮食的障碍，它们分别是：费时、昂贵、不方便，需要很强的动机，需要了解各种食物的脂肪含量，低脂食物必须容易获得，以及高脂食物会带来诱惑。

虽然研究者经常测量控制信念的强度，即某些控制因素将会存在的主观概率，但只有在少数研究中，他们也确定了这些控制因素促进或抑制行为表现能力的测量工具。然而，实证研究的结果为控制信念可以预测知觉行为控制这一命题提供了支持。例如，加涅和戈丹（Gagné & Godin, 2000）在分析他们自己在健康领域所做的16项研究时发现，控制信念的总和与知觉行为控制的直接测量之间存在0.57的中等相关；在对18项关于各种不同行为研究的元分析中，阿米蒂奇和康纳（Armitage & Conner, 2001）报告称平均相关值为0.52。

预测意向和行为

简要总结一下，根据计划行为理论，人类行为受三种因素影响：对行为可能结果和对这些结果评估的易提取信念（行为信念），对规范预期、重要参照者行为和遵从这些参照者动机的易提取信念（规范信念），以及感知到存在可能促进或阻碍行为表现的因素和这些因素力量的易提取信念（控制信念）。在它们各自的加和中，行为信念会产生对行为的有利或不利的态度，规范信念会导致社会压力或主观规范，控制信念则会产生知觉行为控制。总的来说，行为态度、主观规范和知觉行为控制共同导致了行为意向的形成。一般而言，态度和主观规范越有利，知觉控制力越强，个体做出某种行为的意向就越强。最后，如果对行为有足够程度的实际控制力，人们就可能会在机会出现时实施他们的意向。因此，意向被认为是行为的直接前因。然而，因为许多行为都有执行方面的困难，所以除了意向外，还需考虑知觉行为控制。知觉控制影响着我们面对困难时的坚持性，因此，只要它在一定程度上是真实的，就可以作为实际控制的指标，并有助于预测行为。

信念的可提取性

我一直强调一种观点，即当前可提取的行为、规范和控制信念分别为态度、主观规范和知觉控制提供了认知基础。虽然信念的可提取性从一开始就是我理论框架的一个重要特征，但随着时间的推移，我才充分意识到它丰富的意义。在解释态度和行为方面，信念可提取性的重要性显而易见。当我们确定人们的可提取信念时，我们会得到引导他们态度、主观规范和知觉控制等各种因素的"快照"，从而在一个特定时间点影响他们的意向和行为。可能不那么显而易见的是，记忆中易提取的信念会随着时间的推移而改变。这种可能性可以帮助我们解释经常观察到的意向和行为之间的差距。在第一个时间点测量的意向将受到彼时易提取信念的影响。然而，行为是在一个较晚时间点发生的，在那个时候，易提取的信念可能已经变得不一样了，从而会使人产生不同的意向。总之，仅在相同的信念（或等价的信念）于两个时间点都易提取的情况下，第一个时间点测量的意向才可以在一定程度上预测第二个时间点的行为（Ajzen & Sexton, 1999）。

预测行为

计划行为理论和其他理性行为模型的基本理念都是意向可以引导行为。这一理念意味着两点：首先，意向与行为之间有很强的关系，尽管这种关系可以由对行为表现的控制程度来调节。其次，意向的变化将伴随着行为的变化。这两点都有充分的证据支撑。

许多研究表明，行为意向可以解释相当多的行为变异。举一个我们自己的研究项目中的例子，在将计划行为理论应用于户外娱乐活动时（Hrubes et al., 2001），我们观察到狩猎意向与自我报告的狩猎行为之间具有大小为0.62的相关。对不同行为领域（从体育活动、健康筛查和使用非法药物到玩电子游戏、献血和吸烟）的研究进行的元分析表明，意向与行为间的平均相关在 0.44 到 0.62 之间（例如 Armitage & Conner, 2001; Notani, 1998; Randall & Wolff, 1994; Sheppard et al., 1988）。在对这些元分析进行的元分析中，希兰（Sheeran, 2002）发现意向与行为之间的总体平均相关为 0.53。

如前所述，我们预期知觉行为控制将调节意向与行为之间的关系，这样一来，当知觉控制高而不是低时，意向将更好地预测行为。如果要对这一假设进行检验，我们通常会依赖多元回归分析，在第一步中输入意向和知觉控制，第二步中输入这些变量的乘积项。在许多这样的检验中，交互项并没有达到传统意义上的显著性水平；即使它真的有一个显著的回归系数，在预测行为时往往也只能解释相对较少的额外变异（参见 Ajzen, 1991b; Armitage & Conner, 2001; Yang-Wallentin et al., 2004）。

对这些结果的一个可能的解释是，社会心理学家研究的许多行为在知觉行为控制方面的变异相对较小。虽然人们在从事体育活动、健康饮食、献血、回收玻璃和纸张、做礼拜、在即将到来的选举中投票、饮酒、上课等方面的意向差异很大，但大多数人都认为，只要他们愿意，就可以从事这些活动。在这些条件下，意向将具有良好的预测效度，但我们不能预期知觉行为控制会对意向与行为之间的相关产生很强的调节作用。

对某些行为来说，这种情况似乎反过来了，以至于人们虽然打算进行这些行为，但他们的知觉控制存在很大差异。在前文对自我效能感研究的讨论中，我们就注意到了这方面的例子。这项研究的被试被要求执行一项脑力或体力任务，例如克服某种恐惧症、忍受疼痛等。我们可以假设，他们在这些情况下尽了自己最大的努力，即他们打算尽自己最大的能力完成这项任务。在这种情况下，我们发现行为成就与自我效能感（即对行为的知觉控制）存在共变。虽然这些研究通常不评估被试的意向，但我们有理由认为，对意向的测量将显示出相对较少的变异，因此，无论是意向的主效应还是其与知觉行为控制的交互作用，都不会对行为预测产生太大影响。

总之，当这些因素中任何一个的变异相对较小时，我们可能就无法预期在意向与知觉行为控制间存在很强的交互作用。只有当被试在做出某种行为的意向上有很大的差异，且知觉行为控制也不同时，我们才能预期存在很强的调节效应（关于态度的期望价值模型中信念与评价的交互作用有关的类似问题的讨论，可参见 Ajzen & Fishbein, 2008。）

意向对行为的因果影响

理性行为模型（如计划行为理论）认为意向是相应行为的前因。大多实证证据的相关结果表明，意向确实可以用来预测行为，但这种证据并不是对其因果影响的确切证明。然而，越来越多的证据表明，意向对行为的因果影响主要来自干预研究。在对 47 项研究进行的元分析中发现，干预对意向有显著影响（Webb & Sheeran, 2006），这一影响也被证实能促进实际行为产生变化。平均而言，干预使意向产生了中等到较大程度的变化（平均 $d = 0.66$），随后使行为产生了较小到中等程度的变化（平均 $d = 0.36$）。

预测和解释意向

与计划行为理论一致，也有充分的证据表明可以通过态度、主观规范和知觉行为控制来预测意向。两个例子将有助于说明该理论的成功应用。在之前提到的赫鲁贝斯等人（Hrubes et al., 2001）的研究中，预测狩猎意向的多重相关系数为 0.92，表明态度、主观规范和知觉控制共解释了意向 86% 的变异。

尽管结果发现态度是最重要的（$\beta = 0.58$），其次才是主观规范（$\beta = 0.37$）和知觉控制（$\beta = 0.07$），但这三个前因中的每一个都对预测意向做出了重大贡献。在一项关于脊髓损伤患者闲暇体育活动的研究中，我们观察到了不同的影响模式（Latimer & Martin Ginis, 2005）。预测意向的多重相关系数为 0.78，表明态度、主观规范和知觉行为控制共解释了意向 61% 的变异。同样，所有三个预测因子的回归系数都达到了统计学上的显著性水平。但也许并不令人惊讶的是，考虑到脊髓损伤患者可能面临的困难，知觉控制在预测锻炼意向时的独立贡献（$\beta = 0.46$）比态度（$\beta = 0.29$）和主观规范（$\beta = 0.27$）更强。

大量研究都证实可以通过行为态度、主观规范和知觉行为控制来预测意向，而一一回顾这些研究并不是本章的重点所在。在涵盖了许多不同行为的元分析中（Armitage & Conner, 2001; Cheung & Chan, 2000; Notani, 1998; Rivis & Sheeran, 2003; Schulze & Wittmann, 2003），预测意向的平均多重相关系数在 0.59 至 0.66 之间。特定行为领域的元分析也显示出了类似结果。在两项关于避孕套使用研究的元分析综述中，平均多重相关系数分别为 0.71（Albarracin et al., 2001）和 0.65（Sheeran & Taylor, 1999）；在两项关于体育活动研究的元分析中，平均多重相关系数分别为 0.55（Downs & Hausenblas, 2005）和 0.67（Hagger et al., 2002）。对这些文献的广泛回顾可以在菲什拜因和艾奇森出版的书中（2010，第 6 章）找到。

理性行为

计划行为理论强调了人类信息处理和决策的受控面，它主要关注目标导向和有意识自我调节（self-regulatory）过程的行为。根据计划行为理论，意向和行为受行为的预期后果、规范压力和预期困难的影响。这个关注点经常被误解为该理论假定了一个冷漠、理性的行动者，他会以一种无偏的方式回顾所有可用信息后做出行为决策。实际上，该理论描绘了一个更加复杂和微妙的画面。

首先，计划行为理论中没有假设行为信念、规范信念和控制信念是以理性、无偏的方式形成的，也没有假设它们准确地反映了现实。信念反映了人们对某一特定行为表现所拥有的信息，但这些信息往往不准确且不完整；信念可能建立在错误或不合理的前提之上，出于自私的动机而变得有偏，或者未能反映现实。显然，这与理性行为者的假设相去甚远。然而，无论人们如何形成行为信念、规范信念和控制信念，他们的行为态度、主观规范和知觉行为控制都会自动且始终如一地遵循他们的信念。只有在这种意义上，行为才被认为是合理或有计划的。即使我们的信念不准确、有偏或非理性，它们也会使我们产生与这些信念一致的态度、意向和行为（参见 Geraerts et al., 2008）。

其次，计划行为理论没有假设人们每每要做出一项行为时都会仔细而系统地回顾他们所有的信念。相反，该理论认识到，日常生活中的大多数行为都是在没有太多认知努力的情况下做出的。与当代的社会心理学理论一致（参见 Carver & Scheier, 1998; Chaiken & Trope, 1999; Petty & Cacioppo, 1986），计划行为理论假设，人们在做出一种行为前所要处理的信息量将沿一个由浅入深的连续体变化（Ajzen & Sexton, 1999）。在新情境下做出重要决策和行为需要进行深度加工，需要仔细考虑行为的可能后果、重要他人的规范期望，以及可能遇到的障碍。但当涉及日常生活中的固定行为时，如吃早餐、服用维生素补充剂、上班、看电视新闻等，则不需要仔细考虑或提前规划。态度、主观规范、知觉控制，以及与这些行为有关的意向都被认为是在没有认知努力且通常处于潜意识的情况下内隐地引导着行为（关于这些问题的讨论可参见 Ajzen & Fishbein, 2000）。

社会行为中的习惯化和自动化

尽管有上述限定条件，计划行为理论所代表的理性行为视角与最近的社会心理学趋势仍然形成了鲜明对比，后者认为人类的社会行为大多是习惯性、自动化的，由无意识目标追求所驱动（Bargh, 1990; Bargh & Barndollar, 1996; Bargh et al., 2001; Hassin et al., 2009; Kruglanski et al., 2002; Ouellette & Wood, 1998）。在本节中，我将简要解释提出的问题，以及如何使这些问题与理性行为视角协调起来。

习惯化

随着多次的重复，行为成为习惯，它受刺激线索的直接控制，从而绕过作为行为决定因素的意向。这一观点意味着，一旦形成了牢固的习惯，行为意向就失去了其预测效度（例如 Aarts et al., 1998; Neal et al., 2006; Ouellette & Wood, 1998）。然而，实证研究结果很少支持这一假设。在对15个数据集进行的元分析中，欧莱特和伍德（Ouellette & Wood, 1998）将每个数据集都归类为可以经常进行从而变成习惯的行为（例如，系安全带、喝咖啡、上课），或不经常进行从而不太可能成为习惯的行为（例如，接种流感疫苗、献血）。与习惯假设（habit hypothesis）相反，根据意向预测这两种类型的行为都相当准确（意向与高机会行为和低机会行为间的相关均值分别为 $r = 0.59$ 和 $r = 0.67$，二者差异不显著）。基于51个数据集进行的更广泛的元分析也得出了同样的结论（Sheeran & Sutton, unpublished data）。对于不经常进行（每年一次或两次）的行为，意向与行为间的相关大小为0.51，而对于每天进行或每周至少进行一次的高机会行为，这一相关大小为0.53。这一元分析也比较了通常在相同情境中做出的易形成习惯的行为和在各种情境中做出的行为。同样，意向的预测效度也没有什么区别。如果一定要说有什么不同的话，那就是结果的模式与习惯假设所预测的相反。在不稳定情境中做出的行为（在这种情境中，意向与行为应该是最相关的）与意向间相关的均值为0.40，而在稳定情境中做出的行为与意向间相关的均值为0.56。直接用原始数据进行检验，结果也不能更好地支持习惯假设（Ouellette & Wood, 1998；关于这些问题的讨论可参见 Ajzen, 2002）。

总之，虽然行为可以通过重复变成常规行为，不再需要太多有意识的思考就能做出，但没有证据表明意向在行为变得常规后就无关紧要了。相反，实证证据表明，意向除了可以预测相对新颖的行为外，也可以预测常规行为。而且，这一结论并不一定与习惯观点不一致。"在目前的理论中，习惯是由表现情境的各个方面所激发的自动反应倾向"（Neal et al., 2006: 198）。因此可以认为，习惯并不是由情境自动引发的常规行为本身，而是一种做出行为的倾向（如一种内隐意向）。与这个想法一致，计划行为理论假设，在常规行为的情况下，内隐意向会被自动激活，然后就可以用来引导行为表现。

自动化

启动研究表明，大量心理概念和过程都可以在潜意识层面被自动激活（参见 Bargh,

2006）。初步研究表明，诸如特质概念（善良、敌意）或种族刻板印象等知识结构的激活会影响对模糊社会行为的编码、理解和判断（例如 Higgins et al., 1977; Srull & Wyer, 1979）。近年来，研究转向了无意识的目标追求，发现预期结果可以在潜意识中启动并影响对激活目标的追求，这一过程无须意识努力（Hassin et al., 2009; Kruglanski et al., 2002）。例如，有研究发现，启动一个成就目标可以提高被试在单词搜索任务中的表现（Bargh et al., 2001）。

然而，与当前目的更相关的是，知识结构或目标的自动激活不仅可以影响判断或成就，还可以直接影响行为。例如，巴奇等人（Bargh et al., 1996）发现，在离开实验室时，被启动老年人刻板印象的被试比对照组被试在走廊里走得更慢；此外，当被启动粗鲁概念时，他们比被启动礼貌概念的被试更频繁快速地打断实验者。同样，阿尔茨和狄克斯特霍伊斯（Aarts & Dijksterhuis, 2003）发现，当通过接触图书馆的图片启动沉默概念时，被试说话的声音会更柔和，随后当接触一张高级餐厅的图片后，他们更有可能在吃了饼干后丢掉碎屑。这些影响通常被归因于在启动某一结构［意念-行动表达（ideo-motor expression）］后，人们会自动表现出一些易提取的反应。

依据计划行为理论和其他理性行为模型的观点，目标导向行为是一种受控过程，存在有意识的深思熟虑和觉察（例如 Bandura, 1986, 1997; Deci & Ryan, 1985; Locke & Latham, 1990; Triandis, 1977）。虽然这一观点与我们的直觉一致，即追求重要目标是一个受控且有意识的过程，但在过去20年里，这一观点让位给了否认意识作为因果因素重要性的理论（Wegner, 2002; Wegner & Wheatley, 1999），这些理论认为人类的许多社会行为都由内隐态度（implicit attitudes; Greenwald & Banaji, 1995）和其他无意识或潜意识心理过程驱动（Aarts & Dijksterhuis, 2000; Bargh, 1989, 1996; Bargh & Chartrand, 1999; Brandstatter et al., 2001; Uhlmann & Swanson, 2004）。

从某种意义上说，无意识过程的重要性不可否认。我们实施有意识、有目的控制的能力受限于有限的信息加工能力，以至于大多数时刻的心理过程都只能发生在意识层面以下（Bargh & Chartrand, 1999）。由于行为涉及一系列复杂的事件，因此我们的日常行为中有多少受到自动化过程的影响，多少受到控制性过程的影响，这一问题就变得复杂起来了。行为表现的许多属性都在意识觉察之外。因此，我们不太注意走路时如何移动腿和手臂，不太注意说话时如何造句，通常也不会有意识地监控自己的面部表情、语调或身体姿势。即便是更复杂的行为，通过足够的练习也能变成自动化行为。例如，当我们学习驾驶时，最初会密切关注驾驶的各个方面，但一旦我们熟练掌握这项技能，就可以或多或少地自动执行这项任务。

上面回顾的研究表明，尽管我们仍可以提出一些问题，如购买汽车等重要决策是否可能完全变为自动化行为，但启动构念、知识结构和目标确实可以引发这类自动化过程和常规动作序列。值得注意的是，如果我们假设与常见行为有关的态度和意向可以变得内隐，并在意识层面下发挥影响，那么我们从行为中观察到的自动化也应与理性行为观点一致。最新的实证研究（例如 Cesario et al., 2006; 也可参见 Förster et al., 2005）为这一想法提供了支持，它表明对一个类别的启动会激活内隐的准备反应（例如，对被启动类别的内隐态度），而这些内隐反应又会决定启动对行为的影响。例如，塞萨里奥等人（Cesario et al., 2006, 研究2）评估了被试对老年人和年轻人的内隐态度，在第二组实验中，研究者在潜意识层面向被试呈现了老年人图片或年轻人图片来对其进行启动（在控制条件下则不进行启动）。在这一操纵后，研究者记录了被试的步行速度。与以往研究一样，被启动老年人构念的被试减缓了步行速度，而被启动年轻人构念的被试则增加了步行速度。然而，更令人感兴趣的是内隐态度的作用。被试对老年人的内隐态度越积极，就会走得越慢；对老年人的内隐态度越消极，就会走得越快。在年轻人的内隐态度激活方面，研究者也得到了类似的结果。因此，步行速度不是由启动老年人或年轻人这一类别直接引发的简单自动化反应。相反，从近端意义上说，它是内隐准备反应的结果，即通过启动这些类别而被激活的对老年人或年轻人的内隐态度。

当然，对自动化感兴趣的理论家并不否认受控过程在社会态度和行为中的重要性（Devine & Monteith, 1999; Wegner & Bargh, 1998）。大多数人都赞成双加工模型（dual-mode processing）的观点，这一观点为自动化和受控过程都提供了空间（Chaiken & Trope, 1999），但近年来，研究的钟摆可能更偏向自动化过程。如果可以以史为鉴，那么钟摆最终必然会朝着相反的方向摆动，或许社会心理学家重新发现理性行为的时候已经到了。

理论的应用

回顾过去的30年，我很欣慰地看到计划行为理论已被证实是理解、预测和改变人类社会行为的一个有效理论框架。从它所引发的研究数量来看，计划行为理论可能是最受欢迎的理性行为模型（相关出版物清单可参考Ajzen, 2005b）。它在不同领域的应用使研究者能够发现有社会意义的行为的重要心理决定因素。利用计划行为理论提供的概念框架和方法，研究者收集了许多不同行为（从锻炼、健康饮食、献血和使用非法药物到节约能源、乘坐公共交通工具和进行更安全的性行为）的行为态度、规范和控制相关的决定因素。当然，这些知识也可以为旨在朝着理想方向改变社会行为的有效干预提供基础。尽管迄今为止，与大量的预测性研究相比，实际干预研究数量还相对较少，但该理论已证实了其可以作为设计和评估各种干预措施有效性的基础，包括不鼓励使用私家车（Bamberg & Schmidt, 2001）、限制婴儿的糖摄入量（Beale & Manstead, 1991）、促进有效的求职行为（Van Ryn & Vinokur, 1992），以及提倡睾丸自我检查（Brubaker & Fowler, 1990）和使用避孕套（Fishbein et al., 1997）的干预措施（综述可参见Ajzen, 2011）。我希望该理论能继续以这种方式为解决关键的社会问题做出宝贵贡献。

注 释

1. 行为决策理论（behavioral decision theory）的主观期望效用模型（subjective expected utility model; Coombs & Beardslee, 1954; Edwards, 1954）也同时得到了发展，该理论是分析不确定性情境下决策的一种流行方法。根据这一模型，选择备选方案的预期效用受该备选方案具有某些属性的主观概率乘以这些属性的主观效价或效用的影响。该模型假设，每个备选方案都会产生一个主观期望效用，且决策者会选择主观期望效用最高的备选方案。关于期望价值模型和主观期望效用模型的比较，可参见 Ajzen（1996）。

2. 一些研究者（例如 Fekadu & Kraft，2002；Rimal & Real，2003）评估了对社会参照者的认同而不是遵从动机，并考察了认同的调节作用。这些研究表明，对社会参照者的认同也几乎没有调节规范信念的影响。

参考文献

Aarts, H. and Dijksterhuis, A. (2000) Habits as knowledge structures: Automaticity in goal-directed behavior. *Journal of Personality and Social Psychology*, 78, 53–63.

Aarts, H. and Dijksterhuis, A. (2003) The silence of the library: Environment, situational norm, and social behavior. *Journal of Personality and Social Psychology*, 84, 18–28.

Aarts, H., Verplanken, B. and van Knippenberg, A. (1998) Predicting behavior from actions in the past: Repeated decision making or a matter of habit? *Journal of Applied Social Psychology*, 28, 1355–1374.

Ajzen, I. (1982) On behaving in accordance with one's attitudes. In M.P. Zanna, E.T. Higgins and C.P. Herman (eds), *Consistency in Social Behavior: The Ontario Symposium*, 2, 3–15. Hillsdale, NJ: Erlbaum.

Ajzen, I. (1985) From intentions to actions: A theory of planned behavior. In J. Kuhl and J. Beckman (eds), *Action-control: From Cognition to Behavior*, pp. 11–39. Heidelberg: Springer.

Ajzen, I. (1987) Attitudes, traits, and actions: Dispositional prediction of behavior in personality and social psychology. In L. Berkowitz (ed.), *Advances in Experimental Social Psychology*, Vol. 20, pp. 1–63. San Diego: Academic Press.

Ajzen, I. (1991a) Benefits of leisure: A social psychological perspective. In B.L. Driver and P.J. Brown (eds), *Benefits of Leisure*, pp. 411–417. State College: Venture Publishing.

Ajzen, I. (1991b) The theory of planned behavior. *Organizational Behavior and Human Decision Processes*, 50, 179–211.

Ajzen, I. (1996) The social psychology of decision making. In E.T. Higgins and A.W. Kruglanski (eds), *Social Psychology: Handbook of Basic Principles*, pp. 297–325. New York: Guilford Press.

Ajzen, I. (2002) Residual effects of past on later behavior: Habituation and reasoned action perspectives. *Personality and Social Psychology Review*, 6, 107–122.

Ajzen, I. (2005a) *Attitudes, Personality, and Behavior*, 2nd Edition. Maidenhead: Open University Press.

Ajzen, I. (2005b) The Theory of Planned Behavior. Available at: http://www.people.umass.edu/aizen/tpbrefs.html, accessed 3 March 2005.

Ajzen, I. (2011) Behavioral interventions: Design and evaluation guided by the theory of planned behavior. In M.M. Mark, S.I. Donaldson and B. Campbell (eds), *Social Psychology and Program/Policy Evaluation*, pp. 72–101. New York: Guilford Press.

Ajzen, I. and Driver, B.L. (1991) Prediction of leisure participation from behavioral, normative, and control beliefs: An application of the theory of planned behavior. *Leisure Sciences*, 13, 185–204.

Ajzen, I. and Fishbein, M. (1977) Attitude-behavior relations: A theoretical analysis and review of empirical research. *Psychological Bulletin*, 84, 888–918.

Ajzen, I. and Fishbein, M. (1980) *Understanding Attitudes and Predicting Social Behavior*. Englewood-Cliffs, NJ: Prentice-Hall.

Ajzen, I. and Fishbein, M. (2000) Attitudes and the attitude-behavior relation: Reasoned and automatic processes. In W. Stroebe and M. Hewstone (eds), *European Review of Social Psychology*, 11, 1–33. Chichester: Wiley.

Ajzen, I. and Fishbein, M. (2008) Scaling and testing multiplicative combinations in the expectancy-value model of attitudes. *Journal of Applied Social Psychology*, 33, 2222–2247.

Ajzen, I. and Sexton, J. (1999) Depth of processing, belief congruence, and attitude-behavior correspondence. In S. Chaiken and Y. Trope (eds), *Dual-process Theories in Social Psychology*, pp. 117–138.

New York: Guilford.

Albarracín, D., Johnson, B.T., Fishbein, M. and Muellerleile, P.A. (2001) Theories of reasoned action and planned behavior as models of condom use: A meta-analysis. *Psychological Bulletin, 127*, 142–161.

Armitage, C.J. and Conner, M. (1999) Distinguishing perceptions of control from self-efficacy: Predicting consumption of a low-fat diet using the theory of planned behavior. *Journal of Applied Social Psychology, 29*, 72–90.

Armitage, C.J. and Conner, M. (2001) Efficacy of the theory of planned behavior: A meta-analytic review. *British Journal of Social Psychology, 40*, 471–499.

Armitage, C.J., Conner, M., Loach, J. and Willetts, D. (1999) Different perceptions of control: Applying an extended theory of planned behavior to legal and illegal drug use. *Basic and Applied Social Psychology, 21*, 301–316.

Bamberg, S. and Schmidt, P. (2001) Theory-driven subgroup-specific evaluation of an intervention to reduce private car use. *Journal of Applied Social Psychology, 31*, 1300–1329.

Bandura, A. (1977) Self-efficacy: Toward a unifying theory of behavioral change. *Psychological Review, 84*, 191–215.

Bandura, A. (1986) *Social Foundations of Thought and Action: A Social Cognitive Theory*. Englewood Cliffs, NJ: Prentice-Hall.

Bandura, A. (1997) *Self-efficacy: The Exercise of Control*. New York: Freeman.

Bandura, A. and Adams, N.E. (1977) Analysis of self-efficacy theory of behavioral change. *Cognitive Therapy and Research, 1*, 287–310.

Bandura, A. and Locke, E.A. (2003) Negative self-efficacy and goal effects revisited. *Journal of Applied Psychology, 88*, 87–99.

Bargh, J.A. (1989) Conditional automaticity: Varieties of automatic influence in social perception and cognition. In J.S. Uleman and J.A. Bargh (eds), *Unintended Thought*, pp. 3–51. New York: Guilford Press.

Bargh, J.A. (1990) Auto-motives: Preconscious determinants of social interaction. In E.T. Higgins and R.M. Sorrentino (eds), *Handbook of Motivation and Cognition: Foundations of Social Behavior*, pp. 93–130. New York: Guilford Press.

Bargh, J.A. (1996) Automaticity in social psychology. In E.T. Higgins and A.W. Kruglanski (eds), *Social Psychology: Handbook of Basic Principles*, pp. 169–183. New York: Guilford Press.

Bargh, J.A. (2006) Agenda 2006: What have we been priming all these years? On the development, mechanisms, and ecology of nonconscious social behavior. *European Journal of Social Psychology, 36*, 147–168.

Bargh, J.A. and Barndollar, K. (1996) Automaticity in action: The unconscious as repository of chronic goals and motives. In P.M. Gollwitzer and J.A. Bargh (eds), *The Psychology of Action: Linking Cognition and Motivation to Behavior*, pp. 457–481. New York: Guilford Press.

Bargh, J.A. and Chartrand, T.L. (1999) The unbearable automaticity of being. *American Psychologist, 54*, 462–479.

Bargh, J.A., Chen, M. and Burrows, L. (1996) Automaticity of social behavior: Direct effects of trait construct and stereotype activation on action. *Journal of Personality and Social Psychology, 71*, 230–244.

Bargh, J.A., Gollwitzer, P.M., Lee-Chai, A., Barndollar, K. and Troetschel, R. (2001) The automated will: Nonconscious activation and pursuit of behavioral goals. *Journal of Personality and Social Psychology, 81*, 1014–1027.

Beale, D.A. and Manstead, A.S.R. (1991) Predicting mothers' intentions to limit frequency of infants' sugar intake: Testing the theory of planned behavior. *Journal of Applied Social Psychology, 21*, 409–431.

Bernberg, R.E. (1952) Socio-psychological factors in industrial morale: I. The prediction of specific indicators. *Journal of Social Psychology, 36*, 73–82.

Blumer, H. (1955) Attitudes and the social act. *Social Problems, 3*, 59–65.

Brandstätter, V., Lengfelder, A. and Gollwitzer, P.M. (2001) Implementation intentions and efficient action initiation. *Journal of Personality and Social Psychology, 81*, 946–960.

Brewer, W.F. (1974) There is no convincing evidence for operant or classical conditioning in adult humans. In W.B. Weimer and D.S. Palermo (eds), *Cognition and the Symbolic Processes*. Hillsdale, NJ: Lawrence Erlbaum Associates.

Brubaker, R.G. and Fowler, C. (1990) Encouraging college males to perform testicular self-examination: Evaluation of a persuasive message based on the revised theory of reasoned action. *Journal of Applied Social Psychology, 20*, 1411–1422.

Budd, R.J., North, D. and Spencer, C. (1984) Understanding seat-belt use: A test of Bentler and Speckart's extension of the 'theory of reasoned action'. *European Journal of Social Psychology, 14*, 69–78.

Carlson, E.R. (1956) Attitude change through modification of attitude structure. *Journal of Abnormal and Social Psychology, 52*, 256–261.

Carver, C.S. and Scheier, M.F. (1998) *On the Self-regulation of Behavior*. Cambridge: Cambridge University Press.

Cervone, D. and Peake, P.K. (1986) Anchoring, efficacy, and action: The influence of judgmental heuristics on self-efficacy judgments and behavior. *Journal of Personality and Social Psychology*, 50, 492–501.

Cesario, J., Plaks, J.E. and Higgins, E.T. (2006) Automatic social behavior as motivated preparation to interact. *Journal of Personality and Social Psychology*, 90, 893–910.

Chaiken, S. and Trope, Y. (eds) (1999) *Dual-process Theories in Social Psychology*. New York: Guilford Press.

Cheung, S.-F. and Chan, D.K.-S. (2000) The role of perceived behavioral control in predicting human behavior: A meta-analytic review of studies on the theory of planned behavior. Unpublished manuscript, Chinese University of Hong Kong.

Cialdini, R.B., Reno, R.R. and Kallgren, C.A. (1990) A focus theory of normative conduct: Recycling the concept of norms to reduce littering in public places. *Journal of Personality and Social Psychology*, 58, 1015–1026.

Conner, M., Sherlock, K. and Orbell, S. (1998) Psychosocial determinants of ecstasy use in young people in the UK. *British Journal of Health Psychology*, 3, 295–317.

Coombs, C.H. and Beardslee, D. (1954) On decision-making under uncertainty. In R.M. Thrall, C.H. Coombs and R.L. Davis (eds), *Decision Processes*, pp. 255–285. New York: Wiley.

Courneya, K.S., Keats, M.R. and Turner, R. (2000) Social cognitive determinants of hospital-based exercise in cancer patients following high-dose chemotherapy and bone marrow transplantation. *International Journal of Behavioral Medicine*, 7, 189–203.

Dabholkar, P.A. (1999) Expectancy-value models. In P.E. Earl and S. Kemp (eds), *The Elgar Companion to Consumer Research and Economic Psychology*, pp. 200–208. Cheltenham: Edward Elgar.

Davis, F.D., Bagozzi, R.P. and Warshaw, P.R. (1989) User acceptance of computer technology: A comparison of two theoretical models. *Management Science*, 35, 982-1003.

De Fleur, M.L. and Westie, F.R. (1958) Verbal attitudes and overt acts: An experiment on the salience of attitudes. *American Sociological Review*, 23, 667–673.

Dean, L.R. (1958) Interaction, reported and observed: The case of one local union. *Human Organization*, 17, 36–44.

Deci, E.L. and Ryan, R.M. (1985) The general causality orientations scale: Self-determination in personality. *Journal of Research in Personality*, 19, 109–134.

Deutscher, I. (1966) Words and deeds: Social science and social policy. *Social Problems*, 13, 235–254.

Devine, P.G. and Monteith, M.J. (1999) Automaticity and control in stereotyping. In S. Chaiken and Y. Trope (eds), *Dual-process Theories in Social Psychology*, pp. 339–360. New York: Guilford Press.

Downs, D.S. and Hausenblas, H.A. (2005) The theories of reasoned action and planned behavior applied to exercise: A meta-analytic update. *Journal of Physical Activity and Health*, 2, 76–97.

Dulany, D.E. (1962) The place of hypotheses and intentions: An analysis of verbal control in verbal conditioning. In C. Eriksen (ed.), *Behavior and Awareness*, pp. 102–129. Durham, NC: Duke University Press.

Dulany, D.E. (1968) Awareness, rules, and propositional control: A confrontation with S-R behavior theory. In D. Hornton and T. Dixon (eds), *Verbal Behavior and S-R Behavior Theory*, pp. 340–387. Englewood Cliffs, NJ: Prentice-Hall.

Edwards, W. (1954) The theory of decision making. *Psychological Bulletin*, 51, 380–417.

Feather, N.T. (ed.) (1982) *Expectations and Actions: Expectancy-value Models in Psychology*. Hillsdale, NJ: Erlbaum.

Fekadu, Z. and Kraft, P. (2002) Expanding the theory of planned behaviour: The role of social norms and group identification. *Journal of Health Psychology*, 7, 33–43.

Festinger, L. (1964) Behavioral support for opinion change. *The Public Opinion Quarterly*, 28, 404–417.

Fishbein, M. (1963) An investigation of the relationships between beliefs about an object and the attitude toward that object. *Human Relations*, 16, 233–240.

Fishbein, M. (1967a) Attitude and the prediction of behavior. In M. Fishbein (ed.), *Readings in Attitude Theory and Measurement*, pp. 477–492. New York: Wiley.

Fishbein, M. (1967b) A behavior theory approach to the relations between beliefs about an object and the attitude toward the object. In M. Fishbein (ed.), *Readings in Attitude Theory and Measurement*, pp. 389–400. New York: Wiley.

Fishbein, M. and Ajzen, I. (1974) Attitudes towards objects as predictors of single and multiple behavioral criteria. *Psychological Review*, 81, 59–74.

Fishbein, M. and Ajzen, I. (1975) *Belief, Attitude, Intention, and Behavior: An Introduction to Theory and Research*. Reading, MA: Addison-Wesley.

Fishbein, M. and Ajzen, I. (2010) *Prediction and Change of Behavior: The Reasoned Action Approach*. New York: Psychology Press.

Fishbein, M., Guenther-Grey, C., Johnson, W., Wolitski, R.J., McAlister, A., Rietmeijer, C.A. and O'Reilly, K (1997) Using a theory-based community intervention to reduce AIDS risk behaviors: The CDC's AIDS community demonstration projects. In M.E. Goldberg, M. Fishbein and S. Middlestadt (eds), *Social Marketing: Theoretical and Practical Perspectives,* pp. 123–146. Mahwah, NJ: Lawrence Erlbaum Associates.

Fisher, J.D. and Fisher, W.A. (1992) Changing AIDS-risk behavior. *Psychological Bulletin, 111,* 455–474.

Förster, J., Liberman, N. and Higgins, E.T. (2005) Accessibility from active and fulfilled goals. *Journal of Experimental Social Psychology, 41,* 220–239.

Gagné, C. and Godin, G. (2000) The theory of planned behavior: Some measurement issues concerning belief-based variables. *Journal of Applied Social Psychology, 30,* 2173–2193.

Geraerts, E., Bernstein, D.M., Merckelbach, H., Linders, C., Raymaeckers, L. and Loftus, E.F. (2008) Lasting false beliefs and their behavioral consequences. *Psychological Science, 19,* 749–753.

Greenwald, A.G. and Banaji, M.R. (1995) Implicit social cognition: Attitudes, self-esteem, and stereotypes. *Psychological Review, 102,* 4–27.

Hagger, M.S., Chatzisarantis, N.L.D. and Biddle, S.J.H. (2002) A meta-analytic review of the theories of reasoned action and planned behavior in physical activity: Predictive validity and the contribution of additional variables. *Journal of Sport and Exercise Psychology, 24,* 3–32.

Hassin, R.R., Aarts, H., Eitam, B., Custers, R. and Kleiman, T. (2009) Non-conscious goal pursuit and the effortful control of behavior. In E. Morsella, P.M. Gollwitzer and J.A. Bargh (eds), *Oxford Handbook of Human Action,* pp. 549–568. New York: Oxford University Press.

Higgins, E.T., Rholes, W.S. and Jones, C.R. (1977) Category accessibility and impression formation. *Journal of Experimental Social Psychology, 13,* 141–154.

Himelstein, P. and Moore, J. (1963) Racial attitudes and the action of Negro and white background figures as factors in petition-signing. *Journal of Social Psychology, 61,* 267–272.

Hrubes, D., Ajzen, I. and Daigle, J. (2001) Predicting hunting intentions and behavior: An application of the theory of planned behavior. *Leisure Sciences, 23,* 165–178.

Kruglanski, A.W., Shah, J.Y., Fisbach, A., Friedman, R.S., Chun, W.Y. and Sleeth-Keppler, D. (2002) A theory of goal systems. In M.P. Zanna (ed.), *Advances in Experimental Social Psychology,* pp. 331–378. San Diego: Academic Press.

Latimer, A.E. and Martin Ginis, K.A. (2005) The theory of planned behavior in prediction of leisure time physical activity among individuals with spinal cord injury. *Rehabilitation Psychology, 50,* 389–396.

Linn, L.S. (1965) Verbal attitudes and overt behavior: A study of racial discrimination. *Social Forces, 43,* 353–364.

Litt, M.D. (1988) Self-efficacy and perceived control: Cognitive mediators of pain tolerance. *Journal of Personality and Social Psychology, 54,* 149–160.

Locke, E.A. and Latham, G.P. (1990) *A Theory of Goal Setting and Task Performance.* Englewood Cliffs, NJ: Prentice-Hall.

Locke, E.A. and Latham, G.P. (1994) Goal setting theory. In H.F.J. O'Neil and M. Drillings (eds), *Motivation: Theory and Research,* pp. 13–29. Hillsdale, NJ: Lawrence Erlbaum Associates.

Neal, D.T., Wood, W. and Quinn, J.M. (2006) Habits – a repeat performance. *Current Directions in Psychological Science, 15,* 198–202.

Notani, A.S. (1998) Moderators of perceived behavioral control's predictiveness in the theory of planned behavior: A meta-analysis. *Journal of Consumer Psychology, 7,* 247–271.

Ouellette, J.A. and Wood, W. (1998) Habit and intention in everyday life: The multiple processes by which past behavior predicts future behavior. *Psychological Bulletin, 124,* 54–74.

Peak, H. (1955) Attitude and motivation. In M.R. Jones (ed.), *Nebraska Symposium on Motivation, 3,* 149–189. Lincoln, NE: University of Nebraska Press.

Petty, R.E. and Cacioppo, J.T. (1986) *Communication and Persuasion: Central and Peripheral Routes to Attitude Change.* New York: Springer Verlag.

Randall, D.M. and Wolff, J.A. (1994) The time interval in the intention-behaviour relationship: Meta-analysis. *British Journal of Social Psychology, 33,* 405–418.

Rimal, R.N. and Real, K. (2003) Understanding the influence of perceived norms on behaviors. *Communication Theory, 13,* 184–203.

Rivis, A. and Sheeran, P. (2003) Social influences and the theory of planned behaviour: Evidence for a direct relationship between prototypes and young people's exercise behaviour. *Psychology and Health, 18,* 567–583.

Rosenberg, M.J. (1956) Cognitive structure and attitudinal affect. *Journal of Abnormal and Social Psychology, 53,* 367–372.

Rosenberg, M.J. (1965) Inconsistency arousal and reduction in attitude change. In I.D. Steiner and M. Fishbein (eds), *Current Studies in Social Psychology,* pp. 121–134. New York: Holt, Reinhart, and Winston.

Rosenberg, M.J. and Hovland, C.I. (1960) Cognitive, affective, and behavioral components of attitudes. In C.I. Hovland and M.J. Rosenberg (eds), *Attitude*

Organization and Change: An Analysis of Consistency Among Attitude Components, pp. 1–14. New Haven, CT: Yale University Press.

Rosenstock, I.M., Strecher, V.J. and Becker, M.H. (1994) The health belief model and HIV risk behavior change. In R.J. DiClemente and J.L. Peterson (eds), Preventing AIDS: Theories and Methods of Behavioral Interventions. AIDS Prevention and Mental Health, pp. 5–24. New York: Plenum Press.

Schulze, R. and Wittmann, W.W. (2003) A meta-analysis of the theory of reasoned action and the theory of planned behavior: The principle of compatibility and multidimensionality of beliefs as moderators. In R. Schulze, H. Holling and D. Böhning (eds), Meta-analysis: New Developments and Applications in Medical and Social Sciences, pp. 219–250. Cambridge, MA: Hogrefe & Huber.

Sheeran, P. (2002) Intention-behavior relations: A conceptual and empirical review. In W. Stroebe and M. Hewstone (eds), European Review of Social Psychology, 12, 1–36. Chichester: Wiley.

Sheeran, P. and Taylor, S. (1999) Predicting intentions to use condoms: A meta-analysis and comparison of the theories of reasoned action and planned behavior. Journal of Applied Social Psychology, 29, 1624–1675.

Sheppard, B.H., Hartwick, J. and Warshaw, P.R. (1988) The theory of reasoned action: A meta-analysis of past research with recommendations for modifications and future research. Journal of Consumer Research, 15, 325–342.

Srull, T.K. and Wyer, R.S. (1979) The role of category accessibility in the interpretation of information about persons: Some determinants and implications. Journal of Personality and Social Psychology, 37, 1660–1672.

Triandis, H.C. (1972). The Analysis of Subjective Culture. New York: Wiley.

Triandis, H.C. (1977) Interpersonal Behavior. Monterey, CA: Brooks/Cole.

Tversky, A. and Kahneman, D. (1974) Judgment under uncertainty: Heuristics and biases. Science, 185, 1124–1131.

Uhlmann, E. and Swanson, J. (2004) Exposure to violent video games increases automatic aggressiveness. Journal of Adolescence, 27, 41–52.

Van Ryn, M. and Vinokur, A.D. (1992) How did it work? An examination of the mechanisms through which an intervention for the unemployed promoted job-search behavior. American Journal of Community Psychology, 20, 577–597.

Vroom, V.H. (1964) Work and Motivation. New York: Wiley.

Webb, T.L. and Sheeran, P. (2006) Does changing behavioral intentions engender behavior change? A meta-analysis of the experimental evidence. Psychological Bulletin, 132, 249–268.

Wegner, D.M. (2002) The Illusion of Conscious Will. Cambridge, MA: MIT Press.

Wegner, D.M. and Bargh, J.A. (1998) Control and automaticity in social life. In D.T. Gilbert, S.T. Fiske and L. Gardner (eds), The Handbook of Social Psychology, Vol. 1, 4th Edition, pp. 446–496. Boston, MA: McGraw-Hill.

Wegner, D.M. and Wheatley, T. (1999) Apparent mental causation: Sources of the experience of will. American Psychologist, 54, 480–492.

Weigel, R.H. and Newman, L.S. (1976) Increasing attitude-behavior correspondence by broadening the scope of the behavioral measure. Journal of Personality and Social Psychology, 33, 793–802.

Weinberg, R.S., Gould, D., Yukelson, D. and Jackson, A. (1981) The effect of preexisting and manipulated self-efficacy on a competitive muscular endurance task. Journal of Sport Psychology, 3, 345–354.

Wicker, A.W. (1969) Attitudes versus actions: The relationship of verbal and overt behavioral responses to attitude objects. Journal of Social Issues, 25, 41–78.

Yang-Wallentin, F., Schmidt, P., Davidov, E. and Bamberg, S. (2004) Is there any interaction effect between intention and perceived behavioral control? Methods of Psychological Research Online, 8, 127–157.

第5章

社会比较理论

杰里·苏尔斯（Jerry Suls） 拉德·惠勒（Ladd Wheeler）

朱雪丽⊖ 译 王芳⊖ 审校

摘 要

本章回顾了社会比较研究的历史和发展。社会比较是指个体搜索和利用他人的立场和观点信息以准确地进行自我评价或维护与提升自尊的过程。我们首先介绍了费斯廷格的经典比较理论在群体动力学传统中的起源，阐述了这一经典理论存在的问题及其后续的归因重构，并介绍了下行比较理论，它把主导比较的动机从自我评价转向了自我增强。接下来介绍了新进的社会认知取向，它阐释了费斯廷格理论真正的意义（代理人模型），并强调了知识可及性（选择性通达模型）和社会判断（解释-比较模型）对于自我评价的重要性。在最后，我们提出了一些尚未解决的问题，并展示了社会比较理论在教育、健康和主观幸福感领域的应用。

引 言

虽然"所有事物都是相对的"这种说法略显夸张，但的确有很多事物是相对的，这使判断和行动变得无比复杂。有个笑话是这么说的：

一只蜗牛被两只乌龟抢劫了，警察问蜗牛当时发生了什么，它回答："我不知道，这一切发生得太快了！"（Cathcart & Klein, 2007: 273）

社会哲学家和早期的社会科学家早就认识到，人们常常基于自身相对他人的位置来评估自己的观点和潜能。利昂·费斯廷格（Festinger, 1954a）在《社会比较过程理论》（A theory of social comparison processes）一文中首次系统阐述了这一问题。"社会比较"（social comparison）指的是个体搜索并

⊖⊖ 北京师范大学心理学部

利用他人的立场和所持的观点等信息以完成自我评价,如评价自己的观点、信念和能力的过程(Wood,1996)。在此基础上,后续的研究者也提出了其他的比较动机。

在本章中,我们尝试展现从 20 世纪 50 年代至今的社会比较研究历程。虽然该领域在不断发展,但读者会看到整个研究过程并不顺利,屡屡出现错误、停滞,还有低谷。本章作者拉德·惠勒和杰里·苏尔斯分别在 20 世纪 60 年代初和 70 年代初加入该领域的研究,是"同路人",然而直到 90 年代中他们才开始正式合作,之后愉快地延续至今。正是由于我们自己就是这个领域的研究者,所以不可避免地会对一些研究结论持有个人意见,我们会尽力把个人观点标示出来。不过,我们从社会比较理论中得到的经验是,区分事实和观点并不是一件容易的事情。

群体动力学

20 世纪 40 年代,费斯廷格先后在麻省理工学院的群体动力学研究中心和密歇根大学开展小群体中的非正式交流研究。这项工作在他提出非正式社会交流理论后达到顶峰,该理论认为人们期待在观点上达成一致,因为群体共识能为个人观点提供信心,也能促进群体目标的实现(Festinger,1950)。费斯廷格及其学生在研究中发现的群体沟通模式以及对意见偏离的排斥都证明了这一理论的主张,这为后续从众和群体表现的研究奠定了基础(例如 Allen,1965;Turner,1991)。

这些研究令费斯廷格得到了福特基金会(Ford Foundation)的资金支持,他得以总结和整合社会影响方面的实证研究。20 世纪 50 年代,人们对社会科学研究可以如何指导政策制定和社会变革产生了浓厚的兴趣,1954 年,费斯廷格受邀在内布拉斯加大学举行的第二届动机论坛上发表演讲,全文后来刊登在一本合辑上;同年,《社会比较过程理论》一文及其相关实证论文也发表在《人际关系》(*Human Relations*)期刊上。

这两篇重要的文章对非正式交流理论进行了扩展,重点从群体对个体的影响变成了个体如何利用群体来评估自己的观点和能力。接下来将详述这一理论。

1954 年的经典阐述

费斯廷格的理论前提是,人们需要评估自己的能力和观点,以便能在这个世界上行动。他指出,人们当然更愿意依据某些客观标准来评价自己,但这些标准并不总是可得,有些甚至永远也得不到。我们可以核实饰演独行侠的演员克雷顿·摩尔(Clayton Moore)的出生日期,也可以确认地面是否泥泞,但对于枪支管制或牛仔能否赢得比赛则难有客观的标准。也就是说,在很多情况下我们必须在缺乏客观信息的情况下做出判断,费斯廷格就提出,此时不确定性会诱发一种驱力,进而通过社会比较来满足(20 世纪 50 年代驱力理论在行为心理学中仍然很流行)。

该理论还有一个关键因素是,比较对于评价观点和能力十分重要。这并不是非正式交流理论的一部分,但是费斯廷格意识到了前面所说的,人们常常找不到客观标准来评估自身的能力,尤其是未来的表现;同时由于能力不同于观点,不可能通过交流来改变,他就把早期理论中的突出要素"交流"改为了"比较"。

费斯廷格还认识到了能力的另一个不同之处。人们总是想比别人好一点儿,因为西方文化特别强调要"变得更好",这种倾向叫作**单向向上驱力**(unidirectional drive upward)。

　　这些观点深受欢迎。不过,他发表在《人际关系》上的论文(Festinger, 1954a)将其余部分聚焦于"相似性需求",指的是只有和其他能力及观点相似的人比较,人们才能准确评估自己的能力和观点(Festinger, 1954a)。因此,我们会选择和相似的人比较,如果并不相似就努力寻找或变得相似,实在做不到就放弃,总之就是不和不相似的人比较。这是为什么呢?费斯廷格认为这是因为我们无法做出所谓"主观同时又精确的评估"。但是奇怪的是,这篇论文并没有解释相似性对于精准评价为什么那么重要,且这一点在相当长一段时间里都被忽略(参见Deutsch & Krauss, 1965)。也许是因为社会比较在社会生活中太普遍了,人们觉得与之相关的一切都显而易见。

　　让我们把观点和能力分开来看,以试着确定为什么相似性那么重要。对于观点,费斯廷格曾写道"……一个相信黑人在智力上与白人平等的人,不会与某个极端反黑人群体成员进行比较来评价自己的观点"(Festinger, 1954a: 120-121)。也就是说,这种比较得到的是一个不同观点,这样就还是没办法知道自己的观点是否正确,因此它是无效的。相反,如果与相似的人比较,比如同样认为黑人和白人智力无差异的人,那么就会对自己观点的正确性更有信心。不过我们只知道这个比较对象最好不是反黑人群体的成员,但不知道最好在哪些方面和自己相似,也许是价值观和世界观,并且都期待观点得到支持。

　　在谈及能力时,费斯廷格写道"……一个大学生不会和智力障碍者进行比较来评估自己的智力,一个国际象棋的初学者也不会和大师做比较"(Festinger, 1954a: 120)。不过,如果和另一个初学者进行比较,又如何能评估出自己的国际象棋能力呢?很明显,与大师进行比较能提供更多信息,至少可以知道有可能达到什么样的水平,而和另一个初学者对阵,就算赢了好像也不能说明自己的能力。

　　总之,费斯廷格发表在《人际关系》上的文章让我们在某种程度上了解到相似性对于观点正确性评估的重要性,但对于它在能力评估中重要性的讨论则不令人满意。我们仍不清楚为什么和能力相似的人比较更能准确评估自己的能力。幸运的是,同年收录在《内布拉斯加州动机论坛文集》中的论文(Festinger, 1954b)对此有所补充,它相对没那么正式,比较清晰地解释了相似性为什么对于能力评估也很重要。原因在于在现实世界中的行动可能性,即与我们能力相似的人能做到的事我们应该也能做到。下面引用其中一段话来进行说明。

　　以一个想知道自己多聪明的人为例。他的动机是想了解以他的能力在现实生活中能做什么以及不能做什么,而只知道智力测验分数并不能回答这个问题,于是他会与他人进行比较。他了解到他的行动可能性与那些智商分数有差异的人不一样,但是他仍然不知道自己能做什么;而如果有人的智商分数和自己类似,他就知道自己的行动可能性也会与这些人相似。于是这种比较让他产生了一种主观的判断,即明白自己能做什么和不能做什么,就如同别人同意他的意见会让他感觉自己的观点是正确的一样。(1954b: 196-197)

　　这篇文章里还有一些陈述与上述一致,例如:

　　设想一个高中生想知道他的智力能否

让其念完大学、获得学位,但只有在他上了大学之后才能做出评估,在这之前就对这一能力进行实际的检验是不可能的。能力就是这样,即便有清晰的绩点分数也难以对未来做出满意的评估,因为与能力相关的情境因素和目标因素太多太多了。但是,人们在正式参与到可以检验能力的活动之前,又经常希望能提前对自己的能力做出评估。(Festinger, 1954b: 195)

也就是说,这篇文章强调了行动可能性的重要性,是对《人际关系》论文的有力补充。在后者中有关"相似性对预测能做什么和不能做什么是必要的"的阐述只有下面这一句:

某种能力或观点重要性的增加,或其与当前行为相关性的增加,将促发个体想要减少自己与他人在该观点或能力上差异的动机。(Festinger, 1954a: 130[1])

不幸的是,在20世纪50年代末到70年代中期,几乎所有从事社会比较研究的学者都以《人际关系》而不是《内布拉斯加州动机论坛文集》上的文章为指导,于是他们只是接受了"相似性很重要",却不知道为什么它很重要。唯一一篇探讨了行动可能性的论文由史蒂夫·琼斯和丹尼斯·里根(Steve Jones & Dennis Regan, 1974)所写,在后文会进行讨论。

从比较扩展到归属与情绪

在从事社会比较研究期间,费斯廷格也发展了他的认知失调理论,后者很快成为他的研究重心,于是我们并不知道他是否意识到了比较理论存在含糊不清的地方,因为他没有再次回到这个话题上来。

如果不是他的学生斯坦利·沙赫特(Stanley Schachter)把比较理论用在归属的研究中,比较理论可能已经衰落了。沙赫特通过一系列精妙的实验(1959)表明,诱发被试的恐惧会促使他们想要和其他人一起等待,特别是那些同样被激起恐惧的人,"痛苦的人需要的陪伴并不是可以来自任何人,他们只需要同样痛苦的人做伴"。沙赫特认为,被试更愿意使自己从属于某一群体来判断自己的情绪反应是否适合当时的环境。人们更喜欢与那些和自己有着相同境况(比如同样等待被电击)的人为伍,这似乎支持了费斯廷格的相似性假设。(被试不想与抱有其他目的的人一起等待,比如等着见导师的人。)

该研究对情绪心理学产生了巨大影响,但对情绪比较过程的研究并不多。就比较研究而言,最大的贡献是使学界认识到比较不仅适用于能力和观点,也适用于情绪,这开启了一扇门,即将社会比较应用于能力和观点之外的其他个人属性。

沙赫特的间接影响和《实验社会心理学杂志》增刊

尽管沙赫特探究的是另一个研究方向,但他在明尼苏达大学开设的一门群体动力学研究生课程起到了传播非正式交流和社会比较理论的作用。当时修读这门课的研究生里很多都进行了社会比较相关的实验,包括拉德洛夫(Radloff)、哈克米勒(Hakmiller)、辛格(Singer)、拉塔内(Latané)、阿罗伍德(Arrowood),以及本章作者拉德·惠勒。1966年,这些研究最终发表在了《实验社会心理学杂志》一期特别增刊"社会比较研究"(Studies in Social Comparison)上,由比布·拉塔内(Bibb Latané)主编。

限于篇幅，我们无法对相关研究内容进行完整描述，总体来说这些研究的结果支持了社会比较理论的一些观点并对其进行了扩展。例如，处于压力下的人不仅倾向于依附他人，还会真的喜欢上在场的人，可能因为这些人能够满足他们比较的需要（Latané et al., 1966）；当人们不确定自己的观点是否正确时，更愿意和意见一致的人合作（Gordon, 1966）；如果缺乏比较信息，人们会在个人绩效评估时产生不稳定感和不确定感（Radloff, 1966）。正是最后这个研究激起了杰里·苏尔斯对比较理论的兴趣。拉德洛夫推断，具有天赋的孩子可能在学业上的实际表现不佳，因为他们没有任何相似的同龄人可以比较。在这些实验中，相似的其他人被操作化为"处于相同环境下的人"或"意见一致的人"，当时并没有人意识到前文提到的相似性概念不清晰的问题。

现在看来，这一点在其中最具影响力的两个实验中表现得尤为明显。惠勒（1966）开发了一个程序——后来被称为等级排序范式（rank-order paradigm），用于检验费斯廷格提出的单向向上驱力，即只想比其他人略好一些（根据费斯廷格的说法，这是因为想要变得更好和想要变得相似会相互抵消）。在惠勒的实验范式中，被试会得到自己在某个特质上的得分和排名，然后他们可以选择看另一个不同等级的人的得分来评估自己的表现。结果发现，当被试被鼓励认为自己很好时，更有可能选择看排名更高者的分数。值得注意的是，他们本质上是在做**上行比较**（upward comparison），也就是觉得自己与排名高于自己而不是低于自己的人更相似，即"比较者试图证明自己和那些非常优秀的人几乎一样好"（Wheeler, 1966: 30）。

第二个有影响力的实验是由惠勒的研究生哈克米勒（1966）进行的，他改编了等级排序范式并引入了**下行比较**（downward comparison）的观点。在实验中，他通过一个故事让被试相信他们在所谓的"对父母的敌意"测试中获得了高分，然后他们被分为两组：在一种条件下，他们被引导相信高分是不好的（高威胁），在另一种条件下则被引导相信高分是好的（低威胁）。接着所有被试都有机会根据排名看到其他人的得分，结果发现，受到威胁的被试更想看敌意排名高者的得分，因为这些人可能会比自己更差。这让哈克米勒（1966）有了一个想法，即自尊受到威胁会增加个体自我保护或自我增强的动机，从而引发下行比较。这个想法是威尔斯（Wills, 1981）随后提出的下行比较理论的主要灵感来源，该理论在十年后影响深远。

惠勒（1966）和哈克米勒（1966）的研究分别启示了有趣的方面，前者暗示了后来成为社会认知研究中心的同化过程（assimilative-type processes），后者则为增强或保护自尊的动机提供了证据。不过在当时它们最有意义的提醒是，相似性应该根据被评估维度的相对位置来进行考量，在这两个研究里相似性指的是具有相同观点和行为方式的人。值得注意的是，这里存在一个循环，那就是，在现实生活中，当选择与相似的人作为比较对象时其实已经发生了一个隐含的社会比较，要不然人们怎么知道他们是相似的呢？等级排序范式通过在选择比较对象之前提供排序信息解决了这个问题，不过它要再过一段时间才会被学界全面地认识。

围着篝火休息

从《实验社会心理学杂志》增刊出版到20世纪70年代末，社会比较并不是社会心理学的主流，当时的研究热点是认知失调理论和归因理论,然而比较理论的新发展正在酝酿之中。摩尔斯和格根(Morse & Gergen,1970)进行了一项实验,证明了偶然接触的他人就足以影响个体的自尊。在实验中,作为求职者的被试会遇到另一个外表非常令人满意(干净先生)或非常令人不满意(邋遢先生)的求职者。以收集资料为幌子,被试在接触干净先生或邋遢先生前后均要填写自尊量表,结果表明,与"干净先生"接触会降低被试的自尊,而与"邋遢先生"接触则会提升被试的自尊。这说明"由于他人的特征看起来比自己的更令人满意或不满意,个体的总体自我评价会发生向下或向上的变化"(Morse & Gergen,1970:154)。摩尔斯和格根的实验很重要,它表明社会比较与更广泛的领域有关,而不仅仅局限于能力、观点或情绪。此外,在此之前,社会比较被认为属于"社会影响"的范畴,因为它起源于群体动力学,而摩尔斯和格根的研究则将比较理论拓展到了自我心理学。

比较理论的第一本书

比较理论曾一度停滞不前。有一些研究零星发表但缺乏整体布局,也没有多少研究者在研究它。汤姆·佩蒂格鲁(Tom Pettigrew)本来有希望做成这件事,他在1967年的《内布拉斯加州动机论坛文集》上发表了《自我评价理论》("Self-evaluation theories")一文,其中描述了社会比较、公平和相对剥夺理论的共同主题及内涵。但由于这篇文章与哈罗德·凯利(Harold Kelley)的《社会心理学的归因原则》("Attribution principles in social psychology")出现在同一卷,显然是后者打动了当时大多数社会心理学家的心。

好在在拉德洛夫的实验以及佩蒂格鲁的文章的启发下,杰里·苏尔斯和同事里克·米勒(Rick Miller)产生了编写社会比较论文合集的想法,并且得到了很多社会心理学家的热切回应。不过说服出版商接受这个项目比从作者那里得到承诺难得多,至少有一位匿名审稿人(自称"一位杰出的社会心理学家",杰里·苏尔斯怀疑这是沙赫特)告诉我们,自1959年以来社会比较方面没什么新进展,因而没有必要出新书。幸运的是,尽管出版商 Larry Erlbaum 没有与我们签约,但其说服了另一家出版商 Hemisphere 接受了我们的动议,对此我们到现在仍心存感激。

《社会比较过程:理论和实证视角》(*Social Comparison Processes*: *Theoretical and Empirical Perspectives*;Suls & Miller,1977)一书共13章,由一批或资深或年轻的社会心理学研究者担纲,对社会比较相关的广泛主题进行了讨论,并配有一篇结论性的评述。其中有两章被证明非常有影响力,其一是《社会比较的快乐与痛苦》("Pleasure and pain of social comparison"),作者布里克曼(Brickman)和布尔曼(Bulman)提出了与费斯廷格相反的观点,他们从自我增强和自我保护而不是自我评价的角度出发,认为人们有时会极力避免社会比较,因为它可能带来威胁。这一观点直接启发了托马斯·阿什比·威尔斯(Thomas Ashby Wills,1981)后来写出关于下行比较原则的文章。顺便提一下背景,当时布里克曼希望我们能重印他与唐纳德·坎贝尔(Donald Campbell,1971)合著的论文《享乐相对主义与规划美好社会》("Hedonic relativism and planning the good society"),他觉得那是一篇好文章(它是的),但很少有人读过,不过杰里坚持不能重印而是需要一篇全新的文章。布里克曼不情愿地同意了,几个月后他发来了一篇精彩的文章，其中包括专门设计和开展的六个实验。

另一章是由戈瑟尔斯和达利（Goethals & Darley, 1977）撰写的，在出版后得到了广泛的认可。在拉德·惠勒与米隆·朱克曼（Miron Zuckerman）合著的书评中，这一章被认为是全书最成功的一章。（一开始计划由杰里和米勒撰写，但米勒搬到德国后，杰里怀疑自己能否独自完成。拉德本来是要写等级排序范式实验的，但这与另一位作者的内容重叠了，所以就改为写评述。后来拉德在一场垒球比赛中摔伤了右臂，于是向米隆求助，最后变成了两人合作）。

在这一章里，戈瑟尔斯和达利提出，要解决相似性假设的模糊性必须考虑相关属性的重要作用。相关属性与某种能力或观点有关，并对其具有预测作用。费斯廷格的假设之一是：如果那些与自己观点或能力很不一样的人与自己不一样是因为在那些相关属性上存在差异，那么个体就不会想要和他们比较了（Festinger, 1954a: 133）。比如，本科生不会想要与在抱负测量中得分比自己高的研究生竞争，因为他们知道在导致分数差异的那些相关属性上自己不如对方。戈瑟尔斯和达利（Goethals & Darley, 1977）将其中一个假设与归因理论联系起来（Kelley, 1967, 1973）并指出，如果得分差异与相关属性的差异一致，得分差异对他们的影响就没那么大了。这就是凯利所说的打折扣原则，即如果同时存在其他可能的解释，给定解释的作用就会打折扣。

如果想评估能力有多高，不仅要观察可见的表现，还要对潜在的能力做出推断。行为表现受很多因素决定，如努力、运气、困难、年龄、练习等，它们都不代表潜在的能力。只有当我们将自己的表现与在所有相关属性上相似的人进行比较时，才能依据他人的能力对自己的能力做出合理的推断。戈瑟尔斯和达利认为这就是费斯廷格所说——"我们必须将自己与相似的人进行比较才能精确做出自我评价"想要表达的意思。

观点评估方面则有所不同。戈瑟尔斯和达利区分了信念（关于一个实体真实本质的潜在可验证的断言）和价值观（喜欢或不喜欢一个实体）。只有信念可以说是正确的或不正确的，它似乎要比价值观更符合费斯廷格所说的"观点"，因此我们仅讨论信念。根据凯利的归因理论，一个人需要确定他的信念是由实体引起的（这意味着他是正确的），还是由人引起的（这意味着他的信念是基于他的需要、价值观、愿望等）。戈瑟尔斯和达利认为，个体与在相关属性上相似的人进行比较没有什么作用，除非这些人与个体的意见相左，因为在这种情况下，个体对自己观点正确性的信念会降低。如果相似的人与自己观点相同，个体无法知道一致的观点是由实体造成的还是由人造成的；而如果相似的人与自己观点不同，个体就能知道分歧是由实体造成的。类似的论点也适用于和在相关属性上不相同的人进行比较，此时在相关属性上的差异无法带来有价值的信息，而它们一致则会增加个体对信念的信心。也就是说，无法仅仅根据相关属性来预测谁会被选作比较的对象。

相比1977年相关属性假设刚提出的时候，现在的我们对它没有那么多热情了，但仍然认为它是一个有用的观点。如果我们将能力与一个在所有相关属性上完全相似的人进行比较，就可以得出结论：与对方相比，我们是差不多达到了我们应该达到的水平，还是更好或更差。然而，通过这些信息，我们并不知道自己的能力到底有多大，也不清楚我们到底可以取得怎样的成就，它只是有助于我们评估特定的表现。如果可以对比对象所取得的成就有更多了解，就可以预测自己的成就，这一点非常重要，可是直到 20 年后我们才完全认识到，我们把其纳入稍后将介绍的代理人模型中（Suls et al., 2002）。

自我增强与下行比较

20 世纪 80 年代，人们认为戈瑟尔斯和达利解决了费斯廷格理论中含糊不清的地方（Arrowood, 1986; Suls, 1986; Wood, 1989），一系列实验为归因重构提供了实证支持（Gastorf & Suls, 1978; Suls et al., 1978; Wheeler & Koestner, 1984; Wheeler et al., 1982; Zanna et al., 1975），这个领域的重心开始从自我评价转向自我增强（self-enhancement）。部分受哈克米勒的实验和布里克曼与布尔曼（1977）的启发，汤姆·威尔斯（Tom Wills, 1981）对先前关于受到自我威胁时个体如何进行比较的研究和理论进行了综合评述。他的论文《社会心理学中的下行比较原则》（"Downward comparison principles in social psychology"）涵盖了从流言与攻击性到投射与自尊的一系列证据，证明下行比较过程出现的场景非常广泛。这篇文章支持了两个中心观点：受到威胁的人（和低自尊的人）更可能与比自己差的人比较；与一个不太幸运的人（即向下的目标）接触会提高主观幸福感。下行比较理论（downward comparison theory, DCT）视角宽广、观点大胆，并且捕捉到了"热认知"过程，吸引了大量研究者的目光。那段时间，自我增强动机几乎完全取代了自我评价动机。

下行比较理论的真正发展来自乔安娜·伍德（Joanne Wood）、谢莉·泰勒（Shelley Taylor）和罗斯玛丽·里奇曼（Rosemary Lichtman）发表于 1985 年的一项现场研究。她们访谈了接受过手术的乳腺癌患者，以了解其如何适应自己的状况。令研究者感到惊讶的是，大多数女性自发报告说她们比其他患者应对得更好（例如"我只是切除了肿瘤，而她们失去了乳房"），也就是说，多数患者选择跟那些更不幸的人进行比较，这一结果作为一项新发现进一步夯实了此前的论点。总之，这些研究表明（下行）社会比较可以作为一种应对手段，进而可以与压力和应对方式、健康心理学以及自我心理学的文献联系起来，这提升了社会比较理论的新颖性和应用性（Crocker & Major, 1989）。

随后进行的一系列实验进一步展示了下行比较理论可以如何帮助患者和其他压力人群调节自己的状态（参见 Gibbons & Gerrard, 1991; Tennen et al., 1991），并揭示了在下行比较动机与比较反应间起到调节作用的心理因素（Major et al., 1991; Tesser, 1998; Testa & Major, 1990）。1997 年，布拉姆·布克（Bram Buunk）和里克·吉本斯（Rick Gibbons）编写了一本书，通过下行比较来探讨应对和社会比较，下行比较理论已然成为社会心理学的坚实支柱之一。此外，还有研究者在 20 世纪 90 年代提出了更为完整的论述：当人们想要准确评估自己的观点和能力时，他们会寻求和相关属性相似者进行比较，但当他们想要减少威胁或增强自我时，则会寻求下行比较（Wood, 1989）[2]。

上行和下行

与此同时，也有一些研究者，包括我们自己，对下行比较的普遍性或优先性持保留态度。在哈克米勒（Hakmiller, 1966）的研究中，受到威胁的被试确实对受到更高威胁者的得分表现出了更大的兴趣，但大多数相关证据表明，他们可能只是为了避免去看低威胁者的分数（例如 Smith & Insko，1987）。不愿和最幸运的人比较与寻找更糟糕的人比较是不一样的（Wheeler，2000；Wheeler & Miyake，1992）。这个解释看起来合理，但杰里仍然没有被说服，因为在他和米勒的实验中，他发现那些认为自己表现不佳的被试仍然更喜欢与能力更强的人交往（Suls & Miller，1978）。当然，想和他人交往不等同于社会比较，也可能源于其他动机，但杰里在另一个研究中发现，即使是考试不及格的学生也想要知道别人考的最高分是多少（Suls & Tesch，1978），这都与下行比较理论不符。然而，我们感觉自己就像篝火派对上的扫兴者，对下行比较的一切吹毛求疵。说实话，拉德是一个坚定的无神论者，而杰里是一个不可知论者，我们从不怀疑下行比较可以让一个人感觉更好，但一个受到威胁的人真的会去寻求并利用下行比较的目标吗？

随着更多证据的积累，情况开始发生变化。首先，我们认识到，与实验证据相比，相关分析和访谈研究更好地支持了下行比较可以保护受威胁的自尊的假设。此外，与假设相反，高自尊的人似乎从下行比较中受益更多（Crocker et al.，1987）。上行与下行比较的实验往往不包括无比较的对照组，因此不清楚是下行比较增加了还是上行比较降低了幸福感（Wheeler，2000）。拉德在研究日常生活中的自发社会比较时发现，人们在感到快乐而非不快乐时会进行下行比较，这与下行比较理论的预测完全相反（Wheeler & Miyake，1992）。

下行比较的稳定性也受到了泰勒和洛贝尔（Taylor & Lobel，1989）的质疑，他们提出，处于威胁之下的个体可以同时进行上行和下行比较。认识到自己比不幸的人过得更好可以增强幸福感，而与更幸运的人交往则可以激发提升自我的动机并知道努力的方向。实际上，作者并没有拿出证明这些观点的直接实证证据，但由于谢莉·泰勒也是乳腺癌幸存者下行比较那个研究的作者之一，并且这篇论文发表在公认的理论期刊《心理学评论》上，所以受到了广泛关注。

另一篇文章也是泰勒参与撰写的。布克等人（Buunk et al.，1990）报告了两项调查的结果，探究癌症患者与大学生进行上行和下行比较时体验到积极和消极情绪的程度。结果表明，比较的方向与积极或消极情绪几乎没有关系。只在某些情况下，被试报告在上行比较时会产生积极反应，在下行比较时则产生消极反应。看起来情绪反应似乎较少依赖于比较的方向，而更多取决于比较的含义——"我会变得更好还是更糟"。对于这个研究，我们当时的评价好坏参半，积极的一面在于我们觉得这篇论文可能可以让研究者们暂停下行比较的研究，但与此同时我们也对这个研究是相关研究且效应量较小因而结论是否可靠表示关切。

幸运的是，其后终于有实验研究结果表明，接触"明星级人物"会对自我评价产生积极影响——这显然与下行比较的基本观点相矛盾。洛克伍德和孔达（Lockwood & Kunda，1997）让大学一年级和四年级的学生阅读一篇关于一名杰出的四年级学生的报纸文章，这名学生在学业、学生会、体育和领导方面表现突出，而对照条件下的被试对此一无所知，随后被试完成自我评价。对于四年级学生来说，看到这位"明星级人物"对自我评价没有任何影响，但对于一年级学生来说，他们反而做出了更高的自我评价。研究者推断，这位"明星"的事迹可能会鼓舞一年级的学生，因为他们也有可能获得这样的成功，但对于四年级的学生来说就不一样了。上行比较可能会引发激励性的积极情感，这使得社会比较研究走到了一个新的方向，即对上行和下行比较的效应进行更为细致的分析。

自我评价的回归：代理人模型进入视线

在下行比较理论和研究的鼎盛时期，杰里仍然沉迷于归因重构以及它是否真正解决了费斯廷格理论中的模糊之处。他与艾奥瓦大学的伦尼·马丁（Renny Martin）进行了长时间的讨论，并与拉德在纳格斯海德会议上表达了自己的担忧。真的如同戈瑟尔斯和达利（Goethals & Darley，1977）认为的那样，与在相关属性上相似的人进行比较可以让一个人"准确评估"自己的能力吗？如果我比一个跟我有着相同骑马经验且年龄相仿（即相关属性）的人骑得更好，这能说明什么呢？这意味着我的发挥超出了我的潜力。如果对方超过我，就意味着我没能发挥出潜力；如果我们水平差不多，那么我就"和想象中的自己一样好"。但是这依然不能回答我到底是一个"好""一般"还是"差"的骑手。也就是说，戈瑟尔斯和达利的分析的确回答了一个非常好的问题，但并不是他们在论文中提出的那个。

与此同时，杰里、拉德和伦尼重新阅读了费斯廷格在《内布拉斯加州动机论坛文集》上发表的那篇论文，意识到费斯廷格问的问题是"我能做什么"而不是"我的表现是否达到了应有的水平"。我们还回看了琼斯和里根在1974年发表的论文，这是唯一一篇研究了费斯廷格行动可能性假设的论文。他们发现，首先，当人们要基于某种能力做出决定时，最感兴趣的是和能力有关的比较性信息；其次，如果有相似的人用过该能力做过同样的决策，那么个体最愿意跟他们进行比较。

琼斯和里根指出：

这一理论中隐藏的假设是：通过比较，个体不仅可以了解自己相对于他人的位置，还可以了解自己的决定、行动和结果在这个位置上意味着什么。换句话说，个体寻求获得的关键信息与其说是他的能力水平，不如说是他在这一能力水平下能做什么或不能做什么。（1974：140-141）

我们认为，琼斯和里根完全把握住了社会比较理论。然而，这篇论文当初发表在《实验社会心理学杂志》上时，我们不记得读过它（应该读才对），而且它的影响力很小（在20世纪70年代和80年代仅被引用过4次），这很好地说明了当时的研究者还没有准备好。我们最终接纳了琼斯和里根（1974）的观点，并对其进行了扩展，发展出所谓的社会比较的代理人模型（proxy model of social comparison；Wheeler et al.，1997）。我们的基本假设是，通过将我们自己与试图执行某一行为的代理人进行比较，可以确定我们在某行为上成功的可能性。为了做到这一点，代理人必须在潜在能力上与我们相似，然而我们无法直接观察能力，只能观察表现，因此需要通过某种方式来确定我们所观察到的表现是否真正反映了代理人的能力。

代理人模型扩展了琼斯和里根（1974）的论点，引入了戈瑟尔斯和达利（1977）的相关属性的概念，并突出尽最大努力的重要性。如果我们和代理人在之前的相关任务中表现相似，并且代理人在该任务中付出了最大的努力，那么代理人之前在新任务上的表现就应该是衡量我们自己未来在该任务上表现如何的一个很好的指标；如果不清楚代理人是否做出了最大的努力，那么该代理人可能就不是一个适合的比较对象（例如，如果代理人在第一次表现的时候感到疲劳，个体就可能会低估自己能做到的程度，这个代理人也就不能很好预测个体未来是否能取得成功）。

代理人理论的另一个要素是，如果我们不知道代理人是否尽了最大的努力，个体和代理人具有的相关属性仍然可以提供一些信息。最后，如果知道代理人在先前（相关）任务上做了最大努力并且与自己表现相同，则意味着相关属性上的相似性并不重要。也就是说，相关属性的相似性并不总是代理人成为一个适合且有效的比较对象所必需的。

代理人理论的研究对我们三个人来说是一次满意的合作，相关的理论文章（Wheeler et al., 1997）发表在《人格与社会心理学评论》第一期中。此后我们又发表了一系列支持该理论的实验（Martin et al., 2002）以及两个章节（Martin, 2000; Suls et al., 2000）。需要指出的是，大约在同一时间，范德比尔特大学的威廉·史密斯（William Smith）也意识到戈瑟尔斯和达利的构想存在局限性。事实上，威廉·史密斯是第一个使用"代理人"一词的人（参见 Smith & Sachs, 1997）。

不过，代理人理论尽管让我们自己觉得满意，但它的命运与琼斯和里根（1974）的文章一样，并没有太多人引用它。大多数研究者还是引用戈瑟尔斯和达利（1977）的文章，却没有认识到他们并没有真正回答自我评价问题，就像费斯廷格（1954a）一样是模糊的。或许是因为当时社会心理学的研究热点是自动化加工、启发法和热认知，而代理人理论涉及的是审慎加工，故而人们对此兴趣索然，我们只能等待社会心理学研究的钟摆再次回归。

与此同时，我们仍然认为，有关"自我评价"的问题需要更细致地区分。在某些情况下，人们想要知道"我打高尔夫是否达到了应有的水平"，而在其他场合，特别是失败将造成重大损失时，他们更想知道"我能赢得这场比赛吗"，除此之外还可能存在其他类型的自我评价问题（参见 Suls et al., 2000）。

社会认知的时代

虽然社会比较的研究者于 20 世纪 70 年代到 90 年代之间在一定程度上吸纳了归因理论和自我心理学的思想（Suls & Wheeler, 2000），但正如克鲁格兰斯基和梅塞莱斯（Kruglanski & Mayseless, 1990）以及威尔斯和苏尔斯（1991）指出的那样，该领域对判断和知觉这一基本认知过程的认识还很不充分。社会比较应该与心理物理过程、相似性及差异性的判断（Tversky, 1977）、自动化加工等社会认知过程相联系并从中得到启发（Herr et al., 1983; Parducci, 1974）。我们在 20 世纪 90 年代中期开始认识到这一点，并将其延续至今。

在《心理学公报》的一篇综述中，柯林斯（Collins, 1996）扩展了惠勒（1966）的上行比较理论。她的基本想法是上行比较既可以导致对比，也可以导致同化，这取决于这种比较是被理解为发现与比较对象的相似之处还是不同之处。决定因素是比较者的期望，它对感知判断起着自上而下的认知影响。当人们期望找到相似之处时就更可能感知到相似（Manis et al., 1991），那么由于人们愿意相信自己是积极的，因此更能感知到与上行目标的相似性，并得出结论"我们都是比较好的"（Collins, 2000: 170）。当时已经有充足的证据证明的确如此，即社会比较可以导致对比或同化，不过也有研究发现比较的结果与比较的方向并不存在直接联系（Buunk et al.，1990），这使得导致同化还是对比结果的关键因素仍有待确定。

社会比较阵营中的两股势力

一旦将同化作为社会比较的潜在结果，其与社会认知中启动效应的联系就变得明显了。启动效应的基本思想是通过先前的使用或潜意识表达来增加类别的认知可及性，以提高用这一类别去解释新的模糊刺激的可能性（Bruner，1957；Neely，1976，1991）。启动一个概念，例如给被试四个单词，用其中三个单词造句来描述与敌意特质有关的行为，可以在认知上激活敌意这一概念。被试随后阅读一段文章，其中描述的目标行为与敌意有关（如向店员抱怨），此时被试会将目标行为评价为更具敌意（Srull & Wyer，1979；同时参见 Higgins，1996；相关元分析请见 DeCoster & Claypool，2004）。究其根本，启动效应会使对目标刺激的评估接近于启动标准，即产生了同化效应。后续的研究（Lombardi et al.，1987）表明，在某些条件下，启动效应也可以使刺激的判断远离启动标准即产生对比效应。总之从他人评价延伸到社会比较和自我评价是一个逻辑性发展过程，自此两个主要的理论诞生了。

选择性通达模型

穆斯魏勒（Mussweiler，2003；同时参见 Mussweiler & Strack，2000）认为，社会比较的反应是让自我评价接近还是远离比较目标，取决于哪些信息在认知上是可及的。几乎在接触目标的那一刻，个体对于目标与自我相似性的初步整体评估就已经完成了。这一点与认知心理学的主张是一致的，认知心理学发现人们会非常快速地考虑少数的显著特征来确定自己和目标是相似还是不相似。迁移到社会比较情境中，性别或年龄可能是显著的特征。接下来，整体印象会推动人们在随后的信息检索中专注于搜集与假设一致的证据（Klayman & Ha，1987），这样比较者和目标之间的相似性就启动了"相似性检验"。由于自我有很多面，如果当下获得的知识与初始的整体印象一致，人们就把其作为自我认识的一部分。这样带来的结果是，在选择性地搜索了相似信息之后，自我评估就会更接近于比较目标，从而出现同化效应。

在另一些情况下，最初的整体印象是差异性而不是相似性，这就会促使人们选择性地检索自身与目标之间不一致的地方，或者去创建出与初始印象中的差异性相一致的差异。这样带来的结果是，在搜索完差异性之后，自我评估会和比较目标进一步偏离，从而出现对比效应。

选择性通达模型（selective accessibility model，SAM）获得了良好的实证支持（例如，Mussweiler et al.，2005）。例如，启动社会标准会使与标准一致或不一致的信息在认知上变得更通达，表现为在词汇启动任务中的可及性更高（Mussweiler & Strack，2000）。再如，在一开始引导被试关注与目标之间的相似性（或差异性），然后向被试描述一个适应良好（或适应糟糕）的大学生，接着让被试评估自己的大学适应度。结果发现，被引导关注相似性的被试在与适应良好的目标（相对于与适应不良的目标比较）进行比较后会声称自己有更多的社交活动和朋友；而被引导关注差异性的被试在与适应良好的目标（相对于与适应不良的目标比较）进行比较后则会报告更低的适应度。这表明，与比较目标发生同化效应还是对比效应取决于人们关注的是相似性还是差异性。

选择性通达模型有两个优点：第一是简

约，第二是解释了为什么一些因素可以调节同化或对比。这些因素包括通达性（Lockwood & Kunda，1997）、感知到的控制（Major et al.，2001）、与比较目标的心理亲近感（Brown et al.，1992；Mussweiler & Bodenhausen，2002）等。这些因素很重要，因为它们每一个都会影响到对相似性的整体印象，从而促进对相似性的进一步检验。如果个体获得了与目标一致的自我信息，就会产生同化；相反，低通达性、低控制感、缺乏心理亲近感或极端的比较目标（Stapel & Koomen，2000）则会形成不相似的初始印象，从而引发对差异性的探索，最终导致对比性的自我评价。

该模型的显著特征之一是所谓的选择通达性直接体现在自我评估的心理表征上。这与心理物理学家（Biernat et al.，1991）的观点形成对比，他们认为比较目标可以作为改变和解释判断尺度含义的锚定点。例如，和一名职业篮球运动员站在一起，我们可能会认为自己"非常矮"，即便我们的身高达到了平均值。此时"职业篮球运动员的身高"就充当了解释等级量表上各点（其他人的身高）的参照点，使得"平均身高"和"矮小"具有了不同的含义。

为了避免人们仅使用语言或评级来进行比较判断，穆斯魏勒（Mussweiler，2003）更倾向于让被试做出绝对判断而不是主观评级。因此，他不会在七级量表（从"非常高"到"非常矮"）中询问个体的身高，而是直接问他们具体有多高，后者就代表了比较者潜在的心理表征。

选择性通达模型的最后一个特征是，它假定个体在默认情况下会进行相似性检验。这与判断和决策的文献观点相一致，即人们一开始会倾向于将加工重心放在相似性而非差异性上（Chapman & Johnson，1999）。当然，选择性通达模型认为，如果目标在一开始就被评价为极端的，也就是说个体与目标完全不共享任何相关属性，又或者有一些属性明确地表明二者非常不同，这时个体就不会进行相似性检验，而是会在差异性印象的驱使下寻找更多的不同之处。

解释 – 比较模型

另一个衍生出来的理论（Stapel，2007；Stapel & Koomen，2000）也依赖于认知的通达性，但更为强调社会比较信息的使用方式。解释 – 比较模型（interpretation-comparison model，ICOM）假定社会比较可以激发具有相反效果的两种过程。第一种，"比较目标"所处的位置提供了一个定义自我的解释性框架，就经由同化效应被纳入自我定义中（例如启动敌意会促使个体将他人的模糊行为解释为攻击行为）；第二种，同样的比较可以作为评估自我的一个极端标准，使得其他信息被排除在自我概念之外进而产生对比效应。斯塔佩尔（Stapel，2007）认为同化与对比可以同时发生，但当解释性"拉力"更强时，导致的结果就是同化；而当比较性"推力"更强时，导致的结果就是对比。

"推"与"拉"的程度取决于几个因素，其中一个是比较的清晰度。当比较目标的行为激活了差异性的"行动者 – 特质"联结 [如"吉恩·奥特里（Gene Autry）[一]是一个出色的骑手"] 时，自我评价可能是对比性的（如"我是一个糟糕的骑手"）；如果目标激活的是模糊的特征信息（如"熟练的骑手"），则结果可能是同化性的（如"我是熟练的骑手"）。如果比较者的自我概念不稳

[一] 美国歌手、演员，以"牛仔歌星"的形象走红。——译者注

定或者不清晰，那么后一种比较结果更有可能发生，因为个体需要填补自我概念中的空白（Stapel & Koomen，2000）。

另一个需要考虑的问题是，比较是外显的还是内隐的，比如人们是被明确要求用一个比较标准来衡量自己［如"你唱歌和汉克·威廉姆斯（Hank Williams）㊀一样好吗"］，还是说这种比较相对含糊（如"想想汉克·威廉姆斯"）。斯塔佩尔和苏尔斯（Stapel & Suls，2004）认为，有意比较会使与比较目标一致的自我相关信息变得容易获取，因为人们需要一个共同点来比较自己和目标（Gentner & Markman，1994）。而对于内隐社会比较来说，就不大可能像这样关注相似性，因为它是自发的，不太需要意志努力。研究结果的确表明，外显社会比较经常导致和比较目标发生同化，而内隐社会比较则更多带来对比性的自我评价。此外，外显社会比较还受限于更多的边界条件。例如，如果自我被认为是不可变的，或者在比较过了很久之后再进行自我评价，那么对比效应可能就会优先于同化效应。相比同化，对比似乎更为典型，这可能也解释了为什么社会比较领域要花那么长时间来接受和理解同化结果出现的合理性。

现在是平局

目前，这两个模型是对于理解向上比较最为流行也最受支持的理论。尽管它们关于比较引发信息通达性的这一基本前提是一致的，但是仍在一些重要方面有所不同。对于选择性通达模型，一切取决于是否启动了相似性检验与差异性检验——一个"要么……要么……"的过程；而解释-比较模型假设比较结果是通过解释或与标准对比来推动

的，二者可能同时发生，结果取决于是解释胜出还是比较胜出。选择性通达模型假定相似性检验往往是默认的，而解释-比较模型则不然。选择性通达模型认为绝对性的判断和行为是比较引起自我评价变化的最好证明；而解释-比较模型则认为主观评价、绝对判断和行为结果都可以起作用，它们的影响过程相同。对于外显比较和内隐比较，选择性通达模型假设了相同的过程和结果；而解释-比较模型则认为它们有所不同。对普通人来说，选择性通达模型似乎更为简洁，但只有在两种理论之间进行强有力的对照检验才能够确定这一点。

定义和对照组

社会认知视角下的比较研究主要集中在自动化加工驱动的被动比较上。虽然取得的研究结果不太一致可能给人留下结论不够强有力的印象，但我们还是认为这一领域取得了可喜的进展，当然也意识到了导致结果不一致的原因以及进一步完善研究的必要性。

结果不一致的原因之一在于定义。最近我们查阅了社会比较研究中有关同化的文献（Wheeler & Sul，2007），明确了研究中测量的几类结果：（单一）属性评估、整体评估、情绪和行为。在本章中我们较为谨慎地使用了对比和同化这两个术语来表示接近或偏离比较目标的自我评价，然而在文献中的表述则较为混乱，研究者倾向于把不同的结果混在一起。例如，布克和伊贝玛（Buunk & Ybema，2003）让荷兰的已婚妇女看另一位已婚妇女对她婚姻幸福或不幸的描述，结果发现上行比较后个体的情感更积极，但同时对婚姻关系的主观评价也较低，这一结果是情感上的同化和自我评价上的对比。根据我

㊀ 美国乡村歌手。——译者注

们的定义，同化只能发生在自我评价上而不大可能发生在情感上。导致在接触成功他人后情感变强烈的原因有很多，但同化并不是其中之一。

还有一些研究者将同化等同于特塞尔（Tesser，1988）所说的反思（reflection）或"沾光"（basking-in-reflected-glory）。然而，"有朋友认识米克·贾格尔（Mick Jagger）[①]和相信自己可以在麦迪逊广场花园[②]表演都会使个体感觉很好，但那感觉是不一样的"（Suls & Wheeler，2007：35）。在特塞尔的模型中根本不存在同化现象，所有的比较结果都是对比性的。反思过程在比较维度上会产生积极的影响，但不会提升自我评价。

第二个问题是缺少对照组（Wheeler，2000；Wheeler & Suls，2007）。研究者很少在他们的实验中设置无比较的对照组，因此无法确定是个体受到了上行目标吸引还是排斥下行目标，又或者两者同时在起作用。这是一个关键问题，因为纳入对照组是了解斯塔佩尔和穆斯魏勒假定的认知加工过程是否符合假设的唯一方法。此外，两种模型都认为在适当的情况下，上行同化和下行同化发生的可能性是一样的。然而我们在对文献回顾后发现，上行同化比较稳健，而下行同化则很少见，即人们很少同化比自己情况更糟的人，这与柯林斯（Collins，1996）的观点是一致的。

自我增强

下行比较的研究现状提供了向第三个问题——自我增强动机的作用——过渡的契机。稍显讽刺的是，上行和下行比较的反应最初都是与自我增强有关的，但当下流行的理论（如斯塔佩尔和穆斯魏勒的两个模型）强调的却是认知加工和认知调节变量。为了解决这一问题，我们提出了上行-下行比较效应的趋近-回避模型（approach/avoidance model of upward-downward comparison effects; Suls & Wheeler，2008）。我们的框架很大程度上借鉴了选择性通达模型，同时认识到自我增强的重要性，它将两种截然不同的动机——追求卓越和避免失败结合在了一起。不过我们的趋近-回避模型是否恰当地整合了认知和情感的过程，还需要进一步的研究检验。

应用于社会议题

尽管本章更强调理论和研究的发展史，但社会比较理论也为广泛的社会议题及现实应用提供了见解。篇幅所限，我们将选择性地举例说明。

教育

拉德洛夫（1966）发现，获得极端分数者很难找到相似的比较者，这导致他们对自己的能力非常不确定，自我评价也时有波动。拉德洛夫认为出于这一点就很值得在学校里进行能力追踪，这样可以为有天赋和没天赋的学生提供适当的比较同伴。然而，有文献表明，能力差不多的学生中（通过标准化考试来衡量），进入好学校的学生的学业自我概念要比进入差学校的学生更消极，这一发现被称为大鱼小池效应（big-fish-little-pond effect，BFLPE；Marsh & Hau，2003）。其解释是不良的班级比较产生了负面对比效应，但是迄今为止几乎没有直接证据表明的

[①] 英国摇滚乐队滚石乐队的主唱。——译者注
[②] 位于美国纽约州纽约市曼哈顿中城，是演唱会等大型活动的举办地。——译者注

确是比较导致了这一结果。这个效应似乎也与此前一些研究结果相矛盾，比如如果学生将自己的成绩与比自己好（一点儿）的同学进行比较，他们的后续表现会提高（Blanton et al.，1999；Huguet et al.，2001）。

我们（Wheeler & Suls，2005）提出被动上行社会比较、大鱼小池效应以及策略性的有意上行比较是可以共存的。差学校和好学校的学生都可能会有意选择成绩比自己稍好（也就是自己可以达到的成绩）的同学作为比较对象，但好学校的学生也会不由自主地接触到"超级明星"（自己可能无法达到的成绩），从而导致自我评价的下降，即好学校或好班级中也会出现学业自我概念较消极的学生。

在我们加入的一个国际研究团队里，帕斯卡尔·休格特（Pascal Huguet）和弗洛伦斯·杜马斯（Florence Dumas）选取了2000多名法国中学生作为样本考察了有意和被动比较的作用及其对学业自我概念的影响。研究收集了学业自我概念、感知到在班级中的排名以及他们想要与之进行成绩比较的同学名单，此外也收集了学生的能力测试成绩。结果发现出现了负面的对比效应，但在控制了学生反感的班级比较后，这个效应消失了，这为社会比较能够解释大鱼小池效应提供了第一个直接的证据。不过"和一个表现更好的同学比较成绩"的倾向和大鱼小池效应依然是正相关的，且这种倾向也与学业自我概念正相关，暗示了同化效应的存在。在统计上排除了比较选择效应的影响后，大鱼小池效应减小但未消失。休格特等人（2009）得出结论，大鱼小池效应是平衡影响后的净效应：在课堂上被迫进行令人反感的比较会产生较强的负面对比效应，而主动进行上行社会比较会产生较弱的同化效应。对于教育政策制定者来说，这项研究表明，与常识相反，依据学业成绩选择学校并不会自动使就读其中的学生受益。

健　康

前面描述过下行比较在慢性病患者适应性方面的初步应用，这主要是一些相关的描述性研究（Buunk & Gibbons，1997；Wood et al.，1985），影响力不及实验研究大。但斯坦顿等人（Stanton et al.，1999）的研究是个例外，他们指定一个乳腺癌幸存者听另一个（假定的）患者的采访录音，该患者讲述了自己良好的、糟糕的或不确定的身心健康状况。结果发现，尽管那些听了适应不良患者录音的被试对自己适应性的评价要比那些听了适应良好患者录音的被试更高，但即使是那些听了功能较差患者录音的被试也报告说自己感觉比对方好。简而言之，这让人想起布克等人（1990）的观点，即患者能够在任何一个方向找到积极的意义。这一发现也强化了我们对"即使是被动的下行比较，也很少会发生下行同化效应"这一观点的认可。无论如何，斯坦顿等人进行的研究可以提示医护人员应该将什么样的指导材料放入心理康复的资料中。

库里克和马勒（Kulik & Mahler，1987）的研究则看到了代理人和上行比较的关联性，他们发现，如果冠状动脉搭桥手术的患者在手术前被分配与已接受搭桥手术的患者住在同一病房（以将患者分配与同样等待手术者住在同一病房为对照），他们在术后将会有更好的适应状况。鉴于给病人分配不同的室友是可行的，这将对心脏病治疗实践产生启示。

癌症患者经常会加入鼓励自我暴露和公开讨论的心理社会支持小组。由于患者的患病类型和严重性不一，这类群体在痛苦程度方面通常是异质的。于是就有担忧说，那些痛苦程度较低的个体待在这样的群体中可能会导致不利，这类群体的组成应该是同质的。然后又另有说法认为痛苦程度低的个体可以成为群体里的榜样，因而不可或缺。一些综述发现，患者的抑郁、焦虑和自我效能感等会在团体干预后有所改善（例如，Spiegel et al., 1981），那些心理社会资源最少的患者受益最大。

类似的支持小组可以满足个体归属、获取信息、宣泄情绪和社会比较的需求。最近一个关于社会支持小组动力过程的分析（Taylor et al., 2007）借鉴了社会比较的观点，作者得出结论，痛苦的患者需要处于较异质的群体中，这样才能接触到功能更好的患者从而向其学习、得到启发和发生同化。不过并没有足够的证据确定痛苦程度较低的患者在与功能较差患者交往时会不会得到好处，还是甚至会遭受负面影响。迄今为止只有一项研究表明，拥有充足社会心理资源的患者可能会受到群体经验的伤害（Helgeson et al., 2000）。基于之前的讨论，我们不确定痛苦程度较低的患者是否经历了下行同化，但他们很可能发现支持小组对他们没有多大作用。卡马克·泰勒（Carmack Taylor）等人呼吁对此进行更多的研究，同时提出可以将功能良好的患者招募为"群体志愿者"并接受培训，以满足高痛苦患者的归属与信息需求。在这种情况下，那些功能良好的患者可能会愿意参与，并在利他主义精神下自愿贡献他们的时间。

经济、主观幸福感与贪婪

本章写作之际正值全球经济低迷时期。在美国，股市损失了数百万美元，很多人交不起房屋贷款，政府向银行提供了创纪录的资金以维持其运营。此时此刻，社会比较是普遍但令人生厌的。一家大型公司已经从政府拿到了数十亿美元的救助资金，居然还想索要更多来给高层管理人员发放数百万美元的奖金，而与此同时许多人正在失去工作。显而易见，这些高薪管理者正在制造一种令人不快的比较，这会影响到公众的主观幸福感。

美国当前的经济衰退与国家最高领导层的不力有关，也与社会日益增长的贪婪有关。为什么人们越来越贪婪？社会比较是重要的原因之一。一项档案分析很好地证明了这一点，该分析跟踪了1951年至1955年电视引入对美国联邦调查局的犯罪、入室抢劫、偷车和盗窃指标的因果影响（Hennigan et al., 1982）。研究者假设，随着高低阶层者在财富和生活方式上的差距越来越大，个体进行比较和遭遇挫败的可能性也大大增加。电视让每个人看到商品的可获得性以及富人和名人们的炫耀性消费。这项时间序列设计研究发现，电视的推出对暴力犯罪、入室抢劫和偷车没有影响，但是，随着电视的普及，盗窃案增加了。如果人们觉得自己值得拥有理想的商品，但又无法通过合法手段获取，盗窃就成了一种选择。近年来，人们对于奢侈品、豪华旅游和大量财富的接触也变得更加普遍，这些都毫无疑问会导致令人反感的社会比较，同时还会增加贪婪。可以说，当前的经济困境就是一个天然的社会比较实验室。

就这么结束了吗

本章用50多年来的理论和研究讲述了社会比较的故事。区区一章道不尽所有，还有太多等待其他研究者去讲述。我们可以肯定的一点是，在经历了平缓的开端之后，社会比较研究显示出持续增长的态势——我们认为这是因为它确实是社会生活的核心。所谓经验就是永远不要踢你以为已经死了的马，它可能只是在等待太阳升起时或马群继续前进前小睡片刻而已。

注 释

1. 这一段以及《人际关系》文章的其他部分都是乏味的。任何熟悉费斯廷格其他论文的人都知道他有很强的写作能力。曾经有人推测，费斯廷格在《人际关系》中的写作风格是对克拉克·赫尔和肯尼斯·斯彭斯充斥密集假设和推论的理论论文的狡黠模仿。（费斯廷格曾在艾奥瓦大学担任过斯彭斯的研究助理）。这是一个很好的故事，与费斯廷格的风趣一致，我们希望它是真的。

2. 在本章中，我们聚焦于自我评价和自我增强这两种比较动机。伍德（1989）提出了第三个动机——自我提升。它指的是学习专家做事的方式（如挥动高尔夫球杆、弹钢琴）以模仿他们，不过对此我们不大接受。首先，我们如何区分榜样提供的激励和（单向驱动的）自我评价？其次，自我提升可能只是自我增强的一种形式，通过自我提升，自我概念得以增强。

参考文献

Allen, V. (1965) Situational factors in conformity. In L. Berkowitz (ed.), *Advances in Experimental Social Psychology, 2*, 133–175. New York: Academic Press.

Arrowood, A.J. (1986) Comments on 'Social comparison theory: Psychology from the lost and found'. *Personality and Social Psychology Bulletin, 12*, 279–281.

Blanton, H., Buunk, B.P., Gibbons, F.X. and Kuyper, H. (1999) When better-than-others compare upward: Choice of comparison and comparative evaluation as independent predictors of academic performance. *Journal of Personality and Social Psychology, 76*, 420–430.

Brickman, P. and Bulman, R.J. (1977) Pleasure and pain in social comparison. In J. Suls and R.L. Miller (eds), *Social Comparison Processes: Theoretical and Empirical Perspectives*, pp. 149–186. Washington, DC: Hemisphere.

Brickman, P. and Campbell, D.T. (1971) Hedonic relativism and planning the good society. In M.H. Appley (ed.). *Adaptation-level Theory: A Symposium*, pp. 287–302. New York: Academic Press.

Brown, J.D., Novick, N.J., Lord, K.A. and Richards, J.M. (1992) When Gulliver travels: Social context, psychological closeness, and self-appraisals. *Journal of Personality and Social Psychology, 62*, 717–727.

Bruner, J.S. (1957) On perceptual readiness. *Psychological Review, 64*, 123–152.

Buunk, B.P., Collins, R.L., Taylor, S.E., VanYperen, N.W. and Dakof, G.A. (1990) The affective consequences of social comparison: Either direction has its ups and downs. *Journal of Personality and Social Psychology, 59*, 1238–1249.

Buunk, B. and Gibbons, F.X. (eds) (1997) *Health, Coping and Well-being: Perspectives from Social Comparison Theory*. Mahwah, NJ: Lawrence Erlbaum Associates.

Buunk, B.P. and Ybema, J.F. (2003) Feeling bad, but satisfied: The effect of upward and downward comparison upon mood and marital satisfaction. *British Journal of Social Psychology, 42*, 613–628.

Carmack Taylor, C.L., Kulik, J., Badr, H., Smith, M., Basen-Engquist, K., Penedo, F. and Gritz, E.R. (2007) A social comparison theory analysis of group composition and efficacy of cancer support group programs. *Social Science and Medicine, 65*, 262–273.

Cathcart, T. and Klein, D. (2007) *Plato and a Platypus Walk into a Bar*. New York: Penguin Books.

Collins, R.L. (1996) For better or for worse: The impact of upward social comparisons on self-evaluations. *Psychological Bulletin, 119*, 51–69.

Collins, R.L. (2000) Among the better ones: Upward assimilation in social comparison. In J. Suls and L. Wheeler (eds), *Handbook of Social Comparison: Theory and Research*, pp. 159–171. New York: Kluwer Academic/Plenum.

Crocker, J. and Major, B. (1989) Social stigma and self-esteem: The self-protective properties of stigma. *Psychological Review, 96*, 608–630.

Crocker, J., Thompson, L., McGraw, K. and Ingerman, C. (1987) Downward comparison prejudice and evaluations of others: Effects of self-esteem and threat. *Journal of Personality and Social Psychology*, 52, 907–916.

DeCoster, J. and Claypool, H.M. (2004) A meta-analysis of priming effects on impression formation supporting a general model of information biases. *Personality and Social Psychology Review*, 8, 2–27.

Deutsch, M. and Krauss, R.M. (1965) *Theories in Social Psychology*. New York: Basic Books.

Festinger, L. (1950) Informal social communication theory. *Psychological Review*, 57, 271–282.

Festinger, L. (1954a) A theory of social comparison processes. *Human Relations*, 7, 117–140.

Festinger, L. (1954b) Motivation leading to social behavior. In M.R. Jones (ed.), *Nebraska Symposium on Motivation*, pp. 191–218. Lincoln, NE: University of Nebraska Press.

Gastorf, J.W. and Suls, J. (1978) Performance evaluation via social comparison: Related attribute similarity vs. performance similarity. *Social Psychology Quarterly*, 41, 297–305.

Gibbons, F.X. and Gerrard, M. (1991). Downward comparison and coping with threat. In J. Suls and T.A. Wills (eds), *Social Comparison: Contemporary Theory and Research*, pp. 317–346. Hillsdale, NJ: Lawrence Erlbaum.

Goethals, G. and Darley, J. (1977) Social comparison theory: An attributional approach. In J. Suls, and R. Miller (eds), *Social Comparison Processes: Theoretical and Empirical Perspectives*, pp. 259–278. Washington, DC: Hemisphere.

Gordon, B.F. (1966) Influence and social comparison as motives for affiliation. *Journal of Experimental Social Psychology, Suppl. 1*, 2, 55–65.

Helgeson, V.S., Cohen, S., Schulz, R. and Yasko, J. (2000) Group support interventions for women with breast cancer: Who benefits from what? *Health Psychology*, 19, 107–114.

Hennigan, K., Rosario, M., Heath, L., Cook, T.D., Wharton, J. and Calder, B. (1982) Impact of the introduction of television on crime in the United States: Empirical findings and theoretical implications. *Journal of Personality and Social Psychology*, 42, 461–477.

Herr, P.M., Sherman, S.J. and Fazio, R.H. (1983) On the consequences of priming: Assimilation and contrast effects. *Journal of Experimental Social Psychology*, 19, 323–340.

Higgins, E.T. (1996) Knowledge activation: Accessibility, applicability and salience. In E.T. Higgins and A. Kruglanski (eds), *Social Psychology: Handbook of Basic Principles*, pp. 133–168. New York: Guilford Press.

Huguet, P., Dumas, F., Marsh. H., Seaton, M., Wheeler. L., Suls, J., Regner, I. and Nezlek, J. (2009) Clarifying the role of social comparison in the big-fish-little-pond effect (BFLPE): An integrative study. *Journal of Personality and Social Psychology: Interpersonal Relationships and Group Processes*. 97, 156–170.

Huguet, P., Dumas, F., Monteil, J.M. and Genestoux, N. (2001) Social comparison choices in the classroom: Further evidence for students' upward comparison tendency and its beneficial impact on performance. *European Journal of Social Psychology*, 31, 557–578.

Jones, S. and Regan, D. (1974) Ability evaluation through social comparison. *Journal of Experimental Social Psychology*, 10, 133–146.

Kelley, H. (1967) Attribution theory in social psychology. In D. Levine (ed.), *Nebraska Symposium on Motivation*, pp. 192–238. Lincoln, NE: University of Nebraska Press.

Kelley, H. (1973) The process of causal attribution. *American Psychologist*, 28, 107–128.

Klayman, J. and Ha, Y.W. (1987) Confirmation, disconfirmation and information in hypothesis-testing. *Psychological Review*, 94, 211–228.

Kruglanski, A. and Mayseless, O. (1990) Classic and current social comparison research: Expanding the perspective. *Psychological Bulletin*, 108, 195–208.

Kulik, J.A. and Mahler, H.I.M. (1987) Effects of preoperational roommate assignment on preoperative anxiety and postoperative recovery from coronary bypass surgery. *Health Psychology*, 6, 525–543.

Latané, B. (ed.) (1966) Studies in social comparison. *Journal of Experimental Social Psychology, Suppl. 1*.

Latané, B., Eckman, J. and Joy, V. (1966) Shared stress and interpersonal attraction. *Journal of Experimental Social Psychology, Suppl. 1*, 2, 92–102.

Lockwood, P. and Kunda, Z. (1997) Superstars and me: Predicting the impact of role models on the self. *Journal of Personality and Social Psychology*, 73, 91–103.

Lombardi, W.J., Higgins, E.T. and Bargh, J.A. (1987) The role of consciousness in priming effects on categorization: Assimilation versus contrast as a function of awareness of the priming task. *Personality and Social Psychology Bulletin*, 13, 411–429.

Major, B., Testa, M. and Blysma, W. (1991) Responses to upward and downward social comparisons: The impact of esteem-relevance and perceived control. In J. Suls and T.A. Wills (eds), *Social Comparison: Contemporary Theory and Research*, pp. 237–260. Hillsdale, NJ: Lawrence Erlbaum Associates.

Manis, M., Biernat, M. and Nelson, T.F. (1991) Comparison and expectancy processes in human judgment. *Journal of Personality and Social Psychology*, 61, 203–211.

Marsh, H.W. and Hau, K. (2003) Big-fish-little-pond-effect on academic self-concept. A cross-cultural (26 country) test of the negative effects of academically selective schools. *American Psychologist, 58*, 364–376.

Martin, R. (2000). 'Can I do X?' Using the proxy comparison model to predict performance. In J. Suls and L. Wheeler (eds), *Handbook of Social Comparison: Theory and Research*, pp. 67–80. New York: Kluwer/Plenum.

Martin, R., Suls, J. and Wheeler, L. (2002) Ability evaluation by proxy: The role of maximum performance and related attributes in social comparison. *Journal of Personality and Social Psychology, 82*, 781–791.

Morse, S. and Gergen, K.J. (1970) Social comparison, self-consistency, and the concept of the self. *Journal of Personality and Social Psychology, 16*, 148–156.

Mussweiler, T. (2003) Comparison processes in social judgment: Mechanisms and consequences. *Psychological Review, 110*, 472–489.

Mussweiler, T. and Bodenhausen, G. (2002) I know you are, but what am I? Self-evaluative consequences of judging in-group and out-group members. *Journal of Personality and Social Psychology, 82*, 19–32.

Mussweiler, T., Epstrude, K. and Ruter, K. (2005) The knife that cuts both ways: Comparison processes in social perception. In M. Alicke, D. Dunning, and J. Krueger (eds), *The Self in Social Judgment*, pp. 109–130. New York: Psychology Press.

Mussweiler, T. and Strack, F. (2000) The 'Relative Self': Informational and judgmental consequences of comparative self-evaluation. *Journal of Personality and Social Psychology, 79*, 23–38.

Neely, J.H. (1976) Semantic priming and retrieval from lexical memory: Evidence for facilitory and inhibitory processes. *Memory and Cognition, 4*, 648–654.

Neely, J.H. (1991) Semantic priming effects in visual word recognition: A selective review of current findings and theories. In D. Besner and G.W. Humphreys (eds), *Basic Processes in Reading: Visual Word Recognition*, pp. 264–336. Hillsdale, NJ: Lawrence Erlbaum.

Parducci, A. (1974) Contextual effects: A range-frequency analysis. In E.C. Carterette and M.P. Friedman (eds), *Handbook of Perception, 7*, 127–141. New York: Academic Press.

Pettigrew, T. (1967) Social evaluation theory: Convergences and applications. In D. Levine (ed.), *Nebraska Symposium on Motivation*, pp. 241–318. Lincoln, NE: University of Nebraska Press.

Radloff, R. (1966) Social comparison and ability evaluation. *Journal of Experimental Social Psychology, Suppl. 1, 2*, 6–26.

Schachter, S. (1959) *The Psychology of Affiliation*. Stanford, CA: Stanford University of Press.

Smith, W. and Sachs, P. (1997) Social comparison and task prediction: Ability similarity and the use of a proxy. *British Journal of Social Psychology, 36*, 587–602.

Spiegel, D., Bloom, J. and Yalom, I. (1981) Group support for patients with metastatic cancer: A randomized prospective outcome study. *Archives of General Psychiatry, 38*, 527–533.

Srull, T.K. and Wyer, R.S. (1979) The role of category accessibility in the interpretation of information about persons: Some determinants and implications. *Journal of Personality and Social Psychology, 37*, 1660–1672.

Stanton, A., Danoff-Burg, S., Cameron, C., Snider, P. and Kirk, S. (1999) Social comparison and adjustment to breast cancer: An experimental examination of upward affiliation and downward evaluation. *Health Psychology, 18*, 151–158.

Stapel, D.A. (2007) In the mind of the beholder: The Interpretation Comparison Model of accessibility effects. In D.A. Stapel and J. Suls (eds), *Assimilation and Contrast in Social Psychology*, pp. 143–164. New York: Psychology Press.

Stapel, D.A. and Koomen, W. (2000) Distinctiveness of others, mutability of selves: Their impact on self-evaluations. *Journal of Personality and Social Psychology, 79*, 1068–1087.

Stapel, D.A. and Koomen, W. (2001b) The impact of interpretation versus comparison goals on knowledge accessibility effects. *Journal of Experimental Social Psychology, 37*, 134–149.

Stapel, D.A. and Suls, J. (2004) Method matters: Effects of explicit versus implicit social comparisons on activation, behavior, and self-views. *Journal of Personality and Social Psychology, 87*, 860–875.

Suls, J. (1986) Notes on the occasion of Social Comparison Theory's thirtieth birthday. *Personality and Social Psychology Bulletin, 12*, 289–296.

Suls, J., Gastorf, J. and Lawhorn, J. (1978) Social comparison choices for evaluating a sex- and age-related ability. *Personality and Social Psychology Bulletin, 4*, 102–105.

Suls, J., Martin, R. and Wheeler, L. (2000) Three kinds of opinion comparison: The Triadic Model. *Personality and Social Psychology Review, 4*, 219–237.

Suls, J., Martin, R. and Wheeler, L. (2002) Social comparison: Why, with whom and with what effect? *Current Directions in Psychological Science, 11*, 159–163.

Suls, J. and Miller, R.L. (1977) *Social Comparison Processes: Theoretical and Empirical Perspectives*.

Washington, DC: Hemisphere.

Suls, J. and Miller, R.L. (1978) Ability comparison and its effects on affiliation preferences. *Human Relations*, *31*, 267–282.

Suls, J. and Tesch, F. (1978) Students' preferences for information about their test performance: A social comparison study. *Journal of Applied Social Psychology*, *8*, 189–197.

Suls, J. and Wheeler, L. (eds) (2000) *Handbook of Social Comparison*. New York: Kluwer/Plenum.

Suls, J. and Wheeler, L. (2007) Psychological magnetism: A brief history of assimilation and contrast in psychology. In D. Stapel and J. Suls (eds), *Assimilation and Contrast in Social Psychology*, pp. 9–44. New York: Psychology Press.

Suls, J. and Wheeler, L. (2008) A reunion for approach/avoidance motivation and social comparison. In A. Elliot (ed.), *Handbook of Approach and Avoidance Motivation*. Mahwah, NJ: Lawrence Erlbaum Associates.

Taylor, S. and Lobel, M. (1989) Social comparison under threat: Downward evaluation and upward contacts. *Psychological Review*, *96*, 569–575.

Tennen, H., McKee, T.E. and Affleck, G. (1991) Social comparison processes in health and illness. In J. Suls and L. Wheeler (eds), *Handbook of Social Comparison: Theory and Research*, pp. 443–486. New York: Kluwer Academic/Plenum.

Tesser, A. (1988) Toward a self-evaluation maintenance model of social behavior. In L. Berkowitz (ed.), *Advances in Experimental Social Psychology*, *21*, 181–227. New York: Academic Press.

Testa, M. and Major, B. (1990) The impact of social comparisons after failure: The moderating effects of perceived control. *Basic and Applied Social Psychology*, *11*, 205–218.

Turner, J. (1991) *Social Influence*. Belmont, CA: Brooks/Cole.

Wheeler, L. (1966) Motivation as a determinant of upward comparison. *Journal of Experimental Social Psychology, Suppl. 1*, *2*, 27–31.

Wheeler, L. (2000) Individual differences in social comparison. In J. Suls and L. Wheeler (eds), *Handbook of Social Comparison*, pp. 141–158. New York: Kluwer Academic/Plenum.

Wheeler, L. and Koestner, R. (1984) Performance evaluation: On choosing to know the related attributes of others when we know their performance. *Journal of Experimental Social Psychology*, *20*, 263–271.

Wheeler, L., Koestner, R. and Driver, R. (1982) Related attributes in the choice of comparison others: It's there, but it isn't all there is. *Journal of Experimental Social Psychology*, *18*, 489–500.

Wheeler, L., Martin, R. and Suls, J. (1997) The proxy social comparison model for self-assessment of ability. *Personality and Social Psychology Review*, *1*, 54–61.

Wheeler, L. and Miyake, K. (1992) Social comparison in everyday life. *Journal of Personality and Social Psychology*, *62*, 760–733.

Wheeler, L. and Suls, J. (2005) Social comparison and self-evaluations of competence. In A. Elliot and C. Dweck (eds), *Handbook of Competence and Motivation*. New York: Guilford Press.

Wheeler, L. and Suls, J. (2007) Assimilation in social comparison: Can we agree on what it is? *Revue Internationale de Psychologie Sociale*, *20*, 31–51.

Wills, T.A. (1981) Downward comparison principles in social psychology. *Psychological Bulletin*, *90*, 245–271.

Wills, T.A. and Suls, J. (1991) Commentary: neo-social comparison and beyond. In J. Suls and T.A. Wills (eds), *Social Comparison: Contemporary Theory and Research*, pp. 395–412. Hillsdale, NJ: Lawrence Erlbaum.

Wood, J.V. (1989) Theory and research concerning social comparison of personal attributes. *Psychological Bulletin*, *106*, 231–248.

Wood, J.V. (1996) What is social comparison and how should we study it? *Personality and Social Psychology Bulletin*, *22*, 520–537.

Wood, J.V., Taylor, S. and Lichtman, R. (1985) Social comparison in adjustment to breast cancer. *Journal of Personality and Social Psychology*, *49*, 1169–1183.

Zanna, M., Goethals, G.R. and Hill S. (1975) Evaluating a sex related ability: Social comparison with similar others and standard setters. *Journal of Experimental Social Psychology*, *11*, 86–93.

第6章

调节定向理论

E. 托里·希金斯（E. Tory Higgins）

耿晓伟[一] 译

摘 要

调节定向理论（regulatory focus theory）是自我差异理论的产物，也是调节匹配理论（regulatory fit theory）的起源。作为自我差异理论的产物，它区分了与希望和愿望相关的自我调节（促进的"理想"）（promotion ideals）和与责任义务相关的自我调节（预防的"应该"）（prevention oughts）。与自我差异理论不同的是，在调节定向理论中，促进定向与预防定向不仅是个体特质，还会被情境诱发；成功和失败对情绪和动机的影响可以体现在当前的任务上，而不仅仅是体现在长期的理想自我和应该自我的一致与差异上。更重要的是，调节定向理论强调促进定向和预防定向在达到渴望状态方面的策略差异：促进定向更偏好促进性的渴望策略（eager means of advancement），预防定向更偏好保持现状的警惕策略（vigilant means of maintenance）。这种对于策略差异的强调也使调节定向理论与控制系统理论（control system theory）区分开来，后者更关注系统层面而不是策略层面的趋近与回避。促进定向和预防定向在策略偏好上的不对称性，以及成功和失败对动机的不同影响（成功会增强促进动机，而失败会增强预防动机）催生了调节匹配理论，即目标追求的方式可以维持或破坏自我调节定向。

引 言

1989年，我从纽约大学（New York University，NYU）去了哥伦比亚大学。做这个决定非常困难，因为两所大学都很优秀，这是一个双趋冲突（approach-approach conflict）。如果我充分考虑两个选项的可能结果，这个冲突可能会变得更加强烈，但是我没有。我考虑了别的事情：我和妻子即将迎来我们的第一个孩子，而且毫无疑问，我们的孩子是我在她出生后几个月里一直在关

[一] 杭州师范大学经亨颐教育学院

心的事情。直到我在哥伦比亚大学的第二个学期（1990年春天），我才终于开始思考我将在哥伦比亚大学做什么研究。当我真的开始思考这个问题时，我惊呆了。我突然意识到我再也不能做我在纽约大学多年来做的研究了，我不能再研究自我差异理论了。就像不负责任的父母，我轻率地放弃了我的理论，搬到了哥伦比亚大学。我该怎么办？

在那痛苦的时刻，让我感到震惊的是，哥伦比亚大学的研究条件与纽约大学完全不同。在纽约大学，我已经开发了自我差异理论，那里有非常大的被试库，每年有成千上万的被试。相反，哥伦比亚大学的被试库只有几百名被试。另外，在纽约大学，所有大学生都要完成一套包含人口学和人格问卷的小册子，其中一个问卷是自我问卷（Selves Questionnaire），我的实验室用它来测量个体自我差异。这意味着在联系被试进行研究之前，我们已经得到关于他们自我差异的信息。我们可以根据不同类型的自我差异来选择被试。然而，在哥伦比亚大学并没有这样的小册子。我们必须要对数百名被试做正式的研究以获得他们自我差异的背景信息。如果这样做，我们就没有多余的被试和时间来做研究。这太令人绝望了！

所以，在为失去的理论感到悲伤的同时，我也在思考应该做什么样的研究。我的第一个想法是："好吧，我将要回到启动和可得性的研究中。"这是一个令人感到欣慰的想法，但还不足以安慰到我。我还是非常想念自我差异理论。毕竟，当时的可得性理论（accessibility theory）已经比较成熟了，相当于一个独立的青少年（Higgins et al., 1977；见本手册第1卷），而自我差异理论还未成熟，相当于一个孩子（Higgins, 1987）。

在这种艰难的局势下，我开始寻找应该如何研究自我差异理论的方法，而这个方法最终变成了调节定向理论。毫无疑问，继续研究自我差异理论的努力催生了调节定向理论（Higgins, 2004, 2006a）。我意识到我需要的是一种无须测量个体长期的自我差异就能检验自我差异理论的方法。在思考这个问题的过程中，我最终找到了方法，调节定向理论诞生了，即使我一开始并没有马上意识到。一段时间后我才意识到发生了什么（理论建构会在稍后讨论）。但现在，我需要从头开始。为了让你了解我在1990年春季所面临的困境，我需要提供一些关于自我差异理论的基本背景信息，描述我们做了怎样的一些研究来检验它。

自我差异理论：调节定向理论的起源

为什么人们对同一个悲剧事件的情绪反应如此不同？更具体地说，为什么当人们经历生活中的重大挫折，比如子女死亡、失业或者婚姻破裂时，有些人会患上抑郁症，而另一些人会患上焦虑症？自我差异理论的诞生就是为了回答这个问题。自我差异理论认为，即使人们拥有相同的具体目标，比如高中生想要上好大学或者成年人想要美满婚姻，他们表征目标的方式往往也是不同的。引导个体自我调节的目标或标准在自我差异理论中被称为自我导向（self-guides）。有些人把自我导向表征为希望或愿望，或我们理想中想成为的人，也就是理想自我导向（ideal self-guides）；有些人把自我导向表征为责任或者义务，或我们认为应该成为的人，也就是应该自我导向（ought self-guides）。

根据自我差异理论（Higgins, 1987），正是没有达到理想目标和没有达到应该目标之间的不同导致我们对于同一消极生活事件有不同的情绪反应。自我差异理论认为，当消极生活事件发生时，我们会认为这个消极生活事件给我们提供了一些信息。我们会把现在的实际自我和自我导向进行比较："与我想成为的那种人（例如，上一所好大学、拥有美满婚姻）相比，我做得怎么样？"当实际自我与自我导向产生差异，即自我差异（self-discrepancy）时，我们就会产生痛苦的情绪。当实际自我与理想自我导向产生差距时，我们会产生悲伤、失望、气馁等沮丧相关的情绪（dejection-related emotions），临床上与抑郁症相关；当实际自我与应该自我导向产生差异时，我们会产生紧张、焦躁、担心等躁动相关的情绪（agitation-related emotions），临床上与焦虑症相关。根据自我差异理论，我们更可能遭受哪种情绪痛苦取决于我们强调的自我导向的类型——强调理想时会沮丧或抑郁，强调责任时会躁动或焦虑。

对于抑郁症和焦虑症患者的研究结果支持了情绪脆弱性的观点。患者实际自我和理想自我导向之间的差异更好地预测抑郁症（与焦虑症相比），而实际自我和应该自我导向之间的差异更好地预测焦虑症（与抑郁症相比）（Strauman, 1989）。部分个体的实际自我与理想自我导向和应该自我导向之间均有差异，他们可能同时罹患抑郁症和焦虑症。

然而，在任何一个特定时刻，无论是个体的理想自我导向还是应该自我导向都可能更容易获得，无论哪个更容易获得，都将决定他们体验到的情绪症状。这意味着，当下的情境能够通过启动或激活理想自我或应该自我导向进而影响个体的情绪症状。例如，有证据表明，实际－理想自我差异和实际－应该自我差异都可以通过给被试呈现与理想或责任相关的词汇来启动。在实验中，启动实际－理想自我差异的被试会突然感到悲伤和失落，陷入抑郁症相关的低活动性状态中（如讲话更慢）；激活实际－应该自我差异的被试会突然觉得紧张和担心，陷入焦虑症相关的高活动性状态中（如讲话更快）。这些作用在临床样本（Strauman, 1989）和非临床样本（Strauman & Higgins, 1987）中都得到了证实。

这些作用的心理机制是什么？自我差异理论认为，不同的情绪与人们体验的不同心理情境有关。也就是说，理想是否实现产生的心理情境与责任是否实现所产生的心理情境是不同的。具体地说，在与理想自我导向（希望或愿望）相关的事件中，我们把成功看作积极结果（获得），体验到快乐；把失败看作积极结果的缺失（非获得），体验到悲伤。相反，在与应该自我导向（与责任和义务相关的信念）相关的事件中，我们把成功看作消极结果的回避（非损失），产生放松体验；把失败看作消极结果的出现（损失），产生担心焦虑体验。与我们提出的心理机制一致，研究显示，有强烈的理想自我导向的个体会更好地记住积极结果的出现或缺失（获得与非获得），而有强烈的应该自我导向的个体会更好地记住消极结果的出现或缺失（损失与非损失；Higgins & Tykocinski, 1992）。另外，人们在生活中对于更易接近的自我导向相关事件的记忆效果更好（Strauman, 1992）。

怎样的教养方式会让孩子产生强烈的理想自我导向或应该自我导向？在回答这个问题时，自我差异理论的基本观点认为，理想自我导向与应该自我导向的自我调节涉及不同的心理情境体验。当孩子与父母（或其他监护人）交流时，父母对孩子的反应方式使孩子经历了不同的心理情境。随着时间的推移，孩子会产生与父母的反应方式相同的对自我的反应方式，由此产生相同的特定心理情境，而后发展出与心理情境相关的自我导向（理想型或应该型）（Higgins, 1991）。

那么，怎样的教养方式会使儿童发展出强烈的理想自我导向？当父母将支持（面对成功）和撤回关爱（面对失败）结合起来时，这种教养方式就产生了。例如，当父母鼓励孩子克服困难，在孩子成功时拥抱和亲吻他们，或为孩子创造机会获得成功时，支持就产生了——它给孩子创造了积极结果出现的体验。当父母在孩子乱扔食物时停止孩子用餐，孩子拒绝分享玩具时拿走玩具，或孩子不认真听时停止讲故事，撤回关爱就产生了——它给孩子创造了积极结果缺失的体验。

怎样的教养方式会促进儿童发展出强烈的应该自我导向？当父母将谨慎（面对成功）和惩罚（面对失败）结合起来时，这种教养方式就产生了。例如，当父母将家打造成儿童的安全空间，训练儿童警惕潜在危险或教育儿童"注意礼貌"时，谨慎就产生了——它给孩子创造了消极结果缺失的体验。当父母粗暴地对待孩子以引起他的注意，当孩子不听话时对他大喊大叫，或当孩子犯错误时批评孩子，惩罚就产生了——它给孩子创造了消极结果出现的体验。事实上，与自我差异理论的预测一致，近期研究显示，批评惩罚的教养方式和预防定向的自我调节正相关，支持的教养方式与促进定向的自我调节正相关（Higgins & Silberman, 1998; Keller, 2008; Manian et al., 2006）。

除了区分理想自我导向和应该自我导向之外，自我差异理论还区分了自我调节中可以采取的不同立场，即我们自己的独立立场（"我自己的目标和标准是什么"）和我们生活中重要他人的立场（如"我母亲对我的目标和标准是什么"）（Higgins, 1987）。例如，至少在北美，比起女性，对男性来说，与自己的自我导向之间的差异对情绪脆弱性更重要。与此相反，比起男性，对女性来说，与重要他人自我导向之间的差异对情绪脆弱性更重要（Moretti & Higgins, 1999a, 1999b）。

回到正题：调节定向理论的诞生

自我差异理论的研究一直将被试的自我差异作为研究的一部分。很多研究都验证了自我差异对情绪反应的影响（自我与情绪的关系），但有时我们会借鉴先前关于启动和可得性的研究成果，启动理想自我导向或应该自我导向以诱发短暂的实际-理想自我差异和实际-应该自我差异。例如，在希金斯等人（Higgins et al., 1986）的一项研究中，挑选出实际-理想自我差异与实际-应该自我差异都高或都低的被试，当他们到达实验室时，被要求讨论自己以及父母对他们的希望和愿望（理想自我导向启动），或者讨论他们自己以及父母对他们的职责和义务（应该自我导向启动）。研究发现，相比于两种差异都低的被试，两种差异都高的被试在理想自我导向启动时表现出沮丧相关的情绪，在应该自我导向启动时表现出焦躁相关的情绪。

使用启动的方法暂时改变理想自我或应该自我导向的可得性，这本身对我们来说是全新的。起初，我们的研究仅仅是基于自我问卷对自我差异进行测量，测量了个体稳定的自我差异（Higgins et al., 1985）。我们花了一段时间才意识到，可以利用关于可得性和启动的知识（见本手册第1卷）来激活不同类型的自我差异，通过暂时激活实际－理想自我差异或实际－应该自我差异来实现对自我差异理论检验中的更多实验控制。这个实验方法的发现是调节定向理论诞生的一个关键转折点，但我们当时并不知道。

当时，我们仍然从严格的人格角度考虑自我差异理论。我们用启动来使一种长期的自我差异比另一种更可得，即让它成为更活跃的自我差异。我们从同一时期的研究中知道，来自情境启动的短暂可得性至少在一段时间内会胜过个体差异的长期可得性（Bargh et al., 1988）。但自我差异理论仍然是关于长期个体差异的理论。正如希金斯等人（Higgins et al., 1986）的研究，对于同时具有实际－理想自我差异与实际－应该自我差异的个体，我们仅仅使用启动的方法来暂时让其中一种差异更活跃。

因此，在1990年我意识到，因为需要事先测量被试的自我差异，我不能在哥伦比亚大学进行研究。对我来说，这意味着我再也不能研究自我差异理论了。我该怎么办？正如前面提到的，我打算回到对于启动和可得性的研究。但我不想在自我差异理论还在发展的时候过早地放弃它。或许我一边考虑启动与可得性的研究，一边想要继续研究理想自我和应该自我导向，这一点我不得而知。我所知道的是，我突然意识到我的问题有了解决办法。很长时间以来，可得性研究吸引我的地方在于可得性是一种状态，个体不知道这种可得性状态的来源，可能来自长期可得性、启动或者两者都有（见本手册第1卷）。我曾经认为可得性是适用于个体之间的变化性（长期可得性）和情境之间的变化性（启动）的通用语言（common language），这为经典的"人－情境"争论提供了不同的视角（Higgins, 1990）。我还认为，标准（standards）提供了另一种用于个体之间的变化性（个人标准）和情境之间变化性（情境标准）的通用语言（Higgins, 1990）。但我没有完全理解通用语言的概念意味着什么，也没有想到如何将可得性和标准结合起来。

我现在意识到，理想自我调节和应该自我调节的区别不必限于自我差异理论。这种区别不是实际自我与理想自我或应该自我导向之间的长期差异（或一致），而是更普遍的关于自我调节的两种不同系统之间的差异。在任何时候，人们都可能处于与希望或愿望（理想）有关，或与义务责任（应该）有关的调节状态。并且，不管他们是否有长期的实际－理想自我差异或实际－应该自我差异，可能都是如此。

从这个更广泛的、两个不同系统的角度看，个体处于理想自我调节状态和应该自我调节状态对情绪与动机的影响研究根本不需要测量个体自我差异。现在更重要的是自我调节的两个系统的区别，以及通过启动或其他实验操作可以激活其中一个系统。测量自我差异不是研究理想自我调节或应该自我调节的必要步骤。我的问题解决了！

然而，有一个问题仍然存在。具体地说，如果不测量个体自我差异，那我研究的还是自我差异理论吗？多年以来，我一直教授一门心理学理论建构课程（Higgins, 2004）。在1990年我就很清楚，区分对一个理论的扩展与新理论是非常重要的。否则，对"新"理论和"旧"理论都是非常不公平的。那么，是否存在两种理论，即旧的自我差异理论和新的"某"理论，或者简单地说是早期版本和晚期版本的自我差异理论呢？为什么要把可能只是现有自我差异理论的延伸或阐述作为一种新理论来对待呢？我注意到这是一个尚未定论的领域，这归结于人们是否相信"新"理论真的增添了一些根本性的新内容。

简而言之，我确实认为这个新的、未命名的理论增加了一些根本性的新内容。新理论即现在的调节定向理论，关注因人和环境而异的自我调节状态。与自我差异理论不同，它不是一种人格理论。在自我差异理论中，理想自我和应该自我导向是一种长期的个体差异；在调节定向理论中，理想和应该自我调节在不同情境和个体中是不同的。这种区别非常值得关注。它激发了很多自我差异理论不能激发的研究，比如问题解决和决策中的框架效应（Higgins, 1998）。

正如我从始至终坚信的，一个理论的独特之处是它所产生的研究发现（Higgins, 2004）。显然，即使在那时，这个新理论也会引发一些自我差异理论不能产生的研究发现。最合理、最公平的做法是让自我差异理论以同样的基本形式继续发展（毕竟它还很稚嫩），同时把它的"后代"视为值得拥有自己独立发展道路的理论。自我差异理论也确实继续在发展（Moretti & Higgins, 1999a, 199b），例如，考虑自己的立场和重要他人的立场在个人目标上的重叠，以区分独立的自我调节（只是自己的立场）、认同的自我调节（从自己和重要他人的重叠中共享现实）和内化的自我调节（只是重要他人，"感觉到他人的存在"）。此外，当调节定向理论开始成熟时，它也丰富了自我差异理论，拓宽了其内涵，就像蒂姆·施特劳曼（Tim Strauman）对自我系统疗法（self-system therapy）的构建所表明的一样（Strauman et al., 2006）。与所有优秀的子女一样，调节定向理论对自我差异理论产生了积极影响。父母和孩子都从对方身上获益良多，这是一个美好的家庭故事。接下来，是时候介绍这个新的调节定向理论的内容并且讨论它所激发出的新研究方向了。

自我调节的促进系统和预防系统

从古希腊人，到17世纪和18世纪的英国哲学家，再到20世纪的心理学家（Kahneman et al., 1999），享乐主义原则（即人们趋利避苦的原则）主导着我们对人的动机的理解。这是所有心理学理论的基本动机假设，包括心理生物学中的情绪理论（Gray, 1982）、动物学习中的条件作用（Mowrer, 1960; Thorndike, 1935）、认知心理学中的决策（Edwards, 1955; Kahneman & Tversky, 1979）、社会心理学中的一致性（Festinger, 1957; Heider, 1958）和人格心理学中的成就动机（Atkinson, 1964），甚至弗洛伊德在《超越快乐原则》(Beyond the Pleasure Principle)一书中（Freud, 1950/1920），将自我的现实原则看作一个动机性角色，他清楚地表明现实原则是"在本质上寻求快乐，尽管这是一种延迟和减少的快乐"（Freud, 1952/1920: 365）。关于享乐体验对动机的重要性，杰里米·边沁（Jeremy Bentham, 1781/1988: 1）或许给出了最清楚的陈述："大自然把人类置于两个至高无上的主人的统治之下：痛苦和快乐。只有它们才能指出我们应该做什么，并决定我们将要做什么。一边是对与错的标准，一边是因果的链条，都与它们的宝座紧紧相连。"

在这一历史背景下，自我差异理论和调节定向理论的贡献在于强调痛苦和快乐背后不同动机系统的意义。仅仅了解人们追求快乐和回避痛苦是不够的，关键是知道他们如何去做到这一点。调节定向理论的起始假设是，对理解动机和情绪来说，人们追求快乐和回避痛苦的不同方式可能比享乐主义原则本身更有意义。

举例来说，对于格雷（Gray, 1982）和莫勒（Mowrer, 1960），以及卡弗和沙伊尔

(Carver & Scheier, 1981, 1990a, 1990b) 来说，重要的动机区别在于趋近系统（approach system）和回避或抑制系统（avoidance or inhibition system）。格雷（1982）和莫勒（1960）认为，趋近奖励（出现积极结果）和趋近安全（缺少消极结果）在趋近期望状态上是等效的。相比之下，自我差异理论（Higgins，1987）和调节定向理论（Higgins，1996）明确将促进-理想系统与预防-应该系统区分为两种不同的趋近期望目标状态的方式，在趋近系统和回避系统中，分别有不同的自我调节系统（self-regulation system）。根据自我差异理论和调节定向理论，正是这些系统本质上的差异而不是享乐主义原则本身对情绪和动机更重要。

调节定向理论对情绪体验的重要性

正如我前面所讨论的，自我差异理论区分了不同类型的快乐和痛苦，并认为这些不同类型的快乐和痛苦取决于哪一个自我导向（理想自我或应该自我）参与了与实际自我的一致性或差异性（actual self-congruency or discrepancy）：与理想自我导向一致时体验到愉快相关情绪，与理想自我导向有差异时体验到沮丧相关情绪；与应该自我导向一致时体验到平静相关情绪，与应该自我导向有差异时体验到焦虑相关情绪。调节定向理论超越了基于人格的差异，它考虑了当下的成功和失败对处于状态性促进定向或预防定向个体的影响。

根据调节定向理论，促进定向或预防定向的不同情绪体验并不局限于个人特质。任何人在特定时刻都可以采取促进定向或预防定向来追求目标。如果促进定向的人成功实现目标，他们就会产生愉快相关的情绪（如感到快乐）；如果失败了，他们就会产生沮丧相关的情绪（如感到难过）。如果预防状态的人成功了，他们会产生谨慎相关的情绪（如冷静）；如果失败了，他们会产生激动相关的情绪（如紧张）(Idson et al., 2000)。

这两个不同的自我调节系统对情绪的影响已经不再局限于实际自我与理想或应该自我导向的关系，而是扩展到了所有以促进定向或预防定向进行自我调节时成功或失败的情况中。在一个有趣的研究中，主试让一组被试相信或不相信父亲强烈希望他们在任务上表现得很好（促进型父亲），让另一组被试相信或不相信父亲会把做好任务看作他们的责任或义务（预防型父亲）。对于启动"促进型父亲"的被试来说，当前任务的成功或失败会使他们体验到高兴-沮丧维度上的情绪，而对于启动"预防型父亲"的被试来说，当前任务的成功或失败会使他们体验到安静-激动维度上的情绪（Shah，2003）。

虽然启动或激活个人理想或个人应该是诱发促进或预防状态的一种方法，但并不是唯一的方法。其他短暂的情境也可以诱发促进或预防状态。例如，在罗尼等人（Roney et al., 1995）的早期研究中，成功和失败的反馈分别以促进框架或预防框架进行表述。在促进框架（promotion-framing）下，成功和失败的反馈分别是"你得到了它"和"你没有得到它"。在预防框架（prevention-framing）下，成功和失败的反馈分别是"你没有失去它"和"你失去了它"。当任务结束时，所有被试都被告知失败了。正如调节定向理论所预测的，与测试前相比，在预防框架下的被试比促进框架下的被试在测试后感到更多焦虑相关的情绪，相反，促进框架下的被试比预防框架下的被试在测试后体验到更多沮丧相关的情绪。

即使促进定向和预防定向是一种长期的个人倾向，长期的自我差异或自我一致性也不是产生不同情绪的必要条件。当前任务的成功或失败会产生不同的情绪。我们对这一事实的发现涉及另一个关于理论建构和检验的故事。至少对我来说，值得注意的是，我们在一个科学领域的知识不会轻而易举地应用到另一个科学领域的理论建构和理论检验中。为了说明这一点，詹姆斯·沙阿（James Shah）和我想找到一种方法来衡量长期促进定向和预防定向的强度，而不管是否有自我差异或自我一致。我们认为这项工作很重要，因为它可以预测人们在短暂情境中对成功或失败的感受，而不管过去的成功或失败的经验如何。例如，我们认为，不管个体是否有实际－理想自我差异，如果以促进定向的状态追求目标，那么他们就会因失败而感到难过或因成功而感到开心；不管个体是否有实际－应该自我差异，如果以预防定向的状态追求目标，那么他们就会因失败而感到紧张或因成功而感到轻松。

很长时间里，我们尝试了各种方法来衡量个体的长期促进定向和预防定向的强度，而这可以预测他们更可能以何种状态（促进状态或预防状态）追求目标。一次又一次地，我们开发出自认为非常聪明的测量方法，但一次又一次地，这些方法总以失败告终。1993 年，我参加了在犹他州举行的社会心理学冬季会议（Social Psychology Winter Conference），在那里我听到约翰·巴西利（John Bassili）描述了他最近的关于态度强度的研究，该研究受到鲁斯·法齐奥（Russ Fazio）早期研究的启发（Bassili, 1996；Fazio, 1986），利用了长期可得性（chronic accessibility）的概念。

在那次会议的时候，我已经在长期可得性方面做了很多年的研究（Higgins et al., 1982；见第 1 卷第 4 章）。但不知怎么回事，我从来没有想到要利用我对长期可得性的了解来设计促进和预防强度的测量方法。从那次会议回来后，詹姆斯·沙阿和我确实这么做了。简而言之，我们在描述个体的理想和应该时使用个体的反应来衡量理想和应该的长期可得性。我们关于理想和应该的假设就像巴西利和法齐奥关于态度的假设一样，认为长期可得性与自我调节强度呈正相关。具体来说，如果理想的长期可得性高于责任可得性，促进系统占优势；如果责任的长期可得性高于理想可得性，预防系统占优势。

关于促进和预防强度的内隐测量方法效果很好。结果证明，促进和预防的强度与个体理想型或应该型自我差异的程度无关。此外，促进和预防强度调节了自我差异的作用，即当促进强度高时，实际－理想差异更能预测沮丧情绪的产生；当预防强度高时，实际－应该差异更能预测焦虑情绪的产生（Higgins et al., 1997）。这是一个非常好的"父母"（自我差异理论）与"孩子"（调节定向理论）之间的合作，双方都有好处。现在我们拥有了我们一直想要的，即测量个人在追求目标时可能采用促进定向（促进占优势）或预防定向（预防占优势）的内隐测量方法，而这与实际－理想或实际－应该差异的程度无关。

以促进为主的个体（在测量中表现为"理想"的长期可得性高于"应该"），成功或失败时产生高兴－悲伤维度上的情绪体验，并且在高兴－悲伤维度上评价事物。相比之下，以预防为主的个体（在测量中表现为"应该"的长期可得性高于"理想"）成功或失败时产生平静－激动维度上的情绪体验，并且在平静－激动维度上评价事物。所有这些预测都得到了研究证据的支持（Idson et al., 2000; Shah & Higgins, 2001）。

调节定向理论对目标追求策略的重要性

自我差异理论的基本原理是区分不同类型的情绪体验（不同类型的快乐和不同类型的痛苦），并且预测它们何时会发生。但正如我上面所描述的，调节定向理论添加了一些新的重要的内容：它可以预测当前任务成败对情绪的影响如何随着情境诱发的促进或预防状态而变化，并且，长期的促进或预防强度独立于长期的自我差异。然而，自我差异理论与调节定向理论的主要区别在于，调节定向理论关注两种不同的调节系统是如何运作的，促进系统和预防系统在追求快乐和回避痛苦中究竟是如何做的？正是对这个"如何做"（how）的强调推动我们超越了享乐主义原则和自我差异理论。这个问题成为20世纪90年代初我们实验室的主要任务。

在我们开始研究调节定向理论的时候，卡弗和沙伊尔也提出了与动机和情绪有关的自我调节模型（Carver & Scheier, 1990a, 1990b）。他们的模型中也有两个自我调节系统：趋近系统，减少与目标状态的差距；回避系统，增大与非期望状态的差距。正如我之前提到的，理解趋近系统与回避系统的区别对于理解自我调节系统是非常重要的，卡弗和沙伊尔以重要而创新的方式对此进行了发展（Carver & Scheier, 见第7章）。我们需要做的是从概念和理论上澄清和论证：调节定向理论定义的两个系统与卡弗和沙伊尔模型中的趋近和回避系统是不同的，与其他模型如莫勒的模型（Mowrer, 1960）、格雷的模型（Gray, 1982）、阿特金森的模型（Atkinson, 1964）和洛佩斯的模型（Lopes, 1987）等也是不同的。

卡弗和沙伊尔提出的趋近系统与回避系统区别在于包含两个不同的参照点：期望目标状态或非期望目标状态。我将其称为调节参照（regulatory reference）的区别（Higgins, 1997）。[阿特金森和洛佩斯提出的希望与恐惧的区别被我称为调节预期（regulatory anticipation）的区别，见 Higgins, 1997]。相对之下，调节定向理论认为，当以期望目标状态作为参照点时，仍然可以区分促进定向系统和预防定向系统；同样，当以非期望目标状态为参照点时，也可以区分促进定向系统和预防定向系统。例如，将期望目标状态作为参考点时，个体可以采取促进定向，将理想和成就作为期望目标状态；也可以采取预防定向，把责任和安全作为期望的目标状态。调节定向和调节参照是相互独立的两个维度。

当以期望目标状态为参照点时，促进定向的自我调节与预防定向的自我调节有何不同？早期我们认为，促进和预防之间的区别会转化为目标追求中策略偏好的区别。促进定向的个体更喜欢追求与期望目标状态相匹配的自我状态，预防定向的个体会更偏好回避与期望目标状态不匹配的自我状态。这是策略层面上的区别而不是卡弗和沙伊尔提出的趋近系统和回避系统的区别。在卡弗和沙伊尔提出的趋近系统中，调节定向理论又区分了促进策略与预防策略，前者即趋近与目标状态的匹配，后者即回避与目标状态的不匹配；在他们提出的回避系统中，调节定向理论又区分了促进策略和预防策略，前者即趋近与非期望目标的不匹配，后者即回避与非期望目标的匹配。

为了检验不同策略的差异，早期的一项研究让被试阅读一个人在几天内发生的许多不同事件（Higgins et al., 1994）。在每一个情景中，被试的目标是尽力实现期望目标状态或尽力避免非期望目标状态。被试阅读的事件有以下几种。

1. 趋近与期望目标状态匹配（approaching matches）："因为我想赶上八点半开始的精彩的心理学课，所以今天早上我醒得很早。"

2. 回避与期望目标状态不匹配（avoiding mismatches）："我想在社区中心上摄影课，所以我没有选同时段的西班牙语课程。"

3. 趋近与非期望目标状态的不匹配（approaching mismatches）："我不喜欢在人多的地方吃饭，所以中午从餐厅买了一个三明治在外面吃。"

4. 回避与非期望目标状态的匹配（avoiding matches）："我不想在上午长时间上课时感到疲惫，所以我跳过了早晨锻炼中最费力的部分。"

在无关学习范式（unrelated studies paradigm）中，首先要求被试描述他们的个人理想或责任来诱导促进定向或预防定向。然后要求他们阅读故事并尝试记住它。不管是以期望目标状态为参照点还是以非期望目标状态为参照点，相比回避策略的事件，促进定向被试能更好地记忆促进策略的事件，而预防定向被试则相反。

希金斯等人（1994）的另一项研究让被试对期望的友谊状态做出自己的策略选择。首先，确定出不同的友谊策略，趋近匹配的策略有三种：①慷慨并愿意奉献自己；②给予朋友支持，给予情绪支持；③充满爱心和关注。回避不匹配的策略有三种：①保持联系，不要与朋友失去联系；②为你的朋友腾出时间，不要忽视他们；③保守朋友告诉你的秘密，不要说朋友的闲话。然后，换一批被试后，呈现给这些长期调节定向不同的新被试所有六种策略，并问到关于友谊的问题："当你想到友谊的策略时，你会选择以下哪三种策略？"所有被试对趋近策略的选择多于回避策略。研究还发现，促进占优势的被试比预防占优势的被试更多选择趋近策略，预防占优势的被试会比促进占优势的被试更多地选择回避策略。

20世纪90年代早期进行的这两项初步研究的结果首次为调节定向理论提供了支持，即促进系统和预防系统在追求目标的策略上有所不同。促进系统与预防系统的划分不同于卡弗和沙伊尔的模型中趋近系统和回避系统的划分。在趋近系统和回避系统内部，促进和预防在目标实现方式上有所不同。促进和预防调节定向的策略差异是二者非常重要的区别，这导致了调节匹配理论的诞生（Higgins, 2000），尽管当时并没有预见到。我相信当时没有预见到这些影响的部分原因是调节定向理论的术语在当时的发展过程中是一种阻碍，而不是一种帮助。现在是时候谈谈调节定向理论发展过程中的这部分内容了。

"促进"和"预防"如何成为两种系统的名称

我已经谈到理论的发展类似一个"家庭"，一个理论产生了另一个理论，正如自我差异理论产生了调节定向理论。此外，理论发展还有其他方式（Higgins, 2006a）。例如，朋友和同事在理论发展的关键阶段提供反馈和建议，这对理论的发展有不同的积极影响。一个例子就是"调节定向理论"以及"促进"和"预防"系统的命名，最初不是这样命名的。

1993年夏天，我参加了由彼得·M.戈尔维策和约翰·巴奇在林贝格城堡（Ringberg

Castle）①举办的一次会议，这次会议的标题已经成为经典："山为谁而环"（For Whom the Ring Bergs）和"在林贝格的四天"（Four Days at Ringberg）（Gollwitzer & Bargh，1996）。在那次会议上，我讨论了我的新理论，当时被称为"调节结果定向"（regulatory outcome focus），两个不同的自我调节系统，当时被称为"积极结果定向"（positive outcome focus）和"消极结果定向"（negative outcome focus）（Higgins，1996；Roney et al.，1995）。几年后（1995年），我参加了由阿里·W.克鲁格兰斯基和奥古斯托·帕尔莫纳里（Augusto Palmonari）在意大利组织的另一个会议。我发表了与林贝格会议上演讲相似的演讲，玛丽莲·B.布鲁尔坐在观众席上。

演讲结束后玛丽莲走过来，问我为什么在我的新理论中使用"积极结果定向"和"消极结果定向"的名称。我记得在我们的谈话中，她说了下面这样的话：

> 难道这些名称和你想要表达的观点不矛盾吗？你不是说你的两个系统都有痛苦和快乐，都有积极和消极的结果吗？你不是想使你的理论与趋近积极结果和回避消极结果的双系统区分开吗？但是，你使用的名称"积极结果定向"和"消极结果定向"，让它听起来像是积极结果和消极结果的区别。

她的观点很难反驳。事实上，玛丽莲给我上了一堂很好的生活课，认真听她说什么，你会学到一些有用的东西。当我回到家时，我确信我必须找到新的名称。但是用什么名称呢？从发展的角度来说，我知道"积极结果定向"意味着支持和培养进步，它是关于实现愿望和抱负的。对于理想的目标状态，策略上会趋近匹配。在我信赖的工具——《罗热同义词词典》（Roget's Thesaurus）的帮助下，没花太长时间我就找到了一个有效的名称：促进（promotion）。这听起来很合理，包含了所有正确的内涵。

现在，我需要一个关于"消极结果定向"的新名称，我意识到在这一点上我需要遵循玛丽莲明智的建议，这个名称不仅能抓住"消极结果定向"的心理，而且听起来也是积极的。我需要两个名称，都是积极的，并且在系统层面上都涉及趋近目标。如果这两个名称也暗示了策略层面的差异，那就更好了，但关键是两者在系统层面都是积极效价的。

作为事后诸葛亮，答案现在对你来说可能很明显，但当时对我来说不是这样。部分原因是受自我差异理论的影响，"消极结果定向"强调应该自我导向（即责任和义务）。当我开始寻找新的名称时，我想到的是应该自我调节（ought self-regulation），而不是安全和保障。但是，最终我还是发现了"预防"的概念。"预防"（prevention）不仅包含了安全以及回避与期望状态的不匹配，而且还是一个以"p"为开头的三音节单词——就像"促进"一样！作为另一个以"p"作为首字母的三音节单词，它是完美的！

现在，我们提出的这个理论是关于以促进为焦点的自我调节和以预防为焦点的自我调节之间的区别，简称为"调节定向理论"。我应该指出的是，该理论更准确的说法应该是"自我调节定向理论"（self-regulatory focus theory），但这样的话用词太多了，有点儿啰唆。如果可能，尽量为你提

---

① 位于德国慕尼黑以南阿尔卑斯山脉上。——译者注

出的概念寻找简单的名称，比如"理想"和"应该"或者"促进"和"预防"（1958年唐纳德·坎贝尔著名的名称"实体性"打破了这条规则，但它依旧广为人知）。

我一直认为词汇很重要，探索一个单词的不同含义，探索不同的外延和内涵，可以帮助我们发现这个单词所指概念的心理学基础。事实上，出于这个原因，将名称从"积极结果定向"和"消极结果定向"改为"促进定向"和"预防定向"带来了一种意想不到的好处。正如玛丽莲·B.布鲁尔所言，最初的名称与其说是有帮助的，不如说是令人困惑的，因为它们之间只有"积极"和"消极"两个词不同。但是，这种正负效价的区别并不是该理论的目的，相比之下，"促进"和"预防"的区别能更准确地表达出该理论的内容。

我对"促进""预防"这两个词想得越多（再次借助值得信赖的《罗热同义词词典》以及韦伯斯特和牛津英语词典），它们之间的差异就越明显。也许最重要的是，我开始意识到实现促进定向的方式是通过渴望和热情，而实现预防定向的方法是通过警惕和小心。到目前为止，我已经强调了对渴望理想的趋近匹配和对渴望义务的回避不匹配之间的策略差异。我认为，这种策略上的区分仍然是准确的，但不如"促进性的渴望"和"预防性的警惕"之间的区别更有普遍性。事实上，这种新的思维方式最终催生了另一个新的理论——调节匹配理论（Higgins, 2000）。

调节定向理论：调节匹配理论的起源

我认为，将趋近与理想目标状态的匹配看作维持积极结果定向的策略，将回避与理想目标状态的不匹配看作维持消极结果定向的策略，这在当时也是有可能的。但是，可以肯定的是，将渴望策略看作支持促进定向，将警惕策略看作支持预防定向更容易。在20世纪90年代末，名称改变后，我们开始研究人们在追求目标过程中使用的不同策略（Förster et al., 1998）。例如，在沙阿等人（1998）的一项研究中，参与者被告知解开绿色字谜可以获得分数，解开红色字谜则不丢分。我们发现，促进定向的被试在绿色字谜上（渴望策略）比在红色字谜上（警惕策略）表现得更好，但对于预防定向的被试则相反。沙阿等人（1998）的另一项研究发现，当被要求尽量找到90%或更多的单词时（渴望策略），相比于尽量不遗漏超过10%的单词（警惕策略）时，促进占优势的参与者在字谜任务中表现得更好。

随着时间的推移，我们开始考虑这些不同的策略，是渴望的还是警惕的，并且以此来命名：渴望策略和警惕策略。重要的是，我们认为渴望策略是趋近策略，而警惕策略是回避策略。因为这两种策略的不同是趋近和回避的区别，所以很有必要将调节定向理论与卡弗和沙伊尔的控制理论进行区分。卡弗和沙伊尔的趋近－回避的区别在于系统层面（即趋近期望的最终状态和避免不期望的最终状态），而调节定向理论的趋近－回避的区别在于策略层面。因此，对这两个理论的检验关键是区分系统层面和策略层面的回避策略。

在卡弗和沙伊尔的系统性回避中，随着时间的推移，远离不期望的最终状态会降低回避强度（Miller, 1959）。在调节定向理论的策略性回避中，随着时间的推移，采用预防定向的警惕性回避策略朝向渴望的目标状态应该会提高动机强度，因为"目标的影响越来越大"（Lewin, 1935; Miller, 1959）。

这些不同的预测在研究中得到了验证，这些研究采用不同的方法来测量动机强度（例如手臂压力、持久性），其结果支持了调节定向理论的预测（Förster et al., 1998, 2001）。

在我们进行"目标的影响越来越大"研究的同时，还进行了其他研究，这些研究表明，促进定向-渴望策略和预防定向-警惕策略的结合具有一定的兼容性，这种兼容性有其自身的激励意义。早些时候，洛兰·伊德松（Lorraine Idson）、尼拉·利伯曼（Nira Liberman）和我（Idson et al., 2000）进行了一项研究。在这项研究中，参与者想象购买一本书，在用现金支付和信用卡支付之间进行选择，如果用现金支付，书的价格会更低（Thaler, 1980）。要求参与者报告，如果他们用现金支付，他们会感觉多么好（积极的"成功"结果），或者如果他们用信用卡支付，他们会感觉多么差（消极的"失败"结果）。这些早期的研究发现，促进定向比预防定向个体对积极的"成功"结果带来的愉悦感受更强烈，也就是说，感觉到愉快而不是平静，然而，预防定向比促进定向个体对消极的"失败"结果带来的痛苦感受更强烈，也就是说，感觉到焦虑而不是沮丧。

除了测量参与者对结果感觉的好坏外，我们的新研究还包括对快乐或痛苦的强度、动机强度的测量（Idson et al., 2004）。例如，在一项研究中，通过启动"理想"或"应该"来诱发促进定向或预防定向，通过询问参与者积极结果有多快乐或消极结果有多痛苦来测量快乐或痛苦的强度；动机的强度测量是询问参与者他们有多大的动机去实现积极的结果（在积极结果条件下）或者他们有多大的动机去避免消极的结果（在消极结果条件下）。

我们发现，快乐或痛苦的强度和动机强度都可以显著影响感知到的想象结果的价值（即其好坏）。我们还发现，对于积极的成功结果，促进定向的动机强度高于预防定向；但是对于消极的失败结果，预防定向的动机强度高于促进定向。这些研究发现，就成功或失败是否会产生更强的动机而言，促进定向和预防定向之间存在不对称性。同一时期进行的其他研究也发现了这种不对称性。对于促进定向来说，在成功条件下比失败条件下有更好的表现；就预防定向而言，在失败情况下比在成功情况下有更好的表现（Förster et al., 2001; Idson & Higgins, 2000）。促进定向和预防定向针对成败结果的这种不对称性是区分这两种系统（促进或预防）的另一个主要特征。这是关于促进系统和预防系统之间区别的新知识，而且很重要。

早期的绩效研究发现，当采用渴望而非警惕的策略时，促进定向的目标追求会产生更好的绩效，而预防定向的目标追求则相反。现在，成功和失败对动机强度的影响出现了新的不对称。为何会这样呢？解决这个问题的关键是认识到我们之前发现的情绪强度的影响（Idson et al., 2000）反映了动机强度的差异。也就是说，当促进定向的人成功后感到高兴时，他们的动机很高，但当他们在失败后感到沮丧时，他们的动机是低的。与此相反，当预防定向的人在成功后感到平静时，他们的动机较低，但当他们在失败后感到焦虑时，他们的动机较高。这些动机强度的差异与早期绩效研究中发现的渴望和警惕有关。也就是说，当促进定向的人在成功后感到高兴时，他们是渴望的（强动机），但当他们在失败后感到沮丧时，他们便不渴望或不热切了（弱动机）。相比之下，当预防定向的人在失败后感到焦虑时，他们会保持警惕（强动机），但当他们在成功后感到平静时，他们便不会保持警惕（弱动机）。

在20世纪90年代后期，这些研究发现的共同点是渴望能维持促进定向个体的动机强度，而警惕能维持预防定向个体的动机强度。我们为了解释最近调节定向研究中发现的结果，最终产生了调节匹配理论。我们逐渐明白了自我调节的另一个原则，即调节匹配原则。

在同一时期，一个偶然的事件发生了。1999年，我得知自己将获得美国心理学会颁发的杰出科学贡献奖，这意味着我将在2000年发表一篇演讲，这篇演讲将发表在《美国心理学家》杂志上。我不确定要讲过去关于调节定向理论的研究，还是谈一些新的东西。我更喜欢后者，但是新的话题会是什么呢？我对我们当时新的研究发现以及背后的奥秘感到非常兴奋。因此，我决定在演讲和论文中报告调节匹配的新原则，但这意味着我必须在短时间内开发出新的理论。

调节匹配理论的主要观点是，当人们参与活动的方式维持（而不是破坏）当前的调节定向时，他们就会体验到调节匹配（Higgins, 2000）。渴望的方式可以支持促进定向，警惕的方式可以支持预防定向。但调节匹配与调节定向并不相同，因为它关注任何目标追求定向与追求目标的策略之间的关系。事实上，当我重新考虑我们在同一时期所做的其他研究时，例如，关于"有趣"和"重要"的任务指令如何影响绩效的研究（Bianco et al., 2003），我开始意识到，调节匹配是一个非常普遍的原则，适用于其他的定向和策略。尽管如此，正是检验调节定向理论的具体研究促成了调节匹配原则的发现。调节定向理论孕育了调节匹配理论，随着这个新领域的发展，它开始产生自己独立的研究和发现（Higgins, 2008a, 2009）。在本章的最后，我将讨论这对被比作父母和孩子的理论是如何相互受益的。

社会问题中的应用

正如我前面提到的，自我差异理论催生了调节定向理论，而我对自我差异理论的灵感来源于想了解抑郁症和焦虑症的独特心理基础。在自我差异理论方面，我的第一个合作者蒂姆·施特劳曼和我有同样的灵感。事实上，他在纽约大学读研究生期间，获得了两个博士学位——社会心理学和临床心理学博士。离开纽约大学后，他继续身兼两个职位，包括担任临床培训主管和作为治疗师帮助抑郁症和焦虑症病人。他开始基于自我差异理论开发一种临床心理治疗的新方法。在调节定向理论诞生后，他利用调节定向理论的新见解扩展和修改了这种疗法。

自1990年以来，调节定向理论发展过程中的概念发展和实证研究，增加了心理学家对抑郁症相关的促进失败和焦虑症相关的预防失败之间差异的理解。这促使施特劳曼和他的合作者开发并检验了一种称为"自我系统疗法"的新一代心理治疗方法（Vieth et al., 2003）。这种专门为减少抑郁症患者的实际-理想差异而设计的干预措施已被证明是有效的。事实上，对于抑郁症患者群体，这一新的心理治疗方法比认知疗法更有效（Strauman et al., 2006）。

促进系统失败和预防系统失败之间的差异对情绪和动机的影响让人们对其他临床现象有了新见解。例如，有证据表明，在第一次成为母亲的女性中，在孩子出生前存在实际-理想差异，更容易患产后抑郁症，而存在实际-应该差异则会降低患产后焦虑症的可能性（Alexander & Higgins, 1993）。也有证据表明，实际-理想的差异是导致暴食症的因素，而实际-应该的差异则是导致患厌食症的因素（Higgins et al., 1992; Strauman et al., 1991）。

除了在临床领域中的应用，调节定向理论还可以应用到人际关系和群际关系领域。有证据表明，当道歉信息的促进或预防性质与接受者的促进或预防定向匹配时，人们更愿意原谅向他们道歉的人；当一个人的痛苦与感知者的促进或预防定向匹配时，感知者会更同情该个体的痛苦遭遇（Houston, 1990; Santelli et al., 2009）。这说明了调节定向的相似性会给人际关系带来好处。也有证据表明，调节定向的互补性有利于人际关系。最近的研究发现，调节定向互补的长期已婚伴侣拥有更高的关系幸福感（Bohns et al., 2009）。对于这种互补效应而言，关键是每个合作伙伴能够在共同任务（即劳动分工）中独立分工，以便每个合作伙伴能够使用符合其调节定向的目标策略，例如，促进定向的合作伙伴承担任务中的渴望部分，预防定向的合作伙伴承担任务中的警惕部分。也有证据表明，个体对社会排斥的反应会因调节定向的不同而不同，在被拒绝时以预防的方式做出反应，但在被忽视时会以促进的方式做出反应（Molden et al., 2009）。

群际关系也受到调节定向的影响。具体来说，有证据表明，内群体偏好现象（Levine & Moreland, 1998）会因调节定向的不同而不同。两个独立的研究项目表明，奖励和接纳内群体成员的内群体偏好主要是由促进定向驱动的，而惩罚和拒绝外群体成员的内群体偏好主要是由预防定向驱动的（Sassenberg et al., 2003; Shah et al., 2004），简言之，促进我们，预防他们。这种影响也体现在群际接触动机的测量上，例如，在沙阿等人（2004）的一项研究中，参与者在等候室中选择坐在哪里，房间里有一个椅子，椅子上放着一个背包，而这个背包是他们未来的合作伙伴或未来的对手的。促进定向更强的参与者会选择更靠近未来伙伴的座位，而预防定向更强的参与者坐的位置与是否靠近伙伴没有关系。相比之下，预防定向更强的参与者会选择坐在离未来对手更远的位置，而促进定向更强的参与者坐的位置则与是否远离对手没有关系。

调节定向对群际关系还有其他应用。被歧视是痛苦的，但是这种痛苦的本质和对它的反应取决于感知者的调节定向。当歧视被视为是阻碍晋升机会时，其痛苦表现为动机强度较低的沮丧情绪。相反，当歧视被认为是对个人安全的威胁时，其痛苦会表现为动机强度较高的焦虑情绪。例如，有证据表明，在受到社会歧视后，预防定向比促进定向会产生更多的愤怒和不安，特别是当社会歧视会导致损失而不是没有获得时（Sassenberg & Hansen, 2007）。这些情绪和动机上的差异可以使人们在受到歧视时做出不同反应。与此相一致，奎因和奥尔森（Quinn & Olson, 2004）的研究表明，与促进定向的女性相比，预防定向的女性参与旨在减少歧视妇女的行为（例如参与关于歧视妇女问题的抗议）的意愿更强，曾经频繁地采取类似行动。有趣的是，当抗议歧视的行为被表述为消除进步的障碍时，促进定向的女性比预防定向的女性更有意愿从事这种行为。

也有证据表明，调节定向与减少刻板印象威胁对绩效的负面影响有关（Steele et al., 2002）。凯勒（Keller, 2007）的研究表明，在刻板印象威胁的条件下，促进定向（而不是预防定向）会降低刻板印象威胁的负面影响。凯勒（2007）认为，对于促进定向的个体而言，刻板印象威胁更有可能被认为是一种挑战，而不是一种威胁，进而会产生更大的渴望，从事最大化实现目标的活动，提高绩效。赛布特和福斯特（Seibt & Förster，2004）的研究表明，消极刻板印象诱导了预防定向，继而促使人们在任务中使用警惕策略（Förster et al., 2004）。如果是需要警惕策略的任务，比如分析任务，那么这就不是问题。但是，如果是需要使用渴望策略的任务，或者警惕和渴望策略混合的任务，那么由消极刻板印象引起预防定向将会损害绩效。在这些任务中，凯勒（2007）在刻板印象威胁条件下诱导促进定向的干预就特别重要。

调节定向理论应用于社会问题的最后一种方式非常值得一提。在过去几年里，调节定向理论通常与调节匹配原则结合起来，用于提高说服性信息的有效性（Cesario et al., 2008；Lee & Higgins，2009）。这样的做法可以用于并且已经用于提高健康信息的有效性。例如，一些研究表明，当促进定向的个体收到渴望促进框架的信息，或预防定向的个体收到警惕预防框架的信息时，更容易被说服增加对水果和蔬菜的消费（Cesario et al., 2004；Latimer et al., 2007；Spiegel et al., 2004），使用防晒霜（Keller，2006；Lee & Aaker，2004），增加体育活动（Latimer et al., 2008），减少吸烟意愿（Kim，2006；Zhao & Pechmann，2007）。

在这种说服技巧的早期研究中，施皮格尔等人（Spiegel et al., 2004）向参与者传达了健康信息，倡导追求理想目标状态——多吃水果和蔬菜。尽管所有参与者都收到了相同的信息宣传（"多吃水果和蔬菜"），但是研究者通过在信息中强调成就和安全，操纵了参与者的调节定向。在每个调节定向条件下，要求参与者想象如果他们遵守健康信息将得到的好处（渴望策略），或者如果不遵守健康信息将付出的代价（警惕策略）。在匹配的条件下（促进定向/渴望信息；预防定向/警惕信息）参与者在此后一周内比不匹配的参与者（预防定向/渴望信息；促进定向/警惕信息）吃了更多的水果和蔬菜。拉蒂默等人（Latimer et al., 2008）扩展了这些研究，表明即使在信息传递四个月后，与个体长期调节定向相匹配的单一信息也会导致参与者消费更多的水果和蔬菜。

结　论

从自我差异理论到调节定向理论再到调节匹配理论，这一理论家族已经发展应用了20多年。我应该强调，当父母有了孩子，父母并没有停止发展，孩子在成长，父母也在成长。例如，调节定向理论在产生调节匹配理论后继续发展，比如区分了渴望和警惕的策略与冒险和保守的策略之间的差异（Scholer et al., 2010；Scholer & Higgins，2008）。

重要的是，不仅父母会影响孩子的发展，孩子也会影响父母的发展。例如，调节匹配理论告诉调节定向理论，特定的策略可以与特定的调节定向保持一致和稳定的联系，例如渴望策略－促进定向、警惕策略－预防定向，因为这个策略有助于维持相应的调节定向；这种观点有助于重新考虑文化和个性之间的关系（Higgins，2008b；Higgins et al., 2008）。除了孩子影响父母之外，孙子也会影响祖父母。例如，调节匹配理论为自我差异理论对快感缺乏的理解提供了新的见解。快感缺乏指的是无法从普遍令人愉快的活动中获得快乐，这是抑郁症的一个主要症状，与实际－理想的巨大差异有关。因为实际和理想的差异，对促进定向的人来说是一种失败，从而降低了渴望，低渴望与促进定向不匹配，因此，当人们的实际和理想有巨大的差异时，积极活动的参与度就会减弱，这反过来也削弱了积极活动的吸引力（Higgins，2006b）。这样一来，人们就失去了对积极活动的兴趣。

在我的理论家庭中，祖父母、父母、孩子和孙子都相互促进。这是一个令人兴奋的旅程，我期待着观察和参与进一步的发展，我确信会有新的发现和新的惊喜。让我总结一下：

孩子们教会父母用新的方式欣赏生活。孩子们帮助父母发现世界上的新事物。理论也可以，永远记得热爱你的理论，享受你的理论，并帮助它发展，它使科学家的生活充满乐趣！（Higgins，2006a）

参考文献

Alexander, M.J. and Higgins, E.T. (1993) Emotional trade-offs of becoming a parent: How social roles influence self-discrepancy effects. *Journal of Personality and Social Psychology*, 65, 1259–1269.

Atkinson, J.W. (1964) *An Introduction to Motivation*. Princeton: D. Van Nostrand.

Bargh, J.A., Lombardi, W.J. and Higgins, E.T. (1988) Automaticity of chronically accessible constructs in person x situation effects on person perception: It's just a matter of time. *Journal of Personality and Social Psychology*, 55, 599–605.

Bassili, J.N. (1996) Meta-judgmental versus operative indexes of psychological attributes: The case of measures of attitude strength. *Journal of Personality and Social Psychology*, 71, 637–653.

Bentham, J. (1988) *The Principles of Morals and Legislation*. Amherst, NY: Prometheus Books. (Original work published 1781).

Bianco, A.T., Higgins, E.T. and Klem, A. (2003) How 'fun/importance' fit impacts performance: Relating implicit theories to instructions. *Personality and Social Psychology Bulletin*, 29, 1091–1103.

Bohns, V.K., Lucas, G., Molden, D.C., Finkel, E.J., Coolsen, M.K., Kumashiro, M., Rusbult, C.E. and Higgins, E.T. (2009) When opposites fit: Increased relationship strength from partner complementarity in regulatory focus. Unpublished manuscript, Columbia University.

Carver, C.S. and Scheier, M.F. (1981) *Attention and Self-regulation: A Control-theory Approach to Human Behavior*. New York: Springer-Verlag.

Carver, C.S. and Scheier, M.F. (1990a) Principles of self-regulation: Action and emotion. In E.T. Higgins and R.M. Sorrentino (eds), *Handbook of Motivation and Cognition: Foundations of Social Behavior*, 2, 3–52. New York: Guilford Press.

Carver, C.S. and Scheier, M.F. (1990b). Origins and functions of positive and negative affect: A control-process view. *Psychological Review*, 97, 19–35.

Cesario, J., Grant, H. and Higgins, E.T. (2004) Regulatory fit and persuasion: Transfer from 'feeling right'. *Journal of Personality and Social Psychology*, 86, 388–404.

Cesario, J., Higgins, E.T. and Scholer, A.A. (2008) Regulatory fit and persuasion: Basic principles and remaining questions. *Social and Personality Psychology Compass*, 2, 444–463.

Edwards, W. (1955) The prediction of decisions among bets. *Journal of Experimental Psychology*, 51, 201–214.

Fazio, R.H. (1986) How do attitudes guide behavior? In R.M. Sorrentino and E.T. Higgins (eds), *Handbook of Motivation and Cognition: Foundations of Social Behavior*, pp. 204–243. New York: Guilford Press.

Festinger, L. (1957) *A Theory of Cognitive Dissonance*. Evanston: Row, Peterson.

Förster, J., Higgins, E.T. and Idson, C.L. (1998) Approach and avoidance strength as a function of regulatory focus: Revisiting the 'goal looms larger' effect. *Journal of Personality and Social Psychology*, 75, 1115–1131.

Förster, J., Higgins, E.T. and Werth, L. (2004) How threat from stereotype disconfirmation triggers self-defense. *Social Cognition*, 22, 54–74.

Förster, J., Grant, H., Idson, L.C. and Higgins, E.T. (2001) Success/failure feedback, expectancies, and approach/avoidance motivation: How regulatory focus moderates classic relations. *Journal of Experimental Social Psychology*, 37, 253–260.

Freud, S. (1950) *Beyond the Pleasure Principle*. New York: Liveright. (Original work published 1920).

Freud, S. (1952) *A General Introduction to Psychoanalysis*. New York: Washington Square Press. (Original work published 1920).

Gollwitzer, P.M. and Bargh, J.A. (eds) (1996) *The Psychology of Action: Linking Cognition and Motivation to Behavior*. New York: Guilford Press.

Gray, J.A. (1982) *The Neuropsychology of Anxiety: An*

Enquiry into the Functions of the Septo-hippocampal System. New York: Oxford University Press.

Heider, F. (1958) *The Psychology of Interpersonal Relations*. New York: Wiley.

Higgins, E.T. (1987) Self-discrepancy: A theory relating self and affect. *Psychological Review, 94*, 319–340.

Higgins, E.T. (1990) Personality, social psychology, and person-situation relations: Standards and knowledge activation as a common language. In L.A. Pervin (ed.), *Handbook of Personality*, pp. 301–338. New York: Guilford Press.

Higgins, E.T. (1991) Development of self-regulatory and self-evaluative processes: Costs, benefits, and tradeoffs. In M.R. Gunnar and L.A. Sroufe (eds), *Self Processes and Development: The Minnesota Symposia on Child Psychology, 23*, 125–165. Hillsdale, NJ: Erlbaum.

Higgins, E.T. (1996) Ideals, oughts, and regulatory focus: Affect and motivation from distinct pains and pleasures. In P.M. Gollwitzer and J.A. Bargh (eds), *The Psychology of Action: Linking Cognition and Motivation to Behavior*, pp. 91–114. New York: Guilford Press.

Higgins, E.T. (2000) Making a good decision: Value from fit. *American Psychologist, 55*, 1217–1230.

Higgins, E.T. (2001) Promotion and prevention experiences: Relating emotions to nonemotional motivational states. In J.P. Forgas (ed.), *Handbook of Affect and Social Cognition*, pp. 186–211. Mahwah, NJ: Lawrence Erlbaum Associates.

Higgins, E.T. (2004) Making a theory useful: Lessons handed down. *Personality and Social Psychology Review, 8*, 138–145.

Higgins, E.T. (2006a) Theory development as a family affair. *Journal of Experimental Social Psychology, 42*, 549–552.

Higgins, E.T. (2006b) Value from hedonic experience and engagement. *Psychological Review, 113*, 439–460.

Higgins, E.T. (2008a) Regulatory fit. In J.Y. Shah and W.L. Gardner (eds), *Handbook of Motivation Science*, pp. 356–372. New York: Guilford Press.

Higgins, E.T. (2008b) Culture and personality: Variability across universal motives as the missing link. *Social and Personality Psychology Compass, 2*.

Higgins, E.T. (2009) Regulatory fit in the goal-pursuit process. In G.B. Moskowitz and H. Grant (eds), *The Psychology of Goals*. New York: Guilford Press.

Higgins, E.T., Bond, R.N., Klein, R. and Strauman, T. (1986) Self-discrepancies and emotional vulnerability: How magnitude, accessibility, and type of discrepancy influence affect. *Journal of Personality and Social Psychology, 51*, 5–15.

Higgins, E.T., King, G.A. and Mavin, G.H. (1982) Individual construct accessibility and subjective impressions and recall. *Journal of Personality and Social Psychology, 43*, 35–47.

Higgins, E.T., Klein, R. and Strauman, T. (1985) Self-concept discrepancy theory: A psychological model for distinguishing among different aspects of depression and anxiety. *Social Cognition, 3*, 51–76.

Higgins, E.T., Pierro, A. and Kruglanski, A.W. (2008) Re-thinking culture and personality: How self-regulatory universals create cross-cultural differences. In R.M. Sorrentino and S. Yamaguchi (eds), *Handbook of Motivation and Cognition Across Cultures*, pp. 161–190. New York: Academic Press.

Higgins, E.T., Rholes, W.S. and Jones, C.R. (1977) Category accessibility and impression formation. *Journal of Experimental Social Psychology, 13*, 141–154.

Higgins, E.T., Roney, C., Crowe, E. and Hymes, C. (1994) Ideal versus ought predilections for approach and avoidance: Distinct self-regulatory systems. *Journal of Personality and Social Psychology, 66*, 276–286.

Higgins, E.T., Shah, J. and Friedman, R. (1997) Emotional responses to goal attainment: Strength of regulatory focus as moderator. *Journal of Personality and Social Psychology, 72*, 515–525.

Higgins, E.T. and Silberman, I. (1998) Development of regulatory focus: Promotion and prevention as ways of living. In J. Heckhausen and C.S. Dweck (eds), *Motivation and Self-regulation Across the Life Span*, pp. 78–113. New York: Cambridge University Press.

Higgins, E.T. and Tykocinski, O. (1992) Self-discrepancies and biographical memory: Personality and cognition at the level of psychological situation. *Personality and Social Psychology Bulletin, 18*, 527–535.

Higgins, E.T., Vookles, J. and Tykocinski, O. (1992) Self and health: How 'patterns' of self-beliefs predict types of emotional and physical problems. *Social Cognition, 10*, 125–150.

Houston, D.A. (1990) Empathy and the self: Cognitive and emotional influences on the evaluation of negative affect in others. *Journal of Personality and Social Psychology, 59*, 859–868.

Idson, L.C. and Higgins, E.T. (2000) How current feedback and chronic effectiveness influence motivation: Everything to gain versus everything to lose. *European Journal of Social Psychology, 30*, 583–592.

Idson, L.C., Liberman, N. and Higgins, E.T. (2000) Distinguishing gains from nonlosses and losses from nongains: A regulatory focus perspective on hedonic intensity. *Journal of Experimental Social Psychology, 36*, 252–274.

Idson, L.C., Liberman, N. and Higgins, E.T. (2004)

Imagining how you'd feel: The role of motivational experiences from regulatory fit. *Personality and Social Psychology Bulletin, 30,* 926–937.

Kahnemen, D., Diener, E. and Schwarz, N. (eds) (1999) *Well-being: The Foundations of Hedonic Psychology*. New York: Russell Sage Foundation.

Kahneman, D. and Tversky, A. (1979) Prospect theory: An analysis of decision under risk. *Econometrica, 47,* 263–291.

Keller, J. (2007) When negative stereotypic expectancies turn into challenge or threat: The moderating role of regulatory focus. *Swiss Journal of Psychology, 66,* 163–168.

Keller, J. (2008) On the development of regulatory focus: The role of parenting styles. *European Journal of Social Psychology, 38,* 354–364.

Keller, P.A. (2006) Regulatory focus and efficacy of health messages. *Journal of Consumer Research, 33,* 109–114.

Kim, Y. (2006) The role of regulatory focus in message framing for antismoking advertisements for adolescents. *Journal of Advertising, 35,* 143–151.

Latimer, A.E., Rivers, S.E., Rench, T.A., Katulak, N.A., Hicks, A., Hodorowski, J.K., Higgins, E.T. and Salovey, P. (2008) A field experiment testing the utility of regulatory fit messages for promoting physical activity. *Journal of Experimental Social Psychology, 44,* 826–832.

Latimer, A.E., Williams-Piehota, P., Katulak, N.A., Cox, A., Mowad, L.Z., Higgins, E.T. and Salovey, P. (2008) Promoting fruit and vegetable intake through messages tailored to individual differences in regulatory focus. *Annals of Behavioral Medicine, 35,* 363–369.

Lee, A.Y. and Aaker, J.L. (2004) Bringing the frame into focus: The influence of regulatory fit on processing fluency and persuasion. *Journal of Personality and Social Psychology, 86,* 205–218.

Lee, A.Y. and Higgins, E.T. (2009) The persuasive power of regulatory fit. In M. Wänke (ed.), *Social Psychology of Consumer Behavior,* pp. 319–333. New York: Psychology Press.

Levine, J.M. and Moreland, R.L. (1998) Small groups. In D.T. Gilbert, S.T. Fiske, and G. Lindzey (eds), *The Handbook of Social Psychology,* 4th Edition, pp. 415–469. Boston: McGraw–Hill.

Lewin, K. (1935) *A Dynamic Theory of Personality.* New York: McGraw-Hill.

Lopes, L.L. (1987) Between hope and fear: The psychology of risk. In L. Berkowitz (ed.), *Advances in Experimental Social Psychology, 20,* 255–295. New York: Academic Press.

Manian, N., Papadakis, A.A., Strauman, T.J. and Essex, M.J. (2006) The development of children's ideal and ought Self-Guides: Parenting, temperament, and individual differences in guide strength. *Journal of Personality, 74,* 1619–1645.

Miller, N.E. (1959) Liberalization of basic S-R concepts: Extensions to conflict behavior, motivation, and social learning. In S. Koch (ed.), *Psychology: A Study of a Science, Vol. 2: General Systematic Formulations, Learning, and Special Processes,* pp. 196–292. New York: McGraw-Hill.

Molden, D.C., Lucas, G.M., Gardner, W.L., Dean, K. and Knowles, M.L. (2009) Motivations for prevention or promotion following social exclusion: Being rejected versus being ignored. *Journal of Personality and Social Psychology, 96,* 415–431.

Moretti, M.M. and Higgins, E.T. (1999a) Internal representations of others in self-regulation: A new look at a classic issue. *Social Cognition, 17,* 186–208.

Moretti, M.M. and Higgins, E.T. (1999b) Own versus other standpoints in self-regulation: Developmental antecedents and functional consequences. *Review of General Psychology, 3,* 188–223.

Mowrer, O.H. (1960) *Learning Theory and Behavior.* New York: John Wiley.

Quinn, K.A. and Olson, J.M. (2004) Preventing prejudice or promoting progress? Regulatory framing and collective action. Unpublished manuscript.

Roney, C.J.R., Higgins, E.T. and Shah, J. (1995) Goals and framing: How outcome focus influences motivation and emotion. *Personality and Social Psychology Bulletin, 21,* 1151–1160.

Santelli, A.G., Struthers, C.W. and Eaton, J. (2009) Fit to forgive: Exploring the interaction between regulatory focus, repentance, and forgiveness. *Journal of Personality and Social Psychology, 96,* 381–394.

Sassenberg, K. and Hansen, N. (2007) The impact of regulatory focus on affective responses to social discrimination. *European Journal of Social Psychology, 37,* 421–444.

Sassenberg, K., Kessler, T. and Mummendy, A. (2003) Less negative = more positive? Social discrimination as avoidance or approach. *Journal of Experimental Social Psychology, 39,* 48–58.

Scholer, A.A. and Higgins, E.T. (2008) Distinguishing levels of approach and avoidance: An analysis using regulatory focus theory. In A.J. Elliot (ed.), *Handbook of Approach and Avoidance Motivation,* pp. 489–503. New York: Psychology Press.

Scholer, A.A., Zou, X., Fujita, K., Stroessner, S.J. and Higgins, E.T. (2010) When risk-seeking becomes a motivational necessity. *Journal of Personality and Social Psychology, 99,* 215–231.

Seibt, B. and Förster, J. (2004) Stereotype threat and performance: How self-stereotypes influence processing by inducing regulatory foci. *Journal of Personality* and Social Psychology, 87, 38–56.

Shah, J. (2003) The motivational looking glass: How significant others implicitly affect goal appraisals. Journal of Personality and Social Psychology, 85, 424–439.

Shah, J. and Higgins, E.T. (2001) Regulatory concerns and appraisal efficiency: The general impact of promotion and prevention. Journal of Personality and Social Psychology, 80, 693–705.

Shah, J., Higgins, E.T. and Friedman, R. (1998) Performance incentives and means: How regulatory focus influences goal attainment. Journal of Personality and Social Psychology, 74, 285–293.

Shah, J.Y., Brazy, P.C. and Higgins, E.T. (2004) Promoting us or preventing them: Regulatory focus and manifestations of intergroup bias. Personality and Social Psychology Bulletin, 30, 433–446.

Spiegel, S., Grant-Pillow, H. and Higgins, E.T. (2004) How regulatory fit enhances motivational strength during goal pursuit. European Journal of Social Psychology, 34, 39–54.

Steele, C.M., Spencer, S. and Aronson, J. (2002) Contending with group image: The psychology of stereotype and social identity threat. In M.P. Zanna (ed.), Advances in Experimental Social Psychology, 34, 379–440. New York: Academic Press.

Strauman, T.J. (1989) Self-discrepancies in clinical depression and social phobia: Cognitive structures that underlie emotional disorders? Journal of Abnormal Psychology, 98, 14–22.

Strauman, T.J. (1992) Self-guides, autobiographical memory, and anxiety and dysphoria: Toward a cognitive model of vulnerability to emotional distress. Journal of Abnormal Psychology, 101, 87–95.

Strauman, T.J. and Higgins, E.T. (1987) Automatic activation of self-discrepancies and emotional syndromes: When cognitive structures influence affect. Journal of Personality and Social Psychology, 53, 1004–1014.

Strauman, T.J., Vieth, A.Z., Merrill, K.A., Kolden, G.G., Woods, T.E., Klein, M.H., Papadakis, A.A., Schneider, K.L. and Kwapil, L. (2006) Self-system therapy as an intervention for self-regulatory dysfunction in depression: A randomized comparison with cognitive therapy. Journal of Consulting and Clinical Psychology, 74, 367–376.

Strauman, T.J., Vookles, J., Berenstein, V., Chaiken, S. and Higgins, E.T. (1991) Self-discrepancies and vulnerability to body dissatisfaction and disordered eating. Journal of Personality and Social Psychology, 61, 946–956.

Thaler, R.H. (1980) Toward a positive theory of consumer choice. Journal of Economic Behavior and Organization, 1, 39–60.

Thorndike, E.L. (1935) The Psychology of Wants, Interests, and Attitudes. New York: Appleton-Century-Crofts.

Zhao, G. and Pechmann, C. (2007) The impact of regulatory focus on adolescents' response to antismoking advertising campaigns. Journal of Marketing Research, 44, 671–687.

第 7 章

行为的自我调节模型

查尔斯·S. 卡弗（Charles S. Carver） 迈克尔·F. 沙伊尔（Michael F. Scheier）

王荣[一] 译

摘 要

本章描述了与行为和情绪自我调节有关的思想演变（或是思想积累）。不同来源的想法汇集一起，最终表明：目标导向的行为是一系列分层的由反馈控制的过程的结果，而情感的产生和减少则被视为另一组反馈过程的结果。本模型中还包含着这样一种观点，即信心和疑虑会影响一个人是选择继续与逆境抗争，还是因逆境的威胁而放弃既定目标。本模型中涉及情感的部分很有意思，它提出了两种观点，与其他理论的观点截然不同。第一种是趋近和回避都会产生积极和消极情感；第二种是积极情感会导致怠惰，从而减少追求目标的努力程度。近来人们对双加工模型产生了兴趣，双加工模型区分了自上而下的目标追求以及对即时线索的反射性反应，这促使我们重新审视之前的一些假设，考虑行为可能由两种不同的方式触发。

引 言

本章概述了很长一段时间以来，我们所持有的关于行为和情绪自我调节的一系列观点。这一视角关注的是行为的架构而非行为的内容，打个比方，好似各种各样行为的"筋骨"。我们相信，本章的观点与本书中描述的许多其他理论大体上是相容的，与其并肩共存而不是否定和取代它们。

本章的观点与本书其他部分描述的理论有两点不同之处。首先，本章的观点与其说是一个"理论"还不如称其为"元理论"，也就是将错综复杂的作用机制进行概念化的一种基本方式，围绕复杂系统是如何组织在一起的阐明了观点。其次，事实上我们描述的观点甚少是自己的观点。除极少数外，我们所做的大部分工作，是将他人出于不同原因提出的想法汇集起来，并应用于人格和社会心理学家所感兴趣的现象中。

[一] 深圳大学管理学院

这里概述的观点长时间以来被称为自我调节（self-regulation；Carver & Scheier，1981），对不同的人而言这个词的含义是不一样的。我们用其指代源自个体自身的、有目的的、必要时采取的自我纠正式的调整。这些要素聚合在这样一个观点之上，即人类行为是朝着（有时是远离）目标价值不断前进的过程。有些人认为自我调节具有抑制或扼制冲动的额外作用（例如，Baumeister & Vohs，2004）。我们通常不这么认为。我们将在本章的后半段讨论扼制冲动的问题，并使用了一个更加严谨的术语——自我控制（self-control）。

思想史

这一关于行为的观点的思想史是广阔的。它可以延伸至关于机械调速器和计算机思想的发展（例如 Ashby，1940；Rosenblueth et al.，1943；Wiener，1948），以及人体内的自稳机制（Cannon，1932）。其根源包括动机的期望-价值模型（expectancy-value models of motivation）（例如 Bandura，1986；Feather，1982；Rotter，1954）和一般系统理论（general systems theory）（Ford，1987；von Bertalanffy，1968），即具有相似构造和功能特性的机体在许多抽象层面运转。完整地描述这一历史将超出本章的页数限制，也超出了我们能够企及的范围。

然而，我们所能做的并且在接下来的文字中也已经做的，就是将这些思想置于相遇它们的历史情境中，并致力于钻研它们。要完成这个工作，不书写我们自己的职业史几乎是不可能的，因为在过去30多年的时间里，我们大部分的注意力都集中在行为观点之上。所以，本章接下来的内容就将以此形式展开。

自我觉察与控制论

20世纪70年代初，我和项目组的其他成员同为得克萨斯大学（University of Texas）研究生。虽然我们学的是人格心理学，但我们（包括一些来自其他专业的人）对社会心理学也同样感兴趣。在那时，研究社会心理学的年轻教师罗伯特·维克隆德和研究生谢莉·杜瓦尔（Shelley Duval）提出的客观自我觉察理论（objective self-awareness theory）吸引了我们的注意（Duval & Wicklund，1972）。

自我觉察和遵守标准

这个理论有多个部分，但那时候最让我们感兴趣的是它关于一些情境的分析，这些情境使人们的行为服从于情境中重要的标准。该理论认为，当个体的注意向内转向自我时，将被自我方面所吸引，而自我方面是可以通过与某些正确的标准进行比较，从而进行评估的。理论提出者们认为，这种比较通常会揭示出真实自我状态与重要标准之间的差距。进而产生消极的自我评价和消极情感。反过来，这些消极评价和情感又会促使人们寻求方法，要么摆脱对差距的意识，要么摆脱对自我的意识。

有两种潜在方式可以逃离这种消极状态。一种方式是回避诱发自我觉察的刺激。意识不到差距，就没有厌恶情绪。另一种方式就是改变现状，使之符合标准。没有差距，对自我的觉知也不会是令人厌恶的。正是第二种方式，即调节行为使之与标准相符，在我们的脑海中挥之不去，并促使我们在实验室中进行初步探索。

我们发现，自我觉察的提升既可以减少也可以增加研究被试对他人的惩罚性，这取决于情境。在一项研究中，提高自我觉察导致年轻男性对年轻女性表现出更明显的骑士精神,对女性在任务中的错误给予更少的惩罚(Scheier et al.,1974)。在另一项研究中,提高自我觉察使被试更趋近于主试的"暗示",即严厉的惩罚将导致快速学习,这也是任务的既定目标(Carver,1974)。

关于自我导向的注意是如何影响行为的,虽然这并不是初次研究(见 Duval & Wicklund,1972),但这些研究对我们有开创性意义。促使我们以一种更严谨的方式开展实验,也使我们更深刻地意识到,自我觉察可以对行为产生强大而系统的影响。这对我们未来的思考方向也很重要。我们发现自我觉察不仅仅会控制行为,还有可能向两个相反的方向发展:在某些情况下增加攻击性,在另一些情况下减少攻击性。它引导行为向着任意重要的标准而转变。

杜瓦尔和维克隆德(1972)的理论为我们开展人类研究做了铺垫,它强调了我们反复提到的几个现象。其中之一便是,自我关注会导致行为更趋近重要的标准。另一个观点是(也在前面描述过,但不太详细)人们在面对差距时,有时会采取行动来避免自我关注。杜瓦尔和维克隆德只简要地指出,一些标准是规范性的,一些标准是禁止性的,后者的指导性不如前者,只要求"避免某些与个人相关的特殊的点"(1972:14)。我们研究了这些现象,但最终在执行时采用的是不同于杜瓦尔和维克隆德所使用的概念框架。

控制论与系统

杜瓦尔和维克隆德的理论是在某个时期末端发展起来的,在这个时期,许多社会心理学家深受基于驱力的动机模型的影响。例如认知失调理论(Festinger,1957)和阻抗理论(Brehm,1966)。这些理论依赖于厌恶性动机,并将此作为激发行为的动机。在经典的驱力理论中,需求状态随着时间的推移而发展,导致内部形成令人厌恶的紧张状态——驱力。因此,人们有动力去做一些事情以消除这种厌恶感。若没有厌恶感,就没有行动的必要。

这一思想在社会心理学中的应用则体现在,特定的驱力源于特定的内在心理状态,而特定的驱力又导致了特定的反应。认知失调理论认为,两种互不相容的认知之间的冲突可能会产生一种厌恶的驱力,这种驱力可以通过化解或掩盖冲突来消除。阻抗理论认为,丧失自由可能会产生一种厌恶的驱力,而这种驱力可以通过重申自由来降低。同样,自我觉察理论认为,当意识到与重要标准之间存在差距时,会产生一种让人厌恶的驱动状态,这种状态可以通过采取行动减少差距或逃避自我觉察状态来降低。

然而,驱力理论并不是思考动机或行为引导力量的唯一方式。在了解到自我觉察理论后不久,我们研究团队的成员第一次接触到了控制论的概念,这一观点与驱力理论截然不同。控制论在 20 世纪 50 年代和 60 年代有过一段(相对短暂的)全盛时期,对这一观点描述最著名的是米勒等人(1960)的一本书。这本书将首字母缩写 TOTE 引入心理学词汇,代表测试-操作-测试-退出(test-operate-test-exit)。这些功能运转描绘了反馈循环(feedback loop)的过程,它们强调的是一系列离散的步骤,而不是指所有过程同时发生。

TOTE 的逻辑单元,即测试(将当前状态与标准进行比较)、操作(对当前状态进行调整)、测试(再次比较以确保调整达到预期效果)、退出(推进至下一个需要完成的事情)与自我觉察理论中的核心过程有着相似之处：当注意力被指向自我时，人们倾向于将自己当前的状态与恰当的行为标准进行比较，并改变目前的状态，使之更接近标准。但是二者的侧重点明显不同。杜瓦尔和维克隆德（1972）的自我觉察理论认为，这组功能运转关注的是自我评估；米勒等人（1960）认为，这组功能运转描绘的是目标导向行为的结构。它描述了所有人类目标的达成方式。

我们更倾向于认为，一小部分功能运转描述了行为的结构。我们也认同这样一种观点，即人类的许多行为可以在不需要产生令人厌恶的内部状态下被计划和开展。直觉告诉我们，很多行为都是因为有趣，或是因为会产生有趣的结果而进行的。不仅仅是在人格和社会心理学中，反馈循环过程的架构在许多领域都很适用，而自我觉察过程与之相似，这点令人兴奋。

层级组织

米勒等人（1960）提出的观点为我们在不熟悉的领域开辟了一条新的探索途径，通过纵览文献我们发现，在相当长的一段时间内，许多人都提出过类似的想法（例如 MacKay, 1956, 1966; Powers, 1973; 进一步综述见 Miller et al., 1960）。当我们开始对反馈这一概念产生兴趣时，一篇颇具启发性的作品发表了，其中的观点对我们的思想造成了特别的影响，这就是威廉·鲍尔斯（William Powers, 1973）的一本书，他在书中大力推广了一个模型，表明人类行为可能反映了在刺激操作时，反馈过程的一个层级体系。

他的目标非常远大。他试图解释神经系统如何产生身体运动，通过这些运动，目的意图甚至抽象的人类价值观能够在行为上得以表达。这一思想的核心理念便是反馈循环。鲍尔斯试图将反馈过程的若干层次映射到神经系统的各个方面。当然，自1973年以来，人们对神经系统有了更深的了解，鲍尔斯所描绘的部分图景无疑与后来的证据相矛盾。然而，反馈过程蕴藏于有组织的行动之中，这一思想的可行性并不完全受到这些细节的影响。

在鲍尔斯（1973）的书中，我们发现了几个鲜明的主题。首先，比米勒等人（1960）更具说服力的是，鲍尔斯提出了这样一个观点，即反馈结构完全能够应对解释行为复杂性的挑战。当然，不是单一的循环，而是众多循环构成的一个错综复杂的网络，同时处理着不同属性的调节工作。

其次，他更具体地指出，行为背后的反馈过程形成了一个包含不同抽象水平的层级体系，可以用它们的属性来表征。他从最低水平——肌肉纤维张力的调节出发，逐步向上进行研究。每一水平处理该水平的差距，既定水平的参考值是紧接着上一水平的输出值。当一个人做了一个相对抽象的行为（例如，通过为年长的邻居铲掉路上积雪来表达对他的善意），该抽象层次以下的所有层次都在同时运作。这一思想非常有趣，曾经（现在仍然）具备了很多启示意义。

无论这个模型是准确地描述了行为的控制，还是仅仅提供了一个错误的观点，我们认为它至少在两方面有借鉴意义。首先，它制造了这样一种感受，即为各种目的意图（这是人格和社会心理学家所感兴趣的）假定一种转化为行动的方式，这看似是合理的。其次，它引起了研究者们对运动控制文献的关注（例如 Rosenbaum et al., 2001）。有些人可能会认为，这些文献只与运动科学和工业心理学有关。我们不这么认为，我们相信这些文献对人格和社会心理学家的研究也很有意义。这个世界是吝啬的，很多东西是循环使用的。运动控制中包含的原则，很可能与更高层次的心理功能所体现的原则有很多共同点（Rosenbaum et al., 2001）。

鲍尔斯的第三个贡献源于他对高层次控制如何被建构有着独特见解。虽然他仅仅用了15页的篇幅来描述他所主张的三个最高控制水平——它们与人格和社会心理学主题最为相关，但他为这些水平命名、描述了这些水平以及它们彼此之间的关系，直觉上这些都直击并回应了我们领域的重要构念。

"程序"（programs）是对有选择的行为的组织。这些行为显然是有序的（尽管顺序可以相当灵活）。这里值得注意的是，如果这些行为被充分习得，具备自动运行的特征，那么它们就不是程序，而是被鲍尔斯称为"序列"（sequences）的一个较低的控制水平。"程序"作为鲍尔斯提出的层级结构中的一个层级，与米勒等人的TOTE结构最为相似，因为程序涵盖了步骤和子程序的排序。

"原则"（principles）是高于程序的级别，与价值观类似（Schwartz & Bilsky, 1990; Schwartz & Rubel, 2005）。它们是对程序进行选择的基础，表明了某些程序被输入或被回避。鲍尔斯所称的系统概念（system concepts）正体现了这一精髓，其中包含了某些原则而非其他。我们可以把对理想自我的整体感受视为一个例子，把理想关系看作另一个例子。

几十年来，我们一直依据鲍尔斯层级结构的上层水平，对行为的组织进行概念性的、启发性的思考，但我们从未花时间对这些想法进行实证研究。然而，这些观点与瓦拉切尔和韦格纳（Vallacher & Wegner, 1987）的行动识别理论（action identification theory）有一定的共同之处。行动识别理论假定人们可以在不同的抽象层次上识别任何行动。人们在识别某一水平的行动时，很有可能也在相应水平上对其进行调节。围绕这个观点，两种互补的情况就会随着时间和情境的变化而出现：当个体对一种行动越来越熟练时，就不会关注低水平的元素，进而对其进行更高水平的建构。如果个体在某一行为被识别的水平上遭遇了困难，就会对其进行较低水平的建构，以在较低水平将问题解决。

层级组织的概念有很多启发意义。遗憾的是，倘若对这些启发意义做出全面的解释则超出了本章的范围。感兴趣的读者可以在其他地方找到更详细的讨论（例如 Carver & Scheier, 1998, 1999a, 1999b; Powers, 1973）。

信心与怀疑，努力与脱离

前面的篇幅描述了我们将目光转向自我控制的基本观点，以此作为解释自我觉察效应的元理论根基，以及伴随这种转变而来的一些复杂问题。在这一部分，我们将回归自我觉察理论以及自我关注的另一后果。如前所述，关注自我觉察有两个后果，一是使个体改变当前状态以适应标准，二是通过撤离或回避诱发情境，进而逃避自我关注。反馈模型解决了缩短差距的问题。那么第二个后果又是如何解决的呢？

事实上，已有几项研究发现，当差异产生时，人们会采取行动以逃避自我觉察的启动或逃离情境（Carver & Scheier, 1981; Duval & Wicklund, 1972）。此外，研究证据也表明，实现上述过程仅仅有差异是不够的。例如，在一项研究中，人们将情境设定为差异是灵活可变的或非灵活可变的两种（Steenbarger & Aderman, 1979）。只有当差异是非灵活可变的，且自我关注的体验引起厌恶感时，被试才会逃离自我关注的情境。

我们认为，自我关注究竟会诱发更多的努力去减少差距，还是导致放弃努力并逃离自我关注的刺激源，取决于人们对成功缩小差距是充满信心的还是疑虑重重的。信心将带来努力，疑虑将导致放弃和撤退。

我们认为在信心这个维度上，存在某种心理上的分水岭，后续行为的特点要么是更加努力，要么是逃避。后续研究（综述见 Carver & Scheier, 1981；另见 Carver, 2003b）也支持了这一观点。那些对实现目标抱有良好期望的人，自我觉察的增加使他们更加努力，而那些对实现目标不抱有期望的人，自我觉察反而会减少他们的努力。因信心的差异而导致自我关注产生不同的后果，在信心方面的确存在一个断点，就好似山脊上的分水岭。

时代思潮中的期望理论

当然，并不只有我们注意到了期望的重要性，许多理论家在很长一段时间内都强调了这一观点（例如 Atkinson, 1964; Bandura, 1986; Feather, 1982; Rotter, 1954; Tolman, 1938; Vroom, 1964）。采用期望的构念来解释是减少差距还是撤离，这将我们关于自我觉察现象的观点同传统的期望－价值的动机模型（expectancy-value models of motivation）联系起来。不同的期望模型在某些方面有所变化，但它们的核心论点是相似的，即对成功的信心使人更加努力，而更大的努力则有可能促使成功，对失败的预期导致不愿尝试，而不尝试往往会导致失败。

那时候提出的两个模型与这种想法特别吻合：克林格（Klinger, 1975）的模型以及沃特曼与布雷姆（Wortman & Brehm, 1975）提出的模型。这两个模型都认为，期望范围形成了二分区域，并由此产生两类行

为：努力与退缩或撤离。克林格（1975）对比了承诺和退缩。沃特曼和布雷姆（1975）对比了通过抵抗而重获控制和因为无助而放弃。布雷姆的思想后来演变成这样一种观点，即人们努力完成一项任务，直到这项任务不再值得努力或这项任务似乎不可能成功，这时努力就停止了（Brehm & Self, 1989）。这些观点都意味着放弃不仅仅是减少努力，也是从一类反应向另一类反应的转变。

放弃和勇往直前

不可否认，脱离倾向在人类的自我调节中发挥着重要作用。然而，很难用一两句话阐释清楚所有作用。例如，脱离（disengagement）是好是坏？一方面，脱离往往是一种不适应或功能失调的反应。一个遇到困难就放弃的人是轻易不会成功的。没有持续的奋斗，往往不可能克服障碍。生活中的一些目标不应该轻易放弃，即使是需要艰难而痛苦的奋斗。

另一方面，脱离（至少在某种程度上）是必要的，是自我调节不可或缺的一部分。如果人们要放弃达不到的目标，想要走出这个死胡同，他们必须脱离现状，只有放弃才能在其他地方重新开始。对于具体的、低层次的目标来说，脱离的重要性尤其明显。人们必须能够从盲点和死胡同中走出来，放弃那些被意外事件打乱的计划，否则错过了最后一班回家的飞机，就只能在错误的城市过夜。

对于更高层次的目标，脱离策略也十分重要（Wrosch et al., 2003a）。失去亲密关系后，脱离这种关系并继续生活是很重要的（例如 Cleiren, 1993; Weiss, 1988）。如果某些深深植根于内心的目标在生活中制造了太多的冲突和痛苦，人们就必须放弃它们（例如 Cleiren, 1993; Weiss, 1988）。童

年的一些目标往往是必须放弃的，因为它们显然永远不会实现（Baltes et al., 1979; Heckhausen & Schulz, 1995）。因此，放弃是一把双刃剑。生活中最棘手的问题之一是怎样决定何时坚持、何时放弃（Pyszczynski & Greenberg, 1992）。

这里还有一个问题是，某些决定同时带有继续努力和脱离的意味。例如，决定降低所追求目标的标准。有时候，朝着目标前进的过程很痛苦，成功的机会渺茫，你会想要放弃。但此时，你并不是完全放弃，而是放弃这个要求太高的目标，转而选择了一个不那么高的目标（例如，一个努力学习的学生不再想着要得"A"，而是开始想着要"C"）。

这是一种有限的脱离。放弃第一个目标转而追求另一个目标。这种有限的脱离会带来一个重要的积极结果，即它使你能够继续投身于本想放弃的领域。虽然目标降低了（在小处放弃了），但你一直在努力前进（在大方向上坚持着）。

有限脱离策略存在一个潜在的问题，这一问题源于目标往往是相互关联的事实。原则上，把你期望的成绩从"A"降低到"C"是可以的，但是如果这门课程的高分是实现另一个目标的先决条件，比如进入医学院，这时，有限的脱离只是暂时发挥了作用。在达成以这个小目标为先决条件的其他目标时，同样的问题又会再次出现。在某些情况下，这种捆绑问题很难解决。如果医学院是你的最终学习目标，而你的成绩又很差，那么就有必要重新规划最终目标。

说得更宽泛些，放弃无法实现的目标会产生多种积极的后效。它节约了我们的精力，而不是把精力浪费在追求那些不可实现的目标之上（Nesse, 2000）。放弃最终也使人们做好树立其他替代性目标的准备（Klinger, 1975）。最后，因失去目标而导致的情绪痛苦，似乎映射了人们对目标的执着以及止步不前的现实（Carver & Scheier, 1998; Pyszczynski & Greenberg, 1992; Wrosch et al., 2003b）。因此完全摆脱这些目标就移除了消极感受的源头。

期望和反馈循环

分析自我觉察过程时，纳入期望结构是挺合理的。它解释了为什么自我关注在某些情况下会使人努力缩小差异，而在另一些情况下会使人退缩。不过，要将期望结构纳入反馈循环模型就有点儿困难了。在某种程度上，关于期望和努力或脱离的假设似乎非常临时且刻意。

然而，如果不把层级视为一个整体，将期望纳入反馈过程的想法就变得似乎合理了。鲍尔斯（1973）认为，更高级别的控制循环是通过重置下一个较低级别的循环的参考值来运行的。某些类型的重置可以被认为是对期望水平的调整（在上文描述为有限的脱离）。其他类型的重置可能更为复杂，涉及正在制订的整个行动计划的变更。如果这个行动计划没有在较高的层次上产生预期结果，那么重置较低层级的目标就需要完全放弃当前策略，而尝试另一种策略（通常解决问题有多种方法）。

差异扩大

到目前为止，我们只讨论了那些缩小差异的反馈过程，还存在扩大差异的反馈过程。这些反馈循环是不稳定的，除非被推翻，否则它们会无休止地放大差异。有些人认为这类反馈是有问题的、功能失调的（Powers, 1973）。另一些人则认为这类正向循环是复杂体系的重要组成部分（DeAngelis et al., 1986; Maruyama, 1963; McFarland,

1971），但在生命系统中（以及其他正向反馈具有适应性的情况下），这种循环的效果在某种程度上是有限的，会存在一个自然的终点（例如，性唤醒持续增长至高潮点后，便停止增长了），或者说差异扩大的功能可能受到差异缩小的功能限制。

有人可能会把一些差异扩大的循环视为回避的过程。在人格与社会心理学中，差异扩大循环的例子包括害怕或厌恶可能自我（Markus & Nurius，1986；Ogilvie，1987）和消极参照群体。这些都是价值观的回避。如果一个积极的标准被视为目标（Miller et al.，1960），那么这里的标准则被认为是反目标的（anti-goal）（Carver & Scheier，1998）。如果当前状态与被视为反目标的标准存在较小差异时，人们就会努力将此差异扩大。

正如杜瓦尔和维克隆德（1972）所指出的，这些标准通常不像正向标准那样具有指导性。然而，如果抑制性的标准位于可变维度的一端，那么也可能具备指导意义。例如，卡弗和汉弗莱斯（Carver & Humphries，1981）招募古巴裔美国学生做了一项实验，结果发现，这群学生的观点与对他们而言是消极参照群体（古巴卡斯特罗政府）的意见有关。当被要求就同样的问题发表意见时，古巴裔美国学生竭力提出与古巴官员相反的意见。此外，自我关注会增加这种倾向。因此，自我关注既可以扩大差异也可以缩小差异（更多例子参见 Carver，2003b；Carver & Scheier，1998）。

我们还认为，在社会心理学和人格心理学领域，都有差异扩大循环被差异缩小循环所限制的例子。这种模式在希金斯（1996）的"应该自我"概念（Carver et al.，1999）以及瑞安和德西（2000）的"内摄价值观"概念中有所体现。在这两种结构中，行为的最初动力是为了避免被社会制裁，而避免社会制裁的一个好方法，就是找到一个与不被社会认可的价值观不同乃至相反的社会认可的价值观，并朝着它前进。当把注意力集中在积极的价值观上时，个体就自发地逃离了那些令他们感到恐惧和厌恶的价值观。

趋近与回避

如前所述，差异缩小循环和差异扩大循环的双重概念，与趋近和回避过程的一般形式是相呼应的。趋近激励是通过减少现状与激励物的差距来实现的，回避威胁是通过扩大现状与威胁的差距来实现的。因此，反馈过程的逻辑为这两种不同的动机提供了解释。

将行为划分为趋近和回避两种倾向的观点并不新颖（例如 Miller，1944；Miller & Dollard，1941），但时隔五六十年这一观点又重新被提出（例如 Davidson 1998；Elliot，2008）。将两种反馈功能与行为动机相联系，使我们更加关注趋近和回避行为之间的差异（例如 Carver & White，1994）。这对下面要阐述的话题尤其有参考意义。

情 感

如前所述，我们对自我觉察效应的看法不包括任何关于厌恶驱力状态（aversive drive states）的假设。然而，很明显，人们体验到自我觉察时，有时的确会伴有消极情感体验。当现状和标准之间的差异相对稳定，即人们怀疑是否能够改变差异时，这种情况最有可能发生。关于这些问题的进一步思考使我们扩展了正在研究的模型。它使我们大胆猜测情感的来源。

起 源

什么是情感？情感是积极或消极的感

受。在很多方面，情感是情绪的核心，尽管情绪这个词通常涵盖了伴随享乐体验的生理变化。情感与一个人的欲望以及它们是否得到满足有关（Clore，1994；Frijda，1986；Ortony et al.，1988）。但是情感产生的内在机制是什么呢？

从神经生物学（例如，Davidson，1992）到认知学（Ortony et al.，1988），对于这个问题有许多不同的答案。我们在回答这个问题时关注的是情感的某些功能属性（Carver & Scheier，1990，1998，1999a，1999b）。在给出答案时，我们再次将反馈控制作为组织原则。然而，此时控制却有不同意义。

我们认为，情感是反馈循环的结果，反馈循环与行为引导过程同时发生，且与之并行。我们认为反馈循环的操作是自动化的。反馈循环过程究竟在做什么？最简单来说，它就是不断在检查行为循环过程运行得如何。行为循环的输入是随着时间的变化，在行动系统中的差异减少率。（我们首先关注差异减少循环，然后才考虑差异扩大循环。）

从物理学的角度做一个类比。行动意味着状态之间的变化。状态之间的差异就是距离。因此，行动循环控制着心理模拟距离。如果情感循环评估了行动循环的进展，那么情感循环就与心理模拟速度有关（即距离对时间的一阶导数）。某种程度而言，这个类比是有意义的，情感循环的输入应该是行动循环输入对时间的一阶导数。

输入（你做得多好）本身并不会创造情感，既定的进展速率在不同情境中会导致不同的情感。如同其他反馈循环，我们认为输入就好似一个参照标准（见 Frijda，1986，1988）。此处，输入值是可接受的或预期中的行为差异减少率。与其他反馈循环一样，通过比较就可以判定与标准的偏差。如果存在差距，则会检测到错误并更改输出功能。

我们认为这个循环中的错误信号最终体现为情感体验，具有正性或负性效价的感受。进展速率低于标准会产生消极情感；进展速率足够高并超过了标准则引起积极情感；倘若进展与标准没有差别，则没有效价。从本质上讲，这一论点是，具有正价的情感意味着你在某件事上做得比你需要做得更好，而带有负价的情感意味着你做得比你需要做得更差（更多细节包括支撑依据见 Carver & Scheier，1998，第 8 章和第 9 章）。没有情感的产生意味着既不领先也不落后于标准。

我们并不是在主张仔细思考进展速率是否遵照标准，只是假设将进展速率同标准进行比较是连续且自动的。我们也不主张仔细考虑情感效价意味着什么，只是假设意义（即领先或落后标准）是情感效价所固有的，是其自动生成的。

上述想法的意义之一在于，可能潜藏于任何既定行动之中的情感具有两极属性。换言之，对于任何具有既定目标的行为，情感可以是积极的、中性的或消极的，这取决于行动实现目标的程度。

参照标准

标准是由什么决定的？毫无疑问，标准会受到很多因素的影响。进一步而言，个体的行为取向会诱发一个不同的框架，可能会改变标准（Brendl & Higgins，1996）。当行动不熟悉时，使用什么作为标准可能是相当灵活的。如果对这个行动非常熟悉，那么这个标准就很可能反映个体积累的经验，以期望的方式表现出来（你的经验越多，你就越知道什么是合理的期望）。"渴望的""期望的"或"需要的"究竟哪一个是对标准最准确的描述，这在很大程度上取决于情境。

标准也是可以改变的，改变有时很容易，有时很困难。一个人在某个领域的经验越少,就越容易用一个标准代替另一个标准。然而,我们认为,在一个相对熟悉的领域,该标准的变化相对缓慢。一直领先于标准将导致标准自动上调,而一直落后于标准将导致标准自动下调(参见 Carver & Scheier, 2000)。因此,系统会就重复事件进行重新校准。这种重新校准的后果之一(有点讽刺地说)就是,保持个体情感体验的变化(在一段时间内从积极变为消极)相对平稳,即使标准发生了极大变化。

两种行为循环、两个情感维度

到目前为止,我们只解释了趋近循环。这个观点是,当行为系统在实施已经安排好的事情并取得较快的进展时,积极的情感就产生了。到目前为止所讨论的系统都是为了缩小差异而组织起来的。然而,这一原则同样适用于扩大差异的系统。如果这一系统在达成其目标的过程中取得了足够快的进展,也会产生积极的情感,反之则会产生消极的情感。

两种效价的情感都适用于趋近和回避策略。也就是说,趋近和回避都有可能诱发积极情感(做得好)和消极情感(做得不好)。但是,擅于趋近和擅于回避并不完全等同。因此,趋近和回避这两种行为所产生的积极情感可能存在差异,同样地,两者产生的消极情感也可能存在差异。

基于希金斯的研究成果(1987, 1996),我们不赞同积极和消极情感这两极,一个依赖于趋近,一个依赖于回避(Carver, 2001; Carver & Scheier, 1998)。与趋近相关的情感包括高兴、渴望和兴奋等积极情感,也包括沮丧、愤怒和悲伤等消极情感(Carver, 2004; Carver & Harmon-Jones, 2009)。与回避相关的情感包括诸如解脱、平静和满足等积极情感(Carver, 2009),以及诸如恐惧、内疚和焦虑等消极情感。

情感与行动:一个事件的两个方面

这两个层次的观点暗示了情感和行为之间的自然联系。也就是说,如果情感循环的输入函数是感知到的行动进展速率,则情感循环的输出函数一定是行动进展速率的变化。因此,情感循环对行动循环的发生有着直接影响。

一些输出的速率的变化是直接明了的。如果你落后了,你就会更努力。但有些改变就不那么直接了。许多"行为"的发生率不是由身体行动的速度决定的,而是在潜在行动或整个行为程序中进行选择。例如,在工作中加快项目进度可能意味着选择周末工作,而不是与家人朋友一起玩耍。提高你的友善程度意味着当机会来临时,你要选择做一件能体现善意的行为。因此,速率的变化常常必须被转化为其他术语,例如集中精力,或时间和精力的分配。

两个反馈系统共同运作的想法是我们偶然发现的。然而,这种想法在控制工程中相当普遍(例如 Clark, 1996)。工程师们早就认识到,两个系统一起工作——一个控制位置,一个控制速度,以使他们控制的设备以一种既快速又稳定的方式响应,不会过冲也不会摇摆不定。

在工程师处理许多设备时,他们希望设备敏捷且稳定地响应。人们也渴望这样。一个情绪非常波动的人很容易反应过激,行为也会摇摆不定。一个情绪相当稳定的人即使对紧急事件也可能反应迟缓。情绪反应介于这两个极端之间的人既能反应迅速,又不会表现出过激反应。

对于生物体而言,能够快速且准确地做出反应是一个明显的适应性优势。我们相信这种快速且稳定的反应是结合行为管理和情感管理控制系统的结果。情感使人的反应更快（因为这个控制系统是对时间敏感的）；只要情感系统没有过度反应，反应就会相对稳定。

我们这里关注的重点是情感如何影响行为，强调了它们相互交织的程度。然而，需要注意的是，与情感相关联的行为反应也会导致情感的减少。因此我们认为，情感系统在基本意义上是能够自我调节的（参见Campos et al., 2004）。不可否认的是，人们也会努力去调节自己的情绪（例如Gross, 2007；Ochsner & Gross, 2008），但情感系统本身进行了很好的自我调节。

情感问题

本章关于情感的观点，至少在两个重要方面不同于其他情绪相关理论。第一个不同之处在于情感的维度结构（Carver, 2001）。

双极性

一些理论（虽然不是全部）认为，情感具有潜在的维度（例如Watson et al., 1999）。我们认为，通过趋近产生的情感既可能是积极的也可能是消极的，同样，通过回避产生的情感也有可能是积极的或是消极的。然而，大多数维度模型认为趋近只产生积极情感，而回避则产生消极情感（例如Cacioppo et al., 1999；Lang et al., 1990；Watson et al., 1999）。

我们的观点得到了一些学者的支持。有证据表明，平静和解脱的积极感受（与情境相关）与回避动机有关（Carver, 2009；Higgins et al., 1997），而悲伤与趋近失败有关（综述见Carver, 2004；Higgins, 1996）。还有大量证据表明，趋近与愤怒等消极情感有关（Carver & Harmon-Jones, 2009）。虽然很明确的一点是，不同的消极感受在心境中会相互融合（Watson, 2009），但是证据表明，在特定情境的情感反应中并非如此。

这个问题很重要，因为它对识别情感产生背后的机制很有意义。那些主张两个单极情感维度的理论有这样一个假设，即系统活跃程度越高意味着该维度的情感反应（或潜在情感反应）越强烈。可是，如果趋近系统既与积极情绪有关，又与消极情绪有关，那么这种系统活跃程度直接转化为情感的假设是站不住脚的。需要一种理论机制来更加自然地解释存在于趋近功能（或回避功能）内的两种情感效价。这章描述的机制就可以做到这一点。

积极情感的反常效果

第二个问题也将此模型与其他观点区分开来（Carver, 2003a）。回想一下我们的论点，情感反映了通过反馈循环中的比较而生成的误差信号。如果是这样，情感就是一个调整进度的信号，不管这个进度是领先还是落后于标准，即不管产生的情感是积极的还是消极的。消极情感产生的效果非常直观，人们对消极情感的第一反应通常是变得更加努力，通过努力促进进步，减缓或消除消极情感。

然而积极情感的预测效果却是反常的。在这个模型中，当事情完成得比需求或预期要好时，积极情感便产生了。但是此时的情感仍然反映了差距的存在（尽管是积极的），负反馈循环的功能就是将这种差距保持在一个较低水平。系统是以既不想看见消极情感也不想看见积极情感的方式进行组织的。每一情况（即在任何方向上偏离标准）都代表了"错误"的出现，进而导致输出的变化以最终减少差异。这一观点表明，当人们超过了标准的进展速率（因而有积极的感受），将自动减少后续的努力，缓一缓、放松一下。

在落后时付出更大的努力去追赶，在领先时放松休息一下，都可被假定为情感发挥影响的目标领域，而情感也正是在这些领域产生的。我们并不是说积极情感普遍造成了一种飘飘然的倾向，而是就积极情感产生的活动而言的。还有一点要清楚的是，我们讨论的是目前正在进行的行动，并不表示积极情感会降低人们日后投身此行为的可能性。

积极情感会使人松懈吗？米兹拉希（Mizrachi, 1991）、洛罗等人（Louro et al., 2007）和富尔福德等人（Fulford et al., 2010）都报告了与此观点一致的证据。然而到目前为止，这个问题还没有经过实证检验。有些人对这一观点持怀疑态度，因为很难理解，为什么要建立一个过程来限制积极情感——事实上，是削弱它们。我们认为这个观点至少建立在两个基础上。第一个是基本的生物学原理：不消耗不必要的能量是具有适应意义的。放松或松懈下来就可以防止不必要的能量消耗。布雷姆同样认为，在完成既定任务时，人们只投入需要的精力，而不会更多（Brehm & Self, 1989）。

第二个基础是，人们会同时关注和考虑到多个问题，不会在其中任何一个问题上追求最优的结果，只需要做到"满意"就够了（Simon, 1953）。这使人们能够处理更多问题，而不仅仅是关注其中的某个问题。松懈有助于满足感的产生，松懈的倾向在无形中表明了对特定目标的满足。松懈的倾向通过付出很低的成本或不需要成本就轻松地将目标转移到其他领域，也促进了更广泛目标的满足（详见 Carver, 2003a）。

情感和优先管理

这一系列观点表明，我们需要进一步关注积极情感的作用：如何把行动的焦点从一个目标转移到另一个目标（Dreisbach & Goschke, 2004; Shallice, 1978）。这个基本且非常重要的现象常常被忽视。人们通常会同时追求许多目标，但在特定时刻只有一个目标是最重要的。人们需要保护和维系目前正在追求的目标（参见 Shah et al., 2002），但他们也需要能够在目标之间灵活转换（Shin & Rosenbaum, 2002）。

许多年前，西蒙（Simon, 1967）创造性地提出了优先管理（priority management）的概念。他主张情绪是对目标进行重新排序定位的呼唤。他认为，对一个觉知范围以外的目标产生情绪，最终会打断人们的行为，给予这个目标更高的优先级。情绪越强烈，就越强烈地断定，这个之前没有注意到的目标应该比当前关注的目标具有更高的优先级。

西蒙的探讨关注了一类情况，即非焦点目标需要更高的优先级，并干扰了觉知。言下之意，他的探讨只涉及消极情感。然而，还有另一种方法可以改变目标的优先级，即主要目标可以放弃它的核心地位。也许积极情感也与重新调整目标的优先级有关，但它们不是要求获得更高的优先级，而是要求获得更低的优先级。因回避产生的积极情绪（如缓解或平静）预示着，威胁已经消散，因此该目标不再需要那么多的关注；因趋近产生的积极情绪（如幸福、快乐）表明，一种激励正在被实现，并且可能会因为你做得很好而被暂时搁置，因此，这个目标可以假定拥有较低的优先级（参见 Carver, 2003a）。

优先管理与抑郁感受

关于优先管理还需要讨论的一方面问题就是，某些目标最好被放弃。如前所述，我们长期以来一直认为，充分怀疑目标实现的可能性会导致放弃努力，甚至放弃目标本身。这无疑是一种优先权的转移，因为被放弃的目标现在的优先级相比以前更低。这种情况如何与到目前为止所描述的观点相契合？

这种情况似乎与西蒙（1967）的观点相矛盾，西蒙的观点认为，消极情感的产生会要求给予目标更高的优先级。但是，伴随趋近会产生两类消极情绪，它们之间存在重要差异（Carver, 2003a, 2004；这部分讨论我们暂且不考虑回避）。其中一类消极情绪是关于挫败和愤怒的，另一类则围绕着悲伤、抑郁和沮丧。前者与提高目标的优先级有关，后者与降低目标的优先级有关。

在描述关于情感的看法时，我们表示，与趋近相关的情感落于一个维度之上。然而，这个维度不是一条简单的直线。低于标准的进度会产生消极情感，因为激励此时悄然而逝。行动不充分会导致挫败、愤怒和恼火，促使人们更加努力地克服障碍以扭转目前落后于标准的局面。但努力有时并不能改变局面。事实上，精力丧失妨碍了向前迈进。此时，人们会感到悲伤、抑郁、沮丧和无望。在这种情况下，行为也会有所不同。人们倾向于抽身而出，放弃进一步的努力。

在第一种情况下，挫败感和愤怒发出了提高优先级、增加努力、不顾挫折争取达到目标的信号。在第二种情况下，悲伤和抑郁的感觉伴随着努力的减少和优先级的降低。如前所述，优先级的上升与下降在适当的情境下都具有自适应功能。

理论格局的变化：两个功能模型

近二十年来，人们对认知和行为的看法发生了变化。行为通常是通过自上而下的方式来管理的，关于这一假设，已经受到了挑战。人们对意识在行为中的作用提出了疑问，对心智思维既有显性表征又有隐性表征的观点产生了兴趣。这些不同的观点也影响了我们如何看待正在钻研的内容。

双模式模型

一些文献已经围绕可能存在两种运作模式展开（综述参见 Carver & Scheier, 2009a; Carver et al., 2008）。在人格方面，爱泼斯坦（Epstein, 1973, 1994）一直主张这样一种观点，即人们通过两种系统来体验现实。他所称的理性系统（rational system）主要是有意识地运作，使用逻辑规则，是涉及语言的和深思熟虑的，因此相当缓慢。另一种经验系统（experiential system）在本质上是直觉和联想的，它提供了一种快速却粗略的方式来评估和应对现实。它依赖于显信息（salient information），并使用快捷方式自动、快速地工作。它被认为是情绪化的（或者至少对情绪非常敏感）和非语言的。

从神经生物学的角度来看，经验系统可能更古老、更原始。在需要快速反应的时候（比如在情绪激动的情况下），它占主导地位。理性系统是后来发展起来的，它提供了一种更谨慎、分析性的、有计划的方法。如果有足够的时间且能不受压力地自由思考问题，以这种方式运作会产生重要的优势。这两个系统都被认为一直在运作，共同决定行为，尽管每一个系统的影响程度可能因情境和性格而有所不同。

梅特卡夫和米歇尔（Metcalfe & Mischel, 1999）提出了一个在很多方面与此相似但根源不同的模型，她们借鉴了数十年来关于延迟满足的研究成果，提出了两种影响抑制的系统。一个被她们称为"热"系统（"hot" system）：情绪化、冲动性和反射性。

另一个被称为"冷"系统("cool" system)：策略性、灵活性、缓慢性和冷静的。人们如何应对困境取决于受控于哪个系统。

社会心理学中也有几种双模式理论（Chaiken & Trope，1999）。这种观点的实质在说服文献中早已存在。施特拉克和多伊奇（2004）最近将这种推论扩展到社会心理学家感兴趣的行为领域，他们提出了一个模型，在这个模型中，公开的社会行为是两种同时发生的运作模式的共同产物，他们称之为"沉思和冲动"（reflective and impulsive）。同样，系统运行特性的差异导致不同的行为。沉思系统预测未来，基于这些预期做出决策并形成意图，它是克制和审慎的，它搜寻的相关信息是有计划的和广泛的。当冲动系统的模式被充分激活时，它会自发地起作用。它不考虑行为的影响或后果。这种描述在某些方面与爱泼斯坦（1973，1994）以及梅特卡夫和米歇尔（1999）的观点非常相似。

两种运作模式的观点也可以与新兴的关于显性和隐性动机、知识结构和态度的文献联系起来。同一构念的显性（自我报告）测量和隐性测量之间通常很少或根本没有联系。虽然很容易理解为什么偏见等变量会出现这种情况（考虑到所涉及的社会期望问题），但是对于自我概念这样的变量，为什么会是这样就不那么容易理解了。双模式模型表明了一种可能性（Beevers，2005；Fazio & Olson，2003）。隐性测量仅仅评估了一系列成对元素之间的联结。显性测量是象征性的，是经过深思熟虑的结果。隐性知识可能通过联结性学习而获得，显性知识可能通过语言、概念学习而积累。也许关于自我（或世界）的显性知识和隐性知识的来源比我们假定的更加独立。因此，随着时间的推移，这两种来源可能彼此不太一致，从而导致显性和隐性测量的结果不同。

与这一思路相一致的是，许多研究发现，显性和隐性的测量都能预测行为的某些方面，但通常是不同的方面。显性测量可以预测经过深思熟虑的决定和意图，隐性测量可以预测相对自动化的动作、非言语行为和启动的词汇补全（Dovidio et al.，1997；Neumann et al.，2004）。

双模式思维对发展心理学也有很大的影响。罗特巴特（Rothbart）和她的同事们认为存在三种气质系统：两种用于趋近和回避，第三种被称为"努力控制"（例如 Derryberry & Rothbart，1997；Rothbart & Posner，1985；Rothbart et al.，2000；另见 Nigg，2000）。"努力控制"关注（或部分关注）的是在不恰当的情境中，抑制趋近的能力。"努力控制"的地位高于趋近和回避气质。"努力"这个标签传达了这样一种感觉，即这是一种执行力强、计划周密的活动，需要使用超出冲动反应所需的认知资源。这种关于努力控制的观点与前文概述的双模式模型的深思熟虑模式有很大相似之处。

重新检查层级

一些理论提出，心智思维有两种功能模式。事实上，前文描述的理论来源还不够详尽。所有这些观点都促成了这样一种推论，即深思熟虑模式使用符号和顺序处理，因此相对缓慢。另一种更冲动或反应性的运作模式使用联想加工，速度相对较快。许多理论认为这两种模式是半自主式运作的，二者相互竞争以影响行为。事实上，许多学者还指出，情境变量会影响在特定时间内哪种模式占主导地位。

这些想法影响了我们如何理解鲍尔斯（1973）提出的控制层级理论。如前文所述，行动方案的决策过程采用的是自上而下的管理方式，通过努力控制系统运作。周密计划是程序的一个元素，也是被沉思系统管理的行为所具有的一个普遍特征。将程序等级控制投射到深思熟虑、沉思功能模式之上似乎是合理的。

与深思熟虑模式不同，习得良好的序列一旦被触发，就会以相对自动化的流程发生。序列（以及所有较低层次的控制单元）在程序执行过程中随时被调用。然而，序列也可以以更自主的方式被触发。序列可能借助记忆中的联结对触发它们的线索做出反应。在这种情况下，运作特征似乎与反射性功能模式相似。

我们经常注意到，在功能上处于更高级别的控制层级可能在不同的情境下、不同个体间存在差异（例如 Carver & Scheier, 1998, 1999a）。也就是说，我们可以想象一个人有意按照某一原则（例如，道德或伦理价值）行事的情况，也可以想象一个人按照某种计划或程序行事的情况。然而，也有可能出现在不考虑原则或计划的情况下，人们冲动而自发地行动的情况。

在以往的分析中，我们通常只强调序列和程序之间的区别。现在我们想知道，这种特殊的区别是否比我们之前认识到的更重要。也许我们还并不清楚，较低层次的自我调节结构被自主触发的程度，以及在没有被更高级别监管的情况下，其输出进入正在进行中的行动流程（Carver & Scheier, 2002），甚至还可能与更高层级的价值观相冲突的程度。这似乎是一个有待进一步探索的重要问题。

自我控制：冲动与抑制

长期目标和短期目标之间存在冲突这一观点，也是自我控制和自我控制失败研究的一部分（例如 Baumeister et al., 1994）。本文关注的是一个人既有行动的动机，又有抑制这种行为的动机的情况。本质上，这就是儿童努力控制研究领域关注的焦点，也类似于延迟满足范式的逻辑结构。不同的是，在自我控制的文献中，动机或意图往往是无限期延迟，而不是暂时延迟。

尽管自我控制的情境常常被描述为长期和短期目标之间的对阵，但是之前的讨论表达了一个不同的观点。自我控制情境可能是两种加工模式之间的对阵。这一重新架构的观点与自我控制失败的文献是一致的，即自我控制失败是因为采纳了一种相对自动化的倾向按照某种方式行事，而不是通过有计划的努力去抑制行为。被抑制的行为通常被描述为一种冲动，一种除非被控制，否则会自动转化为行动的欲望（也许因为这种行为是习惯性的，也许因为它更原始）。资源是有限的，如果心智思维中计划的部分足以处理好冲突，那么个体就可以抵抗冲动；如果没有，冲动就会更容易被表达出来。这一描述似乎与双模式模型的运作非常一致。

社会问题中的适用性

本书更广泛的一个目的是探究理论在各应用领域的适用性。作者们被要求评估他们所描述的理论在理解和解决社会问题中是否适用，这对我们来说是一项特别困难的任务。一部分原因是这与我们思维的运作模式不太一样，另一部分原因是我们一直在书写的是思想的本质。作为人格心理学家，当我们思考这些想法时，我们想到的大部分都是个体的心智思维究竟在发生什么。如果我们较为宽泛地建构"社会问题"这个概念，我们会想到该理论在以下几个方面的应用。

本文讨论的理论模型中，与情感相关的部分为理解人类困苦的本质提供了有用的思路。这种想法认为，困苦源于对没有达到预期目标（或没有避免威胁）的感知，以及对这些目标的执着追求。更简单地说，这个模型指出了无法实现的目标所带来的约束。减轻困苦有时需要找到更好的前进方式，但有时需要放弃一些原有的目标和价值观，接受新的目标和价值观。不幸的是，该模型并未提供太多明确的指导，说明在特定情况下，哪种选择会更有利。但是，对某些目标的追求会重塑自我的结构，在更高的层次上扩大差异，甚至在较低的层次上缩小差异。追求这些目标将不可避免地产生问题。我们相信这些想法在减轻困苦方面，对概念化（和潜在治疗）是有用的。

该理论讨论的观点所具备的另一个应用意义（如果不完全是对社会问题的影响的话），与理论中关于对未来结果的预期部分有关。虽然我们在本章没有提及，但已经用了该理论原则来界定和测量个体在乐观主义和悲观主义维度上的差异。这个变量（乐观主义和悲观主义）在健康心理学和相关领域已经获得了大量的研究（Carver & Scheier, 2009b）。事实证明，它对人们如何应对逆境，无论是从心理上还是生理上都有重要的影响（Rasmussen et al., 2009; Solberg Nes & Segerstrom, 2006）。对未来的信心使人努力适应并蓬勃发展，从而带来更好的结果。这一应用表明，该模型中包含的思想关乎到更广泛意义上的人类福祉。

致 谢

本章的撰写得到美国国家癌症研究所基金项目（CA64710）、美国国家科学基金会项目（BCS0544617）和美国国家心肺血液研究所基金项目（HL65111，HL65112，HL076852和HL076858）的支持。

参考文献

Ashby, W.R. (1940) Adaptiveness and equilibrium. *Journal of Mental Science*, 86, 478–483.

Atkinson, J.W. (1964) *An Introduction to Motivation*. Princeton, NJ: Van Nostrand.

Baltes, P.B., Cornelius, S.W. and Nesselroade, J.R. (1979) Cohort effects in developmental psychology. In J.R. Nesselroade and P.B. Baltes (eds), *Longitudinal Research in the Study of Behavior and Development*, pp. 61–87. New York: Academic Press.

Bandura, A. (1986) *Social Foundations of Thought and Action: A Social Cognitive Theory*. Englewood Cliffs, NJ: Prentice-Hall.

Baumeister, R.F., Heatherton, T.F. and Tice, D.M. (1994) *Losing Control: Why People Fail at Self-regulation*. San Diego: Academic Press.

Baumeister, R.F. and Vohs, K.D. (eds) (2004) *Handbook of Self-regulation: Research, Theory, and Applications*. New York: Guilford Press.

Beevers, C.G. (2005) Cognitive vulnerability to depression: A dual-process model. *Clinical Psychology Review*, 25, 975–1002.

Brehm, J.W. (1966) *A Theory of Psychological Reactance*. New York: Academic Press.

Brehm, J.W. and Self, E.A. (1989) The intensity of motivation. *Annual Review of Psychology*, 40, 109–131.

Brendl, C.M. and Higgins, E.T. (1996) Principles of judging valence: What makes events positive or negative? *Advances in Experimental Social Psychology*, 28, 95–160.

Cacioppo, J.T., Gardner, W.L. and Berntson, G.G. (1999) The affect system has parallel and integrative processing components: Form follows function. *Journal of Personality and Social Psychology*, 76, 839–855.

Campos, J.J., Frankel, C.B. and Camras, L. (2004) On the nature of emotion regulation. *Child Development*, 75, 377–394.

Cannon, W.B. (1932) *The Wisdom of the Body*. New York: Norton.

Carver, C.S. (1974) Facilitation of physical aggression through objective self-awareness. *Journal of Experimental Social Psychology*, 10, 365–370.

Carver, C.S. (2001) Affect and the functional bases of behavior: On the dimensional structure of affective experience. *Personality and Social Psychology*

Review, 5, 345–356.

Carver, C.S. (2003a) Pleasure as a sign you can attend to something else: Placing positive feelings within a general model of affect. *Cognition and Emotion, 17*, 241–261.

Carver, C.S. (2003b) Self-awareness. In M.R. Leary and J. Tangney (eds), *Handbook of Self and Identity*, pp. 179–196. New York: Guilford Press.

Carver, C.S. (2004) Negative affects deriving from the behavioral approach system. *Emotion, 4*, 3–22.

Carver, C.S. (2009) Threat sensitivity, incentive sensitivity, and the experience of relief. *Journal of Personality, 77*, 125–138.

Carver, C.S. and Harmon-Jones, E. (2009) Anger is an approach-related affect: Evidence and implications. *Psychological Bulletin, 135*, 183–204.

Carver, C.S. and Humphries, C. (1981) Havana daydreaming: A study of self-consciousness and the negative reference group among Cuban Americans. *Journal of Personality and Social Psychology, 40*, 545–552.

Carver, C.S., Johnson, S.L. and Joormann, J. (2008) Serotonergic function, two-mode models of self-regulation, and vulnerability to depression: What depression has in common with impulsive aggression. *Psychological Bulletin, 134*, 912–943.

Carver, C.S., Lawrence, J.W. and Scheier, M.F. (1999) Self-discrepancies and affect: Incorporating the role of feared selves. *Personality and Social Psychology Bulletin, 25*, 783–792.

Carver, C.S. and Scheier, M.F. (1981) *Attention and Self-regulation: A Control-theory Approach to Human Behavior*. New York: Springer Verlag.

Carver, C.S. and Scheier, M.F. (1990) Origins and functions of positive and negative affect: A control-process view. *Psychological Review, 97*, 19–35.

Carver, C.S. and Scheier, M.F. (1998) *On the Self-regulation of Behavior*. New York: Cambridge University Press.

Carver, C.S. and Scheier, M.F. (1999a) Themes and issues in the self-regulation of behavior. In R.S. Wyer, Jr. (ed.), *Advances in Social Cognition, 12*, 1–105. Mahwah, NJ: Erlbaum.

Carver, C.S. and Scheier, M.F. (1999b) Several more themes, a lot more issues: Commentary on the commentaries. In R.S. Wyer, Jr. (ed.), *Advances in Social Cognition, 12*, 261–302. Mahwah, NJ: Erlbaum.

Carver, C.S. and Scheier, M.F. (2000) Scaling back goals and recalibration of the affect system are processes in normal adaptive self-regulation: Understanding 'response shift' phenomena. *Social Science and Medicine, 50*, 1715–1722.

Carver, C.S. and Scheier, M.F. (2002) Control processes and self-organization as complementary principles underlying behavior. *Personality and Social Psychology Review, 6*, 304–315.

Carver, C.S. and Scheier, M.F. (2009a) Action, affect, multi-tasking, and layers of control. In J.P. Forgas, R.F. Baumeister, and D. Tice (eds), *The Psychology of Self-regulation*, pp. 109–126. New York: Psychology Press.

Carver, C.S. and Scheier, M.F. (2009b) Optimism. In M.R. Leary and R.H. Hoyle (eds), *Handbook of Individual Differences in Social Behavior*, pp. 330–342. New York: Guilford Press.

Carver, C.S. and White, T.L. (1994) Behavioral inhibition, behavioral activation, and affective responses to impending reward and punishment: The BIS/BAS scales. *Journal of Personality and Social Psychology, 67*, 319–333.

Chaiken, S.L. and Trope, Y. (eds) (1999) *Dual-process Theories in Social Psychology*. New York: Guilford Press.

Clark, R.N. (1996) *Control System Dynamics*. New York: Cambridge University Press.

Cleiren, M. (1993) *Bereavement and Adaptation: A Comparative Study of the Aftermath of Death*. Washington, DC: Hemisphere.

Clore, G.C. (1994) Why emotions are felt. In P. Ekman and R.J. Davidson (eds), *The Nature of Emotion: Fundamental Questions*, pp. 103–111. New York: Oxford University Press.

Davidson, R.J. (1992) Anterior cerebral asymmetry and the nature of emotion. *Brain and Cognition, 20*, 125–151.

Davidson, R.J. (1998) Affective style and affective disorders: Perspectives from affective neuroscience. *Cognition and Emotion, 12*, 307–330.

DeAngelis, D.L., Post, W.M. and Travis, C.C. (1986) *Positive Feedback in Natural Systems (Biomathematics, Vol. 15)*. Berlin: Springer-Verlag.

Derryberry, D. and Rothbart, M.K. (1997) Reactive and effortful processes in the organization of temperament. *Development and Psychopathology, 9*, 633–652.

Dovidio, J.F., Kawakami, K., Johnson, C., Johnson, B. and Howard, A. (1997) On the nature of prejudice: Automatic and controlled processes. *Journal of Experimental Social Psychology, 33*, 510–540.

Dreisbach, G. and Goschke, T. (2004) How positive affect modulates cognitive control: Reduced perseveration at the cost of increased distractibility. *Journal of Experimental Psychology: Learning, Memory, and Cognition, 30*, 343–353.

Duval, S. and Wicklund, R.A. (1972) *A Theory of Objective Self-awareness*. New York: Academic

Press.

Elliot, A. (ed.) (2008) *Handbook of Approach and Avoidance Motivation*. Mahwah, NJ: Erlbaum.

Epstein, S. (1973) The self-concept revisited: Or a theory of a theory. *American Psychologist, 28*, 404–416.

Epstein, S. (1994) Integration of the cognitive and the psychodynamic unconscious. *American Psychologist, 49*, 709–724.

Fazio, R.H. and Olson, M.A. (2003) Implicit measures in social cognition research: Their meaning and use. *Annual Review of Psychology, 54*, 297–327.

Feather, N.T. (1982) *Expectations and Actions: Expectancy-value Models in Psychology*. Hillsdale: Erlbaum.

Festinger, L. (1957) *A Theory of Cognitive Dissonance*. Evanston, IL: Row, Peterson.

Ford, D.H. (1987) *Humans as Self-constructing Living Systems: A Developmental Perspective on Behavior and Personality*. Hillsdale, NJ: Erlbaum.

Frijda, N.H. (1986) *The Emotions*. Cambridge: Cambridge University Press.

Frijda, N.H. (1988) The laws of emotion. *American Psychologist, 43*, 349–358.

Fulford, D., Johnson, S.L., Llabre, M.M. and Carver, C.S. (2010) Pushing and coasting in dynamic goal pursuit: Coasting is attenuated in bipolar disorder. *Psychological Science, 21*, 1021–1027.

Gross, J.J. (ed.) (2007) *Handbook of Emotion Regulation*. New York: Guilford Press.

Heckhausen, J. and Schulz, R. (1995) A life-span theory of control. *Psychological Review, 102*, 284–304.

Higgins, E.T. (1987) Self-discrepancy: A theory relating self and affect. *Psychological Review, 94*, 319–340.

Higgins, E.T. (1996) Ideals, oughts, and regulatory focus: Affect and motivation from distinct pains and pleasures. In P.M. Gollwitzer and J.A. Bargh (eds), *The Psychology of Action: Linking Cognition and Motivation to Behavior*, pp. 91–114. New York: Guilford Press.

Higgins, E.T., Shah, J. and Friedman, R. (1997) Emotional responses to goal attainment: Strength of regulatory focus as moderator. *Journal of Personality and Social Psychology, 72*, 515–525.

Klinger, E. (1975) Consequences of commitment to and disengagement from incentives. *Psychological Review, 82*, 1–25.

Lang, P.J., Bradley, M.M. and Cuthbert, B.N. (1990). Emotion, attention, and the startle reflex. *Psychological Review, 97*, 377–395.

Louro, M.J., Pieters, R. and Zeelenberg, M. (2007) Dynamics of multiple-goal pursuit. *Journal of Personality and Social Psychology, 93*, 174–193.

MacKay, D.M. (1956) Toward an information-flow model of human behavior. *British Journal of Psychology, 47*, 30–43.

MacKay, D.M. (1966) Cerebral organization and the conscious control of action. In J.C. Eccles (ed.), *Brain and Conscious Experience*, pp. 422–445. Berlin: Springer-Verlag.

Markus, H. and Nurius, P. (1986) Possible selves. *American Psychologist, 41*, 954–969.

Maruyama, M. (1963) The second cybernetics: Deviation-amplifying mutual causal processes. *American Scientist, 51*, 164–179.

McFarland, D.J. (1971) *Feedback Mechanisms in Animal Behavior*. New York: Academic Press.

Metcalfe, J. and Mischel, W. (1999) A hot/cool-system analysis of delay of gratification: Dynamics of willpower. *Psychological Review, 106*, 3–19.

Miller, G.A., Galanter, E. and Pribram, K.H. (1960) *Plans and the Structure of Behavior*. New York: Holt, Rinehart, and Winston.

Miller, G.E. and Wrosch, C. (2007) You've gotta know when to fold 'em: Goal disengagement and systemic inflammation in adolescence. *Psychological Science, 18*, 773–777.

Miller, N.E. (1944) Experimental studies of conflict. In J. McV. Hunt (ed.), *Personality and the Behavior Disorders, 1*, 431–465. New York: Ronald Press.

Miller, N.E. and Dollard, J. (1941) *Social Learning and Imitation*. New Haven: Yale University Press.

Mizruchi, M.S. (1991) Urgency, motivation, and group performance: The effect of prior success on current success among professional basketball teams. *Social Psychology Quarterly, 54*, 181–189.

Nesse, R.M. (2000) Is depression an adaptation? *Archives of General Psychiatry, 57*, 14–20.

Neumann, R., Hülsenbeck, K. and Seibt, B. (2004) Attitudes towards people with AIDS and avoidance behavior: Automatic and reflective bases of behavior. *Journal of Experimental Social Psychology, 40*, 543–550.

Nigg, J.T. (2000) On inhibition/disinhibition in developmental psychopathology: Views from cognitive and personality psychology as a working inhibition taxonomy. *Psychological Bulletin, 126*, 220–246.

Ochsner, K.N. and Gross, J.J. (2008) Cognitive emotion regulation: Insights from social cognitive and affective neuroscience. *Current Directions in Psychological Science, 17*, 153–158.

Ogilvie, D.M. (1987) The undesired self: A neglected variable in personality research. *Journal of Personality and Social Psychology, 52*, 379–385.

Ortony, A., Clore, G.L. and Collins, A. (1988) *The Cognitive Structure of Emotions*. New York: Cambridge University Press.

Powers, W.T. (1973) *Behavior: The Control of*

Perception. Chicago: Aldine.

Pyszczynski, T. and Greenberg, J. (1992). *Hanging On and Letting Go: Understanding the Onset, Progression, and Remission of Depression*. New York: Springer-Verlag.

Rasmussen, H.N., Scheier, M.F. and Greenhouse, J.B. (2009) Optimism and physical health: A meta-analytic review. *Annals of Behavioral Medicine, 37*, 239–256.

Rosenbaum, D.A., Carlson, R.A. and Gilmore, R.O. (2001) Acquisition of intellectual and perceptual-motor skills. *Annual Review of Psychology, 52*, 453–470.

Rosenblueth, A., Wiener, N. and Bigelow, J. (1943) Behavior, purpose, and teleology. *Philosophy of Science, 10*, 18–24.

Rothbart, M.K., Ahadi, S.A. and Evans, D.E. (2000). Temperament and personality: Origins and outcomes. *Journal of Personality and Social Psychology, 78*, 122–135.

Rothbart, M.K. and Posner, M. (1985) Temperament and the development of self-regulation. In L.C. Hartlage and C.F. Telzrow (eds), *The Neuropsychology of Individual Differences: A Developmental Perspective*, pp. 93–123. New York: Plenum.

Rotter, J.B. (1954) *Social Learning and Clinical Psychology*. New York: Prentice-Hall.

Ryan, R.M. and Deci, E.L. (2000) Self-determination theory and the facilitation of intrinsic motivation, social development, and well-being. *American Psychologist, 55*, 68–78.

Scheier, M.F., Fenigstein, A. and Buss, A.H. (1974) Self-awareness and physical aggression. *Journal of Experimental Social Psychology, 10*, 264–273.

Schwartz, S.H. and Bilsky, W. (1990) Toward a theory of the universal content and structure of values: Extensions and cross-cultural replications. *Journal of Personality and Social Psychology, 58*, 878–891.

Schwartz, S.H. and Rubel, T. (2005) Sex differences in value priorities: Cross-cultural and multimethod studies. *Journal of Personality and Social Psychology, 89*, 1010–1028.

Shah, J.Y., Friedman, R. and Kruglanski, A.W. (2002) Forgetting all else: On the antecedents and consequences of goal shielding. *Journal of Personality and Social Psychology, 83*, 1261–1280.

Shallice, T. (1978) The dominant action system: An information-processing approach to consciousness. In K.S. Pope and J.L. Singer (eds), *The Stream of Consciousness: Scientific Investigations into the Flow of Human Experience*, pp. 117–157. New York: Wiley.

Shin, J.C. and Rosenbaum, D.A. (2002) Reaching while calculating: Scheduling of cognitive and perceptual-motor processes. *Journal of Experimental Psychology: General, 131*, 206–219.

Simon, H.A. (1953) *Models of Man*. New York: Wiley.

Simon, H.A. (1967) Motivational and emotional controls of cognition. *Psychology Review, 74*, 29–39.

Solberg Nes, L. and Segerstrom, S.C. (2006) Dispositional optimism and coping: A meta-analytic review. *Personality and Social Psychology Review, 10*, 235–251.

Steenbarger, B.N. and Aderman, D. (1979) Objective self-awareness as a nonaversive state: Effect of anticipating discrepancy reduction. *Journal of Personality, 47*, 330–339.

Strack, F. and Deutsch, R. (2004) Reflective and impulsive determinants of social behavior. *Personality and Social Psychology Review, 8*, 220–247.

Tolman, E.C. (1938) The determiners of behavior at a choice point. *Psychological Review, 45*, 1–41.

Vallacher, R.R. and Wegner, D.M. (1987) What do people think they're doing? Action identification and human behavior. *Psychological Review, 94*, 3–15.

von Bertalanffy, L. (1968) *General Systems Theory*. New York: Braziller.

Vroom, V.H. (1964) *Work and Motivation*. New York: Wiley.

Watson, D. (2009) Locating anger in the hierarchical structure of affect: Comment on Carver and Harmon-Jones. *Psychological Bulletin, 135*, 205–208.

Watson, D., Wiese, D., Vaidya, J. and Tellegen, A. (1999) The two general activation systems of affect: Structural findings, evolutionary considerations, and psychobiological evidence. *Journal of Personality and Social Psychology, 76*, 820–838.

Weiss, R.S. (1988) Loss and recovery. *Journal of Social Issues, 44*, 37–52.

Wiener, N. (1948) *Cybernetics: Control and Communication in the Animal and the Machine*. Cambridge, MA: MIT Press.

Wortman, C.B. and Brehm, J.W. (1975) Responses to uncontrollable outcomes: An integration of reactance theory and the learned helplessness model. In L. Berkowitz (ed.), *Advances in Experimental Social Psychology, 8*, 277–336. New York: Academic Press.

Wrosch, C., Scheier, M.F., Carver, C.S. and Schulz, R. (2003a) The importance of goal disengagement in adaptive self-regulation: When giving up is beneficial. *Self and Identity, 2*, 1–20.

Wrosch, C., Scheier, M.F., Miller, G.E., Schulz, R. and Carver, C.S. (2003b) Adaptive self-regulation of unattainable goals: Goal disengagement, goal re-engagement, and subjective well-being. *Personality and Social Psychology Bulletin, 29*, 1494–1508.

第8章

心理定势行动阶段理论

彼得·M. 戈尔维策（Peter M. Gollwitzer）

王莫冉[一] 李永娟[二] 译

摘 要

心理定势行动阶段理论的基础是卢比孔模型（Rubicon model）对"动机"（motivation）和"意志"（volition）之间的区分。模型指出，在跨越卢比孔河（即做出目标决策）之前，动机原则适用，而在之后，意志原则适用。前者与目标选择有关，而后者与目标执行有关。心理定势行动阶段理论提出，人们处理目标选择和目标执行两类任务时，会激活不同的认知过程。二者各自的任务要求决定了考虑型（deliberative）和执行型（implemental）心理定势的不同特征。这些特征涉及优先加工哪种类型的信息以及如何对其进行分析。心理定势的研究成果不仅支持了动机与意志的区分，也对社会心理学中的各种争论和理论有所启发（如乐观主义与现实主义的争论、双过程理论和目标理论）。心理定势行动阶段理论还通过提出执行意向（implementation intention）的概念（即，如果-那么计划）推动了计划有效性的研究，这一研究在应用领域有很大影响。通过执行意向与明智的目标设置策略［即，心理对照（mental contrasting）］的联合研究，开创与发展了省时、经济的行为改变干预方案。

引 言

20世纪70年代末，在得克萨斯大学奥斯汀分校读研究生时，我和导师罗伯特·维克隆德（Robert Wicklund）开始设想人们将自我或自我认同视为目标。我们认为，人们可以通过明智地为自己设置目标，成为一名优秀的家长、一名杰出的科学家或一名伟大的运动员。如果接受这一观点，个体的自我就不再只是需要理解（自我概念）和喜欢（自尊）的东西，而是需要实现（认同目标）的东西。库尔特·勒温（1926）和他的学生们的著作中提出的目标追求的张力系统理论（tension system theory）及其替

[一] 中央财经大学商学院
[二] 中国科学院心理研究所

代概念，对发展我们的符号自我完成理论（symbolic self-completion theory）非常有帮助（Gollwitzer & Kirchhof, 1998; Wicklund & Gollwitzer, 1982）。自我完成理论的主要观点是，人们一旦给自己设定了某种认同或自我定义的目标，他们面对失败经历、缺点或阻碍的反应不是退缩，而是为了达成目标加强努力。然而，这些努力并不一定会缓解眼前的问题，可能是诉诸表明目标实现的替代品（例如，炫耀相关的身份象征，参与与身份相关的活动，声称自己拥有所需的个人特质；关于自我完成理论的最新研究参见 Gollwitzer et al., 2009; Harmon-Jones et al., 2009; Ledgerwood et al., 2007）。

20世纪80年代初，海因茨·黑克豪森邀请我加入在慕尼黑新成立的马克斯·普朗克学会心理研究所，并组建了一个名为"动机与行动"（Motivation and Action）的研究室。我们很快意识到双方对动机的概念持有截然相反的观点。海因茨·黑克豪森对动机的理解源于他（Heckhausen, 1977）和阿特金森（Atkinson, 1957）传统的期望–价值（expectancy-value）理论，认为动机受到规定行动的合意性和可行性知觉的推动。而我对动机的理解源于勒温（1926）的张力系统理论，认为动机取决于个体对当下的行动目标的决心或承诺。显然，我在关于自我完成的研究中（Wicklund & Gollwitzer, 1982）一直在探索目标奋斗（goal striving；即针对现有目标的思想和行为），而海因茨·黑克豪森（1977）在成就动机方面的工作聚焦于目标设置（goal setting；即人们为自己发现并选择有吸引力且可行的目标）。

卢比孔行动阶段模型

为强调这一观点，我们建议区分动机和意志的概念。我们遵循勒温（1926）和纳齐斯·阿赫（Narziß Ach, 1935）所使用的概念术语，将与目标奋斗相关的动机称为**意志**，将与目标设置相关的动机仍称为**动机**。更重要的是，为了整合这两种现象（即动机和意志），我们发展了卢比孔行动阶段模型（Heckhausen, 1987; Heckhausen & Gollwitzer, 1987）。该模型指出，行动过程可以分为四个不同的连续阶段，这些阶段因个体要成功完成特定行动过程所要解决的任务而异。第一阶段［前决策阶段（predecision phase）］的任务是通过考虑愿望和欲求的合意性和可行性确定偏好。当动机和需要产生了更多可能无法实现的愿望和欲求时，个体就会被迫在其中选择自己的目标。一旦设定了目标（即越过了卢比孔河），个体将面临第二项任务［前行动阶段（preaction phase）］，即开始目标导向行为（goal-directed behavior）。如果个体充分练习并常规化必要的行动，这个任务可能会很简单；如果个体不确定何时、何地、如何采取行动，则可能会变得很复杂。此时，个体必须先通过决定何时、何地以及如何采取行动，来计划目标导向行为。第三项任务［行动阶段（action phase）］是通过坚定不移和坚持不懈，成功地完成上述计划。最后，在第四项任务［后行动阶段（postaction phase）］中，个体需要确定预期目标是否真正达成，或者是否需要进一步努力。

卢比孔行动阶段模型假定个体的心理机能（psychological functioning）在上述不同阶段由不同的原则控制。经典的动机理论（将动机的定义严格限制在合意性和可行性方面；Atkinson, 1957; Feather & Newton, 1982; Heckhausen, 1977）非常适用于阐明与前决策阶段和后行动阶段有关的心理过程，而意志理论（即，关于目标实现的自我调节理论；Lewin，1926；Mischel，1974；Mischel & Patterson，1978）最适合解释前行动阶段和行动阶段的心理过程。换句话说，前决策阶段和后行动阶段属于经典意义上的动机现象和过程，而中间阶段属于意志现象和过程。

这一激进的表述需要实证支持，因此黑克豪森和我在早期开展了一项实验研究，验证处于前决策阶段的个体与处于前行动阶段的个体会表现出不同的认知机能（Heckhausen & Gollwitzer，1987，研究2）。研究假设，考虑愿望和欲求的合意性和可行性（前决策阶段的任务）比计划何时、何地以及如何执行目标导向行为（前行动阶段的任务）的认知要求更高。我们预计，与处于制订计划（前行动）阶段的个体相比，在考虑（前决策）阶段的个体会体验到更高的认知负荷。实验要求被试从两个测量他们创造力的测验中选择其一进行回答，被试在考虑选择哪个测验或在计划如何完成自己刚选择的测验时会被我们打断。随后，要求他们进行一个短期记忆测验（即名词广度测验，呈现的名词与正在进行的创造力测验无关）。我们预计，由于认知负荷的增加，与实验开始前测量的名词记忆广度相比，处于考虑阶段的被试的名词记忆广度会减小。我们还预计，制订一个如何行动的计划比考虑一个目标决策的利弊得失会占用更少的认知资源，因此处于考虑阶段的被试比处于计划阶段的被试的名词记忆广度会减少得更多。

令我们惊讶的是，研究结果正好与我们预测的相反（Heckhausen & Gollwitzer，1987，研究2）。无论是跟实验前的自己比，还是跟处于计划阶段的被试相比，处于考虑阶段的被试都表现出短时记忆容量的提高。为了减少对这些意外发现的困惑，我求助于

当时在马克斯·普朗克学会心理研究所就职的认知心理学家格哈德·施特鲁布（Gerhard Strube），他向我解释了心理定势的经典概念。这一概念最初是在世纪之交，由来自维尔茨堡学派的德国心理学家屈尔珀（Külpe，1904）、马尔贝（Marbe，1915）、奥思（Orth，1903）和瓦特（Watt，1905）提出。这些早期的认知心理学家发现，高强度参与执行规定任务会完全激活那些有助于完成任务的认知过程。产生的心理定势（即激活的认知过程的总和）是最有利于成功完成任务的认知取向。

心理定势的概念可以这样解释上述名词记忆广度数据：对潜在行动目标的考虑会激活**考虑型心理定势**的认知过程，从而促进前决策阶段的任务，即确定偏好。由于尚未决策的个体还不知道自己的决定最终会带来怎样的结果，因此增强对各种信息的接受性（思想开放性）似乎更适合且有助于任务解决。类似地，计划选定目标的实施应该激活促进前行动阶段的任务（即开始执行选定目标）的认知过程（**执行型心理定势**）。由于此过程要求在处理信息时更有重点和选择性，因此个体似乎需要对可用信息采取封闭而非开放的态度。黑克豪森和戈尔维策（1987，研究2）的研究验证了处于考虑过程中与计划过程中的个体在信息接受性方面差异的假设：考虑过程中的被试可以比计划过程中的被试更快地加工名词广度任务中呈现的信息（即更优的名词记忆广度）。

心理定势行动阶段理论

然而，因果关系果真如此吗？正是这种担心让我在后续研究中将心理定势的概念用作假设生成的工具，进而在我的**特许任教**

资格论文（Habilitationsschrift）中发展了完整的心理定势行动阶段理论（即第二篇影响更广的博士论文是在德国获得终身教授头衔的先决条件；Gollwitzer, 1987）。这篇论文的删减版（Gollwitzer, 1990）作为一章被收录在 E. 托里·希金斯和理查德·M. 索伦蒂诺（Richard M. Sorrentino）主编的《动机与认知手册》（Handbook of Motivation and Cognition）一书中；更完整的版本见德语书《考虑与计划》[Abwägen und Planen（Deliberating and Planning）; Gollwitzer, 1991]。如果分析前决策阶段中选择型任务的独特要求（愿望和欲求之间选择），和前行动阶段中执行型任务的典型要求（开始执行所选目标），就有可能进一步比较执行型和考虑型心理定势的认知特征，并在新的实验中进行检验。在前决策阶段，考虑型任务基于合意性和可行性标准，从各种愿望和欲求中选择个体想要实现的那几个（Gollwitzer, 1990）。系统分析可行性和合意性，需要对相关信息进行优先编码和提取。然而，可行性相关的信息需要客观的分析（而不是以自利的方式），合意性相关的信息需要中立的分析（而不是以有偏向的方式），所以上述对信息的认知调整并不充分。个体只有切实地分析与可行性相关的信息，并公平地权衡利弊，才能将这些欲求转化成具有约束力的、可实现的并且具有吸引力的目标。此外，正如上文提及的黑克豪森和戈尔维策的研究（1987）所示，考虑型任务需要个体对任何可用信息具有普遍的开放心态，因为他们尚未做出决策，还不知道随后的决定结果如何。

一旦目标确定，计划型任务开始促进目标导向行为的启动。这要求个体对何时、何地以及如何开始行动做出承诺。因此，人们需要发现良机，并将其与合适的目标导向的行动联系起来，从而制订行动计划。为此，对与执行相关问题的认知调整应该更有利。此时与可行性和合意性相关的问题变得不再重要，如果非要让个体考虑，人们会通过过于乐观地估计所选目标的可行性，并片面地看待所选目标的合意性（如优点超过缺点）来扭曲相关信息，从而逃避问题，支持所做出的目标决策。最后，以开放的态度来加工所有可用信息可能使个体偏离所选择的行动路线，所以应该并非良举。因此，为了支持所选择的目标，可以预期通过减少开放性思想（即封闭性思想）帮助个体选择性地加工信息。

虽然考虑型和执行型心理定势具有不同的特征，但它们也具有许多相似的特质。例如，心理定势行动阶段理论假定，当个体更多地参与到考虑选择潜在目标或计划执行所选目标时，考虑型和执行型心理定势会相应地变得更加明显。此外，这两种心理定势在相应的任务活动结束后都不应立即消失，反而应该表现出片刻的惯性。这意味着，与考虑型和执行型心理定势相关的认知取向，能够通过其对执行不同性质、先后任务的影响效应识别出来。上述有关两类心理定势之间相似性的观点，已被应用于旨在检验它们不同认知特征的研究设计中。

以下为经过验证的、最有效的诱导考虑型和执行型心理定势的方法：要求被试深入地思考一个由自己提出的、尚未解决的个人问题（如"我是否应该搬到另一个城市""我该不该转专业""我该不该买新车""我应该和某人交往吗"），或者为选定的目标做执行计划（如上文提及的，"我要搬到另一个城市""我要换专业"等）。这些任务要求分别产生了考虑型和执行型心理定势。为了强化这些心理定势，实验要求考虑型心理定势的被试通过列出肯定和否定决策各自短期和长期的利弊，深度参与考虑过程；另外，为了让计划型心理定势的被试深度参与计划过程，实验要求他们列出实现所选目标的五个最重要的步骤，然后指出自己计划何时、何地以及如何执行每个步骤。随后，考虑型和计划型被试都被要求执行无关任务（通常由不同的主试在不同的情境下介绍），用于测量考虑型和执行型心理定势认知特征的差异。由于被试通常不知道自己所验证的是心理定势效应，这种在一种情境下诱导考虑型或执行型心理定势，并在另一种情境下评估相应的认知和行为后果的程序，被称为程序启动或心理定势启动（Bargh & Chartrand, 2000）。

考虑型与执行型心理定势和认知调适

假设提出，考虑型心理定势对与做出目标决策相关的信息（关于可行性和合意性的信息）进行了认知调整，而执行型心理定势将个体的认知调整至与执行相关的信息（关于何时、何地以及如何行动的信息）。上述假设由戈尔维策等人（1990）进行了最严格的检验。研究者分别通过让被试考虑尚未解决的个人问题或计划所选择的目标项目，将他们分别置于考虑或执行的心理定势中（使用上述标准程序）。在第二部分的无关实验任务中，要求被试阅读一些童话故事的前几行后，指导他们续写相应的故事。即使允许被试以他们喜欢的任何方式继续写故事，与计划型被试相比，考虑型被试会更多地让故事的主角思考选择（或不选择）特定行动目标的原因。然而，与考虑型被试相比，计划型被试会更多地让主角思考如何完成一个选定的目标。

戈尔维策等人（1990，研究 2）以心理定势一致性信息的加工为研究重点，要求被试回忆他人表现出的考虑型和执行型心理定势。研究通过让被试在两个测验中做出选择（即在两个不同的创造力测验中做出选择）或计划执行一个选定的测验，从而操纵被试的考虑或执行型心理定势。当被试在进行考虑或计划的过程中，会看到描绘他人在思考自己决策的幻灯片。例如，一位老妇人正在考虑让孙辈们在她家过暑假的好处（即，"因为……，这是个好主意"）和坏处（即，"因为……，这是个坏主意"）。在展示完每个决策的利弊后，幻灯片会接着呈现可能的执行计划，描述当事人将如何着手执行特定目标导向的行动（比如，"如果我决定做这件事，会先做……然后……""如果我决定做这件事，那么在……之前，我不会……"）。在完成分心任务后，被试针对这些信息接受有线索提示的回忆测验。测验中，被试会再次观看出现过的人物的图片和描述当事人想法的句子主干（如上所述）。考虑型被试在从两类创造力测验中做出决策之前，必须观看幻灯片并回忆幻灯片上描述的信息；他们回忆利弊比回忆何时、何地以及如何执行的信息表现更好。计划型被试在完成决策后，观看并回忆了相应的信息，他们的回忆表现显示了相反的模式。

上述发现都验证了认知调适假设。可是，不同的回忆表现是如何产生的呢（Gollwitzer et al., 1990，研究 2）？如果个体提取记忆的尝试需要他们对试图提取内容的描述进行结构化（Norman & Bobrow, 1979），心理定势可能提供了允许特定描述简单结构化的视角（Bobrow & Winograd, 1977）。例如，考虑型心理定势应该倾向于运用赞成和反对、利益和成本等措辞描述。换句话说，考虑型心理定势支持现成的、与合意性相关信息的描述结构，而执行型心理定势支持与执行相关信息的描述结构。正如诺曼和博布罗（Norman & Bobrow, 1979）指出，在提取记忆时，特定描述的快速结构化有助于进一步的成功提取。他们还认为，只要提取与编码时的信息描述匹配，回忆表现就会得到极大的提高。因此，可能的情况是，考虑型和执行型心理定势通过编码时的一致阐述和提取时一致描述的现成构建来共同助力一致的回忆。

考虑型与执行型心理定势和有偏推论

考虑型和执行型心理定势也应该会对合意性和可行性相关信息的处理方式产生不同的影响。在考虑型心理定势中，个体应当中立地分析与合意性相关的信息，而在执行型心理定势中，偏向所选目标的分析在意料之中。此外，在考虑型心理定势中，与可行性相关的信息会被相当准确地分析，而在执行型心理定势中，乐观的推断会高估所选目标的实际可行性。

与合意性有关的信息

在第一项检验个体对合意性相关信息的分析是中立还是有偏的研究中（Taylor & Gollwitzer, 1995, 研究3），要求被试分别提名潜在的目标或已做决定的目标，随后分别让他们阐明是否应该做出肯定的决策，或已经做出的决策是否正确。处于前决策阶段的被试回答是或否的频率相同；处于后决策阶段的被试中，支持者的人数是反对者的五倍，显示了被试对自己所选目标的强烈偏好。

两位哈蒙-琼斯的研究（Harmon-Jones & Harmon-Jones, 2002, 研究2）也提供了表明在权衡利弊时，考虑型与执行型心理定势之间存在差异的相关证据。他们采用经典的认知失调范式（Brehm & Cohen, 1962），检验了心理定势在决策后的选择扩散效应。失调领域研究者采用这一范式研究发现，个体在两个选项之间做出选择后，会对被选择的选项产生更积极的评价，而对未被选择的选项产生更消极的评价。执行型心理定势在决策后的选择扩散效应有所加强，考虑型心理定势则相反。

加涅和莱登（Gagné & Lydon, 2001a）的一组重要研究表明，个体的考虑过程只有与前决策阶段相联系时，正反两方面的信息才会得到中立的分析。对已经做出的目标决策进行考虑，会导致更有偏的防御性信息加工。在一项研究中，研究者请恋爱中的被试考虑一个与恋爱有关或无关的目标决策。结果发现，与那些考虑与恋爱无关的目标决策的被试相比，考虑与恋爱有关的目标决策的被试对自己伴侣的评价要比平均水平高得多。有趣的是，这些评价结果也比那些正在计划执行恋爱关系目标的执行被试要高。加涅和莱登（2001a）认为，考虑与恋爱关系有关的目标可能被知觉为威胁，从而导致被试对伴侣的特质评价显著拔高。在研究2中，他们测量了被试对自己恋爱关系的承诺程度，发现高承诺的被试通过增加他们对伴侣的积极看法来抵御考虑型心理定势的威胁，低承诺的被试则没有这样的倾向。这一结果确实支持了如下假设：考虑过程可能会对被试知觉到的、达到维系恋爱关系目标的能力产生威胁。为了应对这一威胁，个体会通过提高对伴侣的评价来重申对这段关系的承诺。

与可行性有关的信息

戈尔维策和金尼（Gollwitzer & Kinney, 1989）的实验采用阿洛伊和艾布拉姆森（Alloy & Abramson, 1979）设计的应变学习任务对如下假设进行验证：个体在考虑型心理定势中会对可行性相关信息进行准确分析，在执行型心理定势中会对预期产生过度乐观的评估。任务要求被试通过选择按或不按按钮（动作选项）来确定他们可以在多大程度上影响目标灯光的开启（结果）。被试通常要操作若干试次（至少40次），每个试次开始前会有提示。被试通过观察他们按下（不按）按钮后目标灯光的开启情况，估计他们对目标灯光的控制程度。研究者通过关联两个动作选项（按或不按）和目标灯光开启的频率，来操纵被试对目标灯光实际的控制程度。这两个频率之间的差异越小，被试对目标灯光的客观控制程度就越低。

阿洛伊和艾布拉姆森发现（1979），不管开启的频率是多少（如，在"75/75"条件下，无论是否按下按钮，目标灯光均有75%的概率开启；参见Alloy & Abramson, 1979），情绪良好的个体通常报告，可以通过自己的行动控制目标灯光是否开启。戈尔维策和金尼（1989，研究2）通过设置目标灯光的高开启频率（即"75/75"条件），要求考虑型、计划型和对照组被试完成应变学习任务（探索如何开启目标灯光）。被试通过40试次为一组的实验，判断自己对目标灯光开启的控制程度。

考虑型被试对自己控制程度的判断最准确，且低于计划型和对照组的被试。计划型被试对自己控制水平的判断甚至高于对照组。心理定势是通过上文的标准过程产生的。另一项研究也支持了心理定势对这些发现的解释：考虑型被试对控制水平的判断与其正在思考的、尚未解决的个人问题的重要性呈负相关。显然，被试考虑得越多，他们随后对自己控制水平的判断就越现实。在计划型被试中也有类似的发现，他们对自己控制水平的判断与没有实现目标所产生的预期挫败感呈正相关。

我很高兴地接受了谢莉·泰勒（Shelley Taylor）的邀请，与她合作探索考虑型和执行型心理定势是否会对日常生活事件的可控性知觉产生不同的影响。我们观察到（Taylor & Gollwitzer, 1995，研究1），这两种心理定势确实会影响人们对日常风险可控性的判断（如车祸、离婚、抑郁、酗酒和被抢劫等风险）。大学生被试需要为自己和其他普通大学生判断这些风险。在此之前，研究者通过标准程序诱导被试产生心理定势。尽管所有被试都知觉到自己比其他大学生更不容易受到这些风险的影响，但考虑型被试持有此观点的程度比计划型被试要低。无论要考虑的关键事件是可控的（如药物成瘾、酗酒）还是不可控的（如糖尿病、伴侣早亡），与考虑型心理定势的个体相比，执行型心理定势的个体不易受伤的错觉更明显。在这两类事件中，与考虑型被试相比，计划型被试均报告自己比普通大学生更不易受伤。考虑型和执行型心理定势甚至改变了人们对非常不可控事件的伤害性的知觉，再次验证了它们对可行性相关信息分析的巨大影响。

我们推断，在前决策行动阶段评估潜在目标的可行性时，个体不仅需要准确地评估自己的行动是否能有效地控制预期结果，还需要知道自己是否能够执行这些工具性行动。要回答此问题，个体必须正确评估自己是否具备相关的能力和技能。这意味着，处于考虑型心理定势的个体应该对自己的个人特质做出相对准确的评价。因此，我们（Taylor & Gollwitzer, 1995，研究2）要求考虑型和计划型被试对自己的21项品质和技能（如乐观、运动能力、写作能力、受欢迎程度、艺术能力）进行评分，并与年龄和性别相同的普通大学生进行比较。尽管所有被试都认为自己的能力高于平均水平，但计划型被试持有此观点的程度比考虑型被试更高。然而，拜耳（Bayer）和戈尔维策（2005）的研究表明，考虑型和执行型心理定势对能力知觉的影响可能会受到人们最初相关的高低自我观念的调节。考虑型心理定势有助于那些原本高自我观念的个体对自我能力谦逊的评估（这有助于设置现实的目标）；同样，执行型心理定势也有助于原本高自我观念的个体对自我能力乐观的评估（这有助于实现所选的目标）。

普卡（Puca，2001）的研究也谈到，与考虑型心理定势个体相比，执行型心理定势个体对可行性相关信息的分析存在偏差。她从选择不同难度的测验材料（研究1）和预测自己未来的任务表现（研究2）两个方面研究了现实主义与乐观主义。考虑型被试倾向于选择中等难度的任务，而执行型被试倾向于选择过难的任务。并且，与考虑型心理定势的被试相比，执行型心理定势的被试会更多地高估自己成功的可能性。此外，在选择任务难度或预测未来表现时，考虑型被试比执行型被试更多地参照了自己过去的表现。最后，加涅和莱登（2001b）将这种有偏的推论应用于现实中的恋爱预测，结果发现，与执行型心理定势的个体相比，考虑型心理定势的个体对自己恋爱关系持续时间的预测更准确。这种效应在做长期预测比做短期预测时更加明显。最有趣的是，考虑型被试并不是简单地通过采取悲观的态度来提高预测的准确性的。

考虑型与执行型心理定势和思想开放性

除了在认知调适和有偏推断方面的差异，考虑型和执行型心理定势也应该在对信息开放性方面有所不同。对做出目标决策要求的任务分析表明，考虑型心理定势应该与对所有来源和类型信息接受能力的增强有关。为了做出明智的决策，个体应该对可能影响自己决策的所有可用信息保持开放的态度。任何可用的信息都有可能会对最终做出正确的目标决策有帮助，个体应该注意避免过早地忽略它们。相反，执行型心理定势应该与更有选择性的信息加工相关。目标设定之后，成功地实现目标需要对信息进行更有针对性的过滤，选择性地加工与目标相关的刺激，忽略与目标无关的刺激（例如Gollwitzer，1990；Kuhl，1984）。因此，考虑型心理定势的个体应该对次要的信息更加开放。

上文提及的黑克豪森和戈尔维策（1987，研究2）的早期研究与该假设有关。被试在两个不同的创造力测验中做选择（考虑型心理定势）或刚做出选择（执行型心理定势）时，会被研究者口述的5到7个单音节名词（如房子、艺术和树[①]）打断。被试需要立即按顺序回忆这些词，回忆表现即为他们的工作记忆广度（即名词广度）。结果表明，考虑型比执行型心理定势被试的工作记忆广度更优（大概至少多半个单词）。

然而，与执行型心理定势被试相比，考虑型心理定势被试更优的名词广度只能说明他们存储信息的能力更强（即，更优的工作记忆广度）。虽然更广的工作记忆代表了更强的信息加工能力，但没有直接证据表明与执行型心理定势相比，考虑型心理定势与更强的次要信息加工能力有关。黑克豪森和戈尔维策（1987）的研究中使用的单词列表不能被认为是次要信息，因为研究明确要求被试尽可能多且正确地回忆单词。此外，更优的工作记忆广度本身并不一定会导致更多或更少的次要信息的选择性加工。

因此，藤田等人（Fujita et al.，2007）通过三个实验，对假设进行更严格的检验，即检验在对次要信息进行选择性加工的过

[①] 英文原文为 house、art、tree，均为单音节名词。——译者注

程中，考虑型和执行型心理定势之间的差异。在考虑型和执行型心理定势的被试完成主任务［d2-专注力测验（d2-concentration test），Brickenkamp，1981］的过程中，一些次要的单词会偶然地随机出现。随后，一个非预期的记忆再认测验评估了被试对这些次要单词的选择性加工。研究1发现，与执行型心理定势的被试相比，考虑型被试花费了更少的时间再认次要单词是否在主任务中出现过。在研究2和研究3中，与执行型被试相比，考虑型心理定势的被试对这些词再认的准确率更高。三项研究的结果都表明，与执行型被试相比，考虑型个体更容易获取伴随主任务的次要信息的记忆痕迹。即使实验诱发的心理定势与衡量认知差异的绩效任务无关（研究2和3），也会发生这种情况。这种心理定势的延滞效应（carryover effect）表明，执行型心理定势更有选择性，而考虑型心理定势对个体所处环境中的次要信息更开放。研究3也澄清了选择性信息加工过程中的心理定势效应是由于考虑型心理定势更加开放的思想，执行型心理定势中更为封闭的思想，还是两者兼而有之。研究3的结果表明，作为心理定势机能的选择性加工的变化，归因于考虑型心理定势中的个体对次要信息的选择性过滤较少，而执行型心理定势中的个体对次要信息的选择性过滤较多。

最后，这三项研究共同表明，作为心理定势机能的选择性加工的变化在前意识中发生。前意识认知过程在有意识意向之外启动并运行（Bargh，1994）。研究者认为，需要在300毫秒之内做出反应的刺激不被意识控制（例如 Bargh & Chartrand，2000；Greenwald & Banaji，1995）。三项研究中的所有被试在主任务材料呈现之前，接受了300毫秒次要信息的刺激。显然，即使个体没有意向，考虑目标决策的行动会在信息的认知加工过程中带来明显的变化。

考虑型与执行型心理定势和行为

戈尔维策和拜耳（1999）指出，对心理定势的研究主要围绕它们的认知特征，鲜有研究探索这些特征对行为控制的影响。他们报告的珀斯尔（Pösl，1994）的研究发现，与考虑型心理定势的被试相比，执行型心理定势的被试发起目标导向行为的速度更快。当被试经历了行为冲突（即，他们要么从行为A或B中选择一项执行，要么没有选择权）时，尤其如此。这表明执行型心理定势的封闭性思想允许被试即使在行为冲突的情况下也能按计划进行。

也有证据表明，执行型心理定势在目标导向的行为中会产生更强的毅力。布兰德斯塔特和弗兰克（Brandstätter & Frank，2002）发现，在无解的拼图任务（研究1）和自定进度的计算机任务（研究2）中，具有执行型心理定势的被试坚持的时间更长。与珀斯尔（1994）的发现类似，执行型心理定势对毅力的影响在经历行为冲突时更加明显。当个体知觉到的任务合意性和可行性一致地高或低时，两种心理定势对完成任务的毅力的影响没有区别。但是，当知觉到任务的合意性和可行性不一致时（即一个很高，而另一个很低），执行型心理定势的被试比考虑型心理定势的被试坚持的时间更长。有趣的是，执行型心理定势被试的坚持并不是麻木或盲目的。布兰德斯塔特和弗兰克（2002，研究3）的研究表明，当一项任务不可能完成或坚持毫无益处时，执行型心理定势的个体会比考虑型心理定势的个体更快地脱离该任务。

最后，阿莫尔和泰勒（Armor & Taylor，2003）提出，与考虑型心理定势相比，执行型心理定势会通过认知特征的中介（如增强的自我效能感、乐观的结果期望、认为完成任务很容易），促进任务表现（如在校园内进行寻宝游戏）。目前，该表述尚未得到实证支持。值得注意的是，戈尔维策和金尼（1989）预测，与考虑型相比，执行型心理定势会导致认知变化（即强烈的控制错觉），这应该有利于实现目标。但是，这一推论并没有在阿莫尔和泰勒开展的相同的研究中得到验证。

亨德森等人（Henderson et al.，2008）的研究表明，执行型心理定势对任务表现的积极影响也会被相应的态度强度的变化所中介。在执行型心理定势中，对支持所选目标的信息进行明确的、极化或者单方面的评估，应该会增强人们对目标的态度强度。亨德森等人根据心理定势的延滞属性假设，采取执行型心理定势的个体，应该体验到态度强度的增加，即使态度对象与当前目标追求无关。这些假设得到了一系列实验的支持。他们观察到，执行型比考虑型心理定势的被试更多地采取了与目标无关的极端立场。而且证据表明，与考虑型和中立型心理定势的被试相比，执行型心理定势的被试对各种无关对象持有更低水平的矛盾心理。与考虑型和中立型心理定势的被试相比，执行型心理定势的被试还具有对无关对象评估可获取性更高的特点。此外，重要的是，执行型比中立型心理定势的被试在态度和行为之间表现出更高的一致性。

最后，为了探索执行型心理定势对态度强度影响（即单方面关注益处）的过程，亨德森等人让执行型心理定势的被试要么只关注自己决策带来的利益，要么同时关注利弊。重要的是，只有对信息进行单方面评价性分析才能增加态度强度。研究者设置了两个实验组，只改变被试的评价焦点（即，一组只进行单方面评估，而另一组进行利弊两方面评估），请他们对如何行动做出决策。

结果发现，做决策本身似乎并不足以增加态度强度。否则，那些分析了自己决策利弊的个体，与只对自己决策进行单方面分析的个体将持有相同水平的态度强度。

小 结

心理定势概念的前提假设为，个体需要通过解决一系列连续任务促进目标实现。心理定势行动阶段理论认为，任务执行过程会产生促进任务有效完成的典型认知取向（心理定势）。该理论还阐明了与目标选择任务（考虑型心理定势）和准备执行所选目标的任务（执行型心理定势）各自相关的认知取向的特征。若干实验都检验了考虑型和执行型心理定势的特征。本文认为，考虑型心理定势的特点是对与合意性和可行性相关的思想及信息进行认知调适，具体为准确分析可行性相关信息，中立分析合意性相关信息，以及最终提高对可用信息的普遍接受能力。另外，执行型心理定势的特点则是对执行相关的思想和信息进行认知调适，具体为过于乐观地分析可行性相关信息，片面分析合意性相关信息，以及最后降低对可用信息的接受能力（思想封闭）。

对其他社会心理学理论和概念争议的启示

心理定势行动阶段理论在社会心理学的其他理论和概念争议中受到了广泛关注，具体涉及乐观主义和现实主义的争论以及双过程理论。接下来，本文将讨论心理定势行动阶段理论如何帮助澄清这些研究领域的问题。

乐观主义与现实主义

在心理定势研究中，可行性相关信息

加工的研究结果，与泰勒和布朗（Taylor & Brown, 1988）的积极错觉文章引发的错觉乐观主义和现实主义的争论有关。他们提出，心理健康个体的特征并非对自身品质的准确评估、对自我控制的真实估计，以及对未来的切实展望。相反，他们对自我、世界和未来持有过度积极、自我夸大的观点。具体而言，心理健康个体的特征是不切实际的积极自我知觉，对高度自我控制的错觉，以及对未来的不切实际的乐观主义。这些积极失真的观念并不会导致不良适应，反而促进了通常与心理健康相关的标准：积极的关心、照顾与关心他人的能力以及有效的压力管理能力（Taylor & Brown, 1988）。尽管该模型得到了实证支持（Taylor & Armor, 1996；Taylor et al., 2000），对健康个体的画像却带来了困扰：如果健康个体的观念带有积极的偏见，那他们如何有效地识别和利用自己可能遇到的负面反馈呢？泰勒和布朗（1988）提出，如果人们有能力通过解释、隔离或以其他方式摒除或最小化负面反馈，那么就无法在目标设置和计划中利用负面反馈信息（Colvin & Block, 1994；Weinstein, 1984）。这虽然在短期内会增强自尊并产生积极的自我服务的错觉，但长期可能会导致个体陷入失望和失败。

控制错觉方面的心理定势研究为积极错觉和现实主义的争论提供了以下见解。首先，现实主义和积极错觉似乎都不适应个体的心理机能。当涉及目标决策时，现实思维似乎有用，而在执行所选目标过程中，积极错觉似乎有用。其次，人们可以很容易地打开考虑型心理定势提供的现实主义之窗。个体不必通过我们在实验中诱导的、费脑的心理练习来产生考虑型心理定势，简单地尝试澄清未解决的个人问题，便会引发个体对正反两方面的深入思考（Taylor & Gollwitzer, 1995，研究3）。最后，处于计划执行目标的后决策阶段的个体，似乎可以避免准确分析可行性相关信息带来的影响。因此，个体可以从促使他们更加努力实现目标的错觉乐观主义中获益，尤其是在面对障碍和困难时。这样看来，个体的认知装置很容易适应行动控制的各种要求：在目标之间进行选择会带来现实主义的态度和行为，而执行选定的目标则会带来积极错觉。

双过程理论

源自考虑型和执行型心理定势概念框架的观点和研究，似乎构成了目标追求领域中的双过程理论。该理论将目标选择和目标执行的认知取向并列，即，对比分析解决同一目的（行动的有效控制）的两类不同任务的理想信息加工模式。这与那些服务于比较同一任务的两种不同信息加工模式的双过程模型不同，后者如，知觉他人（Bargh, 1984；Brewer, 1988；Fiske & Neuberg, 1990）、归因（Gilbert, 1989；Gilbert & Malone, 1995），或态度形成（Chaiken et al., 1989；Fazio, 1990）。上述模型所用方法旨在分析两种信息加工模式在完成当前任务方面的差异。那些出于概念和方法原因而明确采纳心理定势概念的双过程研究也遵循此路线，如反事实心理定势（例如Galinsky & Moskowitz, 2000；Wong et al., 2009）以及近或远距离的心理解释（例如Liberman & Trope, 2008；Freitas et al., 2004）。在反事实心理定势的研究中，通过让被试阅读他人经历的行为事件，启动反事实心理定势（该事件会触发反事实沉思——"要是他做了……"或"如果他做过……"）。随后，检验与不阅读行为事件的被试相比，阅读者是否可以改善在随后的经典问题解决、创新或谈判方面的表现。此外，心理解释研究通过启动对特定事件近或远的心理解释，探索其如何影响个体对这些事件及相关事件的感知、分类、推断、评价和行为。值得注意的是，试图获取上述两种研究路线方面的知识关系到特定的认知取向（反事实、近端或远端心理解释）如何影响相应的认知、情感和行为。然而，就心理定势行动阶段理论而言，知识的试图获取涉及考虑和计划过程背后隐含的认知加工特征。

然而，考虑型和执行型心理定势的区分与那些被视为阶段理论的双过程观念之间也存在相似之处（例如 Gilbert & Malone，1995）。日常生活中，人们应该在经历执行型心理定势之前先经历考虑型心理定势，因为人们更喜欢在做出有约束力的目标选择后，制订实现目标的计划。因此，从时间的意义上来讲，考虑型和执行型心理定势模型符合阶段模型的要求。但是，具体到与两种心理定势相关的认知过程的质量，并非如此。例如，在吉尔伯特（Gilbert，1989）提出的归因过程两步骤模型（Gilbert & Malone，1995）中，第一步简单而自动（即快速的个人归因），而第二步则需要注意力、思维和努力（即通过考虑情境因素来调整推断）。另外，考虑型和执行型心理定势的概念并不认为前者比后者更多地与初级认知过程相关（反之亦然）。这两种心理定势都激活了高度复杂的、能够决定个体认知和行为功能的认知过程。此外，在考虑型和执行型心理定势中，这些认知过程可以但不需要通过到达意识层面来显露它们的影响，并且它们的影响可以但不必然会被个体察觉（如执行型心理定势中的控制错觉）。

此外，心理定势理论认为，考虑型和执行型心理定势截然不同且相互独立。尽管某些双过程理论（例如 Chaiken et al., 1989）假定信息加工模式可以同时运行，但考虑型和执行型心理定势却互斥。这是因为考虑型心理定势相关的认知过程被激活的强度，与个体参与目标选择任务的程度呈正相关；执行型心理定势相关的认知过程被激活的强度，则与个体参与计划目标实施任务的程度呈正相关。因为个体不可能同时参与到上述两项任务中，只能先后深度参与，所以考虑型和执行型心理定势很明显不可能同时存在。在某种意义上，它们也不会相互影响，即前面强烈的考虑型心理定势不必然带来后续强烈的执行型心理定势。这一切都完全取决于个体分别参与到目标选择任务和计划目标实施任务中的强烈程度。

小 结

考虑型和执行型心理定势的区分对社会心理学若干理论的探讨产生了影响。首先，关于现实主义与乐观主义的讨论清楚地表明，个体有能力灵活地采用眼前任务所要求的认知取向类型。当个体需要在目标之间做出选择时（例如，是在国内还是国外上大学），思考哪个目标都会激发现实主义，进而帮助个体做出更合适（可行）的选择。如果人们要执行选定的目标（如出国留学），参与计划目标实现的过程会激发乐观情绪，从而增强实现目标所必需的毅力。其次，关于经典的双过程理论，心理定势行动阶段理论指出，对于信息加工模式的研究可以不局限于探索采取哪种模式的决定性因素（如启发式与系统性信息加工可能会受到时间压力、对信息来源的喜好、论据有力与否的影响），也不拘泥于探讨采取某种模式对掌握现有信息的影响（如或多或少导致各自的态度改变）。心理定势行动阶段理论表明，仅参与推理任务中的一种（考虑潜在目标的选择或计划选定目标的执行），就可以激活不同的促进任务执行的认知过程，进而以独特的方式影响任务相关和无关的两类信息的加工。

心理定势行动阶段理论的应用价值

心理定势行动阶段理论并没有探索如何针对目标实现制订良好的计划。因此，在1989年我受邀在慕尼黑的马克斯·普朗克学会心理研究所创建名为"意向与行动"的研究室后，这个问题一直是我们的研究重点。我们要求被试将实现目标的一系列步骤列出来，然后阐明每个步骤的时间、地点和实现方式，这一过程启动了被试的执行型心理定势。我们想知道人们是否可以通过制订计划的方式促进目标的实现，并将其称为**执行意向**的形成（Gollwitzer, 1993, 1999）。目标（或目标意向）仅仅是指希望达到的最终状态（"我要实现目标X"），而执行意向指的是"如果（if）出现情境Y，那么（then）我将启动行为Z"。后者另外明确了个体何时、何地以及如何为实现目标而努力。因此，执行意向通过情境线索和目标导向反应（goal-directed responses）之间建立的强烈心理联结，将意向目标导向行为启动的控制权授予该线索。例如，以健康饮食为目标的个体可能产生如下执行意向——"（如果）在我最喜欢的餐厅，服务员要我点菜时，（那么）我会选择素食"。依据与预期情境（即计划中"如果"部分的情境的心理表征激活的增强）和意向行为（即一旦面临关键情境，自动启动计划中"那么"部分的反应）相关的心理过程，执行意向所产生的心理联结（Gollwitzer, 1999）应该能够促进目标实现。

20世纪90年代中期，我有幸认识了来自英国的帕斯卡尔·希兰（Paschal Sheeran）。我们和各自的学生以及同事开始探索执行意向对目标实现的积极影响及其可能的潜在过程。形成执行意向意味着一个关键未来情境的选择，因此这种情境的心理表征被高度激活且更容易获取。许多研究发现计划中"如果"部分可获取性增强的现象，有助于个体回忆具体的情境，并在情境出现时迅速分配注意力。若干研究还发现，执行意向中"那么"部分启动的目标导向反应具有自动化的特征。"如果-那么"计划的制订者在面临关键情境时，不需要意识参与就能够迅速行动，有效应对认知要求。

一项涉及8000多名被试、94项独立研究的元分析揭示，执行意向与目标实现的关系的效应量中等偏大（Gollwitzer & Sheeran, 2006）。重要的是，在各类目标领域（如消费者、环境、反种族主义、亲社会、学术和健康）均发现，执行意向有利于目标导向的反应（包括认知、情感和行为）。执行意向显然可以帮助个体更好地应对目标奋斗过程中的主要问题：开始行动、保持正轨、停止徒劳的目标奋斗、不逞能。重要的是，即使遇到通过自我调节策略也难以改善的制约条件（如自身低能力、强劲的对手、与习惯反应存在强烈冲突），执行意向仍会显示出积极的影响（Gollwitzer et al., 2010; Gollwitzer & Oettingen, 2011）。

吉尔伯特（2009）等人最近进行的功能性磁共振成像（fMRI）研究为执行意向的神奇能力提供了答案。当执行功能任务的实施从目标意向指导转向执行意向指导时，大脑的激活从10区[注]外侧变为10区内侧。对各种执行功能任务深入的元分析表明，10

[注] 10区即额极区，位于上额回和中额回最前侧的部分。——译者注

区外侧和内侧分别与自上而下和自下而上的行动控制有关（Burgess et al.，2005）。显然，执行意向诱发了行动控制从自上而下到自下而上的转变，这一方面解释了为什么即使是习惯性的反应也可以被执行意向所打破，另一方面也解释了为什么无法用意识控制自己的思想、感受和行动的特殊群体也可以从执行意向的形成中获益（如戒毒期的成瘾者、精神分裂症病人、注意缺陷多动障碍儿童）。

然而，找到一种有效的目标奋斗的自我调节策略，并深入分析其工作原理，就可以帮助人们解决自身的、人际的，甚至社会的问题吗？仅仅宣传有效策略的存在可能不够，第二步需要通过开发能够促进策略掌握的干预方法，帮助人们将此策略应用于日常生活。换句话说，需要开发能够有效教授人们形成执行意向的元认知策略的干预方法。

为了找到有效的干预方法，加布里埃尔·厄廷根（Gabriele Oettingen）和我首先参考了执行意向效应潜在调节变量的所有研究（参见 Gollwitzer & Sheeran, 2006）。重要的是，只有个体的目标承诺很高时，执行意向才能展现其积极的影响。此外，当个体将自己认为最为关键的线索放入执行意向的"如果"部分时，执行意向效应似乎更强（Adriaanse et al., 2009）。据此，我们探索并在**心理对照**中发现了实现这些先决条件的过程，因为这一自我调节策略可以激发"如果－那么"计划。

什么是心理对照？它又是如何起作用的呢？在进行心理对照时（Oettingen et al., 2001），个体首先对理想的未来展开想象（如增加自身健康行为），然后反思当前阻碍理想的现实（如向诱惑屈服的冲动）。因此，心理对照能够将可实现的理想未来转化为强目标承诺。心理对照的积极影响（即刻或几周之后；综述参见 Oettingen & Stephens, 2009）体现在多个领域（成就、人际关系和健康），对目标承诺的多个指标：认知（如制订计划）、情感（如对失败的预期失望感）、动机（如活力感、收缩压）和行为（如付出的努力和类似课程成绩的实际成就）。心理对照通过改变内隐认知促进强目标承诺。研究发现，由心理对照引发的未来和现实之间联系强度的增加，能够在心理对照与强目标承诺（包括自评与他评的认知、情感和行为指标）之间的关系中起中介作用（Kappes & Oettingen, 2011）。

因此，我们将执行意向的形成与心理对照整合成一种自我调节策略：心理对照执行意向（mental contrasting with implementation intentions, MCII; Oettingen & Gollwitzer, 2010）。当被试将 MCII 作为一种元认知策略学习并应用到日常生活时，比单独使用心理对照或执行意向更能帮助行为的改变。此外，MCII 的效应适用于各种生活领域（学术成就、人际关系、恋爱关系满意度、健康、饮食和定期锻炼），并可持续长达两年的时间（Adriaanse et al., 2010; Christiansen et al., 2010; Stadler et al., 2009, 2010）。当进行 MCII 实验时，首先被试要通过心理对照练习，建立强目标承诺并找出真正阻碍目标实现的障碍。之后，通过将障碍设为"如果"部分中的关键线索，并且将此线索与"那么"部分中工具性的反应联系起来，形成将目标承诺转化成工具性行为的执行意向（"如果－那么"计划）。

结　论

人们有时需要做决策，有时需要执行决策。日常生活中，从有效的行动控制视角，讨论做决策和采取行动的问题时，激活促进目标设置和目标实现的各自认知过程，似乎有帮助。换句话说，人们应该根据任务（目标决策或目标执行）要求，产生相应的考虑型或执行型心理定势。

此外，前决策和后决策阶段各自存在更有效的强策略。因此，为了帮助人们最优地设定和实现目标，干预不应该只是让人们完成目标承诺和目标执行的任务。相反，应该更进一步，让人们掌握目标设定（如心理对照）和目标执行（如形成执行意向）的策略，众所周知它们分别是提升恰当的目标承诺和成功实现目标最为有效的方法。未来的研究可以探索如何在省时、经济的行为改变干预措施中，以最佳方式教授这些策略。

参考文献

Ach, N. (1935) Analyse des Willens (The analysis of willing). In E. Abderhalden (ed.), *Handbuch der biologischen Arbeitsmethoden, Vol. 6.* Berlin: Urban u. Schwarzenberg.

Adriaanse, M.A., de Ridder, D.T.D. and de Wit, J.B.F. (2009) Finding the critical cue: Implementation intentions to change one's diet work best when tailored to personally relevant reasons for unhealthy eating. *Personality and Social Psychology Bulletin, 35*, 60–71.

Adriaanse, M.A., Oettingen, G., Gollwitzer, P.M., Hennes, E.P., de Ridder, D.T.D. and de Wit, J.B.F. (2010) When planning is not enough: Fighting unhealthy snacking habits by Mental Contrasting with Implementation Intentions (MCII). *European Journal of Social Psychology, 40*, 1277–1293.

Alloy, L.B. and Abramson, L.Y. (1979) Judgement of contingency in depressed and nondepressed students: Sadder but wiser? *Journal of Experimental Psychology: General, 108*, 449–485.

Armor, D.A. and Taylor, S.E. (2003) The effects of mindset on behavior: Self-regulation in deliberative and implemental frames of mind. *Personality and Social Psychology Bulletin, 29*, 86–95.

Atkinson, J.W. (1957) Motivational determinants of risk-taking behavior. *Psychological Review, 64*, 359–372.

Bargh, J.A. (1984) Automatic and conscious processing of social information. In R.S. Wyer, Jr. and T.K. Srull (eds), *Handbook of Social Cognition, 3*, 1–43. Hillsdale, NJ: Erlbaum.

Bargh, J.A. (1994) The Four Horsemen of automaticity: Awareness, efficiency, intention, and control in social cognition. In R.S. Wyer Jr. and T.K. Srull (eds), *Handbook of Social Cognition*, 2nd Edition, pp. 1–40. Hillsdale, NJ: Erlbaum.

Bargh, J.A. and Chartrand, T.L. (2000) A practical guide to priming and automaticity research. In H. Reis and C. Judd (eds), *Handbook of Research Methods in Social Psychology*, pp. 253–285. New York: Cambridge University Press.

Bayer, U.C. and Gollwitzer, P.M. (2005) Mindset effects on information search in self-evaluation. *European Journal of Social Psychology, 35*, 313–327.

Bobrow, D.G. and Winograd, T. (1977) An overview of KRL: A knowledge representation language. *Cognitive Science, 1*, 3–46.

Brandstätter, V. and Frank, E. (2002) Effects of deliberative and implemental mindsets on persistence in goal-directed behavior. *Personality and Social Psychology Bulletin, 28*, 1366–1378.

Brehm, J.W. and Cohen, A.R. (1962) *Explorations in Cognitive Dissonance.* New York: Wiley.

Brewer, M.B. (1988) A dual process model of impression formation. In T.K. Srull and R.S. Wyer (eds), *Advances in Social Cognition, 1*, 1–36. Hillsdale, NJ: Erlbaum.

Brickenkamp, R. (1981) *Test d2*, 7th Edition. Goettingen: Hogrefe.

Burgess, P.W., Simons, J.S., Dumontheil, I. and Gilbert, S.J. (2005) The gateway hypothesis of rostral PFC function. In J. Duncan, L. Phillips, and P. McLeod (eds) *Measuring the Mind: Speed Control and Age*, pp. 215–246. Oxford: Oxford University Press.

Chaiken, S., Liberman, A. and Eagly, A.H. (1989) Heuristic and systematic information processing within and beyond the persuasion context. In J.S. Uleman and J.A. Bargh (eds), *Unintended Thought*, pp. 212–252. New York: Guilford Press.

Christiansen, S., Oettingen, G., Dahme, B. and Klinger, R. (2010) A short goal-pursuit intervention to improve physical capacity: A randomized clinical trial in chronic back pain patients. *Pain, 149*, 444–452.

Colvin, C.R. and Block, J. (1994) Do positive illusions foster mental health?: An examination of the Taylor and Brown formulation. *Psychological Bulletin*, 116, 3–20.

Fazio, R.H. (1990) Multiple processes by which attitudes guide behavior: The MODE model as an integrative framework. In M.P. Zanna (ed.), *Advances in Experimental Social Psychology*, 23, 75–109. San Diego: Academic Press.

Feather, N.T. and Newton, J.W. (1982) Values, expectations, and the prediction of social action: An expectancy-valence analysis. *Motivation and Emotion*, 6, 217–244.

Fiske, S.T. and Neuberg, S.L. (1990) A continuum of impression formation, from category-based to individuating processes: Influences of information and motivation on attention and interpretation. *Advances in Experimental Social Psychology*, 23, 1–73.

Freitas, A.L., Gollwitzer, P.M. and Trope, Y. (2004) The influence of abstract and concrete mindsets on anticipating and guiding others' self-regulatory efforts. *Journal of Experimental Social Psychology*, 40, 739–752.

Fujita, K., Gollwitzer, P.M. and Oettingen, G. (2007) Mindsets and preconscious open-mindedness to incidental information. *Journal of Experimental Social Psychology*, 43, 48–61.

Gagné, F.M. and Lydon, J.E. (2001a) Mindset and relationship illusions: The moderating effects of domain specificity and relationship commitment. *Personality and Social Psychology Bulletin*, 27, 1144–1155.

Gagné, F.M. and Lydon, J.E. (2001b) Mindset and close relationships: When bias leads to (in)accurate predictions. *Journal of Personality and Social Psychology*, 81, 85–96.

Galinsky, A.D. and Moskowitz, G.B. (2000) Counterfactuals as behavioral primes: Priming the simulation heuristic and consideration of alternatives. *Journal of Experimental Social Psychology*, 36, 384–409.

Gilbert, D.T. (1989) Thinking lightly about others: Automatic components of the social inference process. In J.S. Uleman and J.A. Bargh (eds), *Unintended Thought*, pp. 189–211. New York: Guilford Press.

Gilbert, D.T. and Malone, P.S. (1995) The correspondence bias. *Psychological Bulletin*, 117, 21–38.

Gilbert, S.J., Gollwitzer, P.M., Cohen, A-L., Oettingen, G. and Burgess, P.W. (2009) Separable brain systems supporting cued versus self-initiated realization of delayed intentions. *Journal of Experimental Psychology: Learning, Memory, and Cognition*, 35, 905–915.

Gollwitzer, P.M. (1987) *Motivationale vs. volitionale Bewußtseinslage*. (Motivational vs. volitional mindset.) Habilitationsschrift, Ludwig-Maximilians-Universität München.

Gollwitzer, P.M. (1990) Action phases and mindsets. In E.T. Higgins and R.M. Sorrentino (eds), *Handbook of Motivation and Cognition: Foundations of Social Behavior*, 2, 53–92. New York: Guilford Press.

Gollwitzer, P.M. (1991) Abwägen und Planen: Bewußtseinslagen in verschiedenen Handlungsphasen (Deliberating and planning: Mindsets in different action phases). Goettingen: Hogrefe.

Gollwitzer, P.M. (1993) Goal achievement: The role of intentions. *European Review of Social Psychology*, 4, 141–185.

Gollwitzer, P.M. (1999) Implementation intentions: Strong effects of simple plans. *American Psychologist*, 54, 493–503.

Gollwitzer, P.M. and Bayer, U.C. (1999) Deliberative and implemental mindsets in the control of action. In S. Chaiken and Y. Trope (eds), *Dual-process Theories in Social Psychology*, pp. 403–422. New York: Guilford Press.

Gollwitzer, P.M., Gawrilow, C. and Oettingen, G. (2010) The power of planning: Effective self-regulation of goal striving. In R. Hassin, K. Ochsner, and Y. Trope (eds), *Self-control in Society, Mind, and Brain*, pp. 279–296. New York: Oxford University Press.

Gollwitzer, P.M., Heckhausen, H. and Steller, B. (1990) Deliberative and implemental mindsets: Cognitive tuning toward congruous thoughts and information. *Journal of Personality and Social Psychology*, 59, 1119–1127.

Gollwitzer, P.M. and Kinney, R.F. (1989) Effects of deliberative and implemental mindsets on illusion of control. *Journal of Personality and Social Psychology*, 56, 531–542.

Gollwitzer, P.M. and Kirchhof, O. (1998) The willful pursuit of identity. In J. Heckhausen and C.S. Dweck (eds), *Life-span Perspectives on Motivation and Control*, pp. 389–423. New York: Cambridge University Press.

Gollwitzer, P.M. and Oettingen, G. (2011) Planning promotes goal striving. In K.D. Vohs and R.F. Baumeister (eds), *Handbook of Self-regulation: Research, Theory, and Applications*, 2nd Edition, pp. 162–185. New York: Guilford Press.

Gollwitzer, P.M. and Sheeran, P. (2006) Implementation intentions and goal achievement: A meta-analysis of effects and processes. *Advances in Experimental Social Psychology*, 38, 69–119.

Gollwitzer, P.M., Sheeran, P., Michalski, V. and Seifert, A.E. (2009) When intentions go public: Does social reality widen the intention-behavior gap? *Psychological Science*, 20, 612–618.

Greenwald, A.G. and Banaji, M.R. (1995) Implicit social cognition: Attitudes, self-esteem, and stereotypes. *Psychological Review*, 102, 4–27.

Harmon-Jones, C., Schmeichel, B.J. and Harmon-Jones, E. (2009) Symbolic self-completion in academia: Evidence from department web pages and email signature files. *European Journal of Experimental Social Psychology*, 39, 311–316.

Harmon-Jones, E. and Harmon-Jones, C. (2002) Testing the action-based model of cognitive dissonance: The effect of action orientation on postdecisional attitudes. *Personality and Social Psychology Bulletin*, 28, 711–723.

Heckhausen, H. (1977) Achievement motivation and its constructs: A cognitive model. *Motivation and Emotion*, 4, 283–329.

Heckhausen, H. (1987) Wünschen – Wählen – Wollen. In H. Heckhausen, P.M. Gollwitzer, and F.E. Weinert (eds), *Jenseits des Rubikon. Der Wille in den Humanwissenschaften* (Crossing the Rubicon: The concept of will in the life sciences), pp. 3–9. Berlin: Springer Verlag.

Heckhausen, H. and Gollwitzer, P.M. (1987) Thought contents and cognitive functioning in motivational versus volitional states of mind. *Motivation and Emotion*, 11, 101–120.

Henderson, M.D., de Liver, Y. and Gollwitzer, P.M. (2008) The effects of implemental mindset on attitude strength. *Journal of Personality and Social Psychology*, 94, 394–411.

Higgins, E.T. and Sorrentino, R.M. (1990) (eds) *The Handbook of Motivation and Cognition: Foundations of Social Behavior*, Vol. 2. New York: Guilford Press.

Kappes, A. and Oettingen, G. (2011) *From wishes to goals: Mental contrasting connects future and reality*. Submitted for publication.

Külpe, O. (1904) Versuche über Abstraktion (Experiments on abstraction). Bericht über den 1. *Kongreß für experimentelle Psychologie*, pp. 56–68. Leipzig: Barth.

Kuhl, J. (1984) Volitional aspects of achievement motivation and learned helplessness: Toward a comprehensive theory of action control. In B.A. Maher (ed.), *Progress in Experimental Personality Research*, 13, 99–171. New York: Academic Press.

Ledgerwood, A., Liviatan, I. and Carnevale, P.J. (2007) Group-identity completion and the symbolic value of property. *Psychological Science*, 18, 873–878.

Lewin, K. (1926) Vorsatz, Wille und Bedürfnis (Intention, will, and need). *Psychologische Forschung*, 7, 330–385.

Liberman, N. and Trope, Y. (2008) The psychology of transcending the here and now. *Science*, 322, 1201–1205.

Marbe, K. (1915) Zur Psychologie des Denkens (The psychology of reasoning). *Fortschritte der Psychologie und ihre Anwendungen*, 3, 1–42.

Mischel, W. (1974) Processes in delay of gratification. *Advances in Experimental Social Psychology*, 7, 249–292.

Mischel, W. and Patterson, C.J. (1978) Effective plans for self-control in children. *Minnesota Symposia on Child Psychology*, 11, 199–230.

Norman, D.A. and Bobrow, D.G. (1979) Descriptions: An intermediate stage in memory retrieval. *Cognitive Psychology*, 11, 107–123.

Oettingen, G., Pak, H. and Schnetter, K. (2001) Self-regulation of goal-setting: Turning free fantasies about the future into binding goals. *Journal of Personality and Social Psychology*, 80, 736.

Oettingen, G. and Gollwitzer, P.M. (2010) Strategies of setting and implementing goals: Mental contrasting and implementation intentions. In J.E. Maddux and J.P. Tangney (eds), *Social Psychological Foundations of Clinical Psychology*, pp. 114–135. New York: Guilford Press.

Oettingen, G. and Stephens, E.J. (2009) Fantasies and motivationally intelligent goal setting. In G.B. Moskowitz and H. Grant (eds), *The Psychology of Goals*, pp. 153–178. New York: Guilford Press.

Orth, J. (1903) Gefühl und Bewußtseinslage: Eine kritisch-experimentelle Studie (Feelings and mindsets: An experimental study). In T. Ziegler and T. Ziehen (eds), *Sammlung von Abhandlungen aus dem Gebiet der Pädagogischen Psychologie und Physiologie*, 4, 225–353. Berlin: Verlag von Reuter and Reichard.

Pösl, I. (1994) Wiederaufnahme unterbrochener Handlungen: Effekte der Bewusstseinslagen des Abwägens und Planens (Mindset effects on the resumption of disrupted activities). Unpublished master's thesis, University of Munich, Germany.

Puca, R.M. (2001) Preferred difficulty and subjective probability in different action phases. *Motivation and Emotion*, 25, 307–326.

Stadler, G., Oettingen, G. and Gollwitzer, P.M. (2009) Physical activity in women. Effects of a self-regulation intervention. *American Journal of Preventive Medicine*, 36, 29–34.

Stadler, G., Oettingen, G. and Gollwitzer, P.M. (2010) Intervention effects of information and self-regulation on eating fruits and vegetables over two years. *Health Psychology*, 29, 274–283.

Taylor, S.E. and Armor, D.A. (1996) Positive illusions and coping with adversity. *Journal of Personality*, 64, 873–898.

Taylor, S.E. and Brown, J.D. (1988) Illusion and

well-being: A social psychological perspective on mental health. *Psychological Bulletin*, *103*, 193–210.

Taylor, S.E. and Gollwitzer, P.M. (1995) The effects of mindsets on positive illusions. *Journal of Personality and Social Psychology*, *69*, 213–226.

Taylor, S.E., Kemeny, M.E., Reed, G.M., Bower, J.E. and Gruenewald, T.L. (2000) Psychological resources, positive illusions, and health. *American Psychologist*, *55*, 99–109.

Watt, H.J. (1905) Experimentelle Beiträge zu einer Theorie des Denkens (Experimental analyses of a theory of reasoning). *Archiv für die gesamte Psychologie*, *4*, 289–436.

Weinstein, N.D. (1984) Why it won't happen to me: Perception of risk factors and susceptibility. *Health Psychology*, *3*, 431–457.

Wicklund, R.A. and Gollwitzer, P.M. (1982) *Symbolic Self-completion*. Hillsdale, NJ: Erlbaum.

Wong, E.M., Galinsky, A.D. and Kray, L.J. (2009) The counterfactual mindset: A decade of research. In K.D. Markman, W.M.P. Klein, and J.A. Suhr (eds), *Handbook of Imagination and Mental Simulation*, pp. 161–174. New York: Psychology Press.

第 9 章

自我控制理论

沃尔特·米歇尔（Walter Mischel）

蒋文[一] 译 蒋奖 审校

摘 要

我和同事在几十年里慢慢发展起来的自我控制理论，旨在整合我在科学领域和个人生活中两个密切相关问题上的成果。从我职业生涯开始，我就被下面两个问题所引领，我觉得一方的答案蕴含在另一方之中：第一，社会心理学家经常显示情境的力量，那么个体（至少在一些时候）是如何成功抑制和控制他们对强大情境压力的冲动和自动化反应，用"自我控制"克服"刺激控制"（stimulus control）的呢？第二，既然人们在不同情境下的行为、想法和感受具有巨大的变异性（variability），那么在个体的生命历程中有什么特征是具有一致性（consistency）的呢？在本章中，我将讨论一些实证努力、令人惊讶的发现和想法以及运气，这些最终都为这两个问题提供了一些答案，而这些答案（就目前而言）似乎很好契合了具有整合性、不断演进的自我控制理论。

开 端

事情不是我预料的那样。半个世纪前的某个一月，我乘坐一架螺旋桨飞机离开了寒冷泥泞的俄亥俄州哥伦布市，降落在阳光普照、天空蔚蓝的特立尼达岛，渴望观察和研究奥里沙（Orisha）宗教［一种融合了非洲和天主教信仰的宗教，由当时被称为尚戈（Shango）的团体组成］中的"神灵附体"（spirit possession）现象。那里充满异国情调，有朗姆酒和可乐，有棕榈树林立的海滩，虽然仍被英国殖民统治，但游离于（传统）旅游路线以外。能离开哥伦布前往这样一个地方，真是让人难以抗拒的机会。这也让我在研究生训练期间得到休息放松（1953年至1956年，我在俄亥俄州立大学攻读临床心理学博士学位）。在那几年里，我和我当时的妻子弗朗西斯（现在的弗朗西斯·亨利，她在 20 世纪 50 年代初是人类学博士生）多次去特立尼达岛。我们希望找到人们

[一] 香港中文大学心理学系

在阶层明显而固化的英属殖民地社会中扮演最底层且卑微的角色时的日常生活，与他们在所谓的"被附身"时所行所想之间的联系（Mischel & Mischel, 1958）。我在俄亥俄州立大学的临床经验已让我怀疑投射测量（projective measures）对于精神疾病诊断的价值。但我仍然对它们探索幻想层面的潜力抱有希望，认为值得一试。从1955年到1958年，我们带着我的罗夏墨迹（Rorschach inkblot）卡片（还有一个素描本）去特立尼达岛度过了几个夏天。

从特立尼达岛与"神灵附体"到延迟满足

短暂的人类学冒险

我们发现尚戈团体在特立尼达南端的一个小村庄修行，并和村里的首领帕·尼泽（Pa Neezer）成了朋友。帕·尼泽友好地欢迎我们住在他的一间小房子里，作为观察员来学习和了解他们的仪式和习俗。尚戈的成员都很配合，也很乐意取悦他人。这一点在他们回答投射测验（projective test）的时候尤为明显。他们的回答往往更多地与他们认为我可能感兴趣的内容有关（例如，当下正在附近城镇上映的美国电影的情节），而非他们的内心生活。我看不出他们编造的故事与他们的内心状态所具有的联系。当他们在尚戈仪式上"被神灵附身"时（参见Mischel & Mischel, 1958中的描述），我更确信他们在我眼前所做的一切与他们的内心状态毫无关联。我很快就把测验放在一边，开始观察我们周围可能发生的事情。

尚戈仪式持续数个昼夜，白天是英国人手下的劳工和佣人，到了晚上被天主教圣人和非洲"神灵"的混合体所"附身"，在催眠般的恍惚状态下，随着震耳欲聋的鼓声和朗姆酒瓶的传递而起舞。当我发现很难阻止自己投入到舞蹈中时，我意识到被试 - 观察者的平衡正在快速倾斜，在保持我的眼睛盯着现场的同时，我需要把我的工作转向其他方向。

现在的小糖果与以后的大糖果

从抑制跳舞的冲动转变到发明几十年后被媒体称为"棉花糖测验"（marshmallow test）的东西，我花了十几年的时间。开端是我开始和村子里的邻居们交谈并认真倾听他们谈论自己的生活。岛上这个地区的居民要么是非裔，要么有东印度背景，每个群体都生活在同一条长街不同侧的飞地[⊖]。无须多听就能发现他们在描述彼此时反复出现的内容。东印度人说，非洲人只是爱好享乐，冲动，渴望享受美好时光，活在当下，却从不计划或思考未来。相反，非洲人认为他们的东印度邻居只是为了未来而工作，把钱藏在床垫下，从没有享受当下。

我开始在当地学校研究这些观察结果，这些学校有来自两个族裔的孩子。在他们的教室里，我进行了各种各样的测验，从父亲是否在家等人口统计学描述，到信任期望、成就动机、社会责任的各种指标以及智力。在每一节测验结束时，我都会让他们在可以马上拥有的小礼物（一个小巧克力棒、一个小记事本）和下一周能得到的更大更好的礼物之间做出选择。

与这两个群体对彼此的刻板印象一致，特立尼达的黑人孩子通常更喜欢即时奖励，而来自东印度家庭的孩子更喜欢延迟奖励（Mischel, 1961a, 1961b, 1961c）。我想

⊖ 飞地是指在本国境内的隶属另一国的一块领土。——译者注

知道，那些来自父亲不在身边的家庭的孩子（当时在特立尼达的黑人家庭中很常见，在另一个群体中非常罕见）是否与信守承诺的男性社会代理人有较少的接触经历。如果是这样的话，这些孩子的信任感就会降低，也就是说，他们对男性（和处于社会上层的白人）访客带着承诺的延迟奖励出现的"期望"更低。我从俄亥俄州立大学的导师朱利安·罗特（Julian Rotter）那里学到了期望的重要性，他的社会学习理论给我留下了深刻的印象，期望这一构念也是我博士论文的主题。所以我控制了父亲缺位（father absence）的影响，很高兴看到不同族群之间的差异消失了。这些发现指出了结果预期（outcome expectancy）和信念在目标承诺（goal commitment）中的重要作用。只有当人们相信延迟的更大奖励（"更大的鸟在灌木丛中"）会实现时，他们才有可能尝试进行自我控制（并放弃"手中的鸟"）(Mischel, 1974)。

这开启了探讨这种选择行为的一些主要决定因素的研究，以及后来被称为"时间折扣"的研究，时间折扣是行为经济学的一个主要主题（例如 Mischel, 1961a, 1961b, 1961c; Mischel & Gilligan, 1964; Mischel & Metzner, 1962; Mischel & Mischel, 1958）。这些研究表明，对即时奖励的主导性选择偏好与青少年犯罪、较低的社会责任评级、在实验情境中对诱惑的抵抗力较低、较低的成就动机和较低的智力之间存在显著的相关关系（总结见 Mischel, 1974）。

期望（信任）和价值

目标承诺不仅取决于人们的信任期望，还受情境中奖励的主观价值影响。通过时间折扣机制，延迟奖励比立即获得的同等奖励价值低（Ainslie, 2001; Loewenstein et al., 2003; Rachlin, 2000）。因此，我们预期并发现，未来奖励的延迟时间越长，孩子们选择等待奖励的可能性就越小（Mischel & Metzner, 1962）。因此，延迟满足中的目标承诺随着延迟奖励的相对大小而增强，随着获得奖励所需时间的增加而减弱（Mischel, 1966, 1974）。

这一点与经济学和心理学中的效用理论（utility theory）一致。研究结果表明，是否选择等待更大但延迟的奖励在很大程度上取决于期望-价值机制（讨论见 Mischel, 1974; Mischel & Ayduk, 2004）。简言之，一个人若要致力于追求某一延迟奖励，就必须足够重视它，并且必须相信如果他们选择这样做，他们就有能力成功地实施自我控制（例如，Bandura, 1986; Mischel & Staub, 1965），并相信一旦成功实现自己的目标，他们会得到自己所重视的延迟奖励。延迟奖励对他们来说必须足够重要，以抵消时间折扣效应。此外，我们发现，通过接触高声望的、与被试选择相反的朋辈榜样（peer model），这些选择偏好可以在任意方向上被修正[⊖]。几个月后，当被试在新的情境下再次接受测试时，这些改变仍然很明显（Bandura & Mischel, 1965）。

观察意志力的窗口

意志力：被行为主义所蔑视的虚构

当我开始自己的自我控制研究时，行为主义是主导理论，或者说是反理论，它在20世纪50年代和60年代早期统治着美国的心理科学。学术心理学仍然深入于"实证主义"[positivism，不要与"积极心理

⊖ 例如，即使被试偏好即时奖励，他们接触偏好延迟奖励的榜样后也会更偏好延迟奖励，反之亦然。——译者注

学"(positive psychology)混淆],而未进入认知革命,并且被激进行为主义和对斯金纳式"刺激控制"的关注以及强化的力量所主导。"自我控制""自我"等概念被斥为幼稚、不科学的虚构(fiction),甚至"意志力"(willpower)一词在学术圈也难登大雅之堂。

当我看着自己三个年龄相仿的女儿在生命的头几年里,从咯咯笑、尖叫和睡觉,转变成为可以与之进行精彩、有思想的对话的人时,被嘲笑的意志力"虚构"就成了我的关注点和研究议程。最让我惊讶的是,有时她们甚至可以静静地坐一会儿,等待她们想要的、需要一些时间或努力才能得到的东西。当我试图弄清楚厨房餐桌上摆在我面前的事情时,我想到了在行为主义和经济学中,大多数人类行为,包括发生在我孩子身上的事情,其解释的关键都是奖励。但我不知道奖励是如何让人自愿进行延迟满足和动用"意志力"的,作为一名心理学家,我现在甚至还会将"意志力"这个词放在引号里。试图理解这是怎么发生的成为我终身痴迷的事。

进入餐厅之前放弃吃餐后甜点的决定,以及当糕点这一诱惑在你眼前闪过时你仍坚持不吃的能力,这两者往往是没有联系的。最坚定的新年决心很容易在一月底前破灭,而那些自我厌恶地将香烟扔进垃圾桶,发誓永远戒烟的吸烟上瘾者,可能在三小时后疯狂地找寻香烟。因此,我一直在问自己的问题是:在做出延迟决定之后,是什么让良好意向形成(至少宣称自己是如此)得以实现?这种能力是如何在幼儿身上发展起来的?

棉花糖测验

从推测到实证主义,我们需要一种方法来研究幼儿在学龄前开始产生的延迟满足能力。令人高兴的是,斯坦福大学新成立的必应幼儿园(Bing Nursery School)有着巨大的单向玻璃观察窗,这是理想的实验室,作为一名新来(1962年)的教师,我很高兴能使用它。在接下来的十几年里,我的学生,尤其是埃贝·埃贝森(Ebbe Ebbesen)、伯特·穆尔(Bert Moore)和安东内特·蔡司(Antonette Zeiss)(但其他许多人也扮演了重要角色),他们和我一起提出了学龄前"为了延迟但更有价值的奖励而延迟即时满足的范式",媒体后来将其简单地(尽管不太准确)称为棉花糖测验。

通常情况下,我们会给学龄前儿童看一些他们喜欢的礼物,例如,小棉花糖或者(更常见的)椒盐脆棒、饼干或小塑料玩具。孩子面临这样一种冲突:是等到实验者回来得到两份喜欢的礼物,还是按铃让实验者立刻回来,但这时孩子只得到一份礼物。孩子在选择等待更大的奖励后会被单独留下,一边等待,一边面对着两份礼物,测量变量是享用单份礼物(例如,吃掉棉花糖)或等待全部时间获得两份礼物(例如,15分钟后)之前的等待秒数。延迟满足很快就会变得困难,挫折感也迅速增长。随着等待目标的时间拖长,孩子变得越来越容易按铃和享用即时可得的礼物。

这种情境已经成为研究即时小诱惑和延时高阶大目标(即当实验者回来时,更大的礼物会延迟到来)之间冲突的典型范式。在这类情境下,我和我的学生通过实验和直接观察研究了斯坦福大学社区的数百名学龄前儿童,后续研究仍在进行中(例如,Mischel et al., 2011)。我们从一系列实验开始,这些实验旨在观察选择情境中奖励的心理表征(mental representation)如何影响抵御冲动反应的能力,以及如何影响继续等待或为所选择的延迟但更有价值的结果而付出努力的能力。后面章节对此会有所叙述。

这些实验的目的是识别让一些人能够延迟满足（而另一些人却不能如此）的心理过程。我没有理由认为，4岁时对棉花糖或饼干的等待秒数能够预测数年后个体在重要领域的结果。事实上，我们完全有理由不去这样期待，因为极少有通过生命早期的心理测验成功预测长期生活结果的案例（Mischel, 1968）。不过，偶尔我确实会问我的三个女儿（她们都上过必应幼儿园），几年过去了，她们幼儿园的朋友们过得怎么样。这远不是系统的追踪，只是晚餐时间的闲聊。我问她们："黛比怎么样了？""山姆怎么样了？"当孩子们到青少年时，我曾以非正式形式让女儿们给她们朋友的学业进展和社会性发展从0到5进行打分，我注意到学龄前儿童的"棉花糖测验"分数和女儿们的非正式判断之间可能存在着某种联系。将这些评分与原始数据㊀进行比较，我发现了明显的相关性，于是我意识到我必须认真地对待这一结果。

意外收获：学龄前延迟满足预测长期结果

从1981年开始，我和我的学生向曾参与延迟满足研究的学龄前儿童（他们那时已经上高中了）的家长、老师和学业顾问发放了一份调查问卷。我们询问了与冲动控制相关的各种行为和特征，从提前计划和思考的能力到他们是否有技巧、能有效处理个人和人际问题（例如，他们与同伴相处得如何）。我们还向教育考试服务中心（Educational Testing Service）申请并获取了他们的学术能力倾向测验（Scholastic Aptitude Test，SAT）成绩。结果很明显，高延迟满足和低延迟满足的学龄前儿童之间存在长期差异，因此，随着被试的成长发展，我们持续对他们进行了系统研究，当他们到了40多岁时仍然如此。

跌跌撞撞进入必应追踪研究

必应追踪研究的样本由1968年到1974年间在斯坦福大学必应幼儿园就读的300多名被试所组成。自最初测验后，我们每十年评估一次这些被试在面对即时诱惑时追求长期目标的能力。他们现在已经到了30岁末、40岁出头的年纪，关于他们生活结果的信息也在不断被收集，例如他们的职业、婚姻、身体健康和心理健康状况。这些发现从一开始就让我们大吃一惊，而且还在继续。例如，相比于低延迟满足被试，延迟时间更长的学龄前儿童取得的SAT分数要高得多（平均高出约200分），并且在青春期表现出更好的社会－认知和情绪应对能力（Mischel et al., 1988, 1989; Shoda et al., 1990）。

当高延迟满足个体成年后，大多数人的认知－社会功能以及教育和经济生活结果都比低延迟个体更好（例如Ayduk et al., 2000; Mischel & Ayduk, 2004; Mischel et al., 1988; Shoda et al., 1990）。高延迟满足也延迟了不同心理健康问题的发展：高延迟满足个体吸食可卡因或强效可卡因的频率较低，更不太可能受低自尊和低自我价值感的困扰（Ayduk et al., 2000），与具有相似特质易感性（dispositional vulnerability）的对照组相比，高延迟满足个体的边缘型人格障碍（borderline personality disorder）的特征更少（Ayduk et al., 2008）。

㊀ 即记录了棉花糖测验等待时间的数据。——译者注

为了确保我们所发现的这些长期相关并不局限于必应幼儿园的被试，我们采用类似方法对各种其他人群进行了追踪研究，得到了相似的研究结果，包括：纽约巴纳德学院幼儿中心的儿童（例如 Eigsti et al., 2006; Sethi et al., 2000），纽约南布朗克斯区的中学生（例如 Ayduk et al., 2000; Mischel & Ayduk, 2004），以及高风险儿童和青少年（即存在攻击性/外化和抑郁/退缩问题的青少年）在夏季住院治疗项目中的表现（例如 Mischel & Shoda, 1995; Rodriguez et al., 1989）。例如，延迟任务中自我控制策略的自发使用（例如，将目光从奖励移开，并使用自我分心策略，在本例中奖励是糖果）可以预测在夏令营研究的六周时间内直接观察到的言语攻击和身体攻击的减少（例如 Rodriguez et al., 1989; Wright & Mischel, 1987, 1988）。

分解延迟满足/冲动控制能力

棉花糖测验的长期预测力是巨大的，这一事实让我更加渴望了解测验中自我控制的个体差异背后蕴含的认知-情感机制。在20 世纪 70 年代，纵向研究开始之前，我们在必应幼儿园做了这些实验，希望找到延迟满足的心理机制。

概念根源

最初，我的想法是，当渴望的满足能够被可视化时，延迟会变得更容易（Mischel et al., 1972）。这一假设是基于弗洛伊德（Freud, 1911/1959）的经典观点，即当幼儿对渴望的客体（如母亲的乳房）建立心理意象[弗洛伊德使用了"幻觉感"（hallucinatory）这个词]时，延迟满足就成为可能。在弗洛伊德看来，客体的心理表征会产生心理上的"时间绑定"（time binding），并使得初级过程思维（primary process thinking）转变为延迟和冲动抑制（Rapaport, 1967）。类似的想法（但使用的话语不同）来自在行为-条件作用（behavioral-conditioning）层面工作的研究人员的实验。他们的研究（例如 Berlyne, 1960; Estes, 1972）表明，当动物学习时，它们对目标的趋近行为（approach behavior）是通过在认知上代表期望奖励的"部分预期目标反应"来维持的。例如，当老鼠试图学习找到迷宫尽头食物的路时，这些预期表征维持了老鼠的目标追求（Hull, 1931）。同样，预期假设是把注意力集中在延迟奖励上应该强化个体维持延迟满足（从而实现目标追求）的能力。在最初的一些针对 4 岁儿童的延迟满足实验中，我们检验了这些想法，并预测如果在延迟等待期间奖励可以被注意到，那么儿童等待的时间会更长，而结果与我们的预期正好相反。

我们从一系列实验中得到了这一令人费解的结果，这些实验旨在探索关注奖励对自我控制所起的作用（Mischel & Ebbesen, 1970）。在研究中，我们对孩子在延迟满足范式的等待阶段中，奖励能否被注意到进行了实验操纵。在一种情境下，孩子们在等待时眼前既有即时可得的奖励，也有延迟奖励。在第二种情境下，两种奖励都面朝孩子呈现，但都被不透明盖子遮住。在另外两种实验条件下，仅单独呈现一种奖励（即时奖励或者延迟奖励）。平均而言，处于无奖励暴露条件下的孩子等待的时间超过了11 分钟，但当奖励能够被注意到时（即同时呈现两种奖励或单独呈现一种奖励），孩子只等待了几分钟。该结果与心理动力学和动物学习流派的预测直接矛盾，表明将注意力集中在渴望刺激上会削弱延迟满足能力。

为了弄清楚学龄前儿童在棉花糖测验

的等待期间脑子里可能在想什么，我和女儿们聊天并和她们做一些有趣但严谨的迷你实验，从中获得了很多假设。我和我的学生们也花了大量时间，透过必应幼儿园"游戏室"内单向玻璃的窗户，去观察学龄前孩子苦苦等待更有价值的延迟奖励，或者按铃立即得到价值较低的礼物。我们看到，那些设法延迟满足的孩子在继续等待的同时，尽一切可能分散自己对奖励的注意力并减少自己的挫折感，例如，晃来晃去，扭动身体，遮住眼睛不去看诱惑物，踢桌子，玩脚趾和手指，用富有想象力的方式挖鼻子和耳朵，唱他们发明的歌曲（"哦，这是我在红杉市的家"），等等。

如果把注意力从奖励移开以减少诱惑非常重要，那么分散孩子对奖励的注意力应该与将奖励移到视线外具有同样的效果。这正是我们发现的结果。例如，在一项实验中，我们给孩子提供了一个分散注意力的玩具（"彩虹圈"弹簧），让他们面对摆在桌子上的奖励，一边等待一边玩儿（Mischel et al., 1972）。在这种情境下，超过一半的孩子等待了全部时间，直到实验者回来表示实验结束（15分钟）。相比之下，没有孩子能够在无分心玩具的情境中面对奖励等待全部时间。在另一项实验中，孩子们在等待时被提示去思考有趣的想法，"你在等待的时候，如果你愿意，你可以想象妈妈在生日聚会上推着你荡秋千"，结果同样也发现了分散注意力对延迟满足的影响。与弹簧玩具条件类似，在被提示用有趣的想法分散自己的注意力的孩子中，有一半等待了全部时间，直到实验者回来宣布实验已结束（Mischel et al., 1972）。当然，并不是所有的分心刺激都同样有效。毫不意外的是，当分散注意力的对象没有吸引力时（例如，让人思考悲伤的想法），注意力就会被转移回奖励刺激，延迟

满足就会受阻。为了有效使注意力远离情境中的诱惑，分心刺激自身必须足够诱人。

发展和社会–认知研究指出，调节消极情绪和行为的注意过程与此相似。例如，注视厌恶（eye-gaze aversion）、灵活的注意转移、注意集中和对注意干扰的抵抗性，这些甚至在儿童早期就与冲动性和愤怒的减少相关（Eisenberg et al., 2002; Johnson, 1991; Posner et al., 1997）。同样地，社会–认知研究表明，以情绪为中心的反刍等过程维持并延长负面情绪，而自我分心可能是缓解负面情绪的有效策略（Nolen-Hoeksema, 1991; Rusting & Nolen-Hoeksema, 1998）。

认知重评过程：从热至冷

策略性地将注意力从渴望刺激上转移开，是面对诱惑时促进适应性自我控制的有效途径，但这种方法通常不可行，或难以持续。例如，正在节食的糕点厨师发誓不吃巧克力，但他不得不每晚做美味的巧克力蛋糕作为甜点，这就造成了一个又一个潜在的冲突。

20世纪60年代末，我们开始系统地检验刺激的不同心理表征方式如何影响儿童在自我控制过程中的情绪和行为。我们借鉴文献对刺激的两个不同方面或特征进行了区分，即刺激的"热"动机性、满足性、高唤起、行动导向或激励"去做"的特征，以及刺激的信息性、"冷"、认知线索或辨别刺激的"知道"功能（Berlyne, 1960; Estes, 1972）。鉴于这一区别，米歇尔和摩尔（1973）推断，当一个孩子认为眼前奖励是"真实的"时，注意力就会放在这些奖励热的、高唤起、满足性的特征上，而这些特征又会引发刺激的激励效应，使延迟满足变得更加困难，并很快导致"去做"反应：按铃，现在就要奖励。相比之下，我们预测，

从更冷的、更抽象的特征来思考奖励，应该可以让孩子专注于奖励本身，而不会激活满足性的触发反应。例如，将奖励在心理上表征为图片强调的是刺激的认知和信息特征，而非满足性特征。因此，我们推测，这种"冷"的心理转换（mental transformation）会通过将注意从刺激的高唤起特征转移到信息性意义，从而减少想要等待和想要按铃之间的冲突（另见 Trope & Liberman，2003）。

为了验证这一预测，伯特·摩尔和我在延迟满足任务中用幻灯片向一组儿童展示了实物大小的奖励图片，并正式称其为"标志性表征"（iconic representations）。同样，我们的假设是奖励图片会比实际奖励更抽象，因此，会更少引发趋近诱惑。在延迟等待期间，这些标志性表征将与真实奖励形成鲜明对比。如预期所料，接触奖励意象的图片显著延长了儿童的等待时间，而接触实际奖励则缩短了延迟时间（Mischel & Moore，1973）。

在一项研究中，孩子们在试图等待的过程中面对的是真实奖励，但是这次，实验者提前要求他们"假装"它们是图片，"只要在你的脑海里将它们用一个框围起来就行"（Moore et al.，1976）。在第二种条件下，向孩子们展示奖励的图片，但这一次要求他们想象是真实的奖励。当孩子假装他们面对的奖励是图片时，他们能够延迟将近 18 分钟。相比之下，如果他们假装面前的图片是真实奖励，那么他们只能等待不到 6 分钟。正如一个孩子在实验后被问到她如何能等这么久时所说的："你并不能吃图片。"

在与南希·贝克（Nancy Baker）进行的一项研究中，我们确定了有助于延迟满足能力的认知重构类型。在这项研究中，我们要求孩子们以冷的、信息性特征或用热的、满足性特征来表征他们面前的奖励。例如，处于冷聚焦条件下等待棉花糖的孩子，被提示（或者用现在的术语说是被"启动"）将棉花糖想成是"白色、蓬松的云彩"。而那些等待椒盐脆棒的孩子被提示将其想成是"棕色的小木棍"。在热思维条件下，指导语则指示儿童将棉花糖想象为"好吃有嚼劲"，将椒盐脆棒想象成"咸又脆"。正如预期的那样，当孩子们以热词汇思考奖励时，他们只能等待 5 分钟，而当他们以冷词汇思考奖励时，延迟等待时间增加到 13 分钟（Mischel & Baker，1975）。

总结：热聚焦与冷聚焦

总而言之，关注奖励可能会使延迟变得更容易或更难，这取决于是关注诱惑的满足性（热的、情感的）特征还是非满足性（冷的、信息性的）特征。对奖励的非满足性聚焦比类似的自我分心策略更有助于自愿延迟满足，满足性聚焦使延迟满足变得极其困难。奖励的认知表征以全然相反的方式影响延迟的持续时间（Mischel et al.，1989）。这一观点现在看来显而易见，但在行为主义盛行、认知革命尚处于襁褓中的 35 年前，这一发现是令人吃惊的。对我来说，这是一个转折点，即从关注外部刺激控制到内部自我控制，并关注人与社会世界互动时促成内部自我控制发生的条件。

20 世纪 60 年代末和 70 年代初的实验一步步清楚地表明，决定幼儿延迟满足能力的关键因素并不是早期理论所认为的情境中所面临的奖励。相反，与经典行为主义和弗洛伊德的期望相矛盾的是，真正重要的是奖励在心理上的表征形式（Mischel，1974；Mischel et al.，1989）。延迟持续时间取决于特定类型的"热"或"冷"心理表征，以及延迟等待期间注意力的准确部署方式（例如 Mischel & Baker，1975；Mischel & Moore，

1973；Mischel et al.，1972；Peake et al.，2002）。对我来说，最好的消息是，我们能用启动将孩子的心理表征由热变冷，使他们在情境所需时更容易动用自我控制。如果他们能在实验室里被实验者启动，那么他们或许也能学会自己激活所需策略，并计划在日常生活中使用这些策略来追求自己的目标。

自我控制自动化：计划的作用

为了在鲜活的"热"情境下有效地进行自我控制，用于冷却诱惑和维持适应性延迟行为的策略必须几乎自主自发被激活。这就需要在情境所需时从费力的或"需意志力的"控制转向自动化和几乎自主自发的激活。为了探索促成这种转变的机制，夏洛特·帕特森（Charlotte Patterson）和我研究了不同类型的计划和复述策略如何促进学龄前儿童抵御诱惑的能力（Mischel & Patterson，1976；Patterson & Mischel，1976）。

在这些实验中，学龄前儿童被激励去做一项长时间的重复性任务（把钉子插进洞里）以便之后得到有吸引力的奖励，同时儿童被警告"小丑先生盒子"（Mister Clown Box）可能会诱惑他们停止做这项任务。诱惑抑制计划建议儿童把注意力从小丑先生身上移开，而任务促进计划则建议他们把注意力放在继续完成任务上。第一组孩子同时接受了两种计划，第二组没有接受任何计划，第三组只接受了诱惑抑制计划，第四组只接受任务促进计划。在自我指导的操纵之后，儿童独自完成任务，与此同时小丑先生盒子执行标准的程序，诱使儿童停止工作（例如，"请、请来和我说话……我有大耳朵，我喜欢和小朋友说话，告诉我他们在想什么，想要什么"）。小丑先生盒子拥有五颜六色的小丑脸和展示窗，在两个橱窗的转鼓上展示了诱人的玩具，它鼓励儿童"来和我说话，玩我的玩具"。因变量测量了儿童完成"工作"的数量和速度，以及应对诱惑时的注意力分配。

儿童常常拼命地挣扎着抵抗诱惑，恳求小丑先生盒子（例如，"别跟我说话""住手""请不要打扰我"）。他们自发的有效策略在意图上与实验者建议的诱惑抑制计划非常相似，因为两种策略似乎都是为了抑制儿童环境中的分心刺激。这项研究和相关研究的结果清楚地表明，有效的计划具有特定的自我指示，以便在诱惑出现时进行抵御，并且让这样的计划具有高可得性和高认知可及性，能极大地促进目标导向活动的坚持性（Mischel & Patterson，1976；Patterson & Mischel，1976）。彼得·M. 戈尔维策及其同事用充满说服力和系统性的研究充分认可了这些计划的重要性，这些研究显示了具体的"如果－那么"执行计划对于压力条件下有效自我控制策略实现的价值，并进一步阐明了相关机制（Gollwitzer，1999）。

自我控制中的热／冷系统交互作用

棉花糖测验的重要长期相关性，以及那些挖掘延迟满足能力本质的实验研究的明确发现，都使我感兴趣于用正式的方式对这些结果进行概念化和理论化。这就需要引入一个冲动控制模型，可以与我和绍田裕一曾经提出的更广泛的认知－情感加工系统（cognitive-affective processing system，CAPS）进行整合，后者常用于理解人与情境互动中稳定个体差异的表达（Mischel，1973；Mischel & Shoda，1995）。基于这个目标，我和珍妮特·梅特卡夫（Janet Metcalfe）提出了"用于理解执行意图时促进和阻碍自我控制或'意志力'过程（如延迟满足范式所示)的双系统框架"(Metcalfe & Mischel, 1999)。我们假设了两个紧密相连的系统：一个冷、认知"知道"系统，和一个热、情感"去做"系统(另见，Metcalfe & Jacobs, 1996, 1998)。

热系统是一个自动化系统，它对环境中的积极和消极触发特征做出反射性反应，并引发自动化、厌恶性、战或逃反应以及食欲和性欲的趋近反应。它由相对较少的表征组成，一旦被触发刺激激活，这些表征会引发近乎反射性的回避和趋近反应。另外，冷系统则被概念化为控制性系统，与刺激的信息性、认知和空间特征相协调。它由一个信息性的冷节点网络组成，冷节点之间精心互联，产生理性、反思性和策略性行为。热系统被概念化为情绪性的基础，而冷系统被认为是自我调节和自我控制的基础。

当然，这个热/冷系统的概念至少在其历史根源上与弗洛伊德的本我（id）概念有着隐喻性的联系。其中，本我的特点是非理性、对即时愿望满足具有冲动性渴望，并与理性的、有逻辑的、具有执行功能的自我（ego）相斗争。不同之处在于我们在过去一个世纪从热/冷系统研究中所学到的东西，不仅仅是脑成像活动方法的突破，我们现在可以更清楚地说明这两个系统背后的认知和情感过程，甚至是神经过程，以及系统间的交互作用对有效自我调节的影响（例如Mischel et al., 2011）。

不同系统所涉及的神经活动区域目前仍然是一个备受关注的研究课题（见综述Kross & Ochsner, 2010；另见Lieberman, 2007；Mischel et al., 2011; Ochsner & Gross, 2005）。总的来说，研究结果表明，杏仁核（前脑中可引发战或逃反应的小型杏仁状区域）与热系统加工密切相关（Gray, 1982, 1987；LeDoux, 2000；Metcalfe & Jacobs, 1996,

1998）。这一大脑结构几乎能对个体视为高唤起的刺激瞬间做出反应（Adolphs et al., 1999；LeDoux, 1996, 2000；Phelps et al., 2001；Winston et al., 2002），立刻引发行为、生理（自动化的）和内分泌反应。相比之下，冷系统似乎与涉及认知控制和执行功能的前额叶和扣带回系统有关（例如Jackson et al., 2003；Ochsner & Gross, 2005）。

这两个系统持续不断地相互作用，并与特定环境中的刺激相互作用，产生个体的主观经验和行为反应（另见，Epstein, 1994；Lieberman et al., 2002）。具有相同外部参照物的热表征和冷表征彼此直接相连，并连接这两个系统（Metcalfe & Mischel, 1999；另请参见 Metcalfe & Jacobs, 1996, 1998）。因此，热表征可以通过激活与之相应的冷表征来诱发。例如，一个暴虐的男人会因为幻想自己的伴侣对他不忠而震怒。同样，热表征可以通过激活冷系统认知过程（例如，注意转换、重构）来进行冷却。因此，同样的暴虐者可以通过分散自己的注意力或认识到他的幻想是自己创造的假象来让自己平静下来。自我控制的实现主要取决于认知冷系统产生冷策略以减少热系统的激活。虽然细节不同，但基本机制与棉花糖测验中调节儿童自控能力的机制没有区别。对于上述例子中的男人来说，延迟的重要结果是关系的维系；对于学龄前儿童而言，延迟结果是获得两个棉花糖。

压力的作用

热/冷系统加工的平衡受多个因素的影响。成年人热/冷系统平衡最重要的决定因素通常是压力。当压力水平较高时，冷系统失效，热系统占主导地位。这使复杂的思考、计划和记忆几乎变得不可能，十分讽刺的是，这恰恰是个体可能最需要冷系统参与的时候。当压力水平从低到高时，如在危及生命的紧急情况下，反应往往是反射性和自动化的。在早期的进化时代，这种自动化反应可能是具有高适应性的：当动物的生命在丛林中受到威胁时，由先天决定的刺激所驱动的快速反应可能是必不可少的。但是，当人们在早餐桌上愤怒地争吵时，这种自动化反应会破坏建设性自我控制的理性努力。

发展水平的影响

年龄和成熟水平很重要。在发育早期，幼儿主要处于刺激控制之下，因为他们还没有发展出调节热系统加工所需的冷系统结构。热系统在生命早期就得到发展并占优势，而冷系统发展较晚（到4岁），并且在发展过程中越来越占主导地位。这些发展差异与这两个系统相关脑区的发展速率差异相一致（见综述 Eisenberger et al., 2004；Rothbart et al., 2004）。随着冷系统的发展，儿童越来越能够产生冷策略来调节冲动（Mischel et al., 1989）。这些发展变化也可能解释为什么有的人在生命早期对压力和创伤有更高的易感性[⊖]。

走向整合的自我控制认知 – 情感加工系统理论

棉花糖测验所揭示的自我控制的重要和稳定的长期差异，以及个体差异背后的认知 – 情感机制，这些都与下述事实共存，即自我控制行为就像所有的社会行为一样，都是以高度情境化的"如果 – 那么"情境特异性的方式来表达的。这对我和我的同事发展出来的自我控制的整合性认知 – 情感加工系统理论有着至关重要的启示。

自我控制的"如果 – 那么"情境化表达

平均而言，必应毕生发展研究中的高延迟组与低延迟组在大约10年间隔的随访中的确看起来大有不同。但当我们仔细研究这些差异时，我们也会发现，在每个群体内部和每个个体身上，都有同样令人印象深刻的变异性。这种可变性的知名案例在日常生活中比比皆是。前总统比尔·克林顿在自我控制和延迟满足方面的总体平均能力显然很高。没有这些能力，他就不可能成为美国总统，更不用说成为罗德学者和耶鲁律师了。然而，他展现出自我控制系统性失败的证据来自他遭受弹劾的痛苦细节[⊖]（Morrow, 1998）。

一个鲜为人知但让许多人感到意外的例子，是纽约州和上诉法院（Court of Appeals）的首席法官索尔·瓦赫特勒（Sol Wachtler）沦为重罪犯被关进联邦监狱的例子。瓦赫特勒法官因倡导法律将婚内强奸定罪而闻名，他因在言论自由、公民权利和死亡权等方面做出的具有里程碑意义的决定而深受尊重。然而，在他的情妇离开他和另一个男人在一起之后，瓦赫特勒法官却花了13个月的时间写淫秽信件，打性骚扰电话，并威胁要绑架她的女儿。他作为法理学和道德智慧的典范从法院法官席上走到联邦监狱，证明了聪明人在生活的不同领域并非总是如此聪明（例如，Ayduk & Mischel, 2002）。正如人类行为的观察者早就知道的那样，即使是"平均而言"能适应性控制生活的人，也不是说就没有在关键时刻掉链子（即在自我控制方面出现惊人的失败）的可能。

⊖ 易感性指的是个体受情境影响的程度。此处的压力和创伤易感性指的是压力或创伤事件在多大程度上给人带来负面结果（例如心理健康水平降低）。——译者注
⊖ 此处指克林顿因与莱温斯基的"拉链门"丑闻而受弹劾。——译者注

这些日常观察得到了广泛的研究支持，这些研究仔细检查了社会行为在不同情况下实际表现的一致性（例如 Mischel，1968，2004，2009；Mischel & Peake，1982a；Mischel & Shoda，1995）。例如，在卡尔顿学院（Carleton College）的现场研究中，研究者在多种情境和时间点下对与大学生尽责性相关的行为进行了真实的观察（Mischel & Peak，1982a，1982b）。研究者对63名参与研究的大学生进行多次观察，考察他们在校园不同情境下的尽责性表现。本科生们自己提供了他们认为能够反映尽责性的相关情境。基于这些前测的信息，研究者对不同情境下（比如在教室、宿舍或图书馆）学生的尽责性表现进行抽样，同时在整个学期的多个时间点进行重复评估。直接观察到的跨情境行为的实际一致性相关系数（平均而言）在 0.08（针对单一行为）到 0.13（针对19种类型的尽责行为的集合）之间。因此，虽然相关性非零序（即不为0），但这些结果清楚表明，一个人可能在一种情境下具有高尽责性，而在另一种情境下却比大多数人的尽责性要低得多，即便这两种情境看起来高度相近也是如此（Mischel & Peak，1982a）。

与这些发现相一致，并且公然挑战了传统人格心理学的核心假设（即人格特质在不同情境中具有一致性表达），我的专著《人格与评估》（*Personality and Assessment*，1968）呼吁关注社会行为中个体差异的高度情境化、情境特异性的表达。工作中高度尽责的男人可能在私生活中是个恶棍；在家里攻击性强的孩子在学校里可能没有大多数孩子那么具有攻击性；在恋爱中面对拒绝异常具有敌意的人可能在面对工作中的批评时异常宽容；在医生办公室里焦虑而颤抖的人可能是个冷静沉着的登山者；企业家可能很少承担社会风险。即便40年后，也有大量行为证据继续支持这一观点（例如 Mischel，2009；Orom & Cervone，2009；Van Mechelen，2009）。

尽管个体差异很少表达为不同情境下的一致性跨情境行为，但新的研究发现是，一致性存在于独特但稳定的"如果－那么"情境－行为关系中。这些可变性模式形成了情境化、具有心理意义的"人格标识"（例如，"他在X情境下做A，但在Y情境做B"，这些标识随着时间的推移而保持稳定）。这种行为标识最早是在一项针对夏令营中儿童和青少年的大规模、精细化的观察研究中发现的，该研究在多时间点、多重复情境下对社会行为进行了观察（Mischel & Shoda，1995）。我们发现，尽管个体在平均行为水平上相似（例如攻击性），他们表现攻击行为时所处的情境类型（也就是在他们的"如果－那么"情境－行为标识）仍然存在可预测的显著差异。

如图9-1所示，每个孩子都表现出一种独特而稳定的"如果－那么"情境－行为模式或"剖面"，使他们区别于彼此（Shoda et al.，1994）。即使两个孩子在整体攻击行为上相等，但是一个在同伴试图和他玩儿时就变得富有攻击性的孩子与另一个总是对试图控制他的成年人表达攻击性的孩子是完全不同的。简言之，是稳定的情境－行为人格标识（而不仅仅是稳定的平均整体行为水平）刻画了个体的特征，尽责性、自我控制以及其他个体差异的表达都是如此。

现在，随着时间的推移和涉及情境的不同，这些稳定的人格标识已被广泛地记载在各种可观察行为的研究中（例如 Andersen & Chen，2002；Borkenau et al.，2006；Cervone & Shoda，1999；Fournier et al.，2008；Morf & Rhodowalt，2001；Moskowitz et al.，1994；

Shoda & LeeTiernan，2002；Vansteelandt & Van Mechelen，1998；Van Mechelen，2009）。总的来说，这项成果为概念化和评估（由潜在人格系统所产生的）行为稳定性和可变性找到了一条新的路径，并为潜在人格系统本身的动态过程打开了一扇窗（Mischel，2004）。

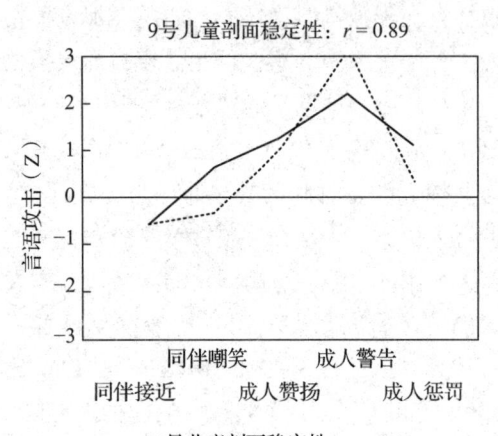

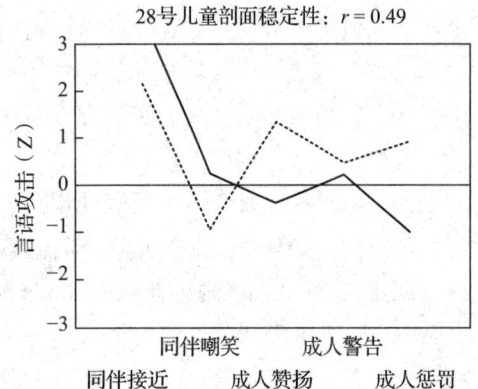

图 9-1 两个儿童的个人"如果－那么"情境－行为标识。他们的攻击行为是在五种不同情境下多次观察所得。一半的观察结果用虚线表示，另一半用实线表示。剖面稳定性（profile stability）是两组观察之间的相关性。［摘自 Shoda, Y., Mischel, W., and Wright, J.C. (1994). Intra-individual stability in the organization and patterning of behavior: Incorporating psychological situations into the idiographic analysis of personality. Journal of Personality and Social Psychology, 67, 674-687, Fig. 1. ©1994 年由美国心理学会出版。经允许改编。］

认知－情感加工系统中的自我控制

绍田裕一和我提出了认知－情感加工系统理论，来解释个体在其独特而稳定的"如果－那么"情境－行为标识下是如何以及为什么会存在巨大差异。认知－情感加工系统是一个复杂的交互系统，它由认知－情感单元（cognitive-affective units，CAUs）组成，这些单元在人们遇到的人际情境和产生的反应之间起中介作用。专栏 9-1 总结了我们假设的认知－情感单元中介类型。

针对个体对自我、他人和事件的类别，一些中介性的认知－情感单元对个人感知和他人感知的情境进行编码和解释。某些类别比其他类别更具有长期可及性，因此会对社会知觉产生偏差，其方式取决于个体的社会和生物史。其他认知－情感单元表征了个体对自我和世界的期望和信念，以及对不同情境下行为预期结果的期望和信念。另一些认知－情感单元表征了情感（感受和情绪）、价值观以及激励个人计划和人生规划的目标。

对于理解自我控制模式尤其重要的是表征个人行为能力库的认知－情感单元。这些行为能力是能被执行的潜在行为，以及个体用于调节行为的自我控制策略（有时这些策略需要付出意志努力，但更多时候策略是自动化的，正如上面关于延迟满足的研究所描述的）。这些能力包括认知注意策略、计划和用于产生不同类型社会行为的脚本，这些社会行为是在追求困难目标时所需的持续的、目标导向的努力，而这些困难目标的实现涉及冲动控制和延迟满足（Mischel & Ayduk，2002，2004）。

"欲罢不能"的个体内差异

从直觉上看，人们可能会认为一个善于

> **专栏 9-1　人格中介系统中的认知 – 情感单元类型**
>
> 1. 编码：对自我、他人、事件和情境（内部和外部）的类别（构念）。
> 2. 期望和信念：关于社会世界、特定情境下的行为结果以及自我效能的期望和信念。
> 3. 情感：感受、情绪和情感反应（包括生理反应）。
> 4. 目标和价值观：渴望的结果和情感状态，厌恶的结果和情感状态，目标、价值观以及人生规划。
> 5. 能力和自我调节计划：个人能做的潜在行为和行为脚本，以及能组织行动和影响结果、自身行为和内部状态的计划和策略。
>
> 注：部分基于 Mischel (1973)。

自我分心或表征抽象化的个体，在不同情境下都擅长于这些认知注意策略，因此在自我控制方面应该有非常广泛的跨情境一致性，尤其是因为认知能力和技能往往比其他心理特征更广泛、更稳定（Mischel, 1968）。简言之，正如常识智慧所暗示的那样，不论诱惑或热刺激是怎样的，一些人都应该比其他人拥有更多的"意志力"。确实，总体而言存在这样的差异：一些人确实比其他人表现出更强的总体自我控制能力，而且这些差异随时间推移相当稳定，如"棉花糖测验"的追踪研究所示。但与其他特征一样，个体也存在引人注目的、个体内的"如果 – 那么"变异性：一些诱惑和触发刺激热特征过强而无法处理，即使对于能在大部分时间进行有效自我控制的个体来说也是如此。请再次回想克林顿的例子。

要理解这一点，需要认识到，个体激活认知注意策略以冷却特定热触发刺激的难易程度，首先取决于该刺激在特定情境下对该个体的热刺激程度。对克林顿来说太热的东西对你来说可能不太热，反之亦然。不管怎样，可以确定，存在着一定程度的特定领域之内和之间以及情境类型之内和之间的一致性（例如 Wright & Mischel, 1987）。当然，不同诱惑的主观突显性和效价的个体间和个体内差异不是唯一的相关变量。同样发挥作用的还有诸如对被激活的可能发生结果的期望、结果的主观价值，以及它们在特定情境下的易激活程度等因素。因此世界上没有人（包括甘地）能免受道德困境（moral dilemma）以及"现在"还是"以后"冲突的影响：即使是那些有能力并且愿意冷却各种诱惑的人，也可能很容易受人或物的影响（从成瘾物质到金钱和人际诱惑），就像自从《圣经》中人类失去乐园以来，[⊖]即使是对人性只有粗浅观察的人也都注意到了这一点。

认知 – 情感人格系统结构

整个认知 – 情感人格系统的结构如图 9-2 所示。情境包含一系列特征，其中一些特征是由特定的正式情境所触发或"开启"的。当刺激出现，这些输入性特征会向它们所联结的中介性认知 – 情感单元传递"激活"信号。激活性输入特征对特定认知 – 情感单元的激活程度取决于该输入性特征与该中介单

⊖ 指《圣经》中亚当和夏娃因受到诱惑偷吃禁果，被逐出伊甸园。——译者注

元的联结的重要性或"权重"。被唤醒的认知－情感单元会在彼此之间对激活波进行传导扩散，最终稳定为某种内部状态，这将导致在特定情境下产生某种反应。这种反应反过来可能会改变外部情境，启动下一轮反应循环。

每个人都有自己独特的认知－情感单元集合和自己的联结权重，反映了他们的学习经历和生物史如何导致特定的认知－情感单元和重要性（即联结权重）。认知－情感单元组织成独特的个人特异性网络（类似于神经网络）。尽管每个网络都是独一无二的，但个体可以分为不同的类型和亚类型。这些类型的差异可能基于认知－情感单元的长期可及性的相似性（例如，有些人更容易激活被他人拒绝的焦虑期望，有些人更能延迟满足、有效计划和控制冲动），也基于单元在

系统内的组织（相互联系）。加工系统及其产生和遇到的情境在一个动态的、相互影响的过程中相互不断地交互作用。

自我控制能力和特质易感性的交互作用：动态保护过程

在认知－情感加工系统自我控制模型中，个体的自我调节能力具有重要的长期保护作用，可以缓冲各种特质易感性的潜在负面影响。上述的必应追踪研究中发现了这种保护作用的证据。在认知－情感加工系统模型的指导下，我们在针对人际关系中拒绝敏感性的个体差异研究中发现了这些动态保护过程。研究表明，对拒绝高度敏感的人随时间的推移，自尊水平逐渐降低，变得更具攻击性或更抑郁，进而会降低生活质量（Downey & Feldman，1996）。但这一序列

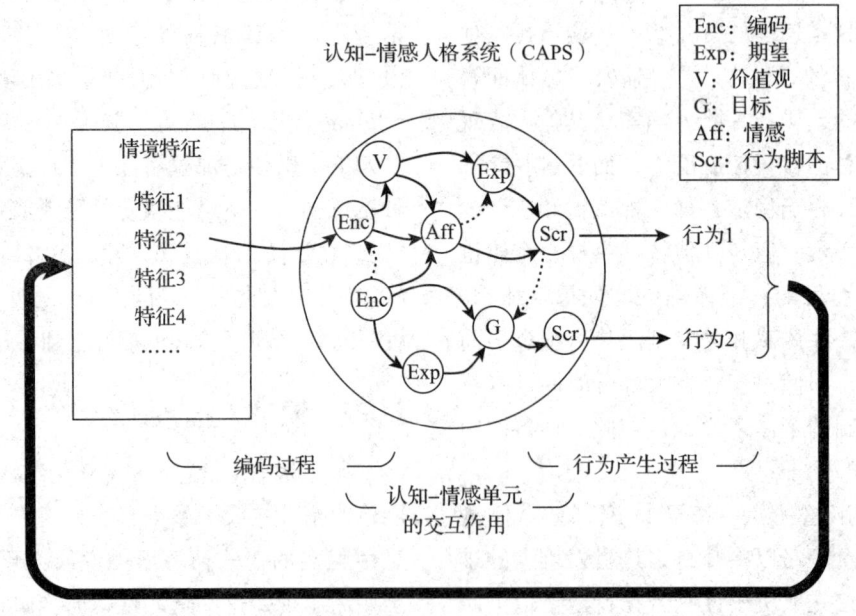

图 9-2 认知－情感人格系统（CAPS）。情境特征激活某个特定的中介单元，该中介单元通过稳定的关系网络激活某个特定子集的其他中介单元。这些关系网络刻画个体的特征，产生一种针对不同情境的典型行为模式。这种单元关系可以是正向的激活（实线），也可以是负向的抑制（虚线）。
[摘自Mischel, W., and Shoda, Y.（1995）. A cognitive-affective system theory of personality: Reconceptualizing situations, dispositions, dynamics, and invariance in personality structure. *Psychological Review*, 102, 246-268. ©1995年由美国心理协会出版。经允许改编。]

并非不可避免。在一项对 20 年前参与最初延迟满足研究的必应学龄前儿童的成人随访中，学龄前延迟能力高的成人对拒绝敏感性的潜在负面影响具有更强的复原力（Ayduk et al., 2000，研究 1）。具体来说，对于学龄前阶段延迟满足时间更长的高拒绝敏感性个体而言，他们在成年后的低自尊和低自我价值感状态有所缓和，能够更好地应对压力，并具有更强的自我复原力。而学龄前延迟满足表现较差的高拒绝敏感性个体（相比于低拒绝敏感性个体）的学习成绩更差，物质滥用更频繁。相比之下，学龄前的高延迟能力能减缓拒绝敏感性对个体的这些负面影响。

在自我控制的认知－情感加工系统理论框架中，这些发现反映了人们容易（自动）激活"冷"策略和减少"热思维"的能力上的差异，其中，这些"热思维"使高拒绝敏感性个体更容易受到负面影响。因此，他们可以针对自己易感的部分去避免冲动反应（例如，避免变得愤怒，制造争端）。另一项平行研究对城市中来自低收入家庭的少数族裔中学生（就人口统计学特征而言他们存在适应不良问题的风险较高）采用了适合于该人口的测量方法，并重复了这些发现（Ayduk et al., 2000，研究 2）。结果同样发现，在高拒绝敏感性儿童中，延迟满足能力与较低的对同伴的攻击性、较高的人际接纳程度和较高的自我价值感有关。然而，延迟能力低且拒绝敏感性高的儿童则表现出典型的拒绝敏感性相关的消极行为。总体研究结果支持这样一种观点，即自我调节能力以及自我调节能力所带来的冷却机制抑制了拒绝敏感性对行为的负面影响。注意控制和自我调节的个体差异，早在幼儿与母亲短暂分离时表现出的冷却负面情绪的行为中显露无遗。它们（即幼儿时期的情绪冷却行为）又进一步预测了几年后的自我调节能力，表现

为儿童在 5 岁时应对棉花糖测验的挑战更具有适应性的"冷"注意控制模式（Sethi et al., 2000）。

认知－情感加工系统的能动性

认知－情感加工系统不是一个被动的、反应性的系统：它是能动的、主动性的系统，因为它也通过反馈循环作用于其自身，既通过产生自己的内部情境（例如，在期望和计划事件中，在幻想中，在自我反思中），也通过系统在与社会世界的互动中产生的行为。这些行为（如冲动反应、未能实现的意图、有效的控制努力和目标追求）进一步影响个体的社会－认知经验和不断演变的社会学习史，并修改随后遇到和产生的情境。在这种观点下，自我调节系统的发展是一个终身的适应过程，该过程既通过将新刺激同化到现有的认知－情感加工系统网络中实现，也通过将网络本身顺应新异情境来实现。

研究前景

40 年前，我和三个幼龄女儿在餐桌旁交谈时提出的、激励了我的工作的这些问题已经得到了有价值的答案，尽管它们将来注定被改变，但是，对这些问题的回答有助于揭开"意志力"的核心认知－情感机制的神秘面纱。我们渴望更深入地探讨控制延迟满足行为和冲动控制的基本机制，于是转向神经和大脑层面的分析。我们与认知神经科学家组成了一个跨学科团队，包括 B. J. 凯西（B.J. Casey）、约翰·乔尼兹（John Jonides）、厄兹莱姆·艾杜克（Ozlem Ayduk）、凯文·奥克斯纳（Kevin Ochsner）、爱德华·E. 史密斯（Edward E. Smith）、绍田裕一和其他同事在内，来愈加深入地揭示实现冲动控制的神经机制以及认知、情感和

社会 – 行为机制。必应追踪研究的被试已被邀请到斯坦福大学卢卡斯成像中心（Lucas Center for Imaging），但迄今为止只有少数人接受了扫描（Mischel et al., 2011）。随着被试步入中年，我们也在继续评估相应的结果，包括职业和婚姻状况，经济行为，社会、认知和情感功能，以及身心健康状况和幸福感。我们相信这些结果将有助于更精准地解释追踪研究中揭示的"意志力"的个体差异，甚至可能延伸到生命晚期。

那又怎样

不只是心理学家，经济学家、政策制定者和教育工作者（以及媒体）现在都认识到，"棉花糖测验"挖掘了自我控制在生命早期的重要而长期的个体差异，这些个体差异能够预测生命历程大多数阶段中的身心健康结果，而且比智力测验的预测力要更好。这种对重要生活结果的长期预测性在心理科学中非常罕见，甚至可以说是独一无二的。最让我兴奋、出乎意料以及特别具有社会意义的是，迄今为止的研究结果帮助揭示了意志力的内在机制如何能够让那些有延迟满足困难的人（包括作者）实现自我控制。他们可以学习策略来战略性地控制自己的注意力，以及改变诱惑在心理上的表征方式，以"冷却"其影响。这种认知重评策略的力量已经得到了充分证明，至少在实验室里的短期变化是如此。现在的挑战是，如何在生命早期最好地教授这些策略，并几乎自动地保持这些策略，来实现自我控制能力的长期增强。自我控制研究对教育、社会政策以及治疗干预的影响可能是巨大的，现在甚至在媒体上也得到了广泛认可，例如大卫·布鲁克斯（David Brooks）在《纽约时报》题为《棉花糖与公共政策》的评论专栏中就认可了棉花糖测验和自我控制的重要性（例如 Brooks, 2006; Gladwell, 2002; Goleman, 2006; Lehrer, 2009）。

带着创造出教育干预方案来增强意志力现象背后的心理技能的目标，安杰拉·达克沃思（Angela Duckworth）和同事团队以及我本人目前正在学校内对这种尝试性方案进行测试。美国学校制度的现行政策和做法（从低年级开始），主要是为了培养学生的知识和分析技能。但显然，这种技能并不是成年后获得成功和幸福所必需的唯一甚至最重要的能力。我们的科学现在正准备以更精确的方式识别和提高使幼儿"意志力"得以实现的心理技能和策略，以便他们能够学会利用这些技能和策略来实现他们全部的认知和社会潜力。这些技能构成了戈尔曼（Goleman, 2006）所说的"掌握潜能"（master aptitude）。它们可以被习得，并拥有惊人而简单的基于理论的核心策略（例如 Kross et al., 2010; Mischel & Ayduk, 2004）。如果通过向幼儿传授可习得的技能和策略就可以极大地增强意志力，那么这对教育政策和治疗的意义既明显又深远。

参考文献

Adolphs, R., Tranel, D., Hamann, S., Young, A.W., Calder, A.J., Phelps, E.A., Anderson, A., Lee, G.P. and Damasio, A.R. (1999) Recognition of facial emotion in nine individuals with bilateral amygdala damage. *Neuropsychologia*, *37*, 1111–1117.

Ainslie, G. (2001) *Breakdown of Will*. Cambridge: Cambridge University Press.

Andersen, S.M. and Chen, S. (2002) The relational self: An interpersonal social–cognitive theory. *Psychological Review*, *109*, 619–645.

Ayduk, O., Mendoza-Denton, R., Mischel, W., Downey, G., Peake, P. and Rodriguez, M.L. (2000) Regulating the interpersonal self: Strategic self-regulation for coping with rejection sensitivity. *Journal of Personality and Social Psychology, 79*, 776–792.

Ayduk, O. and Mischel, W. (2002) When smart people behave stupidly: Inconsistencies in social and emotional intelligence. In R.J. Sternberg (ed.), *Why Smart People Can Be So Stupid*, pp. 86–105. New Haven, CT: Yale University Press.

Ayduk, O., Zayas, V., Downey, G., Cole, A.B., Shoda, Y. and Mischel, W. (2008) Rejection sensitivity and executive control: Joint predictors of borderline personality features. *Journal of Research in Personality, 42*, 151–168.

Bandura, A. (1986). *Social Foundations of Thought and Action: A Social Cognitive Theory*. Englewood Cliffs, NJ: Prentice-Hall.

Bandura, A. and Mischel, W. (1965) Modification of self-imposed delay of reward through exposure to live and symbolic models. *Journal of Personality and Social Psychology, 2*, 698–705.

Berlyne, D. (1960) *Conflict, Arousal, and Curiosity*. New York: McGraw Hill.

Borkenau, P., Riemann, R., Spinath, F.M. and Angleitner, A. (2006) Genetic and environmental influences on person situation profiles. *Journal of Personality, 74*, 1451–1479.

Brooks, D. (2006) Marshmallows and public policy. *The New York Times*, 7 May.

Cervone, D. and Shoda, Y. (eds) (1999) *The Coherence of Personality: Social–Cognitive Bases of Consistency, Variability, and Organization*. New York: Guilford Press.

Downey, G. and Feldman, S. (1996) Implications of rejection sensitivity for intimate relationships. *Journal of Personality and Social Psychology, 70*, 1327–1343.

Eigsti, I., Zayas, V., Mischel, W., Shoda, Y., Ayduk, O., Dadlani, M.B., Davidson, M.C., Aber, J.L. and Casey, B.J. (2006) Predicting cognitive control from preschool to late adolescence and young adulthood. *Psychological Science, 17*, 478–484.

Eisenberg, N., Fabes, R.A., Guthrie, I.K. and Reiser, M. (2002) The role of emotionality and regulation in children's social competence and adjustment. In L. Pulkkinen and A. Caspi (eds), *Paths to Successful Development: Personality in the Life Course*, pp. 46–70. New York: Cambridge University Press.

Eisenberger, N., Smith, C.L., Sadovsky, A. and Spinrad, T.L. (2004) Effortful control: reactions with emotion regulation, adjustment, and socialization in childhood. In R.F. Baumeister and K.D. Vohs (eds), *Handbook of Self Regulation*. New York: Guilford Press.

Epstein, S. (1994) Integration of the cognitive and psychodynamic unconscious. *American Psychologist, 49*, 709–724.

Estes, W.K. (1972) Reinforcement in human behavior. *American Scientist, 60*, 723–729.

Fournier, M.A., Moskowitz, D.S. and Zuroff, D.C. (2008) Integrating dispositions, signatures, and the interpersonal domain. *Journal of Personality and Social Psychology, 94*, 531–545; 754–768.

Freud, S. (1959) Formulations regarding the two principles of mental functioning. *Collected Papers, Vol. IV*. New York: Basic Books. (Originally published 1911).

Gladwell, M. (2002) *The Tipping Point: How Little Things Can Make a Big Difference*. New York: Little Brown and Company.

Goleman, D. (2006) *Emotional Intelligence: Why It Can Matter More Than IQ*. New York: Bantam.

Gollwitzer, P.M. (1999) Implementation intentions: Strong effects of simple plans. *American Psychologist, 54*, 493–503.

Gray, J.A. (1982) *The Neuropsychology of Anxiety*. Oxford: Oxford University Press.

Gray, J.A. (1987) *The Psychology of Fear and Stress*, 2nd Edition. New York: McGraw-Hill.

Hull, C.L. (1931) Goal attraction and directing ideas conceived as habit phenomena. *Psychological Review, 38*, 487–506.

Johnson, M.H., Posner, M.I. and Rothbart, M.K. (1991) Components of visual orienting in early infancy: Contingency learning, anticipatory looking, and disengaging. *Journal of Cognitive Neuroscience, 3*, 335–344.

Jackson, D.C., Muller, C.J., Dolski, I., Dalton, K.M., Nitschke, J.B., Urry, H.L., Rosenkranz, M.A., Ryff, D.C., Singer, B.H. and Davidson, R.J. (2003) Now you feel it, now you don't: Frontal brain electrical asymmetry and individual differences in emotion regulation. *Psychological Science, 14*, 612–617.

Kross, E., Mischel, W. and Shoda, Y. (2010) Enabling self-control: A cognitive affective processing system (CAPS) approach to problematic behavior. In J. Maddux and J. Tangney (eds), *Social Psychological Foundations of Clinical Psychology*, pp. 375–394. New York: Guilford.

Kross, E. and Ochsner, K. (2010) Integrating research on self-control across multiple levels of analysis: A social cognitive neuroscience approach. In R. Hassin, K. Ochsner and Y. Trope. (eds), *From Society to Brain: The New Sciences of Self-Control*, pp. 76–92. New York: Oxford University Press.

LeDoux, J. (1996) *The Emotional Brain*. New York: Touchstone.

LeDoux, J.E. (2000) Emotion circuits in the brain. *Annual Review of Neuroscience, 23*, 155–184.

Lehrer, J. (2009) Don't! The secret of self-control. *The New Yorker*, 18 May.

Lieberman, M.D. (2007) Social cognitive neuroscience: A review of core processes. *Annual Review of Psychology*, 58, 259–89.

Lieberman, M.D., Gaunt, R., Gilbert, D.T. and Trope, Y. (2002). Reflection and reflexion: A social cognitive neuroscience approach to attributional inference. In M. Zanna (ed.), *Advances in Experimental Social Psychology*, 34, 199–249. New York: Academic Press.

Loewenstein, G., Read, D. and Baumeister, R. (eds) (2003) *Time and Decision: Economic and Psychological Perspectives on Intertemporal Choice*. New York: Russell Sage Foundation.

Metcalfe, J. and Jacobs, W.J. (1996) A 'hot/cool-system' view of memory under stress. *PTSD Research Quarterly*, 7, 1–6.

Metcalfe, J. and Jacobs, W.J. (1998) Emotional memory: The effects of stress on 'cool' and 'hot' memory systems. In D.L. Medin (ed.), *The Psychology of Learning and Motivation: Advances in Research and Theory*, 38, 187–222. San Diego: Academic Press.

Metcalfe, J. and Mischel, W. (1999) A hot/cool system analysis of delay of gratification: Dynamics of willpower. *Psychological Review*, 106, 3–19.

Mischel, W. (1961a) Preference for delayed reinforcement and social responsibility. *Journal of Abnormal and Social Psychology*, 62, 1–7.

Mischel, W. (1961b) Delay of gratification, need for achievement and acquiescence in another culture. *Journal of Abnormal and Social Psychology*, 62, 543–552.

Mischel, W. (1961c) Father absence and delay of gratification: Cross-cultural comparisons. *Journal of Abnormal and Social Psychology*, 63, 116–124.

Mischel, W. (1966) Theory and research on the antecedents of self-imposed delay of reward. In B.A. Maher (ed.), *Progress in Experimental Personality Research*, 3, 85–131. New York: Academic Press.

Mischel, W. (1968) *Personality and Assessment*. New Jersey: Erlbaum.

Mischel, W. (1973) Toward a cognitive social learning reconceptualization of personality. *Psychological Review*, 80, 252–283.

Mischel, W. (1974).Processes in delay of gratification. In L. Berkowitz (ed.), *Advances in Experimental Social Psychology*, 7, 249–292. New York: Academic Press.

Mischel, W. (2004) Toward an integrative science of the person. *Annual Review of Psychology*, 55, 1–22.

Mischel, W. (2009) From *Personality and Assessment* (1968) to personality science. *Journal of Research in Personality (Special Issue: Personality and Assessment 40 years later)*, 43, 282–290.

Mischel, W. and Ayduk, O. (2002) Self-regulation in a cognitive-affective personality system: Attentional control in the service of the self. *Self and Identity*, 1, 113–120.

Mischel, W. and Ayduk, O. (2004) Willpower in a cognitive-affective processing system: The dynamics of delay of gratification. In R.F. Baumeister and K.D. Vohs (eds), *Handbook of Self-regulation: Research, Theory, and Applications*, pp. 99–129. New York: Guilford Press.

Mischel, W., Ayduk, O., Berman, M., Casey, B.J., Gotlib, I., Jonides, J., Kross, E., Teslovich, T., Wilson, N., Zayas, V. and Shoda, Y. (2011) 'Willpower' over the life span: decomposing self-regulation. *Social and Cognitive Affective Neuroscience*, 6, 252–256.

Mischel, W. and Baker, N. (1975) Cognitive appraisals and transformations in delay behavior. *Journal of Personality and Social Psychology*, 31, 254–261.

Mischel, W. and Ebbesen, E.B. (1970) Attention in delay of gratification. *Journal of Personality and Social Psychology*, 16, 239–337.

Mischel, W., Ebbesen, E.B. and Zeiss, A.R. (1972) Cognitive and attentional mechanisms in delay of gratification. *Journal of Personality and Social Psychology*, 21, 204–218.

Mischel, W. and Gilligan, C. (1964) Delay of gratification, motivation for the prohibited gratification, and resistance to temptation. *Journal of Abnormal and Social Psychology*, 69, 411–417.

Mischel, W. and Metzner, R. (1962) Preference for delayed reward as a function of age, intelligence, and length of delay interval. *Journal of Abnormal and Social Psychology*, 64, 425–431.

Mischel, W. and Mischel, F. (1958) Psychological aspects of spirit possession: A reinforcement analysis. *American Anthropologist*, 60, 249–260.

Mischel, W. and Moore, B. (1973) Effects of attention to symbolically-presented rewards on self-control. *Journal of Personality and Social Psychology*, 28, 172–179.

Mischel, W. and Patterson, C.J. (1976) Substantive and structural elements of effective plans for self-control. *Journal of Personality and Social Psychology*, 34, 942–950.

Mischel, W. and Peake, P.K. (1982a) Beyond deja vu in the search for cross-situational consistency. *Psychological Review*, 89, 730–755.

Mischel, W. and Peake, P. (1982b) In search of consistency: Measure for measure. In M.P. Zanna, E.T. Higgins, and C.P. Herman (eds), *Consistency in Social Behavior: The Ontario Symposium*, 2, 187–207. Hillsdale, NJ: Erlbaum.

Mischel, W. and Shoda, Y. (1995) A cognitive-affective system theory of personality: Reconceptualizing situations, dispositions, dynamics, and invariance in personality structure. *Psychological Review*, *102*, 246–268.

Mischel, W., Shoda, Y. and Peake, P.K. (1988) The nature of adolescent competencies predicted by preschool delay of gratification. *Journal of Personality and Social Psychology*, *54*, 687–699.

Mischel, W., Shoda, Y. and Rodriguez, M.L. (1989) Delay of gratification in children. *Science*, *244*, 933–938.

Mischel, W. and Staub, E. (1965) Effects of expectancy on working and waiting for larger rewards. *Journal of Personality and Social Psychology*, *2*, 625–633.

Moore, B., Mischel, W. and Zeiss, A. (1976) Comparative effects of the reward stimulus and its cognitive representation in voluntary delay. *Journal of Personality and Social Psychology*, *34*, 419–424.

Morf, C.C. and Rhodewalt, F. (2001) Unraveling the paradoxes of narcissism: A dynamic self-regulatory processing model. *Psychological Inquiry*, *12*, 177–196.

Morrow, L. (1998, Feb. 2) The reckless and the stupid: A character of a President eventually determines his destiny. *Time Magazine*.

Moskowitz, D.S., Suh, E.J. and Desaulniers, J. (1994) Situational influences on gender differences in agency and communion. *Journal of Personality and Social Psychology*, *66*, 753–761.

Nolen-Hoeksema, S. (1991) Responses to depression and their effects on the duration of depressive episodes. *Journal of Abnormal Psychology*, *100*, 569–582.

Ochsner, K.N. and Gross, J.J. (2005) The cognitive control of emotion. *Trends in Cognitive Science*, *27*, 26–36.

Ochsner, K.N. and Gross, J.J. (2007) The neural architecture of emotion regulation. In J.J. Gross and R. Buck (eds), *The Handbook of Emotion Regulation*, pp. 87–109. New York: Guilford Press.

Ochsner, K.N. and Gross, J.J. (2008) Cognitive emotion regulation: Insights from social cognitive and affective neuroscience. *Currents Directions in Psychological Science*, *17*, 153–158.

Orom, H. and Cervone, D. (2009) Personality dynamics, meaning, and idiosyncrasy: Identifying cross-situational coherence by assessing personality architecture. *Journal of Research in Personality (Special Issue: Personality and Assessment 40 years later)*, *43*, 228–240.

Patterson, C.J. and Mischel, W. (1976) Effects of temptation-inhibiting and task-facilitating plans on self-control. *Journal of Personality and Social Psychology*, *33*, 209–217.

Peake, P., Hebl, M. and Mischel, W. (2002) Strategic attention deployment in waiting and working situations. *Developmental Psychology*, *38*, 313–326.

Phelps, E.A., O'Connor, K.J., Gatenby, J.C., Gore, J.C., Grillon, C. and Davis, M. (2001) Activation of the left amygdala to a cognitive representation of fear. *Nature Neuroscience*, *4*, 437–441.

Posner, M.I., Rothbart, M.K., Gerardi, G. and Thomas-Thrapp, L.J. (1997) Functions of orienting in early infancy. In P. Lang, M. Balaban, and R.F. Simmons (eds), *The Study of Attention: Cognitive Perspectives from Psychophysiology, Reflexology and Neuroscience*, pp. 327–345. Hillsdale, NJ: Erlbaum.

Rachlin, H. (2000) *The Science of Self-control*. Cambridge, MA: Harvard University Press.

Rapaport, D. (1967) *The Collected Papers of David Rapaport*. New York: Basic Books.

Rodriguez, M.L., Mischel, W. and Shoda, Y. (1989) Cognitive person variables in the delay of gratification of older children at-risk. *Journal of Personality and Social Psychology*, *57*, 358–367.

Rothbart, M.K., Ellis, L.K. and Posner, M.I., (2004) Temperament and self-regulation. In R.F. Baumeister and K.D. Vohs (eds), *Handbook of Self-Regulation*. New York: Guilford Press.

Rusting, C.L. and Nolen-Hoeksema, S. (1998) Regulating responses to anger: Effects on rumination and distraction on angry mood. *Journal of Personality and Social Psychology*, *74*, 790–803.

Sethi, A., Mischel, W., Aber, L., Shoda, Y. and Rodriguez, M. (2000) The role of strategic attention deployment in development of self-regulation: Predicting preschoolers' delay of gratification from mother-toddler interactions. *Developmental Psychology*, *36*, 767–777.

Shoda, Y. and LeeTiernan, S.J. (2002) What remains invariant? Finding order within a person's thoughts, feelings, and behaviors across situations. In D. Cervone and W. Mischel (eds), *Advances in Personality Science*, pp. 241–270. New York: Guilford Press.

Shoda, Y., Mischel, W. and Peake, P.K. (1990) Predicting adolescent cognitive and self-regulatory competencies from preschool delay of gratification: Identifying diagnostic conditions. *Developmental Psychology*, *26*, 978–986.

Shoda, Y., Mischel, W. and Wright, J. (1993) The role of situational demands and cognitive competencies in behavior organization and personality coherence. *Journal of Personality and Social Psychology*, *65*, 1023–1035.

Shoda, Y., Mischel, W. and Wright, J.C. (1994) Intra-individual stability in the organization and patterning of behavior: Incorporating psychological situations into the idiographic analysis of personality. *Journal of Personality and Social Psychology, 67*, 674–687.

Trope, Y. and Liberman, N. (2003) Temporal construal. *Psychological Review, 110*, 403–421.

Van Mechelen, I. (2009) A royal road to understanding the mechanisms underlying person-in-context behavior. *Journal of Research in Personality (Special Issue: Personality and Assessment 40 years later), 43*, 179–186.

Vansteelandt, K. and Van Mechelen, I. (1998) Individual differences in situation–behavior profiles: A triple typology model. *Journal of Personality and Social Psychology, 75*, 751–765.

Winston, J.S., Strange, B.A., O'Doherty, J. and Dolan, R.J. (2002) Automatic and intentional brain responses during evaluation of trustworthiness of faces. *Nature Neuroscience, 5*, 277–283.

Wright, J.C. and Mischel, W. (1987) A conditional approach to dispositional constructs: The local predictability of social behavior. *Journal of Personality and Social Psychology, 53*, 1159–1177.

Wright, J.C. and Mischel, W. (1988) Conditional hedges and the intuitive psychology of traits. *Journal of Personality and Social Psychology, 55*, 454–469.

第 10 章

自我验证理论

小威廉·B. 斯旺（William B. Swann, Jr.）

刘子双[一] 译　蒋奖 审校

摘　要

自我验证理论认为，人们更喜欢别人以他们看待自己的方式来看待他们，即使他们持有消极的自我观（self-views）也是如此。例如，自认为讨人喜欢的人想要别人也认为他们讨人喜欢，而自认为不受欢迎的人也想要别人这样看待他们。人们之所以寻求自我验证，可能是因为这会使世界看起来是一致和可预测的。此外，通过引导行为和了解他人的期望，自我验证的评估使得社会互动更加顺畅。人们偏好能提供自我确认评估的互动伙伴和环境，从而努力进行自我验证。此外，一旦恋爱，人们会主动唤起伴侣的自我肯定反应。最后，人们以促进其自我观点生存的方式处理关于自己的反馈。一般来说，自我验证的努力具有适应性和功能性，因为它们能培养一致性、减少焦虑、改善群体功能，并消除社会刻板印象。然而，对于那些持有不恰当的消极自我观的人来说，自我验证可能会阻碍积极的改变，使他们的生活状况比原本要糟糕得多。在本章中，我将讨论自我验证理论和研究的性质、历史和社会意义。

引　言

一切都始于一个叫汤米的 7 岁男孩。大学二年级后，我在一个为贫困儿童举办的夏令营工作时遇到了汤米。初遇的情境令我记忆犹新。那是我在夏令营的第一天，我很想见见孩子们。然而，当我走近营地负责人的小屋时，我被几个男孩打架的声音吓了一跳。我跑过去，发现汤米倒在地上，被另外两个孩子压着，他们正无情地对他大喊大叫。几个成年人（后来我才知道是辅导员）和我一起介入，阻止了这场争吵。有人护送汤米到护士办公室去处理他受到的轻伤。

这是我与汤米诸多难忘相遇中的第一次。不幸的是，我们很少在愉快的场合相遇。正如营地负责人遗憾地指出的那样，汤米是笼罩在"阳光营"（Camp Sunshine）上

[一] 北京师范大学心理学部

空的一朵小乌云,他几乎与遇到的每个人都很难愉快相处。随后,营地负责人注意到我的申请表,发现我是心理学专业的学生,她问我是否有兴趣试着弄清楚汤米到底怎么了。我犹豫了一下才答应。那个年龄段的我不缺乏自信,但我也足够谦卑地意识到,对汤米这样复杂的人,我几乎不可能有很深刻的见解,尤其是在短短几个月的时间里。尽管如此,我还是被这个小男孩和他看似奇怪的行为所吸引。出于好奇,我同意花些时间观察汤米,然后向营地负责人汇报。

接下来的几个星期,我对汤米越来越着迷,因为我完全没有预料到我观察到的一切。在人际互动中,汤米似乎下定决心要让所有人都讨厌他:顶撞辅导员,嘲笑和戏弄其他孩子,而且总是搞破坏。他与"疯狂的路易斯"的关系尤其引人注目。路易斯因为经常无情地攻击其他孩子而被贴上了"疯狂"的标签。他的攻击常常是随意且毫无缘由的。所有孩子都很快学会了避开路易斯——除了汤米。汤米似乎像磁铁一样被路易斯吸引住了。路易斯对汤米持续进行言语和身体上的攻击。

每天晚上,当我和汤米谈论他一天的生活时,他只记得那些消极的方面——他遇到的问题和别人对他的蔑视。相比之下,当我提到发生的积极事情时,他显得困惑、健忘、焦虑,并尽可能快地将话题拉回消极的叙述中。

让我感到困惑的是,汤米的行为似乎是为了破坏与他人的关系,并维持负面的自我形象(self-image)。我调查后发现,他似乎从自己在营地的经历中得到了一些安慰,因为他在那里的经历和他预期的一样糟糕。汤米似乎确信全世界都讨厌他;当他的人际互动支持这一预期时,他似乎才会感到安心。

我咨询了把汤米介绍到营地的工作人员后,他的异常情况变得更容易理解了。工作人员透露,汤米从婴儿时起,就一直不断地受到虐待。显然,他已经把自己受到的对待内化了,并由此产生了一个令人难以置信的负面身份认同。汤米消极的自我观可以追溯到与其照顾者的糟糕经历上,这并不奇怪。令人惊讶的是,他似乎在主动地重建最初产生消极身份认同的消极情境。大多数人似乎都想逃离丑陋的过去,而不是重建它。是什么让汤米与众不同?

我花了好几年的时间才弄懂这个问题,因为在本科阶段,我缺乏有意义地处理这一问题的经验。在被录取为社会心理学方向的研究生后,我开始努力获取所需的训练。从宾夕法尼亚州的家里,我向北前往明尼苏达大学。在那里,我开始跟随马克·斯奈德(Mark Snyder)做研究,他是一位对自我和社会互动感兴趣的著名学者。当我到达时,我得知他即将启动一个令人兴奋的新研究项目,研究一些人("感知者";perceivers)的期望对其互动伙伴("目标";targets)行为的自我实现效应(self-fulfilling effects)。这种现象似乎代表了汤米活动的另一面,他是一个"目标",他的自我观影响了他周围所有"感知者"的行为。我很高兴地投入到这个项目中,后来发表了三篇文章(Snyder & Swann, 1978a, 1978b; Swann & Snyder, 1980)。

直到我在明尼苏达的最后一年,汤米才再次出现在我的学术研究视野中。在学位论文设计中,我决定测试感知者的期望和目标自我观的相对力量。根据我和汤米的经历,我预计那些坚定地持有自我观的目标者会拒绝挑战其自我观的期望,即使他们的自我观是消极的。这正是所发生的事情:相比持有积极自我观的人,持有消极自我观的人会引发更多的消极反应。此外,当被试怀疑其互动伙伴对他们有积极评价时，他们引发消极自我肯定反应的倾向尤为强烈。

完成论文后，我在得克萨斯大学奥斯汀分校找到了一份工作。在那里，我与斯蒂芬·里德（Stephen Read）一起对我的论文进行了几次后续研究。这些研究在随后几年打包发表在两篇论文中（Swann & Read, 1981a, 1981b）。里德和我提出的核心论点是，人们就像汤米一样，想要确认他们的自我观。我们还认为，人们在人际互动三个连续阶段中的每一个阶段都会表现出这种偏好。研究1检测了注意力。我们招募了一些被试，他们有些认为自己讨人喜欢，另一些认为自己不受欢迎。然后告诉他们，另一个人可能以积极或消极的方式评价他们。我们关注的问题是，被试会花多长时间阅读他们（错误地）认为评价者写的关于他们的文章。认为自己讨人喜欢的被试花了更长的时间阅读被积极评价的文章。相比之下，持有消极自我观的人花了更长的时间阅读被消极评价的文章。研究2（来自我的学位论文）表明，人们的行为方式会引起其互动伙伴的反应，从而证实他们的自我观。研究3关注被试对他们收到的评价的记忆。我们发现，被试优先回忆自我验证的评价。这些数据为我们的假设提供了有力的支持：在社会互动的三个不同阶段中的每一个阶段，人们都试图验证他们的自我观。

在一系列后续研究中，我们检验了人们之所以寻求和重视自我验证评估，是因为相比非验证性评估，自我验证评估更具信息性和诊断性。研究1的被试更倾向于征求验证他们自我观的反馈，无论其自我观是积极的还是消极的。在研究2中，与非验证性评估相比，被试花更多钱来获得验证性评估。研究3表明，被试认为自我验证评估具有独特的信息和诊断价值。

总之，里德和我论文中的结果强烈表明汤米没有什么异常。相反，人们似乎有一种很强的倾向，更喜欢自我确认的反馈，而不是非确认的反馈。事实上，这种偏好影响了信息寻求、注意、记忆、外显行为，甚至对反馈的诊断性的感知。这些研究为理论提供了实证基础。接下来的任务是充实这个理论并开始探索它的意义。我的努力最终以一本书中的一章呈现，在那一章中我介绍了该理论的基本要素（Swann, 1983）。

自我验证理论

自我验证理论的核心思想首先由普雷斯科特·莱基（Prescott Lecky, 1945）提出。他指出，长期的自我观给人们一种强烈的一致性感知，因此人们有动力保持这种一致性。几年后，相似的观点在自我一致性理论（self-consistency theories）中重新出现（例如 Aronson, 1968; Festinger, 1957; Secord & Backman, 1965）。然而，最杰出的一致性理论家从根本上改变了莱基的理论，因为那个时代重视实验研究，导致人们放弃了莱基所强调的长期自我观在一致性努力中的作用。例如，失调理论（dissonance theory; Aronson, 1968; Festinger, 1957）强调人们通过将短暂的自我形象与其公开行为相一致，作为获得一致性的方式。自我验证理论（Swann, 1983）扭转了这一趋势，恢复了莱基的观点，即稳定的自我观把人们的努力组织起来，使得一致性最大化。因此，自我验证理论认为，人们的动机是在最大程度上使其经历确认和强化他们的自我观，而不是不顾一切地改变自我观以适应行为。

要理解人们对稳定自我观的强烈忠诚，需要理解他们最初如何以及为什么会发展自我观。理论家们长期以来一直认为，人们通过观察别人如何对待自己来形成自我观（例如 Cooley，1902；Mead，1934）。当人们获得越来越多的证据来支持自己的自我观时，他们也会对自我观越来越确定。当确定性增加到一定程度时，人们开始使用自我观来预测世界，指导行为，并保持一种一致性、区域性和连续性。因此，稳定的自我观不仅具有指导行为的实用功能，而且也具有认知功能，让人们能够确认事物应该是什么样子。事实上，坚定的自我观构成了人们知识体系的核心。因此，当人们寻找自我验证时，这个体系的可行性就岌岌可危了。由此，在童年中期就出现对确定和稳定的自我观评价的偏好也就不足为奇了（例如 Cassidy et al.，2003）。

自我验证动机的起源也可以从进化的角度来理解。进化生物学家普遍认为，人类进化史上的大部分时间都处于小型狩猎-采集群体中。自我验证的努力在这些群体中是有利的。也就是说，一旦人们使用来自社会环境的输入来形成自我观，自我验证的努力就会稳定他们的身份认同和行为，这反过来又会使每个个体更容易被其他群体成员所预测（例如，Goffman，1959）。相互的可预测性将促进劳动分工，使群体更有效地实现其目标。最终，自我验证的努力所培养的稳定自我观将提高群体成员的存活率［参见利里（Leary）和鲍迈斯特（Baumeister）（2000）的社会计量器理论（sociometer theory），这是另一个关于准确的自我认识在群体功能中的应用视角］。

我们也可以在神经学层面上理解自我验证努力所产生的对稳定自我观的渴望。就其本质而言，自我验证的评估将比非验证的评估更可预测和感到熟悉。相比不可预测和不熟悉的刺激，这样的刺激不仅更"感知流畅"（更易处理），而且还能促进积极的情感（例如 Winkielman et al.，2002）。因此，对自我验证评估的偏好，可能至少部分源于人类大脑的基本属性。

如果稳定的自我观对人类正常活动至关重要，那么缺乏自我观的人应该面临严重的损害。这似乎是真的。神经学家奥利弗·萨克斯（Oliver Sacks，1985）报告了一个案例研究。由于长期酗酒，病人威廉·汤普森患上了严重的失忆，忘记了自己是谁。汤普森只能回忆起自己过去的零散片段，他陷入了一种心理无序的状态。但是汤普森没有放弃。相反，他拼命地试图找回失去的自我。例如，他有时会提出关于自己是谁的假设，然后在任何碰巧在场的人身上测试这些假设。比如他认为自己是一家肉店的顾客，就走近另一位病人，试图确认自己的身份："你一定是隔壁的犹太肉店屠宰工海米……但为什么你的外套上没有血迹？"不幸的是，汤普森永远不会记住他最近的"测试"结果。因此他在余生中注定要反复进行这样的测试。

汤普森的案例不仅表明了稳定的自我观对心理健康至关重要，还表明了这种自我观对指导行动的重要性。像柴郡猫（Cheshire Cat）⊖一样不断消失的自我意识困扰着汤普森，他不知道如何对待他人。在非常真实的意义上，他无法获得自我验证，这剥夺了他与周围人进行有意义互动的能力。因此，人们会制订许多策略为其自我观寻求支持就不足为奇了。

⊖ 柴郡猫是英国作家刘易斯·卡罗尔（Lewis Carroll，1832—1898）创作的童话《爱丽丝漫游奇境记》（*Alice's Adventure in Wonderland*）中的虚构角色，形象是一只咧着嘴笑的猫，拥有能凭空出现或消失的能力，甚至在它消失以后，它的笑容还挂在半空中。——译者注

自我验证的努力如何塑造社会现实

人们可以使用三个不同的过程来创建自我验证的社会世界。第一种，人们可以构建自我验证的"机会结构"，即满足他们需求的社会环境（McCall & Simmons, 1966）。例如，他们可能会寻求并进入一种关系，在这种关系中他们能享受自我观的确认（例如 Swann et al., 1989），而离开另一种关系，在这种关系中他们无法得到自我验证（Swann et al., 1994）。

第二种自我验证策略是系统地将自我观传达给他人。例如，人们可能会表现出"身份线索"，即关于他们是谁的高度可见的标志和符号。外表是一种特别有效的身份线索。例如，一个人所穿的衣服可以表现出他的许多自我观，包括他的政治倾向、收入水平、宗教信仰等（例如 Gosling, 2008; Pratt & Rafaeli, 1997）。甚至电子邮件地址也可以向他人传递身份信息（Chang-Schneider & Swann, 2009）。

人们也可能通过行为向他人传达身份。例如，抑郁的大学生比不抑郁的大学生更有可能从室友那里得到不好的反馈（Swann et al., 1992d）。这些努力是为了获得他人的消极评价。也就是说，在学期中期，他们得到的消极反馈越多，室友对他们就越差，这会使他们计划在学期结束时另找室友。此外，如果人们怀疑别人对他们的看法与其自我观不相符，他们会加倍努力以获得自我验证的反应。如前所述，在一项研究中，自认为讨人喜欢（或不讨人喜欢）的被试都知道，他们会与可能觉得自己讨人喜欢（或不讨人喜欢）的人交流。当被试怀疑其伴侣对他们的看法比他们对自己的看法更好或更差时，他们会加倍努力，来引起自我验证的评价（例如 Brooks et al., 2009; Swann & Hill, 1982; Swann & Read, 1981a, 研究2）。

如果人们获得自我验证评估的努力失败了呢？即便如此，人们仍然可能通过第三种自我验证的策略坚持自己的观点："看到"不存在的证据。自我观至少可以指导信息处理的三个阶段：注意、回忆和解释。例如，一项关于选择性注意的调查显示，对自己持积极评价的被试花了更长的时间来检查他们预期的积极评价，而对自己持消极评价的被试花了更长的时间来审视他们预期的消极评价（Swann & Read, 1981a, 研究1）。在后续研究中，被试表现出选择性回忆的迹象。特别是，自我评价积极的被试记住更多的积极陈述，自我评价消极的被试则对消极陈述记忆更佳。最后，大量的调查显示，人们倾向于用强化自我观的方式来解释信息。有证据表明，低自尊的人感知到伴侣对他们的感情比实际更消极（例如 Murray et al., 2000）。

总之，注意、编码、提取和解释过程一起可以通过让人们"看到"所期望的世界，为他们的自我观提供远超实际的证据，从而稳定其自我观（参见综述 Swann et al., 2003c）。因此，这些策略代表了一种特殊的情况，即期望引导了信息加工的倾向（例如 Higgins & Bargh, 1987; Shrauger, 1975）。

有趣的是，大多数关于自我验证过程的调查报告显示，持有积极和消极自我观被试的偏好几乎是对称的。也就是说，正如自我评价积极的被试表现出对积极评价的偏好一样，自我评价消极的被试也表现出对消极评价的偏好。在研究自我验证的早期，我不知道这个证据会引起多大的争议。然而，我很快发现，大多数同行都对拥有消极自我观的人更喜欢消极评价这一观点持怀疑态度。事实上,他们中的一些人一个字都不买账。

自我增强倡导者的强烈反对

20世纪80年代初,我注意到了一个令人困惑的现象。我发表的自我验证证据越多,批评我的人就对此越怀疑。然而,直到遇到大师斯坦利·沙赫特,我才意识到问题的严重性。在哥伦比亚大学心理学系(沙赫特是那里的偶像人物)做了一次专题报告会后,我很兴奋地看到他大步朝我走来。然而,当我注意到他脸上的怒容时,我的兴奋变成了忧虑。这可不是普通的怒容;它如此具有威胁性,以至于我立刻相信他要向某人挥拳。更糟的是,从他的路线来看,这个人很可能是我。就在我鼻子底下,他停了下来,问道:"那么,你是在告诉我,自我概念消极的人实际上想要负面评价吗?"我陷入了困境。我感觉如果我屈服了,我将会丢面子;但是如果我坚持己见,我就会挨打。最后,我说服自己应该坚持下去,因为我相对年轻(他的年龄是我的两倍多),反应能力和摔跤经验让我肯定不会受伤。我对此非常确信,于是回答"在某种程度上,是的",并准备闪开。他难以置信地盯着我。我大胆地盯着他。似乎过了很久(旁观者后来告诉我,整个互动不到一分钟),他大声宣布"我不相信",然后气冲冲地走了。

出于种种原因,沙赫特的反应令人深感不安。世界上最杰出的社会心理学家之一认为我的发现缺乏说服力,这已经够糟糕了。更令人发愁的是,他的担忧可能只是冰山一角。事实上,我很快意识到,对于越来越多直言不讳的批评者来说,我的发现不仅是违反直觉的;早在十多年前,相似观点的提出者就已名誉扫地。他们说的是阿伦森和卡尔史密斯(1962)的一项早期研究。在这项研究中,实验者让一组哈佛学生来确定一系列照片中的人是否患有精神分裂症。在100个试次的每一次测试后都向被试提供积极或消极的反馈。关键组在前80个试次中得到的反馈主要是负面的,在最后20个试次中得到的反馈主要是正面的。不久之后,实验者说程序出了点儿疏漏,并要求被试再次参加测试的最后20个试次。

阿伦森和卡尔史密斯(1962)的因变量是被试对后面试次的反应进行修改的程度。令人惊讶的是,那些得到意想不到的积极反馈的人会通过修改反应来破坏他们的好运!从理论上讲,前面80个负面反馈的试次使这些被试产生了消极的自我概念,导致对后面试次得到的正面反馈出现了失调。因此,他们在最后的20个试次中改变了自己的反应,以减少因意外的正面反馈而产生的失调。

不幸的是,阿伦森和卡尔史密斯的研究结果难以重复,17次复制尝试中只有4次成功(Dipboye,1977)。这一相当惨淡的记录让很多人认为阿伦森和卡尔史密斯的发现只是偶然。更普遍地说,批评人士认为,在公平竞争中,自我一致性的努力远不及自我增强的努力。直到今天,这种信念仍然在许多社会心理学家心中根深蒂固,大多数当代理论家倾向于要么将自我一致性的努力纳入自我增强的视角(例如 Schlenker, 1985; Sedikides & Gregg, 2008; Steele, 1988; Tesser, 1988),要么完全忽略它们。

我的批评者们注意到了阿伦森和卡尔史密斯(1962)的发现和自我验证效应之间肤浅的相似之处,因而否定了自我验证的证据。这是一种误导,因为将这两组研究结果联系起来是不恰当的。最重要的是,如果仔细观察这两组研究中所采用的程序,就会发现一个至关重要的区别。在自我验证的研究中，实验者测量了被试的自我概念，这使得他们能够利用人们对自我稳定性和一致性的渴望。相反，阿伦森和卡尔史密斯试图操纵自我观（通过向被试提供反馈，表明他们无法诊断出精神分裂症）。当然，给一个20岁的哈佛学生提供负面反馈，即他不能认出一个疯子，这不太可能使人信服。因此，这种操纵可能会让人心情不好，但它不会产生长期的消极自我观，而长期的消极自我观是激发自我验证努力所必需的。

从这个角度来看，阿伦森和卡尔史密斯研究的复制困难与自我验证效应的可重复性无关。事实上，后来的研究支持了这一结论。在接下来的几年里，其他实验室的研究人员和我自己的学生数十次地重复了这种基本的自我验证效应（即持有消极自我观的人更喜欢并寻求负面评价而不是正面评价，例如 Hixon & Swann, 1993; Robinson & Smith-Lovin, 1992; Swann et al., 1989, 1990, 1992c, 1992d）。图 10-1 展示了一组典型的发现：正如持有积极自我观的人更喜欢与积极评价者互动一样，持有消极自我观的人也更喜欢与消极评价者互动。此外，持有消极自我观的人更喜欢自我验证的互动伙伴，而不是简单地避开非验证的互动伙伴。例如，当可以选择参加另一项实验时，持有消极自我观的人选择继续与消极评价者互动，而不是参与另一项实验。同样地，他们选择参加一个不同的实验，而不是与一个积极的评价者互动（Swann et al., 1992c）。

无论男性还是女性都表现出这种倾向，不管他们的自我观是否容易改变，也不管他们的自我观是否与特定属性（智力、社交能力、支配能力）或一般性属性（自尊、抑郁）有关。如果他们对自我观比较自信（例如 Pelham & Swann, 1994; Swann & Ely, 1984; Swann et al., 1988），且自我观是重要的（Sw-ann & Pelham, 2002）或者是极端的（Giesler et al., 1996），那么他们特别倾向于寻求自我验证的评估。此外，研究人员发现，人们还努力验证与群体成员身份相关的消极（和积极）自我观。在集体自我观（collective self-views；这是个体和典型群体成员的身份特征；Chen et al., 2004）和群体认同（group identities；这是典型群体成员的属性，这些属性可能是个体的群体成员特征，也可能不是；Gómez et al., 2011; Lemay & Ashmore, 2004）中都出现了这种努力。

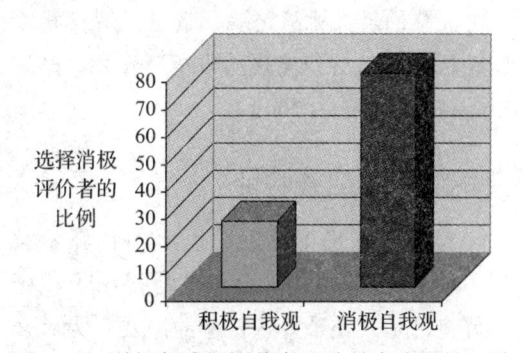

图 10-1　渴望与消极评价者互动是自我观的一种功能（来自 Swann et al., 1992）

面对这些趋同的证据，大多数认为自我增强是人类行为主要动力的拥护者最终放弃了他们关于自我验证效果并不稳健的主张。相反，他们开始断言，持有消极自我观的人更倾向于喜欢并寻求消极评价是违反直觉且奇怪的。为了反驳这种说法，我意识到我需要说明为什么人们寻求自我验证。

为什么人们要自我验证

人们努力保持一些消极自我观的原因是显而易见的。毕竟，每个人都有缺点和弱点，因此发展和保持与这些缺点和弱点相对应的消极自我观是完全合理的。例如，缺乏某种能力的人（就像五音不全或不能跳跃的人一样）会有很多理由让别人认识到他们的缺点。例如，当关系中伴侣的评估与客观现实一致时,这样的伴侣将会产生切合实际且个体能够确认的期望,从而避免让伴侣失望。

然而,当人们在没有明确客观依据的情况下产生了全面的消极自我观(例如,我毫无价值)时,自我验证努力的适应性就不那么明显了。主动努力以维持这种消极的自我观,例如,离不开苛刻或虐待的伴侣,这肯定是不适应的。至少,这些活动似乎直接与社会心理学最重要的理论之一——自我增强理论的预测相矛盾。事实上,自我验证研究人员面临的最大挑战之一,就是了解自我验证动机如何与自我增强动机相互作用(例如 Kwang & Swann, 2009)。

自我增强与自我验证

自我增强理论至少可以追溯到奥尔波特(Allport, 1937)。奥尔波特提出了积极看待自己是人类重要且普遍的需要,为后来发展成一套松散相关的命题即自我增强理论播下了种子(Jones, 1973)。今天,这个理论得到了大量的支持,证据表明人们有动力去获得、维护和增加积极的自我关注。也有迹象表明,自我增强的欲望是真正的基础。首先,这种欲望显然无处不在。无论研究人们的社会判断、归因或外显行为,似乎都存在一种普遍的倾向,即人们倾向于偏爱自己而非他人(综述参见 Leary, 2007)。其次,对积极的偏好在幼年时期就显现出来。事实上,在发展辨别面部特征能力的短短几周内,五个月大的婴儿对笑脸的关注就多于不笑的面孔(Shapiro et al., 1987)。同样,早在四个半月时,孩子们就优先转向那些旋律优美的声音(Fernald, 1993)。最后,在成年人中,对积极评价的偏好往往出现在其他偏好之前(Swann et al., 1990)。特别是,当被要求在两个评价者之间做出快速选择时,即使被试对自己的看法是消极的,他们也会选择积极的评价者。只有当给他们时间来反思时,持有消极自我观的被试才会选择消极的、自我验证的伙伴。

然而,尽管对积极的渴望可能是强有力的,本章前面的总结表明,自我验证的努力也相当稳健。事实上,与自我增强理论相反,持消极自我观的人明显更倾向于寻求和接纳消极的伙伴,而不是积极的伙伴。此外,虽然早期自我验证努力的检验是在实验室中进行的,但后来的现场研究结果也表现出了相同的结果,在许多方面甚至比最初的研究更为显著。这一系列研究中的第一项研究旨在比较具有积极自我观和消极自我观的人,对进行不同程度积极评价的已婚伴侣的反应(Swann et al., 1994)。研究人员在当地商场购物和在得克萨斯州中部牧场骑马的人群中招募了一些已婚夫妇,请他们中符合要求的夫妇完成一系列问卷调查。首先完成自我属性问卷(Self-Attributes Questionnaire, SAQ; Pelham & Swann, 1989),测量了大多数美国人认为重要的五项属性:智力、社交技能、外表吸引力、运动能力和艺术能力。然后被试再次完成该量表,但这次是让他们给自己的伴侣打分。最后,丈夫和妻子完成关系承诺的测量。每个人与伴侣都完成了同样的问卷。因此,研究人员得到了每个人对自己的看法、伴侣对他们的看法以及他们对这段关系忠诚度的评价。

人们对来自伴侣的正面或负面评价有何反应?如图10-2所示,持有积极自我观者的反应直观而明显:他们的伴侣越喜欢他们,他们就越忠诚。相比之下,持有消极自我观者表现出相反的反应:他们的伴侣越喜欢他们,他们的忠诚度就越低。持有适度自我观的人,也更倾向于那些对他们评价适中的伴侣。

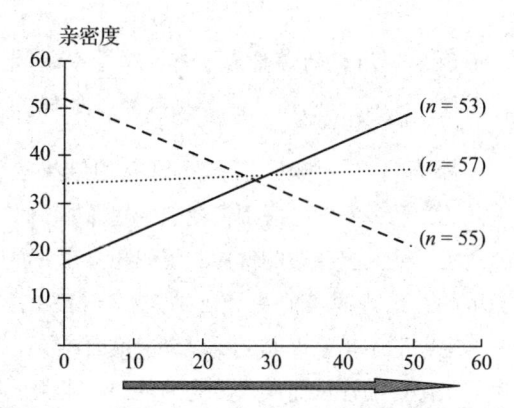

图 10-2 被试自我观、伴侣评价与婚姻亲密度
（基于 Swann et al., 1994）

随后的研究人员试图重复这种效应（例如 Cast & Burke, 2002; De La Ronde & Swann, 1998; Murray et al., 2000; Ritts & Stein, 1995; Schafer et al., 1996）。尽管重复出来的效应强度各不相同，但每项研究都报告了一些证据，表明人们更喜欢自我验证的伴侣，即使其自我观是消极的。一项元分析显示，在已婚人群中，自我验证效应强于自我增强效应（Kwang & Swann, 2010）。此外，一项针对大学生室友的研究也得出了类似的结论（Swann & Pelham, 2002）。然而，自我增强理论的支持者们并没有将这些发现作为自我验证努力的证据加以接受，而是拒绝放弃斗争。令人哭笑不得的是，他们坚持认为，那些看似自我验证的努力，实际上是自我增强的努力出了差错。

自我验证的努力实际上是变相的自我增强的努力吗

这一观点的一个变体是，自我验证效应存在于一小部分人身上，他们的人格存在缺陷，比如受虐症或自我毁灭倾向。从这个角度来看，是人格缺陷而不是消极的自我观导致了持有消极自我观的人接受消极的评价和评价者。

上述关于已婚夫妇的调查结果中，一个有趣的结果可以反驳这种说法。仔细检查研究结果后发现，并非只有消极自我观的人会回避过于积极的评价，甚至持有积极自我观的人，对评价极端积极的伴侣也表现出较少的承诺（Swann et al., 1994）。因此，自我验证效应并不局限于具有消极自我观的人；任何感觉到伴侣对自己评价过高的人，都倾向于退出这段关系。

尽管这些数据与自我验证的解释是一致的，但它们并没有明确表明，那些自我评价很差的人确实是出于自我观而选择了消极的评估者。为了寻找这样的证据，我们（Swann et al., 1990）假设，导致自我增强和自我验证努力的认知操作存在差异。原则上，自我增强的努力似乎只需要一个步骤：在对评价进行分类之后，人们接受积极的评价，拒绝消极的评价。相反，自我验证的努力在逻辑上至少需要两个步骤。在对评价进行分类之后，需要将其与自我观进行比较，因为只有这样，个体才能选择接受验证性的评价，而避免非验证性的评价。有了这个推理，我们预测，当人们选择互动伙伴时，剥夺认知资源将会干扰他们提取自我概念的能力。结果，那些通常会自我验证的人反而会自我增强（参见 Paulhus & Levitt, 1987）。

我们通过剥夺被试的认知资源来检验这些想法。在一项研究中，我们让人们记住一个电话号码来剥夺他们的认知资源。当他们努力不忘记电话号码时，让他们在正面评价和负面评价之间做出选择。在缺乏认知资源时，他们需要将评价与自我观进行比较；持有消极自我观的人突然表现得像他们持积极自我观的同胞一样，选择了积极的评价而不是消极的评价。然而，当给这些被试几分钟时间加工提取其自我观时，他们选择了消极的、自我验证的评价。后来的研究利用其他认知资源剥夺的方法，如让被试匆忙选择伙伴，重复了这种效应（Hixon & Swann, 1993）。资源剥夺研究表明，正是出于消极的自我观，被试才选择了消极的评价者，即自我验证努力的基础是自我观而不是"有缺陷的人格"。

检验人格缺陷假说的另一种方法是确定人们在选择互动伙伴时的想法。为此，我们进行了一项"出声思考"（think-aloud）的研究（Swann et al., 1992b）。持有积极和消极自我观的人在选择要与自己互动的评价者时，会对着录音机大声地说出自己的思考。与早期的研究一样，持有积极自我观的人倾向于选择积极的评价者，而持有消极自我观的人倾向于选择消极的评价者。最重要的是，随后对录音的分析并没有发现受虐症或自我毁灭倾向导致被试自我验证选择的证据。相反，消极自我观的被试在选择消极伙伴时显得矛盾和纠结。例如，一个持有消极自我观的人指出：

我喜欢[积极的]评价，但我不确定它是否正确，啊，也许是正确的。这听起来不错，但是[消极评价者]……似乎更了解我。所以，我将选择[消极评价者]。

出声思考的研究也为自我验证理论提供了直接的支持。自我验证者（包括那些选择消极伙伴的消极自我观者和选择积极伙伴的积极自我观者）的评论表明，他们更喜欢那些让他们觉得了解自己的伙伴。与自我验证理论相一致的是，他们关注的是伙伴的评价和他们所知道的真实情况之间的匹配程度：

是的，我想这和我现在的情况很接近。[消极评价者]从经验上更好地反映了我对自己的看法。

也有证据表明，务实的考虑有助于自我验证的努力，自我验证者表达了与评价者在即将到来的互动中相处的担忧：

因为[消极的评价者]有时似乎知道我的立场和感受，也许我能和他相处得很好。

简而言之，"出声思考"研究的结果表明，认知和务实的考虑都促使被试选择那些评价证实了他们自我观的伙伴。正如我将在下面展示的，出声思考研究和已婚夫妇研究的结果，也有助于排除人们之所以寻求负面评价是为了获得正面评价而误入歧途的各种可能性。

评估者的洞察力

一个似乎很有洞察力的评价者和一个支持自己一致性感受的评价者之间的区别，就像买一辆看起来很动感的车和买一辆会让他人羡慕的车之间的区别一样。在"出声思考"的研究中，提到洞察力的人关注的是评价者的素质，比如"很有见识"或"富有洞察力"。相比之下，强调一致性的人关注的是一种感觉，即评价者让人觉得他们了解自己。另外，关心评价者洞察力与一致性感受的并不是同一组人，这表明这两组的关注点是相互独立的。此外，已婚夫妇研究的结果表明，关系质量是由伴侣的自我肯定程度而不是洞察力所决定的。尤其是，对关系的承诺与信心有关，他们相信伴侣评价会让他们"感觉自己真正了解自己"，而不是"感到困惑"。然而，承诺与对伴侣洞察力的评价无关。

自我提升

另一种对立的解释是，消极自我观的人之所以选择对自己评价很差的互动伙伴，是因为他们认为这样的伙伴可能会给他们批判性的反馈，从而帮助他们提高自己。然而，"出声思考"研究的被试并没有提到这种可能性。已婚夫妇研究的结果也反驳了这种可能性。当被问及他们是否认为伴侣会给他们提供信息改善自己时，持有消极自我观的人显然是悲观的，因此我们不认为这种动机与自我验证有关。

感知相似性

大量证据表明，人们更喜欢有相似价值观和信仰的人。例如，人们通常更喜欢与自己有相同政治信仰、音乐品位等的朋友和同事（Byrne, 1971）。鉴于此，人们可能觉得自我验证的同伴很有吸引力，是因为他们认为这些同伴会在与他们是谁无关的话题和问题上与自己意见一致。与这种可能性相反，"出声思考"研究的被试几乎没有提到同伴可能的态度。已婚夫妇研究的结果也没有提供证据，表明人们对自我验证伴侣的喜爱反映了他们努力与态度相似的伴侣保持一致。

赢得转变

把敌人变成朋友通常是困难的，所以如果能够做到这样的转变应该会特别令人满意。可以想象，这也可能是持有消极自我观的人在选择对自己有负面看法的同伴时脑海中浮现的想法。事实上，参与"出声思考"研究的几名被试确实暗示过想要赢得同伴的好感，比如，"我认为（消极评价者）是……那种我想要认识的人，我想让他们看看我"。然而，只有持有积极自我观的人才会提到这种想法，持有消极自我观的人从来不会提起它。这是有道理的，因为持有消极自我观的人肯定缺乏自信，不认为自己可以轻易地化敌为友。

已婚夫妇研究为反驳"赢得转变"假说提供了更多的论据。如果持有消极自我观的人想要"转变"最初持批判态度的伴侣，他们应该对那些在关系发展过程中对自己的评价可能会变得更有利的伴侣表现出最大的兴趣。事实恰好相反，当预计伴侣对自己的评价会随时间变得更为消极时，持有消极自我

观的人倾向于对伴侣做出更多的承诺。显然，消极自我观的人选择拒绝互动伙伴的原因，与积极自我观的人截然不同。

自我验证与准确性

一些批评人士断言，自我验证过程的证据不足为奇，因为持有消极自我观的人只是在寻求证实实际缺陷的评价。首先，我承认持有消极自我观的人无疑具有一些消极的特质。可悲的是，人们有时会认为自己有缺陷，但实际上并非如此。支持这一观点的证据来自对临床抑郁症患者的反馈寻求活动的研究（Giesler et al., 1996）。抑郁症患者认为负面评价特别准确，更倾向于寻求负面评价。这一发现意义重大，因为没有证据表明抑郁症患者确实存在长期的缺陷，从而证明他们寻求负面反馈是合理的。同样，很难想象有一个令人信服的理由来解释为什么低自尊的人会觉得自己毫无价值，不值得被爱。最后，如果抑郁的人真的像他们消极的自我观所暗示的那样有缺陷，那么可以推测他们的消极自我观会或多或少地保持这种状态。但事实并非如此：一旦抑郁消失，抑郁者以前的自我观就会恢复正常。

请注意，我并不是说人们没有兴趣赢得同伴的认可。事实上，自我验证过程需要关系的存在，因为如果没有关系，就不可能有自我验证。出于这个原因，人们会非常主动地让他们的同伴积极地看待那些对维持关系至关重要的特质。外表吸引力就是这样一种特质。不出所料，目标人群不仅想让约会对象看他们比他们看自己更有吸引力，他们实际上还会采取措施确保约会对象真的这么看待他们（例如 Swann et al., 2002）。此外，这些步骤是有效的，因为约会对象实际上的评价确实验证了目标比以往更具吸引力。显然，消极自我观的人认识到为了维持关系，

他们必须在关系相关维度上以相对积极的方式被看待。我们将这种现象称为"策略性自我验证",因为人们获得了不同于长期自我的策略性自我的验证。

策略性自我验证的证据如何与前面讨论的人们寻求并引出自我验证评估的研究相协调?显然,消极自我观的人更喜欢并寻求与关系相关性较低的特征(如智力、艺术)的负面评价,这可能是因为对这些消极特质的验证不会威胁到这段关系的存续。与此同时,在关系中至关重要的方面,他们努力获得比通常情况更积极的评价。通过这种方式,目标可能会接受与关系相关性较低特质的自我验证,而在关系相关性高的特质上,他们会得到受限且高度积极的自我验证(参见 Neff & Karney, 2005)。

有趣的是,这种关系相关性调节作用的证据与自我验证理论的观点是一致的,即人们努力在自我观和维持它们的社会现实之间取得一致。然而,这不符合该理论的假设,即人们努力协商与其长期自我观相匹配的身份认同(Swann, 1983)。显然,只有在不存在被抛弃风险的情况下,人们才会寻求对自己消极自我观的验证,因为被抛弃将完全切断验证的来源(参见 Hardin & Higgins, 1996,讨论了人们不愿意接受破坏了共享现实关系方面的认知真理)。虽然这种关系特异性自我与经典特质理论和自我理论的假设截然不同,但这与米歇尔和绍田裕一(1999)的观点(人们追求个体内部的一致性)以及我的建议(人们追求有限的准确性)非常一致(例如 Gill & Swann, 2004; Swann, 1984)。这也与东亚的自我概念相一致,在东亚,人们避免强调抽象特质的自我描述,而倾向于强调对社会角色的反应能力和跨情境灵活性的自我观(例如 Choi & Choi, 2002; Kanagawa et al., 2001;关于讨论参见 English et al., 2008)。

回到更普遍的一点上,我们没有发现对自我验证努力的各种其他反对性解释的证据。相反,似乎是对自我稳定的渴望和与之相关的一致性促使人们努力进行自我验证。如果自我验证的努力真的被植入了我们的心理结构中,那么有两件事值得期待。首先,自我验证的努力应该与自我增强的努力形成强有力的对比。一项元分析支持了这种可能性,表明自我验证的努力在反馈寻求和关系质量方面超过了自我增强的努力,而自我增强的努力只在研究者专注于情感反应时才会占主导地位(Kwang & Swann, 2010)。其次,研究人员应该会发现自我验证与各种个人和社会效益有关。

自我验证的个人和社会心理效用

越来越多的证据表明,自我验证的努力预示着一系列重要的结果。这些结果出现在不同水平的分析中,包括个人、人际和社会层面。

个人结果

对于大约70%拥有积极自我观的人来说(例如,Diener & Diener, 1995),自我验证努力具有清晰而令人信服的个人适应性。自我验证努力给人们的生活带来了稳定性,使他们的经历变得更加一致、有序和容易理解。成功获得自我验证的评价可能带来重要的心理效益。例如,只要伴侣能够自我验证,他们的关系就会变得更可预测和可管理。这种可预测性和可管理性不仅可以使人们实现他们的关系目标(例如,抚养孩子,协调事业),还可以在心理上得到安慰和减少焦虑。

然而,对于持有消极自我观的人来说,自我验证努力的结果在某些情况下是具有适应性的，但在另一些情况下则不是。在大多数情况下，当消极的自我观准确地反映了不可改变的个人局限性（例如，身高不足）时，寻求对消极自我观的验证将是适应性的。尽管存在相反的意见（Taylor & Brown, 1988），但没有令人信服的证据表明自欺是具有适应性的（Kwang & Swann, 2010）。

然而，当人们发展出不恰当的消极自我观时，情况就不那么明朗了，也就是说，自我观夸大或歪曲了自身的局限性（例如，当一个人瘦的时候认为自己胖，当一个人聪明的时候认为自己笨）。从积极的方面来看，引发消极但自我验证的评价有一个优点，即抑制焦虑。例如，一组研究人员（Wood et al., 2005）对比了高自尊和低自尊被试对成功经历的反应。高自尊者对成功的反应很好，而低自尊者则表现出焦虑和担忧，这显然是因为他们发现成功令人惊讶和不安（参见 Lundgren & Schwab, 1977）。同样，其他研究者（Ayduk et al., 2008）观察了被试对正面和负面评价的心血管反应。当持有消极自我观的人得到积极反馈时，他们会感到生理上的"威胁"（痛苦和逃避）。相反，当收到消极反馈时，持消极自我观的被试在生理上受到"挑战"或"刺激"（即心血管受到刺激，但在某种程度上与趋近动机有关），而持有积极自我观者则出现了相反的模式。

如果持有消极自我观的人因积极信息而感受到压力，长此以往，此类信息可能会衰减。有几项独立调查从实证上支持了这种可能性。最初的两项前瞻性研究（Brown & McGill, 1989）比较了积极生活事件对低自尊者和高自尊者健康的影响。积极生活事件（例如，生活条件改善，取得好成绩）预测高自尊被试的健康水平会提高，而低自尊者的健康水平会下降。最近清水和佩勒姆（Shimizu & Pelham, 2004）的研究在控制消极情绪的同时，复制和扩展了这些结果，从而反驳了另一种竞争性假设，即消极情绪同时影响自我报告的健康情况和症状报告。值得注意的是，在所有这些研究中，积极生活事件显然会让低自尊者感到不安，从而影响了他们的身体健康。

然而，如果承认对消极自我观的验证在某些方面可能是有益的，那么在自我观比客观现实更消极的情况下，代价可能超过收益。例如，自我验证的努力可能会促使持消极自我观者更容易被贬低自己的伴侣吸引，从而削弱其自我价值感，甚至受到虐待。一旦陷入这样的关系中，人们可能无法从治疗中获益，因为与自我验证的伴侣相处可能会抵消在治疗师办公室里取得的进展（Swann & Predmore, 1985）。而且，工作场所可能提供不了多少安慰，因为低自尊者普遍感到自己没有价值，这种感觉可能会让他们对接受公平待遇产生矛盾心理，这种矛盾心理可能会削弱他们坚持认为自己应该从雇主处得到应得东西的倾向（Wiesenfeld et al., 2007）。此外，这种悲剧性的结果并不仅局限于一般的消极自我观。如上所述，瘦的人有时会产生肥胖的错误印象，从而导致厌食症，这是少女们的主要杀手（Hoek, 2006）。显然，对于那些产生错误消极自我观的人来说，有必要采取措施打破他们经常陷入的自我验证循环（Swann, 1996; Swann et al., 2006）。更普遍地说，这些例子说明了自我验证的过程有时会产生消极后果，尽管自我验证在大多数情况下对大多数人来说都是适应性的。

人际结果

早些时候，我推测在人类进化史上，自我验证的努力可能是通过使成功的自我验证者更容易被其他群体成员所预测而提高了适应性。出于类似的原因，现代人可能会从自我验证的努力中受益。事实上，研究表明，当小组成员能够从其他成员处得到自我验证时，他们对小组的承诺会增加，绩效也会提高（Swann et al., 2000, 2004）。

在由不同背景的人组成的小团队中，自我验证过程似乎特别有用。也就是说，由于害怕被误解，不同群体的成员往往会避免表达有争议的观点。自我验证可以通过让他们相信自己是被理解的来减少这种恐惧。因此，他们可能会向同事敞开心扉。反过来，这样的开放性又可能会促进他们表达一些独特的想法，创造性地解决问题，从而有可能提升绩效（Polzer et al., 2002; Seyle et al., 2009）。

社会结果

自我验证过程也适用于群体和更大的社会。因为自我验证过程使人们可以互相预测，因而可能会在社会互动中起到润滑作用。在由不同背景的人组成的小组中，自我验证过程似乎特别有用。事实上，当群体成员互相提供自我验证时，相对多样化的群体实际上比相对缺乏多样化的群体有更高的绩效表现——在这个例子中，"多样性价值假说"似乎成立（例如 Polzer et al., 2002; Swann et al., 2004）。

自我验证也有助于消除社会刻板印象。在小团体中，那些向其他成员提供自我验证的人更容易使自身个体化，也就是说，他们被视为独特的个体，而不是某些社会刻板印象群体的范例（Swann et al., 2003a）。随着时间的推移，这种处理方式可能会影响目标和感知者。被视为独立个体的目标会受到鼓励，努力发展能反映其特殊专长和能力的特质。与此同时，将外群体成员个体化的感知者会放弃他们的社会刻板印象（Swann et al., 2003b）。

也有证据表明，自我验证的努力可能在极端行为中发挥作用。在一系列研究中，调查人员确定了一组个人身份与社会身份"融合"在一起的人（Swann et al., 2009）。因为在这些个体中，个人自我和社会自我在功能上是等同的，激活一个就等于激活了另一个。与此相一致的是，当我们通过挑战个人自我的有效性来激活它时，人们表现出了补偿性自我验证的努力。在"融合"的人群中，这种补偿行为表现为更愿意做出不寻常的行为，比如为群体而死（参见 Gómez et al., 2011; Swann et al., 2010a, 2010b）。

新的方向

关于自我验证的研究正朝着几个不同的方向发展。一个方向侧重于自我验证和其他动机（如积极性）之间的权衡，尤其是在亲密关系中（例如，Neff & Karney, 2005）。一个有趣的问题是，人们如何创造并维持与他们在关系之外创造的世界相分离的特殊社会世界？（Swann et al., 2002）。第二个新兴方向（例如，Chen et al., 2004; Gómez et al., 2009）是将对社会身份的验证（即与人们所支持的群体相关的身份认同，如民主党人、美国人等）与个人身份的验证（即与个体特质有关的自我观，如智力、运动能力等）相比较。第三个方向是关于在其他文化中自我验证努力表现方式的异同（English et al., 2008）。我对这个方向的看法是，所有人都渴望一致性和可预测性，但这种渴望可能会以不同的方式表达出来，这取决于这种文化所重视的是跨情境一致的自我（如西方文化）还是关系特异的自我（如某些亚洲文化）。

我最近的大部分工作都集中在自我验证

努力和身份协商之间的相互作用上，这是人际关系中人们就"谁是谁"达成一致的过程。身份协商理论（identity negotiation theory；Swann & Bosson，2008）将自我验证理论强调的对社会知觉目标的活动，与行为确认理论（behavioral confirmation theory；Snyder & Swann，1978b）强调的对感知者的活动相结合。我最近对身份协商理论的兴趣让我兜了个大圈子，因为我又像研究生阶段一样在研究人际期望的影响。然而这一次，我可以利用三十年来的自我验证过程研究中获得的知识。至少，我觉得我现在对汤米与同伴及阳光营工作人员交流中所表现出的消极身份认同的本质和后果有了一些了解。

致　谢

我非常感谢丽贝卡·考德威尔（Rebecca Caldwell）和 E. 托里·希金斯对文章早期手稿的建设性意见。

参考文献

Allport, G.W. (1937) *Personality: A Psychological Interpretation*. New York: Holt.

Aronson, E. (1968) A theory of cognitive dissonance: A current perspective. In L. Berkowitz (ed.), *Advances in Experimental Social Psychology, 4*, 1–34. New York: Academic Press.

Aronson, E. and Carlsmith, J.M. (1962) Performance expectancy as a determinant of actual performance. *Journal of Abnormal and Social Psychology, 65*, 178–182.

Ayduk, O., Gyurak, A., Akinola, M. and Mendes, W.B. (2011) Self-verification processes revealed in implicit and behavioral responses to feedback. Manuscript under review, UC Berkeley.

Brooks, M.L., Mehta, P.H. and Swann, W.B., Jr. (2009) Reclaiming the self: Compensatory self-verification following a deprivation experience. Unpublished manuscript, University of Texas at Austin.

Brown, J.D. and McGill, K.J. (1989) The cost of good fortune: When positive life events produce negative health consequences. *Journal of Personality and Social Psychology, 55*, 1103–1110.

Byrne, D. (1971) *The Attraction Paradigm*. New York: Academic Press.

Cassidy, J., Ziv, Y., Mehta, T.G. and Feeney, B.C. (2003) Feedback seeking in children and adolescents: associations with self-perceptions, representations, and depression. *Child Development, 74*, 612–628.

Cast, A.D. and Burke, P.J. (2002) A theory of self-esteem. *Social Forces, 80*, 1041–1068.

Chang-Schneider, C. and Swann, W.B., Jr. (2009) Wearing self-esteem like a flag: Conveying our high- and low-self-esteem to others. Unpublished manuscript, University of Texas at Austin.

Chen, S., Chen, K.Y. and Shaw, L. (2004) Self-verification motives at the collective level of self-definition. *Journal of Personality and Social Psychology, 86*, 77–94.

Choi, I. and Choi, Y. (2002) Culture and self-concept flexibility. *Personality and Social Psychology Bulletin, 28*, 1508–1517.

Cooley, C.S. (1902) *Human Nature and the Social Order*. New York: Scribner's.

De La Ronde, C. and Swann, W.B., Jr. (1998) Partner verification: Restoring shattered images of our intimates. *Journal of Personality and Social Psychology, 75*, 374–382.

Diener, E. and Diener, M. (1995) Cross-cultural correlates of life satisfaction and self-esteem. *Journal of Personality and Social Psychology, 68*, 653–663.

Dipboye, R.L. (1977) A critical review of Korman's self-consistency theory of work motivation and occupational choice. *Organizational Behavior and Human Performance, 18*, 108–126.

English, T., Chen, S. and Swann, W.B., Jr. (2008) A cross-cultural analysis of self-verification motives. In R. Sorrentino and S. Yamaguchi (eds), *Handbook of Motivation and Cognition Across Cultures*, pp. 119–142, San Diego: Elsevier.

Fernald, A. (1993) Approval and disapproval: Infant responsiveness to verbal affect in familiar and unfamiliar languages. *Child Development, 64*, 657–674.

Festinger, L. (1957) *A Theory of Cognitive Dissonance*, Evanston: Row, Peterson.

Giesler, R.B., Josephs, R.A. and Swann, W.B., Jr. (1996) Self-verification in clinical depression: The desire for negative evaluation. *Journal of Abnormal Psychology, 105*, 358–368.

Gill, M.J. and Swann, W.B., Jr. (2004) On what it means to know someone: A matter of pragmatics. *Journal of Personality and Social Psychology*, *86*, 405–418.

Goffman, E. (1959) *The Presentation of Self in Everyday Life*. Garden City, NY: Doubleday–Anchor.

Gómez, Á., Brooks, M.L., Buhrmester, M.D., Vázquez, A., Jetten, J. and Swann, W.B., Jr. (2011) On the nature of identity fusion: Insights into the construct and a new measure. *Journal of Personality and Social Psychology*, *100*, 918–933.

Gómez, Á., Seyle, C., Huici, C. and Swann, W.B., Jr. (2009) Can self-verification strivings fully transcend the self-other barrier? Seeking verification of ingroup identities. *Journal of Personality and Social Psychology*, *97*, 1021–1044.

Gosling, S. (2008) *Snoop: What Your Stuff Says About You*. New York: Basic.

Hardin, C.D. and Higgins, E.T. (1996) Shared reality: How social verification makes the subjective objective. In E.T. Higgins and R.M. Sorrentino (eds), *Handbook of Motivation and Cognition: The Interpersonal Context (Vol. 3)*. New York: Guilford Press.

Higgins, E.T. and Bargh, J.A. (1987) Social cognition and social perception. In M.R. Rosenzweig and L.W. Porter (eds), *Annual Review of Psychology*, *38*, 369–425. Palo Alto: Annual Reviews.

Hixon, J.G. and Swann, W.B., Jr. (1993) When does introspection bear fruit? Self-reflection, self-insight, and interpersonal choices. *Journal of Personality and Social Psychology*, *64*, 35–43.

Hoek, H.W. (2006) Incidence, prevalence and mortality of anorexia nervosa and other eating disorders. *Current Opinion Psychiatry*, *19*, 389–94.

Jones, S.C. (1973) Self and interpersonal evaluations: Esteem theories versus consistency theories. *Psychological Bulletin*, *79*, 185–199.

Kanagawa, C., Cross, S. and Markus, H. (2001) 'Who am I?' The cultural psychology of the conceptual self. *Personality and Social Psychology Bulletin*, *27*, 90–103.

Kwang, T. and Swann, W.B., Jr. (2010) Do people embrace praise even when they feel unworthy? A review of critical tests of self-enhancement versus self-verification. *Personality and Social Psychology Review*, *14*, 263–280.

Leary, M.R. (2007) Motivational and emotional aspects of the self. *Annual Review of Psychology*, *58*, 317–344.

Leary, M.R. and Baumeister, R.F. (2000) The nature and function of self-esteem: Sociometer theory. In M.P. Zanna (ed.), *Advances in Experimental Social Psychology*, *32*, 2–51. San Diego: Academic Press.

Lecky, P. (1945) *Self-consistency: A Theory of Personality*. New York: Island Press.

Lemay, E.P. and Ashmore, R.D. (2004) Reactions to perceived categorization by others during the transition to college: Internalizaton of self-verification processes. *Group Processes and Interpersonal Relations*, 173–187.

Lundgren D.C. and Schwab M.R. (1977) Perceived appraisals by others, self-esteem, and anxiety. *Journal of Psychology*, *97*, 205–213.

McCall, G.J. and Simmons, J.L. (1966) *Identities and Interactions: An Examination of Human Associations in Everyday Life*. New York: Free Press.

Mead, G.H. (1934) *Mind, Self and Society*. Chicago: University of Chicago Press.

Mischel, W. and Shoda, Y. (1999) Integrating dispositions and processing dynamics within a unified theory of personality: The Cognitive Affective Personality System (CAPS). In L.A. Pervin and O. John (eds), *Handbook of Personality: Theory and Research*, *2*, 197–218. New York: Guilford Press.

Murray, S.L., Holmes, J.G., Dolderman, D. and Griffin, D.W. (2000) What the motivated mind sees: Comparing friends' perspectives to married partners' views of each other. *Journal of Experimental Social Psychology*, *36*, 600–620.

Neff, L.A. and Karney, B.R. (2005) To know you is to love you: The implications of global adoration and specific accuracy for marital relationships. *Journal of Personality and Social Psychology*, *88*, 480–497.

Paulhus, D.L. and Levitt, K. (1987) Desirable responding triggered by affect: Automatic egotism? *Journal of Personality and Social Psychology*, *52*, 245–259.

Pelham, B.W. and Swann, W.B., Jr. (1989) From self-conceptions to self-worth: The sources and structure of self-esteem. *Journal of Personality and Social Psychology*, *57*, 672–680.

Pelham, B.W. and Swann, W.B., Jr. (1994) The juncture of intrapersonal and interpersonal knowledge: Self-certainty and interpersonal congruence. *Personality and Social Psychology Bulletin*, *20*, 349–357.

Polzer, J.T., Milton, L.P. and Swann, W.B., Jr. (2002) Capitalizing on diversity: interpersonal congruence in small work groups. *Administrative Science Quarterly*, *47*, 296–324.

Pratt, M.G. and Rafaeli, A. (1997) Organizational dress as a symbol of multilayered social identities. *Academy of Management Journal*, *40*, 862–898.

Ritts, V. and Stein, J.R. (1995) Verification and commitment in marital relationships: An exploration of self-verification theory in community college students. *Psychological Reports*, *76*, 383–386.

Robinson, D.T. and Smith-Lovin, L. (1992) Selective interaction as a strategy for identity maintenance: An affect control model. *Social Psychology Quarterly*, *55*, 12–28.

Sacks, O. (1985) *The Man Who Mistook His Wife for a Hat and Other Clinical Tales*. New York: Simon & Shuster.

Schafer, R.B., Wickrama, K.A.S. and Keith, P.M. (1996) Self-concept disconfirmation, psychological distress, and marital happiness. *Journal of Marriage and the Family*, 58, 167–177.

Schlenker, B.R. (1985) Identity and self-identification. In B.R. Schlenker (ed.), *The Self and Social Life*, pp. 65–99. New York: McGraw-Hill.

Secord, P.F. and Backman, C.W. (1965) An interpersonal approach to personality. In B. Maher (ed.), *Progress in Experimental Personality Research*, 2, 91–125. New York: Academic Press.

Sedikides, C. and Gregg, A.P. (2008) Self-enhancement: Food for thought. *Perspectives on Social Psychology*, 3, 102–116.

Seyle, D.C., Athle, D. and Swann, W.B., Jr. (2009) Value in diversity and the self: Verifying self-views promotes group connectedness and performance in diverse groups. Unpublished manuscript, University of Texas at Austin.

Shapiro, B., Eppler, M., Haith, M. and Reis, H. (1987) An event analysis of facial attractiveness and expressiveness. Paper presented at the Society for Research in Child Development, Baltimore, MD.

Shimizu, M. and Pelham, B.W. (2004) The unconscious cost of good fortune: implicit and positive life events, and health. *Health Psychology*, 23, 101–105.

Shrauger, J.S. (1975) Responses to evaluation as a function of initial self-perceptions. *Psychological Bulletin*, 82, 581–596.

Snyder, M. and Swann, W.B., Jr. (1978a) Hypothesis testing processes in social interaction. *Journal of Personality and Social Psychology*, 36, 1202–1212.

Snyder, M. and Swann, W.B., Jr. (1978b) Behavioral confirmation in social interaction: From social perception to social reality. *Journal of Experimental Social Psychology*, 14, 148–162.

Steele, C.M. (1988). The psychology of self-affirmation: Sustaining the integrity of the self. In L. Berkowitz (ed.), *Advances in Experimental Social Psychology*, Vol. 21, pp. 261–302. New York: Academic Press.

Swann, W.B., Jr. (1983) Self-verification: Bringing social reality into harmony with the self. In J. Suls and A.G. Greenwald (eds), *Psychological Perspectives on the Self*, 2, 33–66, Hillsdale, NJ: Erlbaum.

Swann, W.B., Jr. (1984) The quest for accuracy in person perception: A matter of pragmatics. *Psychological Review*, 91, 457–477.

Swann, W.B., Jr. (1996) *Self-traps: The Elusive Quest for Higher Self-esteem*. Freeman: New York.

Swann, W.B., Jr. and Bosson, J. (2008) Identity negotiation: A theory of self and social interaction. In O. John, R. Robins, and L. Pervin (eds), *Handbook of Personality Psychology: Theory and Research I*, pp. 448–471. New York: Guilford Press.

Swann, W.B., Jr., Bosson, J.K. and Pelham, B.W. (2002) Different partners, different selves: The verification of circumscribed identities. *Personality and Social Psychology Bulletin*, 28, 1215–1228.

Swann, W.B., Jr., Chang-Schneider, C.S. and McClarty, K.L. (2006) Do people's self-views matter? Self-concept and self-esteem in everyday life. *American Psychologist*, 62, 84–94.

Swann, W.B., Jr., De La Ronde, C. and Hixon, J.G. (1994) Authenticity and positivity strivings in marriage and courtship. *Journal of Personality and Social Psychology*, 66, 857–869.

Swann, W.B., Jr. and Ely, R.J. (1984) A battle of wills: Self-verification versus behavioral confirmation. *Journal of Personality and Social Psychology*, 46, 1287–1302.

Swann, W.B., Jr., Gómez, Á., Seyle, C. and Morales, F. (2009) Identity fusion: The interplay of personal and social identities in extreme group behavior. *Journal of Personality and Social Psychology*, 96, 995–1011.

Swann, W.B., Jr., Gómez, Á., Dovidio, J., Hart, S. and Jetten, J. (2010a) Dying and killing for one's group: Identity fusion moderates responses to intergroup versions of the trolley problem. *Psychological Science*, 21, 1176–1183.

Swann, W.B., Jr., Gómez, Á., Huici, C., Morales, F. and Hixon, J.G. (2010b) Identity fusion and self-sacrifice: Arousal as catalyst of pro-group fighting, dying and helping behavior. *Journal of Personality and Social Psychology*, 99, 824–841.

Swann, W.B., Jr. and Hill, C.A. (1982) When our identities are mistaken: Reaffirming self-conceptions through social interaction. *Journal of Personality and Social Psychology*, 43, 59–66.

Swann, W.B., Jr., Hixon, J.G. and De La Ronde, C. (1992a) Embracing the bitter 'truth': Negative self-concepts and marital commitment. *Psychological Science*, 3, 118–121.

Swann, W.B., Jr., Hixon, J.G., Stein-Seroussi, A. and Gilbert, D.T. (1990) The fleeting gleam of praise: Behavioral reactions to self-relevant feedback. *Journal of Personality and Social Psychology*, 59, 17–26.

Swann, W.B., Jr., Kwan, V.S.Y., Polzer, J.T. and Milton, L.P. (2003a) Vanquishing stereotypic perceptions via individuation and self-verification: Waning of gender expectations in small groups. *Social Cognition*, 21, 194–212.

Swann, W.B., Jr., Kwan, V.S.Y., Polzer, J.T. and Milton, L.P. (2003b) Fostering group identification and creativity in diverse groups: The role of individuation and self-verification. *Personality and Social*

Psychology Bulletin, 29, 1396–1406.

Swann, W.B., Jr., Milton, L.P. and Polzer, J.T. (2000) Should we create a niche or fall in line? Identity negotiation and small group effectiveness. *Journal of Personality and Social Psychology, 79*, 238–250.

Swann, W.B., Jr. and Pelham, B.W. (2002) Who wants out when the going gets good? Psychological investment and preference for self-verifying college roommates. *Journal of Self and Identity, 1*, 219–233.

Swann, W.B., Jr., Pelham, B.W. and Chidester, T. (1988) Change through paradox: Using self-verification to alter beliefs. *Journal of Personality and Social Psychology, 54*, 268–273.

Swann, W.B., Jr., Pelham, B.W. and Krull, D.S. (1989) Agreeable fancy or disaagreeable truth? Reconciling self-enhancement and self-verification. *Journal of Personality and Social Psychology, 57*, 782–791.

Swann, W.B. Jr., Polzer, J.T., Seyle, C. and Ko, S. (2004) Finding value in diversity: Verification of personal and social self-views in diverse groups. *Academy of Management Review, 29*, 9–27.

Swann, W.B., Jr. and Predmore, S.C. (1985) Intimates as agents of social support: Sources of consolation or despair? *Journal of Personality and Social Psychology, 49*, 1609–1617.

Swann, W.B., Jr. and Read, S.J. (1981a) Self-verification processes: How we sustain our self-conceptions. *Journal of Experimental Social Psychology, 17*, 351–372.

Swann, W.B., Jr. and Read, S.J. (1981b) Acquiring self-knowledge: The search for feedback that fits. *Journal of Personality and Social Psychology, 41*, 1119–1128.

Swann, W.B., Jr., Rentfrow, P.J. and Guinn, J. (2003c) Self-verification: The search for coherence. In M. Leary and J. Tagney, *Handbook of Self and Identity*, pp. 367–383. New York: Guilford Press.

Swann, W.B., Jr. and Snyder, M. (1980) On translating beliefs into action: Theories of ability and their application in an instructional setting. *Journal of Personality and Social Psychology, 38*, 879–888.

Swann, W.B., Jr., Stein-Seroussi, A. and Giesler, B. (1992b) Why people self-verify. *Journal of Personality and Social Psychology, 62*, 392–401.

Swann, W.B., Jr., Wenzlaff, R.M. and Tafarodi, R.W. (1992c) Depression and the search for negative evaluations: More evidence of the role of self-verification strivings. *Journal of Abnormal Psychology, 101*, 314–371.

Swann, W.B., Jr., Wenzlaff, R.M., Krull, D.S. and Pelham, B.W. (1992d) The allure of negative feedback: Self-verification strivings among depressed persons. *Journal of Abnormal Psychology, 101*, 293–306.

Taylor, S.E. and Brown, J.D. (1988) Illusion and well-being: A social psychological perspective on mental health. *Psychological Bulletin, 103*, 193–210.

Tesser, A. (1988) Toward a self-evaluation maintenance model of social behavior. In L. Berkowitz (ed.), *Advances in Experimental Psychology, Vol. 21: Social Psychological Studies of the Self: Perspectives and Programs*, pp. 181–227. San Diego: Academic Press.

Wiesenfeld, B.M., Swann, W.B., Jr, Brockner, J. and Bartel, C. (2007) Is more fairness always preferred? Self-esteem moderates reactions to procedural justice. *Academy of Management Journal, 50*, 1235–1253.

Winkielman, P., Schwarz, N. and Nowak, A. (2002) Affect and processing dynamics: Perceptual fluency enhances evaluations. In S. Moore and M. Oaksford (eds), *Emotional Cognition: From Brain to Behaviour*, pp. 111–136. Amsterdam: John Benjamins.

Wood, J.V., Heimpel, S.A., Newby-Clark, I. and Ross, M. (2005) Snatching defeat from the jaws of victory: Self-esteem differences in the experience and anticipation of success. *Journal of Personality and Social Psychology, 89*, 764–780.

第 11 章

内隐理论

卡罗尔·S. 德韦克（Carol S. Dweck）

蒋文 译　蒋奖 审校

摘　要

我一直都对人们用来理解世界和指导行为的内隐理论或基本信念（basic beliefs）感兴趣。在我的研究中，我发现有一种关于人性的信念，即相信人的基本属性（fundamental human attributes）是固定的还是可塑的、发展的，这种信念对人的行为方式，与他人的关系以及对成就有深远的影响。在本章中，我将追溯自己对内隐理论产生兴趣的历程，从我在20世纪60年代社会觉醒和新兴认知革命期间的动物学习研究开始。即便如此，我并不接受基础研究和应用研究之间的错误区分，拒绝接受将情感、认知和动机视为不同研究领域的错误分离，拒绝接受心理学各领域之间的错误界限（例如，个体差异和社会心理学），我叙述了这种离经叛道的立场是如何影响和体现在我的研究中的。最后，我阐述了内隐理论研究在缩小成就差距，促进群际关系和冲突解决，培养具有生产力的文化氛围和鼓励健康行为方面取得的进展。

引　言

我一直都对人们用以组织世界并且指导个人行为的内隐理论（或者基本信念）感兴趣。最让我着迷的事实是，不同的人可以形成不同的基本信念。心理学家认为，当人们谈到有关物体、空间、时间或者数字的核心知识时，除非是受过数学或物理的专门训练，否则大多数人的理解认识程度都相近。然而，当一个人谈到有关人及其属性的基本信念时，却可能存在截然不同但貌似合理的立场。

我对具有强烈动机特性的信念尤其感兴趣。从心智的角度来看，人们可能会对自己和他人的本质得出不同的结论，但如果这些不同的结论影响了人们追求的目标和他们生活经历的结果，那情况就变得更加有趣。

多年来，我一直在研究相信人类基本属性是固定的还是可变的所带来的后果（参见 Dweck, 1999, 2006）。我和我的合作者建立和检验了一个模型，该模型主要涉及内隐理论如何影响动机、认知、情感和行为反应，并且我们已经证明，内隐理论对成就表现、人际关系、职业生涯和群际态度都有影响。

个人经历和思想史

我的研究生涯开始于在一个老鼠实验室里进行的动物学习研究，而当时认知革命已然兴起。我曾在耶鲁大学读研究生，研究动物学习。这项工作很有趣，尤其是因为我当时处于瓦格纳-雷斯科拉理论（Wagner-Rescorla theory）㊀的底层，并且因为这项工作结合了我对动机和应对的研究兴趣（例如 Dweck & Wagner, 1970）。同一时期，动物的习得性无助（learned helplessness）研究也正在开展（Seligman, Maier, & Solomon, 1968）。该研究对于理解动物如何感知奖赏意外事件，以及如何利用这些知觉（perception）进行应对具有深刻的影响。

然而，归因理论正在兴起，对我来说，它有希望揭示人们如何解释发生在他们身上的事情，以及这些解释如何引导他们的反应方式。我可以利用我在动物学习方面的训练，即简约化思维和经济性实验设计方面的训练，来研究人们如何应对发生在他们身上的事件。

通过将归因理论（Weiner & Kukla, 1970）与习得性无助（Seligman et al., 1968）的经典研究相结合，我开始考察儿童如何应对失败。我的研究表明，相比于将失败归因于可控因素（例如，自身努力）的儿童，那些将失败归因于不可控因素（例如，自身能力不足）的儿童表现出更多的无助反应（Dweck & Reppucci, 1973）。这种对失败的无助反应包含了负性情绪、期望下降、有效策略不足以及坚持性降低，并且这些绝不是由于能力低下引起的。

我还通过干预改变了儿童对失败的归因以及他们对失败的无助反应，从而证明了归因与应对反应之间存在因果关系（Dweck, 1975）。在我的研究工作中，我从一开始就努力地在实验室和现场之间来回奔波。实验室工作的优势显而易见，你能很好地控制什么会发生（即操纵自变量）以及如何测量其影响（即测量因变量）。但是，你始终需要现场工作来告诉自己，实验室内的精密控制和测量是否与真实世界中发生的事情（与那些不在你实验范围之内的人）有相似之处。

研究生阶段的学习经历是美妙的。耶鲁大学的老师让我们感觉自己能够并且一定会改变世界，而认知革命给了我们尝试改变世界的工具。行为主义时期，心理内容（the contents of the mind）被视为禁区，在这样的时代背景下研究信念、知觉、建构、加工策略等诸如此类概念的重要影响显得格外令人振奋。20世纪60年代后期是思想解放时期。那个时代充满了建构（construction）思想，它催生了一代人，他们拒绝接受过分简化的、决定论的、放之四海而皆准的行为主义理论，因为该理论拒绝纳入20世纪50年代普遍存在的社会制约因素。

20世纪60至70年代不仅见证了认知心理学的兴起，也见证了社会认知在社会心理学中的兴起，认知疗法在临床心理学中的兴起，以及社会认知取向在人格心理学中的崛起。然而，和任何革命一样，一些时代精华连同糟粕被一并丢弃。认知存在于大脑中，而社会心理学的大部分仍然困囿于大脑

㊀ 瓦格纳-雷斯科拉理论模型论述了巴甫洛夫条件反射的产生条件，可以描述和预测动物对条件刺激-非条件刺激联结强度的学习过程。——译者注

中，忽视了动机、情感、行为和现实生活。心理学变得如此认知化，以至于权威系列图书《内布拉斯加州动机研讨会论文集》(The Nebraska Symposium on Motivation) 尝试将"动机"一词从标题中删去。尽管如此，认知革命意味着我现在有更多可用的工具来解决重要的问题。我现在可以研究产生行为的认知、动机和情感过程。

我同样也不认可个体差异不属于社会心理学范畴，或者说社会和人格心理学本质上是不同领域的观点。实际上，我所测量过的个体差异都能够通过实验诱发。个体差异测量的和实验诱发的信念都是了解人类动机和思维运作的方法。此外，测量和操纵的结合能捕捉到人类活动或行为的动态方式。具体来说，人们可能具有坚定和持久的信念，但这些信念也可以被强大的情境线索或信息所左右。

事实上，我从来都不认为心理学内部存在学科界限。为方便起见，心理学家将人划分为认知、情感、社会和发展等不同部分。这有助于我们设立学术部门，设置期刊和组织的结构。但我们不应该自欺欺人地认为这些界限是真实存在的。作为研究者，我们寻求的是对一般性心理过程的理解，而当我们达到这一理解时，我们将阐释心理学的所有领域。人们普遍担心的是，神经科学的蓬勃发展将导致学科边界的具象化，并使心理学家变得更加狭隘。然而，我暗自希望神经科学会有相反的作用。大脑不会注意到心理学家所创设的边界，而是会显示基本心理过程是如何在各学科之间建立共性的。

最后，我也不接受当时流行的想法，即为了追求科学性，心理学家必须回避应用问题。尤其是20世纪60年代，人们普遍关心社会问题，有空前数量的人开始在政治上活跃。讽刺的是，同一时期的许多心理学内容却变得越来越抽象和"与现实脱节"。幸运的是，耶鲁是现代社会心理学诞生的地方之一，因为心理学家从第二次世界大战归来，试图在他们的研究中捕捉到说服或服从权威等在战争中发挥了作用的现象。庆幸我的导师们重视立足于现实世界，并有所作为。

我的第一份教职是在伊利诺伊大学。这是一个很棒的地方，最重要的是，这是一个适宜培育人的地方。人们在这里蓬勃发展。我与我的第一批研究生一起，将研究工作推进到一个新的高度。我们揭示了学习无助感分析（归因过程）如何解释动机和成就的性别差异。我们证实了女孩如何通过在小学阶段得到更好的对待，来学习成功和失败的归因，从而更好地应对学业材料变得更加困难和成功更加不确定的情境（Dweck et al., 1978）。我们还通过实验法模拟了这一过程。后来，我与芭芭拉·利希特（Barbara Licht）一起揭示了女孩的挫折归因如何解释她们在数学上的低代表性[一]和低成就（Licht & Dweck, 1984）。在这里，我们首次发现最聪明的女孩也可能是最脆弱的女孩。也就是说，我们发现智商与女孩的挫折后表现之间存在负相关关系：经过短暂的困惑后，智商越高的女孩，越不容易掌握学习内容。

我与特蕾泽·戈茨（Therese Goetz）证明了无助感模型适用于社会情境，并且我们可以根据归因来预测哪些人会对社会挫折表现出无助或掌握定向反应（mastery-oriented responses）（Goetz & Dweck, 1980）。尽管其中许多过程在成就/问题解决情境中更容易研究，但对我们而言，重要的是证明我们

[一] 低代表性具体指代女生较少选择数学课或数学专业。——译者注

的模型具有更广的适用范围，而且在内隐理论模型发展的每个阶段，我们都是这样做的。

与卡罗尔·迪纳（Carol Diener）一起，我们通过监测儿童从成功走向失败过程中的认知、情感和行为的实时变化，进一步了解了儿童应对失败的无助与掌握定向反应（Diener & Dweck, 1978）。我们从这项研究工作中学到了很多东西。真正让人震惊的是，不同的儿童生活在不同的心理世界里。首先，我们看到一些儿童如何因困难而变得兴奋和充满活力。他们并不是简单地"不无助"，而是积极地迎接挑战。此外，这些学生在最初的成功阶段并不一定比其他人做得更好。同样有趣的是，与表现出无助反应的儿童不同，表现为掌握定向反应的儿童似乎没有细想自己的困难、困难的原因以及困难对他们而言的意义。在他们的出声叙事（talk-aloud narrative）中，他们几乎不谈归因。相反，他们很快就专注于掌握新的、更困难的问题。最后，我们监测了学生使用的具体问题解决策略并发现，无助定向儿童终止于无效策略，而掌握定向的儿童仍然具有高度的策略性，并教会自己新方法来解决问题。导致一个孩子自我否定的失败却是另一个孩子学习的机会。这似乎不只是涉及简单的归因差异了。还发生了什么？

解决上述谜题的重要一环出现在我与伊莱恩·埃利奥特（Elaine Elliott）和约翰·尼科尔斯（John Nicholls）的合作研究中。在一段时间内关于成就动机（achievement motivation）的激烈讨论过程中，我们意识到成就努力可以由不同的目标驱动：人们可以寻求能力彰显（表现目标）和能力发展（学习目标）。伊莱恩·埃利奥特和我也意识到，我们在之前研究所观察到的无助与掌握定向反应的个体差异可能是由目标的不同所导致。在旨在检验这一假设的研究中（Elliott & Dweck, 1988），我们的预感得到了验证。当被试被引导持有强烈的表现目标并对自己的能力失去信心时，他们出现了认知、情感和行为的完整无助模式。只有当持有表现目标的被试能够对自己的能力保持高度信心时，他们才能在挫折面前坚持下去。相比之下，当被试被引导持有强烈的学习目标时，他们对挫折表现出掌握定向反应——有趣的是，即使他们对自己的能力信心很低时也是如此。当目标是学习时，你不需要觉得自己有很高的能力才能保持投入和坚持。

成就目标框架催生了大量研究，为现实世界中的成就过程和学业成绩提供了新的视角。例如，在一项研究（Grant & Dweck, 2003）中，海迪·格兰特（Heidi Grant）对参加高挑战性有机化学预科课程的学生进行了调查，结果表明，持学习目标的学生面对较差的初始成绩能维持内在兴趣，容易从较差的初始成绩中恢复过来以及获得较高的期末考分数。相比之下，持有表现目标（表现出高能力的愿望）的学生在面对较差的初始成绩时内在兴趣缺失，难以从较差的初始成绩中恢复过来以及期末成绩较低。中介作用分析表明，学习目标通过更深度的学习策略（另见 Elliot, McGregor, & Gable, 1999）和动机相关的自我调节（例如，保持对课程的兴趣）进而预测更高的学业成绩。

成就目标分析也已成功地扩展到组织情境、运动领域和临床心理学问题，例如，使用长期目标定向（chronic goal orientation）预测抑郁情绪（Dykman, 1998）。

尽管成就目标框架似乎具有生成性，但对我来说，理论图谱尚未完整。我仍然想知道，为什么拥有同等能力的人会长期重视和追求不同的目标。为什么有些人如此热衷于一次又一次地证明自己的能力,而另一些人则渴望寻找挑战和学习的机会?

下一个尤里卡时刻⊖出现在与玛丽·班杜拉(Mary Bandura)的一系列会面中。我们突然意识到,当一个人想到通过表现目标来衡量和判断能力时,能力本身的含义与一个人想到通过学习目标来提高能力时的含义截然不同。在第一种情况下,能力意味着一些根深蒂固的和永恒不变的东西,而在第二种情况下,能力意味着更具动态性和可塑性的东西。然后我们意识到,这些对能力的不同理解可能是人们的长期目标选择存在差异的背后原因。玛丽·班杜拉的学位论文证实了这一假设,即智力内隐理论可以预测人们的目标定向。

在之后的几年里,我和我的学生开始探索内隐理论对动机和行为的影响。最难忘的是,埃伦·莱格特(Ellen Leggett)和我花了几年时间,日复一日地把这些想法发展成一个更广泛的动机模型,去理解和研究模型的新方面,并阐释模型对整个人格的影响(Dweck & Leggett, 1988)。我几乎没有意识到,多年以后我仍然在这样做!

我这样并不是因为我多有耐心、专注和追求系统性,而是对我而言,这个模型提供了人类功能的一个缩影,因此可以在多个层面上起作用。除了那些眼前的发现,模型能洞悉认知、情感和行为的内在过程,而在另一个层面上,它能为人格、动机和功能障碍的本质提供见解。我非常敬佩那些心理学家,他们用具体的研究来深入探索人类的基本过程并反思人类的本质(Mischel & Shoda, 1995; Bandura, 1986)。

为了最好地突出模型迄今为止的成果,我将不按时间顺序介绍,而是描述(来自我自己的实验室和其他实验室的)主干研究,使读者在更大程度上了解内隐理论如何运作,如何发展,如何影响重要结果以及在更大的人类需求体系中所扮演的角色。在更具体的层面,我将讨论它们在刻板印象、人际互动、群体冲突解决以及临床相关的心理过程中所起的作用。不过,在此之前,我要强调,我非常幸运地在我所任教过的所有院系都拥有杰出的同事。他们所营造的充满激情的研究氛围,为发展思想和培养热情、专注的学生提供了完美土壤。这些学生才是这项研究计划的闪耀之星。

有关内隐理论的背景事实

什么是实体论和增长论

内隐理论是关于人类属性本质的信念。以智力或人格为例,实体论者(entity theorist)认为特质不能改变,而增长论者(incremental theorist)认为特质可以发展变化。持增长论的个体不一定相信每个人一开始都有相同的天赋或潜能,也不一定相信任何人都能完成任何事情。他们只是相信每个人都有能力在适当的动机、机会和指导下成长。

这些实际上都是关于可控性(而非稳定性)的信念。实体论者认为,人们无法控制自己的属性或没有能力改变属性。然而,实体论者可能认为智力或人格水平会随着年龄的增长而下降。此外,增长论者相信人们可以改变,但并不代表他们相信大多数人都会改变。

贯穿本章以及我们的大部分研究,我们一直认为,认同某一特定理论的人在行为上与该理论保持一致,但现实必然是更加动态的。也就是说,尽管这些理论在时间上相对稳定(例如 Robins & Pals, 2002),但它们也可以被

⊖ 尤里卡(eureka)是古希腊词语,指因找到某物,尤其是找到问题的答案而高兴。——译者注

情境中的强烈线索或经历激活（Good, Rattan, & Dweck, 2008; Murphy & Dweck, 2010）。

内隐理论在概念上与本质论（essentialist）信念（例如 Bastian & Haslam, 2006）、群体实体性（group entitativity）信念（Rydell et al., 2007）和基因决定论信念（例如 Keller, 2005）等变量存在关联。所有这些构念都反映了个人或群体在多大程度上被视为具有深层的、不可改变的本质或结构，并且来自这些不同研究领域的发现彼此一致（Levy, Chiu, & Hong, 2006）。内隐理论还与世界观研究有关（例如 Major et al., 2007；参见 Plaks, Grant, & Dweck, 2005），后者力图寻找人们用来组织和预测生活中事件的信念。

测量与操纵

我们通过要求被试同意或不同意一系列陈述来评估内隐理论，其中一半陈述是实体论，而另一半则是增长论。以智力为例，实体论的条目表示："你的智力水平是一定的，你不能真正改变它。"增长论的条目则陈述："不管你现在的智力水平如何，你总是能改变它很多。"在人格领域中，实体论的条目会利用诸如"你是什么样的人，是你最基本的东西，不能改变太多"进行表述，而增长论则体现在"你甚至可以改变你最基本的品质"。通过这种测量方式我们发现，平均来说，大约 40% 的人认可实体论，40% 的人认可增长论，另有 20% 的人并不始终如一地支持这两种理论中的任何一种。

也有研究者开发了领域特异性内隐理论测量方式，即关于特定能力或领域的内隐理论，例如数学能力（Good et al., 2008）、谈判技巧（Kray & Haselhuhn, 2007）、管理与决策技巧（Tabernero & Wood, 1999）、情绪调节（Tamir, John, Srivastava, & Gross, 2007）和亲密关系（例如 Knee, 1998）。研究者还开发了适用于自我与他人（Dweck, 1999）、群体特征而非个人特征（Halperin et al., 2009; Rydell et al., 2007; Tong & Chang, 2008）的内隐理论测量。在每种情况下，测量问卷都会询问所讨论的对象是否可以改变或发展，而且更具体、更有针对性的测量通常具有更好的预测力（Rydell et al., 2007）。

研究者也采用操纵内隐理论的方式。为实现这一目的，可以通过给予指导，将相关技能或领域描述为固有的、固定的或可学习的东西（Kray & Haselhuhn, 2007; Martocchio, 1994; Kasimatis, Miller, & Marcussen, 1996），可以通过向被试呈现一篇"科学"文章传递相关技能或领域为固定或可变的信息（Hong et al., 1999; Chiu et al., 1997b; Kray & Haselhuhn, 2007），或者是在更长期的干预中，通过传授增长论信念的工作坊实现（然后与对照组，即学习了潜在有用但与理论无关课程的被试的结果进行比较；Aronson, Fried & Good, 2002; Blackwell, Trzesniewski, & Dweck, 2007; Good, Aronson, & Inzlicht, 2003；另见 Heslin & Vandewalle, 2008）。

哪种理论是正确的

智力实体论和增长论都有其热情的支持者。《钟形曲线》（The Bell Curve; Herrnstein & Murray, 1996）一书为实体论进行了辩护，而智商测验的发明者阿尔弗雷德·比奈（Alfred Binet, 1909）、社会学家本杰明·布卢姆（Benjamin Bloom, 1985）、古生物学家史蒂芬·古尔德（Steven Gould, 1996）和创造力研究者约翰·海斯（John Hayes, 1989）则极力主张增长论。尽管这两种理论都可能有一定的道理，但认知心理学家和神经科学家的研究表明，执行功能（executive function）和智力的基础特征不仅可以在幼儿群体（Rueda et al., 2005），还可以在大学生中得到训练改善（Jaeggi et al., 2008）。一项针对大学生的研究（Jaeggi et al., 2008）发现，接受了困难工作记忆任务训练的被试在后续无关的流体智力（fluid intelligence）测验中得分显著提升。流体智力反映了推理和解决新问题的能力，而且训练越多，收益就越大。

在人格领域，也有研究发现即使是基本人格特质也会在成年期发生很大改变（Roberts et al., 2006）。另外，正如我在其他地方所言，信念和信念系统本身构成人格的核心部分，可以通过有针对性的干预措施对其进行改变，从而产生广泛影响（Dweck, 2008）。

内隐理论什么时候效应最强

总的来说，我们发现当个体面对挑战或挫折时，内隐理论的影响最强。例如，一项以升入七年级、面临过渡困难的学生为调查对象的研究（Blackwell et al., 2007）发现，在小学阶段的支持性环境下，实体论者和增长论者的先前数学成绩不存在差异。但是，在全新的、更具挑战性的环境下，持不同内隐理论的学生表现出清晰而持续的成绩差异。与此相关，我们发现对于参加大学微积分课程或医学有机化学预科课程的学生来说，他们在这些困难课程中的成绩会受到内隐理论（Good et al., 2008）以及目标的影响（Grant & Dweck, 2003）。

内隐理论也可以预测人们如何判断他人，我将在下面展开叙述。相信特质固定不变的人与相信特质可塑的人相比，涉及了完全不同的判断过程。然而经验告诉我们，只有当人们相信自己正在形成并报告他们对他人的个人印象时，这一点才成立，而当他们认为自己正在执行一项有正确或错误答案的认知任务时，情况则不适用。当人们把人的信息当作他们需要解决的方程中的变量时，内隐理论起的作用就小了。

内隐理论具有什么心理功能

内隐理论是关于人是由什么组成以及人是如何运作的信念。因此，内隐理论应该给人们信心，让他们相信自己可以预测和控制自己的社会世界。贾森·普拉克斯（Jason Plaks）及其同事的研究（Plaks, Grant, & Dweck, 2005; Plaks & Stecher, 2007）为这一观点提供了证据。他们发现，当事实违背了与内隐理论一致的预测时，人们会感到焦虑，并采取措施重新获得控制感。（有趣的是，这意味着人们允许研究人员给他们一个新的理论，就像在实验诱发或干预中所做的那样，但他们宁愿如此也不想缺少理论，即缺少一种组织和理解事物如何运作的方法。）

意义系统：内隐理论是如何起作用的

内隐理论能创建心理世界（psychological worlds）。内隐理论通过组建相互关联的目标和信念作为"意义系统"（meaning system）来协同运作（Molden & Dweck, 2006）。这些心理世界如下所述。

目　标

首先，正如我之前所说，这两种内隐理论将人们引导至不同的目标。当然，每个人都根据具体情况追求各种目标。尽管如此，对持有实体论的人而言，他们的动机围绕着通过表现目标来确证固定特质，而增长论者的动机是通过学习目标来提升可变特质（Beer, 2002; Dweck & Leggett, 1988; Kray & Haselhuhn, 2007; Mangels et al., 2006; Robins & Pals, 2002）。一些研究惊人地表明，持有智力实体论的人会为了使自己看起来聪明、不显得笨拙，而去牺牲重要的学习机会。例如，康萤仪等人（Hong et al., 1999）发现，即便英语水平很差，且英语水平对他们在大学的学业成绩至关重要，实体论者对英语补习课的兴趣仍然远低于增长论者。

也许最生动的体现目标导向差异的证据来自一项事件相关电位（event-related potential, ERP）研究。在这项研究中，大学生进行一项极具挑战性的一般信息测验，与此同时研究者监测其脑电波，以了解其注意模式（Dweck et al., 2004; Mangels et al., 2006）。对脑电波数据的分析表明，持智力实体论的学生进入一种强烈的注意状态，即在每个问题之后，他们都要知道自己是对还是错（满足表现目标），但不去弄明白正确答案到底是什么，即使他们回答错误时也是如此。相反，持有智力增长论的学生进入了另一种强烈的注意状态，即他们既要知道自己的答案是否正确（因为这也是学习的一个重要部分），又要搞清楚正确的答案到底是什么。事实上，我们后来让学生重新做了错题（Mangels et al., 2006），结果发现增长论学生得分明显高于实体论学生。因此，不同的内隐理论似乎总是产生不同的目标。

努力信念

根据归因理论，努力是可控因素，因此将结果归因于努力应该产生高的动机和心理韧性，总的来说，这似乎是正确的。然而，在实体论者的意义系统中，情况并非如此：实体论者认为努力意味着能力低下（Blackwell et al., 2007; Hong et al., 1999; Dweck & Leggett, 1988; Miele & Molden, 2009），而能力又是他们所关心的。事实上，努力工作似乎会很快降低实体论者对自己能力的信心。在一系列研究中，米勒和莫尔登（Miele & Molden, 2009）证实，任何让被试感觉付出很大努力的操纵（甚至是在阅读理解任务中设置较小的字体）都会降低实体论者对他们能力或表现的估计，而增长论者不受影响。

相较之下，增长论者认为高努力是好的，对能力发展十分必要，并认为即便是天才也要付出努力才能取得发现（Blackwell et al., 2007; Dweck & Leggett, 1988）。顺便说一下，这种信念正在得到越来越多证据的支持。例如，安德斯·埃里克森（Anders Ericsson）发现，在自己领域最成功的人不一定是初期似乎最有天赋的人，而是那些投入最多刻意练习（deliberate practice）的人（Ericsson et al., 1993）。

顺带一提，与意义系统中的其他变量一样，努力信念不仅与内隐理论相关［例如，在一项对373名青少年的研究中，内隐理论和努力信念的相关性为0.54（Blackwell et al., 2007）］，而且诱发内隐理论也会改变努力信念（Hong et al., 1999）。

归　因

内隐理论预测和产生不同的挫折归因，实体论引导个体将失败归因为特质和能力，而增长论引导个体将失败归因于努力和动机。我们的模型并不认为归因不重要。事实上，一些研究已表明，归因是高挑战情境下内隐理论影响情感和行为反应的关键路径（Blackwell et al., 2007; Hong et al., 1999; Robins & Pals, 2002）。然而，归因发生在内隐理论和目标的背景下。例如，罗宾斯和帕尔斯（Robins & Pals, 2002）在一项追踪学生上大学期间的研究中发现，内隐理论可以通过目标直接或间接预测归因。另外，当内隐理论被诱发或激活时，相应的归因倾向也会出现（例如Hong et al., 1999）。

无助与掌握定向策略

意义系统中的最后一环，也是直接导致重要结果的一环，由两种内隐理论所助长的不同策略组成。实体论往往导致无助或防御策略，而增长论带来坚持性、策略性和掌握定向策略。在实验研究中（例如 Hong et al., 1999; Nussbaum & Dweck, 2008），学习了智力实体论的人往往不会正视自己的不足并采取措施加以补救。努斯鲍姆和德韦克（Nussbaum & Dweck, 2008）的研究表明，在一次测试失败后，学习了智力实体论的大学生不会通过学习来修复自尊，而是通过下行社会比较，即通过去看完成得更差的人的试卷来修复自尊。而增长论组学生绝大多数选择通过查看做得比他们好得多的人的试卷来学习。努斯鲍姆和德韦克还发现，学习了实体论的工科学生不愿意针对表现不佳的测试部分参与课程辅导，而学习了增长论的学生绝大多数都愿意。在两项纵向研究（Robins & Pals, 2002; Blackwell et al., 2007）中，相比于持增长论的学生，持实体论的学生更可能通过撤回努力或作弊来应对学业困难，而不太可能通过运用新策略或重新努力来应对。

内隐理论被证明可以通过这些策略进一步预测关键结果，如成绩（Blackwell et al., 2007）、智商测验分数（Cury et al., 2008）、自尊随时间的变化（Robins & Pals, 2002）和谈判成功（Kray & Haselhuhn, 2007）。此外，正如我们所见，教导增长论的干预措施改善了在这些领域和其他领域的关键结果。

社会互动与社会关系

在其他领域，例如在人际关系方面，内隐理论是否也能起作用呢？事实上，研究已发现内隐理论在亲密关系（Finkel et al., 2007; Kammrath & Dweck, 2006; Knee, 1998）以及在儿童（Erdley et al., 1997）或者成人的同伴关系（Beer, 2002）中发挥作用。

例如，比尔（Beer, 2002）发现，相比于持有害羞实体论信念的个体（"我的害羞是无法改变的"），持害羞增长论信念的个体（"只要我想，我就可以改变我害羞的一面"）更愿意面对挑战性社会情境，在社会交往中更加直接和主动（而非被动和回避），在新的社会互动过程中表现更好。

在亲密关系的研究中，鲁沃洛和罗通多（Ruvolo & Rotondo, 1998）以及卡姆拉斯和德韦克（Kammrath & Dweck, 2006）测量了被试对他人人格可变性的内隐理论（"一个人是什么样的人，对他们来说是非常基本的东西，不能改变太多"），并假设当人们认为伴侣的缺点是永恒不变的时，冲突和挫折会更加棘手。事实上，鲁沃洛和罗通多发现，面对伴侣的缺点时，持有人格增长论的个体更能够维持关系满意度。卡姆拉斯和德韦克（2006）进一步发现，在重大冲突过后，增长论者更可能为了解决问题而对伴侣表达出不满意之处。一些涉及同伴关系和亲密关系的研究也发现，面对他人的伤害时，增长论者更倾向于选择原谅他人而非寻求报复（Finkel et al., 2007; Yeager et al., 2011）。相信别人可以改变似乎能让人们采取措施去影响他人以及解决问题，而相信别人无法改变，留下的好选择就少了：人们要么选择保持沉默，要么选择离开或者以牙还牙。

此外，内隐理论在社会领域的运作方式与智力成就领域相似。个体的自我理论与他们的目标（Beer, 2002; Erdley et al., 1997; Knee, 1998）、归因（Erdley et al., 1997）以及对威胁和挫折的无助和掌握定向反应（Beer, 2002; Kammrath & Dweck,

2006）都息息相关。

人际知觉、社会判断和刻板印象

不久之后，我们就开始探索内隐理论是否也会影响人们对他人的知觉和判断。如果是这样的话，我们可能会更了解造成刻板印象和偏见的基础。这对我们来说似乎特别有趣，因为这意味着乍看起来与刻板印象毫无关联的信念可以为刻板印象的生发提供土壤。

康萤仪（Ying-yi Hong）、赵志裕（C. Y. Chiu）、辛西娅·埃德利（Cynthia Erdley）和我都认为，实体论者和增长论者的人际判断过程会大不相同。相信特质固定意味着从固定特质寻求解释、忽略情境和他人的动机因素以及形成更僵化的判断。这正是我们检验的假设。

首先，我们的研究发现，常人特质主义（lay dispositionism）和基本归因错误（fundamental attribution error）在实体论者中仍然存在，而在增长论者中却式微（Chiu et al., 1997）。例如，实体论者倾向于认为他人的几乎任何行为都是道德品质的反映（即使是早上整理床铺）（Chiu et al., 1997b）。有趣的是，相比于增长论者，实体论者对他人行为本身的积极性评价并无分别，他们只是对道德品质的推测有所不同。实体论者也更相信，如果 A 在一个情境下比 B 更友善或更好斗，那么 A 在另一个情境下也会比 B 更友善或好斗。而增长论者会认为在新的不同情境下，B 会比 A 更友善或好斗，即与基本归因错误完全相反。

接下来，我们发现实体论者在做判断时更容易忽略情境（Erdley & Dweck, 1993; Gervey et al., 1999; Molden et al., 2006; Molden et al., 2006）或他人动机（Erdley & Dweck, 1993; Chiu, 1994）等明显信息，而对特质或特质一致性信息格外关注（Molden et al., 2006; Plaks et al., 2001）。在实体论者对行为的解释中，我们同样观察到类似的偏见：实体论者更有可能对目标的行为产生特质解释，而不太考虑可能导致行为的心理过程（如，动机、需要和认知建构）（Hong, 1994）。

此外，尽管实体论者通常从非常初步的信息中迅速做出特质推断（Butler, 2000; Chiu et al., 1997b），但他们似乎对这些推断非常有信心。实体论者在面对不一致信息时不轻易修正自己的判断（Erdley & Dweck, 1993; Plaks et al., 2001），而且愿意根据原先的特质判断做出决定（Gervey et al., 1999）。例如，杰维（Gervey）等人证明，实体论者根据目标（被告人）在谋杀当天的穿着（黑色皮夹克或者西装）做出十分肯定的道德品质推断，并给出相应判决，而潜在的脱罪证据却没有影响他们的决定。而且，实体论者认为他们已经判断了一个人是好是坏，因此更倾向于对违法者施加惩戒而不是教育（Gervey et al., 1999; Erdley & Dweck, 1993; Chiu et al., 1997a）。

人际知觉过程中的差异是否适用于群体知觉和群体刻板印象的形成？利维等人（Levy et al., 1998）以及利维和德韦克（Levy & Dweck, 1999）通过让被试接触新群体来探讨这个问题。被试会得到关于群体中某些成员的有利或不利信息。我们发现，实体论者更容易形成刻板印象（群体的整体特质判断），更容易感知到群体内部更大的同质性和群体之间更大的异质性，更容易将群体特质套用到信息未知的新成员身上，以及更依赖他们收到的群体信息来决定是否与群体成员互动。

实体论者也对已有群体有更多刻板印象（Levy et al., 1998），对于与刻板印象相左的信息更为抗拒（Plaks et al., 2001）。换言之，与人际知觉一样，对个人特质持增长论的个体更少做出极端判断，更多做出可随时修正的暂时性判断。事实上，普拉克斯等人发现，相比于支持刻板印象的信息，增长论者往往更关注能反驳刻板印象的信息。吕德尔等人（Rydell et al., 2007）拓展了该研究，调查人们对群体（而非个人）本质固定还是可变所持有的内隐理论。他们的研究结果证明，个人实体论可以预测更多的刻板印象，这一结果重复了先前研究。与此同时他们也证明了群体实体论信念（一种更具领域特异性的测量）能更好地预测刻板印象。

对于实体论者来说，他们所归属的群体似乎是"真实可感"的，无论是社会群体、职业群体，还是基于种族、族裔或性别的群体。对他们来说，群体成员不可避免地有着共同的特点，埃伯哈特等人（Eberhardt et al., 2003）的研究充分证明了这一点。研究者向人们展示了混血面孔照片（处理后的非裔美国人和白种人面孔），告诉他们这张脸要么是非裔美国人的脸，要么是白种人的脸。当被试后来被要求辨认或画一张脸时，实体论者更容易选择或画与标签相符的脸，而增长论者选择或画的脸与刻板印象相距甚远。

然而，实体论并不总是带来更多的刻板印象或者偏见。在一项非常有趣的研究中，哈斯拉姆和利维（Haslam & Levy, 2006）发现，相信性取向是天生的而无法改变的个体对同性恋群体的刻板印象与偏见更少。在这种情况下，人们显然发现，将同性恋视为天生倾向要比将同性恋视为自我选择（并接受个人改变）更容易接受。

内隐理论也能预测人们对群体的实际行为。卡拉凡蒂斯和利维（Karafantis & Levy, 2004）在对现实世界志愿服务的研究中发现，儿童的内隐人格理论不仅与他们对无家可归儿童或贫困儿童的态度有关（例如，是否喜欢他们，是否希望与他们接触，以及对彼此的相似程度感知），也影响他们付出的努力程度（志愿工作、为联合国儿童基金会筹款）以及他们对努力的享受程度。

最后，利维等人（Levy et al., 1998）发现，改变内隐理论能改变人们形成群体刻板印象的倾向以及他们对群体成员的态度。之后，我会介绍一项研究，它探讨了改变内隐理论是否能改变僵化的群际态度以及人们对和解或妥协的渴望。我们在阿以冲突（Arab-Israeli conflict）的背景下对此进行探讨，这就引出了我们的下一个话题。

社会问题

既然我们已经领略了内隐理论创造的两个不同的心理世界，那就让我们看看这些知识是否能够阐明社会问题，例如成就和群际关系上长期存在的群体差异。我也会讨论内隐理论是否在治疗、自我调节和健康方面发挥作用。

成就的群体差异

美国社会的核心是渴望群体间的平等结果。正因如此，学业成就在性别、种族和族裔上的差异引起了人们的极大关注。研究者也开始想知道，内隐理论是否能阐明这些群体差异的产生过程，并为缩小群体差异的干预措施带来启示。当一个被消极刻板化的人持有实体论（或者相信其他人这么评价自己）时，很容易明白他们为什么可能更脆弱。那是因为面对困难，他们可能更容易想："也许他们是对的。这是固定不变的，也许我没有这种能力。"

相应地，实验研究表明，当能力被描绘成固定实体时，被刻板印象化的群体在困难的任务上表现较差，但当能力被描绘成基于经验或可习得的东西时，这些差距会大大减少或不存在。女性在数学上的表现（Dar-Nimrod & Heine, 2006）以及非裔美国人在语言方面的表现也呈现出这种特点（Aronson, 1998）。类似地，古德等人（Good et al., 2008）在一项关于大学女生学习微积分的纵向研究中发现，当女性认为周边环境将数学渲染成固定能力时，她们更容易受到刻板印象的影响。面对刻板印象，她们对数学的归属感明显下降，而且继续学习数学的意愿也随着课程成绩下降而降低。然而，当女性认为周边环境把数学渲染成可获得的能力时，她们就没那么容易受到刻板印象的影响。即使她们报告说在她们的数学环境中有很高的刻板印象，她们仍然能够保持对数学的归属感，愿意继续学习数学，并且获得高分。

有趣的是，当能力被视为固定不变的时，刻板印象中的优势群体，比如学习数学的男性，可以从中受益（Mendoza-Denton et al., 2008）。面对困难的任务时，"能力是固定的，而我拥有它"的想法反而起到激励作用。这与赖克和阿金（Reich & Arkin, 2006）的研究结果非常吻合，他们的研究表明，人们对于其他人对自己持有的内隐理论相当敏感。在这项研究中，当被试与对自己能力持有实体论的评价者相匹配时，如果评价者预期被试表现不佳，那么被试报告的自我怀疑更强；如果评价者预期被试表现良好，那么被试的自我怀疑更弱。因此，实体论可能会通过降低刻板印象中劣势群体的信心、动机和表现，以及通过提升刻板印象中优势群体的信心、动机和表现来放大成就差距。

在学业领域，已经有三项基于内隐理论的干预研究，结果均显示实验组的动机、成绩或成就测验分数相比于控制组有所增加（Aronson et al., 2002; Blackwell et al., 2007; Good et al., 2003）。在这些研究中，实验组的中学生或大学生学习了什么是智力增长论（即了解到每当他们学习到新的东西时，大脑就会形成新的联结，这种学习会使他们随着时间的推移变得更聪明）以及如何将这一理论应用到他们的学习中。对照组的学生学习其他有用的东西，比如在布莱克韦尔（Blackwell）等人的研究中，控制组学习一系列重要的学习技能。

阿伦森等人（Aronson et al., 2002）发现，尽管感知到来自环境的负面刻板印象水平较高，增长论干预提高了非裔美国大学生的学业成绩、对学习任务的享受感和价值感。古德等人（Good et al., 2003）对青少年进行研究，结果发现，数学成绩在控制组存在明确、显著的性别差异，而对于干预组，数学成绩的性别差异明显减少，差异不显著。对布莱克韦尔等人（Blackwell et al., 2007）数据的进一步分析也发现了类似的结果。因此，能力可习得的信念以及学习环境中传递的同类信息，都可以帮助学生在高挑战环境中取得成功，这一效应对于被消极刻板化的群体来说更为明显。

除了对能力本质的直接干预外，我们的研究还表明，学生受到的表扬类型对他们的内隐理论有显著的影响。这项研究受到自尊运动的启发，该运动的指导者告诉家长和教育者要尽可能多地赞美孩子的智力。考虑到我们过去的发现，我们认为这是个错误的建议。毫无疑问，我们的研究（例如 Mueller & Dweck, 1998）表明，对智力的表扬（相对于对努力或策略的表扬，即过程赞扬）会鼓励形成实体论和表现目标，并且在困难面前会导致动机、信心和表现更大程度的下降。尽管这项工作没有直接探讨成绩差距的问题，但它表明，在试图提升表现不佳群体的信心和成就时，表扬他们的能力并不是一个好主意。相反，将注意力集中在学习以及带来成功的过程上，例如努力、专注、坚持、策略，效果会更好。

群际关系

冲突解决

由于内隐理论似乎对其他群体的态度有着深远的影响（Hong et al., 2004; Levy et al., 1998），因此有希望借此减少敌对群体之间的仇恨并促进和谐共处。这种方法可能尤为奏效，因为改变内隐理论并不涉及直接改变人们对"敌人"的态度，否则几乎肯定会产生抗拒。相反，它只涉及改变他们对人或群体的一般看法。在新的研究中，霍尔珀林等人（Halperin et al., 2009）发现：首先，以色列人对巴勒斯坦人的仇恨程度可以（负向）预测他们对巴勒斯坦人的和平态度；其次，群体内隐理论可以预测以色列人对巴勒斯坦人的仇恨程度；最后，促进群体增长论既降低了以色列人对巴勒斯坦人的仇恨，又使以色列被试对和平进程更加支持。群体增长论的诱发方式是让被试阅读一篇文章，该文章认为群体不具有固有的道德或不道德品质，群体之所以会产生攻击行为是由于领导者的煽动。当领导者改变时，群体的品质和行为也随之改变。文章中丝毫未提巴勒斯坦人或他们的领导人。

应对偏见行为

偏见言论或行为是教育外群体成员的好机会，特别是因为这种行为通常基于刻板印象或错误信息。然而，直面并试图教育他人的前提是他人可以改变。在新的研究中，拉坦和德韦克（Rattan & Dweck, 2010）表明，当面对针对内群体的偏见言论时，增长论者更可能为了教育说话者而与其对峙。实体论者虽然对偏见言论同样反感，但他们不仅不太可能直面说话者，而且还计划在未来避免说话者以及类似的人。另外，我们发现，当人们被诱发增长论信念时（通过一篇支持并提供该理论证据的科学文章），他们明显更倾向于直面偏见。尽管并非每一种情况都允许正视偏见，尽管被消极刻板化的个人没有义务在偏见出现时去正视和应对，但在适当或可取的情况下，持有增长论信念可能会促进这一过程。

对同伴欺凌的反应

欺凌（bullying）和校园暴力已经成为全世界校园的一个严重问题。我把这个话题放在群际关系下，是因为欺凌受害者通常是外群体的成员，无论是种族或族裔意义上的外群体还是同伴意义上的外群体（例如电脑迷或生理上有差别的孩子）。尽管消除欺凌是重中之重，但同样重要的是要理解为什么有些学生对欺凌采取暴力报复，而另一些学生则没有。耶格尔等人（Yeager et al., 2011）对来自美国和芬兰的高中生进行了大样本调查。研究者让被试回忆一次同伴让他们非常不高兴的经历，或者给他们呈现一个生动的、写得好像这件事发生在他们身上的欺凌情节。被试需要选择他们最想采取的行动。我们发现，人格内隐理论预测个体的首选反应，实体论信念一致预测不断加深的仇恨和暴力、报复性反应的欲望（"伤害这个人"，"想象他们被伤害"）。此外，增长论干预减少了学生暴力报复的欲望。

管理与商业

现在，商界人士比以往任何时候都更需要对周围不断发生的变化做出反应，必须准备好纠正那些不再有效的做法，并且必须愿意尝试新的方法，否则就有停滞或失败的风险。一些研究表明，内隐理论在这些过程中发挥了作用。例如，塔韦内罗和伍德（Tabernero & Wood, 1999）发现，在具有挑战性的、不断提供新的纠正性信息的管理任务上，管理技能的增长论信念对个人和工作团队的任务表现大有益处。克赖和哈瑟胡恩（Kray & Haselhuhn, 2007）证明了谈判技巧内隐理论能够预测（并导致）更好的谈判结果，特别是在遇到僵局的挑战性任务上更加明显。

在一项令人兴奋的研究项目中，赫斯林和范德沃利（Heslin & Vanderwalle, 2008）发现，相比于持有增长论的管理者，持有人格实体论的管理者：①更少在见到员工初始绩效的好坏之后，适应员工绩效的变化，即仍然停留在初始印象上；②更少指导员工（指导行为由员工进行报告）。然后，赫斯林和范德沃利举办了工作坊，向一部分持有实体论的管理者讲授增长论信念。在六周后的测试中，参加该工作坊的管理者对员工绩效变化的敏感度明显高于对照组（接受安慰剂工作坊）管理者。此外，他们更愿意提供指导，并产生了更高质量的指导策略。总之，在充满挑战、不断变化的世界中，内隐理论对学习、教学和生产力都有重要影响。

临床心理学、心理治疗与健康

由于内隐理论会影响自我调节过程和人际交往过程，内隐理论很可能对临床心理学和心理治疗也有所帮助。首先，研究表明，实体论或与之相应的目标（表现目标）在抑郁情绪（Dykman, 1998）、遭遇挫折后的自尊下降（Niiya et al., 2004）和自我差异（现实自我与理想自我不匹配）的负面效应等方面发挥作用（Renaud & McConnell, 2007）。还有证据表明，情绪调节内隐理论能预测大学过渡时期的情绪适应和社会适应，即随着时间的推移，实体论者得到的社会支持减少，抑郁水平更高（Tamir et al., 2007）。

对个人属性持实体论信念会增加防御力（Blackwell et al., 2007; Hong et al., 1999; Nussbaum & Dweck, 2008），这本身就是一个问题，也会极大地阻碍治疗环境内外的个人改变（相关讨论参见 Dweck & Elliott-Moskwa, 2009）。此外，治疗不可避免地充满着挑战和挫折，但增长论可以预测更好的治疗依从性（关于内隐理论在认知行为治疗中的潜在作用的讨论，参见 Dweck & Elliott-Moskwa, 2009）。初步证据也表明，增长论信念可以正向预测个体面临挫折时的锻炼和节食坚持性（Burnette, 2007; Kasimatis et al., 1996）。这是未来研究的一个重要领域，很可能为其他维持健康或促成改变的措施提供关于依从性的信息。

最后，治疗师也能从增长论信念中获益。尽管大多数治疗师相信人可以改变，但他们在面对难以被治疗改变的患者时（尤其是那些威胁到自己作为称职治疗师的自我形象的患者）可能持有实体论信念，这有助于保护治疗师免受自责情绪的困扰，但如果治疗师不能坚持寻求能够对来访者有效的策略，那么治疗过程就会受阻（参见 Dweck & Elliott-Moskwa, 2009）。

结　论

内隐理论的研究将人描绘为动态的、对环境中的线索高度敏感的、能够改变和成长的生物。此外，该研究还提出了促进这种变化和成长的方法。因此，它支持了人类能力、人格乃至于人性的增长论观点。

当你开展一项研究时，你并不知道它将你引向何方。我一直坚持这项研究（内隐理论研究），是因为它持续地把我指引到新的地方。它总是充满挑战，总是能产出令人兴奋的发现，并且把我拽进真实的世界，因为教育、商业、体育和健康领域的人已经成功地用我们的研究来阐释这些领域的实践问题。我无法想象能有比它更刺激、更有成就感或者更有利于个人成长的事业。

参考文献

Aronson, J. (1998) The effects of conceiving ability as fixed or improvable on responses to stereotype threat. Unpublished manuscript, University of Texas.

Aronson, J., Fried, C.B. and Good, C. (2002) Reducing the effects of stereotype threat on African American college students by shaping mindsets of intelligence. *Journal of Experimental Social Psychology*, 38, 113–125.

Bandura, A. (1986) *Social Foundations of Thought and Action: A Social Cognitive Theory*. Englewood Cliffs, NJ: Prentice-Hall.

Bastian, B. and Haslam, N. (2006) Psychological essentialism and stereotype endorsement. *Journal of Experimental Social Psychology*, 42, 228–235.

Beer, J.S. (2002) Implicit self-theories of shyness. *Journal of Personality and Social Psychology*, 83, 1009–1024.

Binet, A. (1909) *Les idees modernes sur les enfants* [Modern ideas on children]. Paris: Flamarion. (This edition 1973.)

Blackwell, L., Trzesniewski, K. and Dweck, C.S. (2007) Implicit theories of intelligence predict achievement across an adolescent transition: A longitudinal study and an intervention. *Child Development*, 78, 246–263.

Bloom, B.S. (1985) *Developing Talent in Young People*. New York: Ballentine.

Burnette, J.L. (2007) Implicit theories of weight management: A social cognitive approach to motivation. *Dissertation Abstracts International*, 67(7-B), 4154.

Butler, R. (2000) Making judgments about ability: The role of implicit theories of ability. *Journal of Personality and Social Psychology*, 78, 965–978.

Chiu, C. (1994) Bases of categorization and person cognition. Unpublished PhD dissertation, Columbia University.

Chiu, C., Dweck, C.S., Tong, J.Y. and Fu, J.H. (1997a) Implicit theories and conceptions of morality. *Journal of Personality and Social Psychology*, 73, 923–940.

Chiu, C., Hong, Y. and Dweck, C.S. (1997b) Lay dispositionism and implicit theories of personality. *Journal of Personality and Social Psychology*, 73, 19–30.

Cury, F., Da Fonseca, D., Zahn, I. and Elliot, A. (2008) Implicit theories and IQ test performance: A sequential mediational analysis. *Journal of Experimental Social Psychology*, 44, 783–791.

Dar-Nimrod, I. and Heine, S.J. (2006) Exposure to scientific theories affects women's math performance. *Science*, 314, 435.

Diener, C.I. and Dweck, C.S. (1978) An analysis of learned helplessness: Continuous changes in performance, strategy and achievement cognitions following failure. *Journal of Personality and Social Psychology*, 36, 451–462.

Dweck, C.S. (1975) The role of expectations and attributions in the alleviation of learned helplessness. *Journal of Personality and Social Psychology*, 31, 674–685.

Dweck, C.S. (1999) *Self-theories: Their Role in Motivation, Personality, and Development*. Philadelphia: Psychology Press.

Dweck, C.S. (2006). *Mindset*. New York: Random House.

Dweck, C.S. (2008) Can personality be changed? The role of beliefs in personality and change. *Current Directions in Psychological Science*, 17, 391–394.

Dweck, C.S., Davidson, W., Nelson, S. and Enna, B. (1978) Sex differences in learned helplessness: (II) The contingencies of evaluative feedback in the classroom and (III) An experimental analysis. *Developmental Psychology*, 14, 268–276.

Dweck, C.S. and Elliott-Moskwa, E. (2009) Self-theories: The roots of defensiveness. In J.E. Maddux and J.P. Tangney (eds), *The Social Psychological Foundations of Clinical Psychology*. New York: Guilford Press.

Dweck, C.S. and Leggett, E.L. (1988) A social-cognitive approach to motivation and personality, *Psychological Review*, 95, 256–273.

Dweck, C.S., Mangels, J. and Good, C. (2004) Motivational effects on attention, cognition, and performance. In D.Y. Dai and R.J. Sternberg (eds), *Motivation, Emotion, and Cognition: Integrated Perspectives on Intellectual Functioning*. Mahwah, NJ: Erlbaum.

Dweck, C.S. and Reppucci, N.D. (1973) Learned helplessness and reinforcement responsibility in children. *Journal of Personality and Social Psychology*, 25,

109–116.

Dweck, C.S. and Wagner, A.R. (1970) Situational cues and the correlation between CS and US as determinants of the conditioned emotional response. *Psychonomic Science*, *18*, 145–147.

Dykman, B.M. (1998) Integrating cognitive and motivational factors in depression: Initial tests of a goal-oriented approach. *Journal of Personality and Social Psychology*, *74*, 139–158.

Eberhardt, J.L., Dasgupta, N. and Banaszynski, T.L. (2003) Believing is seeing: The effects of racial labels and implicit beliefs on face perception. *Personality and Social Psychology Bulletin*, *29*, 360–370.

Elliot, A.J., McGregor, H.A. and Gable, S. (1999) Achievement goals, study strategies, and exam performance: A mediational analysis. *Journal of Educational Psychology*, *91*, 549–563.

Elliott, E.S. and Dweck, C.S. (1988) Goals: An approach to motivation and achievement. *Journal of Personality and Social Psychology*, *54*, 5–12.

Erdley, C., Cain, K., Loomis, C., Dumas-Hines, F. and Dweck, C.S. (1997) The relations among children's social goals, implicit personality theories and response to social failure. *Developmental Psychology*, *33*, 263–272.

Erdley, C.S. and Dweck, C.S. (1993) Children's implicit theories as predictors of their social judgments. *Child Development*, *64*, 863–878.

Ericsson, K.A., Krampe, R.T. and Tesch-Römer, C. (1993) The role of deliberate practice in the acquisition of expert performance. *Psychological Review*, *100*, 363–406.

Finkel, E., Burnette J. and Scissors, L. (2007) Vengefully ever after: Destiny beliefs, state attachment anxiety, and forgiveness. *Journal of Personality and Social Psychology*, *92*, 871–886.

Gervey, B., Chiu, C., Hong, Y. and Dweck, C.S. (1999) Differential use of person information in decision-making about guilt vs. innocence: The role of implicit theories. *Personality and Social Psychology Bulletin*, *25*, 17–27.

Goetz, T.E. and Dweck, C.S. (1980) Learned helplessness in social situations. *Journal of Personality and Social Psychology*, *39*, 246–255.

Good, C., Aronson, J. and Inzlicht, M. (2003) Improving adolescents' standardized test performance: An intervention to reduce the effects of stereotype threat. *Applied Developmental Psychology*, *24*, 645–662.

Good, C., Rattan, A. and Dweck, C.S. (2008) Development of the sense of belonging to math survey for adults: A longitudinal study of women in calculus. Unpublished manuscript.

Gould, S.J. (1996) *The Mismeasure of Man*. New York: Norton.

Grant, H. and Dweck, C.S. (2003) Clarifying achievement goals and their impact. *Journal of Personality and Social Psychology*, *85*, 541–553.

Halperin, E., Russell, A., Dweck, C.S. and Gross, J. (2009) Emotion regulation in intergroup conflicts: Anger, hatred, implicit theories and prospects for peace. Unpublished manuscript.

Haslam, N. and Levy, S.R. (2006) Essentialist beliefs about homosexuality: Structure and implications for prejudice. *Personality and Social Psychology Bulletin*, *32*, 471–485.

Hayes, J.R. (1989) Cognitive processes in creativity. In J. Glover, R. Ronning, and C. Reynolds (eds), *Handbook of Creativity*. New York: Plenum.

Herrnstein, R. and Murray, C. (1996) *The Bell Curve*. New York: Simon & Schuster.

Heslin, P.A. and Vandewalle, D. (2008) Managers' implicit assumptions about personnel. *Current Directions in Psychological Science*, *17*, 219–223.

Hong, Y. (1994) Predicting trait versus process inferences: The role of implicit theories. Unpublished PhD dissertation, Columbia University.

Hong, Y., Coleman, J., Chan, G., Wong, R.Y.M., Chiu, C., Hansen, I.G. Lee, S., Tong, Y. and Fu, H. (2004) Predicting intergroup bias: The interactive effects of implicit theory and social identity. *Personality and Social Psychology Bulletin*, *30*, 1035–1047.

Hong, Y.Y., Chiu, C., Dweck, C.S., Lin, D. and Wan, W. (1999) Implicit theories, attributions, and coping: A meaning system approach. *Journal of Personality and Social Psychology*, *77*, 588–599.

Jaeggi, S.M., Buschkuehl, M., Jonides, J. and Perrig, W.J. (2008) Improving fluid intelligence with training on working memory. *Proceedings of the National Academy of Sciences*, *10*, 14931–14936.

Kammrath, L. and Dweck, C.S. (2006) Voicing conflict: Preferred conflict strategies among incremental and entity theorists. *Personality and Social Psychology Bulletin*, *32*, 1497–1508.

Karafantis, D.M. and Levy, S.R. (2004) The role of children's lay theories about the malleability of human attributes in beliefs about and volunteering for disadvantaged groups. *Child Development*, *75*, 236–250.

Kasimatis, M., Miller, M. and Marcussen, L. (1996) The effects of implicit theories on exercise motivation. *Journal of Research in Personality*, *30*, 510–516.

Keller, J. (2005) In genes we trust: The biological component of psychological essentialism and its relationship to mechanisms of motivated social cognition. *Journal of Personality and Social Psychology*, *88*, 686–702.

Knee, C.R. (1998) Implicit theories of relationships: Assessment and prediction of romantic relationship initiation, coping, and longevity. *Journal of Personality and Social Psychology, 74*, 360–370.

Kray, L.J. and Haselhuhn, M.P. (2007) Implicit negotiation beliefs and performance: Experimental and longitudinal evidence. *Journal of Personality and Social Psychology, 93*, 49–64.

Levy, S.R., Chiu, C. and Hong, Y. (2006) Lay theories and intergroup relations. *Group Processes and Intergroup Relations, 9*, 5–24.

Levy, S.R. and Dweck, C.S. (1999) Children's static vs. dynamic person conceptions as predictors of their stereotype formation. *Child Development, 70*, 1163–1180.

Levy, S., Stroessner, S. and Dweck, C.S. (1998) Stereotype formation and endorsement: The role of implicit theories. *Journal of Personality and Social Psychology, 74*, 1421–1436.

Licht, B.G. and Dweck, C.S. (1984) Determinants of academic achievement: The interaction of children's achievement orientations with skill area. *Developmental Psychology, 20*, 628–636.

Major, B., Kaiser, C.R., O'Brien, L.T. and McCoy, S.K. (2007) Perceived discrimination as worldview threat or worldview confirmation: Implications for self-esteem. *Journal of Personality and Social Psychology, 92*, 1068–1086.

Mangels, J.A., Butterfield, B., Lamb, J., Good, C.D. and Dweck, C.S. (2006) Why do beliefs about intelligence influence learning success? A social-cognitive-neuroscience model. *Social, Cognitive, and Affective Neuroscience, 1*, 75–86.

Martocchio, J.J. (1994) Effects of conceptions of ability on anxiety, self-efficacy, and learning in training. *Journal of Applied Psychology, 79*, 819–825.

Mendoza-Denton, R., Kahn, K. and Chan, W. (2008) Can fixed views of ability boost performance in the context of favorable stereotypes? *Journal of Experimental Social Psychology, 44*, 1187–1193.

Miele, D.B. and Molden, D.C. (2009) Lay theories of intelligence and the role of processing fluency in perceived comprehension, Unpublished Manuscript, Northwestern University.

Mischel, W. and Shoda, Y. (1995) A cognitive-affective systems theory of personality: Reconceptualizing the invariances in personality and the role of situations. *Psychological Review, 102*, 246–268.

Molden, D.C. and Dweck, C.S. (2006) Finding 'meaning' in psychology: A lay theories approach to self-regulation, social perception, and social development. *American Psychologist, 61*, 192–203.

Molden, D.C., Plaks, J.E. and Dweck, C.S. (2006) 'Meaningful' social inferences: Effects of implicit theories on inferential processes. *Journal of Experimental Social Psychology, 42*, 738–752.

Mueller, C.M. and Dweck, C.S. (1998) Intelligence praise can undermine motivation and performance. *Journal of Personality and Social Psychology, 75*, 33–52.

Murphy, M. and Dweck, C.S. (2010) A culture of genius: How an organization's lay theories shape people's cognition, affect, and behavior. *Personality and Social Psychology Bulletin, 36*, 283–96.

Niiya, Y., Crocker, J. and Bartmess, E.N. (2004) From vulnerability to resilience: Learning orientations buffer contingent self-esteem from failure. *Psychological Science, 15*, 801–805.

Nussbaum, A.D. and Dweck, C.S. (2008) Defensiveness vs. remediation: Self-theories and modes of self-esteem maintenance. *Personality and Social Psychology Bulletin, 34*, 599–612.

Plaks, J., Stroessner, S., Dweck, C.S. and Sherman, J. (2001) Person theories and attention allocation: Preference for stereotypic vs. counterstereotypic information. *Journal of Personality and Social Psychology, 80*, 876–893.

Plaks, J.E, Grant, H. and Dweck, C.S. (2005) Violations of implicit theories and the sense of prediction and control: Implications for motivated person perception. *Journal of Personality and Social Psychology, 88*, 245–262.

Plaks, J.E and Stecher, K. (2007) Unexpected improvement, decline, and stasis: A prediction confidence perspective on achievement success and failure. *Journal of Personality and Social Psychology, 93*, 667–684.

Rattan, A. and Dweck, C.S. (2010) Who confronts prejudice? The role of implicit theories in the motivation to confront prejudice. *Psychological Science, 21*, 952–959.

Reich, D.A. and Arkin, R.M. (2006) Self-doubt, attributions, and the perceived implicit theories of others. *Self and Identity, 5*, 89–109.

Renaud, J.M. and McConnell, A.R. (2007) Wanting to be better but thinking you can't: Implicit theories of personality moderate the impact of self-discrepancies on self-esteem. *Self and Identity, 6*, 41–50.

Roberts, B.W., Walton, K.E. and Viechtbauer, W. (2006) Patterns of mean-level change in personality traits across the life course: A meta-analysis of longitudinal studies. *Psychological Bulletin, 132*, 1–25.

Robins, R.W. and Pals, J.L. (2002) Implicit self-theories in the academic domain: Implications for goal orientation, attributions, affect, and self-esteem change. *Self and Identity, 1*, 313–336.

Rueda, M.R., Rothbart, M.K., McCandliss, B.D., Saccomanno, L. and Posner, M.I. (2005) Training, maturation, and genetic influences on the development of executive attention. *Proceedings of the National Academy of Sciences, 102*,

14931–14936.

Ruvolo, A.P. and Rotondo, J.L. (1998) Diamonds in the rough: Implicit personality theories and views of partner and self. *Personality and Social Psychology Bulletin, 24*, 750–758.

Rydell, R.J., Hugenberg, K., Ray, D. and Mackie, D.M. (2007) Implicit theories about groups and stereotyping: The role of group entitativity. *Personality and Social Psychology Bulletin, 33*, 549–558.

Seligman, M.E.P., Maier, S.F. and Geer, J.H. (1968) Alleviation of learned helplessness in the dog. *Journal of Abnormal Psychology, 73*, 256–272.

Tabernero, C. and Wood, R.E. (1999) Implicit theories versus the social construal of ability in self-regulation and performance on a complex task. *Organizational Behavior and Human Decision Processes, 78*, 104–127.

Tamir, M., John, O.P., Srivastava, S. and Gross, J.J. (2007) Implicit theories of emotion: Affective and social outcomes across a major life transition. *Journal of Personality and Social Psychology, 92*, 731–744.

Tong, E. and Chang, W. (2008) Group entity belief: An individual difference construct based on implicit theories of social identities. *Journal of Personality, 76*, 707–732.

Weiner, B. and Kukla, A. (1970) An attributional analysis of achievement motivation. *Journal of Personality and Social Psychology, 15*, 1–20.

Yeager, D.S., Trzesniewski, K.H., Tirri, K., Nokelainen, P. and Dweck, C.S. (2011) Adolescents' implicit theories predict desire for vengeance after peer conflicts: Correlational and experimental evidence. *Developmental Psychology, 47*, 1090–1107.

第 12 章

不确定性 – 认同理论

迈克尔·A. 豪格（Michael A. Hogg）

杨敏宁[一] 译　杨宜音[二] 审校

摘　要

不确定性–认同理论解释了人的自我不确定感，以及人对减少这种不确定感的需求是如何促使人们进行群体认同的。群体认同能非常有效地降低自我不确定感，因为成为群体一员的自我归类过程会改变个体的自我概念，使其受到群体原型（group prototype）的控制。群体原型描述和规定了一个人的思维、情感和行动应该有的样子，以及他人会如何知觉你、如何与你互动。将自己归类为群体成员也会使该个体获得内群体成员对其自我的一致认可。群体认同让世界变得更可预测。人们知道自己是谁，该进行什么思考、表达什么情感、做出什么行为，也知道与他人互动的过程是怎样展开的。有些群体（尤其是那些高实体性的群体）拥有一些特征，这些特征使他们能比其他群体更有效地减少不确定感。不确定性–认同理论可以直观地解释一系列群体现象，包括社会影响、社会规范、越轨行为、少数派影响、分裂、领导过程、极端主义，以及意识形态正统化。

引　言

人类世界中充满了各式各样的社会群体。从语言与符号交流、社会规范与文化、社会与政府，到商品与建筑环境，皆源自群体、成型于群体，也被用于调控群体、服务群体。群体成员身份（group membership）甚至塑造了我们最亲密的人际关系与恋爱关系，并为这些关系提供了背景。种族、宗教、国家、组织、工作团队、体育俱乐部、家庭……这些都可被称为群体。群体在大小、分布、独特性、内部结构、寿命、目标、群体性，以及所做之事上均有所不同，但它们共享一个基本特征，即让成员明白自己是谁，应该怎样思考和行动，以及他人会

[一] 北京师范大学心理学部
[二] 中国社会科学院社会学研究所

如何认识和对待自己。群体为人们提供了社会认同（social identity），一种关于一个人是谁及其在社会中处于什么位置的共享评价和界定。

将群体视作社会认同的提供者，将群体行为视作社会认同过程的产物，这是社会认同理论（social identity theory）探索了整整四十年的成果（Tajfel & Turner，1979；Turner et al.，1987；也可参见 Abrams & Hogg，2010；Hogg，2006；Hogg & Abrams，1988）。在本章中，我会介绍不确定性－认同理论的演进、概念以及社会关联（Hogg，2007a），以此来描述人们为减少自我不确定感而产生社会认同的过程和现象。该理论有三个基本前提：①人们有降低自我不确定感或与自我有关的不确定感的动机；②认同一个群体会降低自我不确定感，因为群体特征会在认知上被内化为原型，该原型描述和规定了个体的行为及他人对待个体的方式，且会受到群体内成员的一致认可；③独具特色且被清晰定义的高实体性群体在降低自我不确定感方面最为有效。

背景和发展：一段自述

1978年秋天，我来到布里斯托大学，开始跟随约翰·特纳（John Turner）攻读博士学位。那时的布里斯托大学无疑是社会认同理论的中心——亨利·泰弗尔（Henri Tajfel）在这里工作，鲁伯特·布朗（Rupert Brown）刚离职，而玛丽莲·B.布鲁尔正准备来这里休学术假[一]。1978年招收的博士生还包括佩妮·奥克斯（Penny Oakes）、史蒂文·赖歇尔（Steven Reicher）和玛格丽特·韦瑟雷尔（Margaret Wetherell）。我们都与约翰·特纳一起做研究，共同完善了社会认同的概念，进一步聚焦于社会认同的认知机制和一般群体过程，由此产生了群体的社会认同理论与自我归类理论（self-categorization theory；Turner et al.，1987）。

在这项工作中，由我负责的部分是群体形成，这也是我的博士论文主题——群体的形成会经过怎样一个过程呢？或者更严格的表述是，一个人认同自己为群体成员的过程是怎样的？当时流行的关于群体形成的社会心理学模型是群体凝聚力（group cohesiveness），该模型认为人际吸引力（interpersonal attraction）是将群体成员凝聚在一起的社会黏合剂，而群体形成归根结底是人与人之间相互吸引的过程。我在博士论文里质疑了该模型，认为个人吸引力（personal attraction）与群体无关，而社会吸引力（social attraction）与群体有极大相关，两者应该有所区分。社会吸引力是基于个体把自己和他人划归为同一群体成员而产生的，即群体形成是关于自我归类的问题，而非喜爱与否的问题（Hogg，1993）。

当然，若将自我归类作为群体形成的过程（"群体怎样形成"），那就会有随之而来的另一个问题，即人们产生群体认同的动机是什么（"群体为什么形成"）？虽然我的博士论文关注的是过程问题，但我从一开始就对群体认同的动机问题很感兴趣。20世纪70年代末，当时人们主要从积极群际区分（positive intergroup distinctiveness）和追求以群体为中介的自尊（group-mediated self-esteem）两方面解释社会认同过程的动机（例如 Tajfel & Turner，1979）。社会认

[一] 学术假（sabbatical leave）是美国大学教师发展的一种重要制度形式，它在提升教师教学水平、促进科研创新能力、提高教师队伍士气、缓解教师职业倦怠等方面有明显功效。——译者注

同理论这种动机层面的解释至关重要，因为它描述了群际关系中的社会变化机制。因此，我很快就加入了特纳对自尊和社会认同的研究。

1981 年秋天，我成为布里斯托大学的助理教授。1983 年秋天，多米尼克·艾布拉姆斯（Dominic Abrams）加入了我的研究团队。我们在布里斯托大学一起度过了富有成效（也非常愉快）的 18 个月（1985 年上半年，我前往悉尼，一年后又去了墨尔本，而艾布拉姆斯则去了邓迪）。除了构思和撰写关于社会认同的教科书《社会认同》（*Social Identifications*；Hogg & Abrams, 1988）外，我们还决定阐明自尊在社会认同过程中起到的动机方面的作用。我们的目标是挖掘和整理已有文献，并系统解释数据实际呈现的结果。我们提出了自尊假说，并区分了两种推论：一种是低自尊会促进群体认同，另一种是群体认同能提高自尊。我们发现研究证据多支持后者而非前者。我们的文章发表于 1988 年（Abrams & Hogg, 1988）并被大量引用，其中的分析方法被我们的同事在后续的许多文章中重复使用，结论也得到了重复验证和支持。

艾布拉姆斯和我还撰写了一些后续章节。我能清晰地回想起 1991 年至 1992 年在地处亚热带南部的布里斯班做研究时感受到的夏天的闷热。到昆士兰大学任教后不久，我便完成了关于自尊假说的另一个章节。我决定另辟蹊径，因为我逐渐感觉到，尽管积极群际区分和自我增强对于解释群体认同动机确实很重要，有可能引导群体行为，但是在此之前，群体认同还存在一个更为基本的动机。我觉得，群体为自我概念形成和社会交往提供了基础，它让个体更确定自己是谁，而自我归类是一个非常适合降低自我概念方面不确定感的认知过程。我在章节末尾加入了对该想法的粗略描述，并将其发给了艾布拉姆斯，告诉他如果他认为该想法不好的话可以直接删去。在深思熟虑之后，我们认为这确实是一个不错的想法，所以保留了它，在章节末尾用了短短三页篇幅对其进行了简要描述，并相应地更改了章节标题。该章节于 1993 年问世（Hogg & Abrams, 1993）。

我痴迷于探究不确定感对社会认同过程和群体行为起到的认知激励作用，并将我的研究聚焦于该主题上。我召集身边的研究生和博士后进行实证研究，发现研究结果皆支持这一观点，即人们在感到不确定的情况下更有可能形成或提高群体认同。至此，基于数据支持，我可以完整地陈述这个概念了；当时，我还称这个概念为主观不确定性降低假说（subjective uncertainty-reduction hypothesis）。关于这一假说的初步观点于 1999 年首次发表（Hogg & Mullin, 1999），并于 2000 年得到进一步完善（Hogg, 2000）。

我发现，一些群体的构成方式使得它们更有能力通过群体认同降低不确定感——实体性就是其中之一，它完美地起到了调节不确定感与群体认同关系的作用。基于此，我开始探索当主观不确定感更加极端或持久时会发生什么。我认为在这种情境下，人们会非常强烈地认同自己是狂热分子或真正的信徒，从而加入我们认为的极端组织，或者使现有的群体变得极端。我一直很感兴趣的是群体成员身份是如何被封装起来的，也就是如何把人们变成意识形态的狂热跟随者，只认同有利内群体的正统派，却心地狭隘、非人般地对待持异见的人和外群体，还会支持和参与残忍的伤害行动。这些想法首先发表于 2004 年（Hogg, 2004），并于 2005 年得到补充完善（Hogg, 2005），之后于 2007 年被应用到对专制型企业领导结构的研究中（Hogg, 2007b）。

至今，我已经使用"不确定性-认同理论"这个术语好多年了，并于2007年发表了一篇完整的成熟的理论综述（Hogg, 2007a）。2006年6月，当我到洛杉矶的克莱蒙特研究生院任教时，用不确定性-认同理论解释群体极端主义的可能性成了我自己以及我的学生和合作者的研究重心。基于我对领导社会认同理论的认识（参见Hogg & van Knippenberg, 2003），我们的研究主要关注由不确定感引起的极端主义的领导力维度，以及最近活跃的少数派群体和少数派影响过程在其中起到的作用。

基本概念、过程和现象

不确定性-认同理论的核心宗旨是不确定感，尤其是关于个体对自己是谁，以及应该如何行事的不确定感产生后，会引发降低不确定感的动机，而作为一名群体成员的自我归类过程则可以减少自我概念上的不确定感，因为个体在该过程中会获得一个公认有效的群体原型，这一原型恰好描述和规定了他是谁，以及应该如何行事。

不确定感

个体在认知、态度、情感和行为上的不确定感具有很强的动机效应。我们会努力减少这些不确定感，以便在我们生活的世界中更少感受到不确定，从而使可预测的事变得更多，自己的行为也变得更有用。美国实用主义哲学家约翰·杜威相当精准地捕捉到了动机在降低不确定感中的突出作用："在不稳定且危险的世界里，人们十分缺乏实际的确定感，于是他们想出了各种各样能给他们带来确定感的办法。"（Dewey, 1929/2005: 33）

不确定的体验可以是多种多样的。它可以是一个令人振奋的挑战，面对和解决它会令人兴奋，让人充满紧张感和活力感，解决了这些不确定感后，我们能获得满足感和掌控感。但它也可能给我们带来焦虑和压力，让我们在预测未知和掌控未来世界时感到无能为力。从布拉斯科维奇关于挑战与威胁的生物心理社会模型（biopsychosocial model of challenge and threat）的视角来看（例如Blascovich & Tomaka, 1996），不确定感可以被认为是一种需求，如果我们相信自己拥有充足的资源来应对这种需求，我们就会将它作为挑战，从而促进我们解决问题；但如果我们认为自己的资源不够充足，就会产生危机感，从而做出更多保守或回避性行为。由此可知，人们可以通过不同的行为模式来减少或调节自己的不确定感，产生的行为模式既有可能是促进定向，也有可能是预防定向（参考调节定向理论；Higgins, 1998）。

减少不确定性的过程是一种认知上的需要。与社会认知领域中的认知吝啬鬼或被驱动的策略家模型（motivated tactician model）相同（例如Fiske & Taylor, 1991），在特定情境中，我们只在降低对自身有重要影响的不确定性上消耗认知资源。决定不确定性是否重要到需要降低的一个关键因素是个体自我的参与程度。如果我们对能反映自我或与自我相关的事，甚或是对自我本身感到不确定（如对我们的身份、我们是谁、我们与他人的关系，以及我们的社会地位感到不确定），我们就会特别有动力去减少这种不确定感。毕竟，人们需要了解自己是谁，应该如何行动、如何思考，以及他人是谁，他们可能会如何行动、如何思考。

在谈及不确定感时，更准确的说法不是"增加确定感"，而是"减少不确定感"——人们不会拥有全然的确定感，只会感受到不确定的减少（Pollock, 2003）。绝对的确定性通常被认为是一种危险的错觉，只会出现在自恋者、狂热分子、空想家以及虔诚的信徒身上。人们通常会努力减少不确定感，直到他们对某件事"足够"确定，不需要再为减少不确定感投入更多认知资源。这一过程提供了格式塔中的闭环（Koffka, 1935），从而使人们可以将认知资源转移到其他事情上。因此，不确定性-认同理论的核心在于降低不确定感，而不是增加确定感。

然而，我们需要注意，虽然个体拥有对减少不确定感的追求，但这并不能排除个体或群体有时会做出一些在短期内增加不确定感的行为的可能性。一般来说，当现状有引起不确定感的明显矛盾时，这种情况可能会发生。这与形式科学（formal science）的发展方式有相似之处。形式科学存在周期，在"常态科学"（normal science）时期，不确定性比较低，但是一些小矛盾会悄悄积累下来，直到一场"科学革命"（scientific revolutions）的出现才能结束这一周期，使得矛盾和不确定性突然爆发，推动了"范式转变"（paradigm shift），并减少了随之而来的不确定性（Kuhn, 1962）。另一个例子是，当个体无法忍受自己的生活现状或社会现状时，必须冒一定风险去改善现状，这种改变通常是充满风险和不确定性的，因此无法轻易实施（例如 Jost & Hunyady, 2002）。

不确定感在激励人类行为的过程中起到了重要作用，这一观点并不新鲜（Fromm, 1947），很多社会心理学研究都分析过不确定感的前因和后效（例如 Kahneman et al., 1982）。不确定性-认同理论将自我不确定感与认同和群体过程联系起来，因而相关研究多聚焦于社会比较过程（social comparison processes；例如 Festinger, 1954; Suls & Wheeler, 2000）、自我或与自我相关的不确定性（例如 Arkin et al., 2010）、人们对不确定性的容忍和反应上存在的个体和文化差异（例如 Hofstede, 1980; Kruglanski & Webster, 1996; Schwartz, 1992; Sorrentino & Roney, 1999）、减少不确定性的交流（例如 Berger, 1987）、不确定性与组织社会化（例如 Saks & Ashforth, 1997），以及不确定性引发的狂热主义和对自我世界观的维护（例如 Kruglanski et al., 2006; McGregor & Marigold, 2003; McGregor et al., 2001; Van den Bos, 2009; Van den Bos et al., 2005）。我们会在其他地方详细讨论这些思考方向与不确定性-认同理论的关系（Hogg, 2007a, 2010a），但我们需要知道一些关键的差异：①社会认同与集体自我是中心思想；②不确定感由情境决定，而非人格决定；③不确定性通过社会认知加工可转化为群体行为；④不局限于对极端主义群体现象的动机进行解释，而是解释了普遍群体现象产生的动机。

不确定性和意义有关，且有些研究者认为人类的主要动机就是寻求意义（例如 Bartlett, 1932; Maslow, 1987），人们会努力构建一个连贯且有意义的世界观。海涅及其同事（Heine et al., 2006）最近提出的意义维持模型（meaning maintenance model；参考斯旺的自我验证理论；Swann et al., 2003）中包含了上述观点，即人们是意义的创造者，他们努力地建立一种联结框架，该框架可以：①结合世界上的各种元素；②结合他们自身的各种元素；③最重要的是联系自我与世界。这种意义观更少关注意义本身，而更关注个体确信的联结，这表明减少不确定性十分重要，可以激发我们寻求意义的动机。依据不确定性-认同理论，不确定性减少与意义创造密切相关。然而，对不确定的厌恶感才是真正促进意义创造的动因。例如，棒球对于多数意大利人来说并无意义，意大利人也不想让其变得有意义。他们对棒球赛的结果感到不确定,但他们并不在乎,因为他们不认为棒球赛的输赢与自己的意大利人身份之间有任何重要关系,但足球对他们的身份认同就具有完全不同的激励作用。

最后,不确定性的形式多样,侧重点也不尽相同。它既可以是广泛和弥散的(如一个人对未来感到不确定),也可以是特殊、具体的(如对聚会着装感到不确定)。不确定感的强度可以不同,可能是一时的,也可能是持续的。然而,依据不确定性-认同理论,持续的不确定感并非与人格有关,而是反映了一种持续创造不确定性的环境。如前所述,在特定环境下,不确定性也会因为对自我概念的反映不同或与自我概念的关联程度不同而存在差异。自我是关键的组织原则、参照点,也是知觉、情感和行为的整合框架,因而自我或与自我相关的不确定性可能具有最强的动因。正是这种自我不确定性直接影响了社会认同过程。

自我归类与群体认同

不确定感有不同的缘由和侧重。不确定性-认同理论聚焦于环境引发的对自我或与自我有关的、反映自我的不确定感。如果引发不确定感的特定环境继续延续,比如在长时间的经济危机背景下,不确定感和减少或抵御不确定感的动机也会一直存在。在特定情境下,人们感受到的不确定程度和应对不确定的方式可能存在个体差异,但打个统计学上的比方,这些个体差异其实是一种误差变异,而这不是不确定性-认同理论关注的重点。这一人格和个体差异取向与聚焦群体的元理论(group-focused metatheory)是一致的,后者影响了社会认同理论和不确定性-认同理论(例如 Abrams & Hogg, 2004; Turner, 1999; 也可参见 Hogg, 2008)。

解决有关自我和反映自我的不确定感可以有多种方法,比如内省。然而,不确定性-认同理论的重点在于说明通过自我归类实现的群体认同是减少自我不确定感最强有力的方法之一(参见 Turner et al., 1987)。人类的群体是一种社会类别,我们在认知上将其表征为原型,即一系列特征的宽泛集合(例如,感知、信念、态度、价值观、情感、行为),在特定情境中,这些特征可以定义群体类别,并将该群体与其他群体进行区分。原型能描述行为,而我们所属群体的原型还能规范行为,可以告诉我们作为一个群体成员应该如何行事。

原型符合元对比原则(metacontrast principle),它将群体间差异与群体内差异的比例最大化,因此强调了群体间的差异性和群体内的同质性(参见 Tajfel, 1959)。这一原则使得特定群体的原型会受该群体的比较对象及比较目的的影响。因此,群体原型不是对群体特征的简单平均,而往往是理想中的群体特征。

我们把某人归类为特定群体成员的同时会赋予其体现该群体原型的特征。我们会从该群体的原型出发去评价群体成员,或多或少地把他们视为典型的群体成员,而不是独特的个体,这一过程被称为去个体化。当我们对内群体或外群体成员进行分类时,我们会形成刻板印象,并对他们的想法、情感和行为产生预期。当我们给自己归类时,同样的过程也会发生——我们会赋予自己内群体的特征,自动形成刻板印象,遵守群体规范,并改变自我概念。

通过上述方式,群体认同能够有效地降低与自我相关的不确定感,让我们认识到自己是谁,从而规定了我们应有的思想、情感与行为。自我归类与对他人的归类有着不可分割的联系,因此,群体认同也减少了对他人（包括内群体与外群体成员）行为判断的不确定性，削减了与他人进行社会交往时的不确定感。群体认同还让我们对世界观和自我认识达成共识，从而进一步减少了不确定感。内群体成员常常共享关于"我们"和"他们"的原型，因此，我们对他人基于原型的行为预期通常会得到证实，我们的同伴也会认可我们的感知、信念、态度和价值观，并赞同我们的行为方式。正因如此，发现自己与内群体成员的世界观不同可能会极大程度地动摇我们的群体立场，威胁自我概念的确定性。我将在下文中讨论这一点。

显然，认同能有效减少不确定感，并保护个体不受其影响。减少不确定感能促进群体认同，也就是说，我们认同自己的群体成员身份是为了减少不确定感，或者保护自己不受其影响。当人们对自我和能反映自我的事情存在不确定感时，就会"加入"新的群体（比如，注册成为社区活动小组的成员），形成或提高对所属社会类别（如国籍）或已经"所属"的群体（如个体的工作团队）的认同。

降低不确定性所引发的社会类别在心理上的突显，为自我归类、群体认同和群体行为打下了基础。人们会利用易提取的社会类别，也就是那些他们重视的、常用来定义自己和评价他人的社会类别（在记忆中长期可提取），以及那些当下不言自明的社会类别（可提取性与情境有关；例如 Oakes, 1987; Turner et al., 1994）。性别就是这样一种长期可提取，且能通过情境触发的社会类别。于是，人们研究了性别这种社会分类在多大程度上解释了人们之间的相似性和差异性（结构／比较匹配度，即男性和女性的行为是否存在差异），以及性别的典型特征在多大程度上解释了人们的行为（规范匹配度，即男性和女性的行为符合性别期望或性别刻板印象吗）。

若某个社会分类和个体的匹配度不足，个体就会围绕其他易提取的社会分类展开解释，直至找到最优解。这个过程基本是快速、自发的，因为人们力图减少对自我概念、社会交往，甚至行为的不确定感。人们都需要一种易提取的社会分类与之匹配，意味着这一社会分类可以减少我们对社会环境以及所处社会地位的不确定感。最优解成了自我归类、群体认同以及基于原型的去个体化的基础，具有心理上的突显性。它触发了与社会认同相关的知觉、认知、情感和行为。

不确定性－认同理论中不确定性与群体认同间关系的概念描绘了群体动机的相对液压模型（hydraulic model）。不管通过什么方式诱发的不确定性都会促使人们在心理层面上产生认同，并通过认同减少不确定性。但是，对不确定感的判定是多样的，可以通过许多不同的方式来解决。认同只是其中一种解决方式，但在应对与自我相关的不确定感时格外有效。不确定感也可能转瞬即逝。一种不确定感减少的同时，新的不确定感会前仆后继地困扰着我们，而我们甚至会主动寻找新的不确定性来解决。

基于不确定性－认同理论，我们可以提出的最基本的预测是人们越是感到不确定，就越有可能去认同或是更强烈地认同一个能包容自我的社会类别。这一预测在一些针对最简群体的研究中得到了证实，在这些研究中，人们只有被分到不确定条件组时才会对最简群体产生认同，表现出内群体偏好和外群体歧视（例如 Grieve & Hogg, 1999; Mullin & Hogg, 1998; 研究综述参见 Hogg, 2000, 2007a）。在这些研究中，操纵不确定性的方式有很多。例如，可以让被试描述他们认为模糊或清晰的图片中正在发生什么事情，或者估计图片中某物品的数量，而这些物品要么非常少，要么多到只能凭空猜测。

另一些研究发现，当被试对自认为重要且和自我有关的事情感到不确定时，抑或可提取社会类别的原型特征与不确定的焦点内容有关时，不确定性对认同的促进作用更强。还有研究表明，即使控制了自尊压抑可能出现的中介作用（Hogg & Svensson, 2010），或者在人们属于相对低地位群体的条件下（Reid & Hogg, 2005），不确定性仍能显著促进认同。

实体性

群体是否存在一些普遍特性，可以使某些类型的群体及相关联的身份和原型更好地通过认同来减少不确定性？我了解到一些影响上述不确定性－认同关系的潜在调节变量，其中最值得注意的是实体性（Hogg, 2004）。实体性是群体的一种属性，基于群体的明确边界、内部同质性、社会互动、明确的内部结构、共同目标和共同命运，使群体变得"群体化"（Campbell, 1958; Hamilton & Sherman, 1996）。从松散的集合到极具特色和凝聚力的整体，群体在实体性上的差异极大（例如 Lickel et al., 2000）。

群体认同可以减少不确定性，因为它为我们提供了明确的自我认识，可以规范我们的行为，并使社会互动具有可预测性。一个没有清晰结构的低实体性群体在群体边界和成员标准上模糊不清，且群体成员缺少共同目标和共同认可的群体特征，不足以减少或抵御与自我相关的不确定感。相比之下，有清晰结构的高实体性群体有明确的群体边界、清楚的成员标准，群体成员有坚定的共同目标和对群体特征的共识，能很好地应对与自我相关的不确定感。基于自我归类的认同可以减少不确定性，因为自我会受到原型的控制，这种原型界定了人们的认知、情感和行为。原型若简单易懂、清晰明确、约定俗成、规范聚焦，且为众人共识，在应对不确定感时就会比模糊、含混不清、重点分散和众说纷纭的原型更加有效，而前者（即清晰的原型）更有可能出现在高实体性群体中。除此以外，人们更有可能将高实体性群体的特征视为固定不变的品质或本质（例如，Haslam et al., 1998），它们对预测提供的进一步解释及其稳定性都让群体得以更好地减少和抵御不确定性。

基于不确定性－认同理论，我们可以提出一种预测：即使处于不确定的状态中，特别是对自我产生不确定感时，人们仍会产生群体认同，并对高实体性群体表现出强烈偏好。人们将寻找和认同高实体性群体，或在主观认识与客观实际层面上努力提升所属群体的实体性。许多间接考察不确定性、实体性和群体认同的研究都支持了这一观点（例如 Castano et al., 2003; Jetten et al., 2000; Pickett & Brewer, 2001; Pickett et al., 2002; Yzerbyt et al., 2000）。

对三者关系的直接考察为该观点提供了更好、更有力的支持（Hogg et al., 2007; Sherman et al., 2009）。豪格等人（Hogg et al., 2007）进行了两项研究，研究1通过实验启动了自我不确定性程度的高低，并测量了被试对政党实体性的感知，研究2则操纵了被试对临时实验小组的实体性感知。群体认同会通过多项目量表测得。在两种实验条件下，当被试感到不确定且所属群体具有高实体性时，他们都会产生更强烈的群体认同。谢尔曼等人（Sherman et al., 2009）对政党支持者和罢工工人进行了一系列现场研究，结果也支持了相关观点，即为了强调自己所属群体的实体性，自我不确定感会使人们对该群体的感知变得极端。

意义、拓展与应用

通过群体认同减少自我不确定性具有重大意义和应用价值。其中的意义在于将理论概念延伸至社会影响，领导过程与信任，分歧、越轨行为和少数派影响力，以及极端主义和意识形态方面的正统观念。

自我不确定性与群体影响

如上文所述，社会认同减少自我不确定性的一种方式是将自我概念锚定在一个达成了共识的世界观上，通过使个体认为身边的内群体同伴与自己拥有几乎相同的世界观，从而验证了个体的知觉、态度、行为，并最终在自我概念上达成共识。发现内群体同伴与自己的世界观不同会使个体产生深刻的自我不确定感。事实上，与内群体同伴的分歧［即规范性分歧（normative disagreement）］往往会引发一种社会影响过程，它被称为参照信息影响（referent informational influence）。在其影响下，为了知道自己认同的是什么从而认识到自己拥有怎样的身份，人们会迫切地寻找能确认群体规范和群体认同的信息（Turner，1991；Turner et al. 1987；也可参见 Hogg & Smith，2007；McGarty et al.，1993）。

考虑到了解内群体原型和规范对管理自我不确定感的重要性，人们会投入大量时间进行"规范谈话"（norm talk），主要是与内群体同伴进行交流，以确定群体的典型特征与规范属性（Hogg & Reid，2006）。在这种关于规范的沟通过程中，人们倾向于在典型内群体成员的身上寻求最可靠的内群体规范信息。然而，外群体对于发掘规范信息也十分有用。发现自己与外群体成员间具有分歧不会使个体产生不确定性，这种分歧反而会促使个体确认自己的内群体认同，即"我不是他们中的一员"。然而，与外群体一致反而会产生问题。这种一致会引发与自我相关的不确定感，导致个体质疑自己的群体代表了什么，以及自己是否真的适合成为其中的一员。

领导力与信任

在群体中，典型成员比非典型成员更具影响力，作为群体规范和社会认同的可靠信息来源，他们也比非典型成员更受人们关注（Hogg，2010b）。除此以外，领导力的社会认同理论（social identity theory of leadership）提出（Hogg，2001；Hogg & van Knippenberg，2003），典型成员往往占据了领导的位置，而且被看作群体原型的领导者在工作上效率更高。很明显，自我不确定感会让人们更密切地关注领导者，更有可能赋予领导者权力并追随他们，且渴望得到领导者的认可。在这种情况下，人们需要感觉到自己受到了领导者的重视，且能够信任领导者（Lind & Tyler，1988；Tyler，1997；Tyler & Lind，1992），即使这种感觉实际上只是一种幻觉。

信任在领导力过程中起到了重要作用，它与可预测性和不确定性密切相关。我们越信任某人，越认为其可以被预测，就会越有确定感。信任对于群体生活，尤其是对于内群体生活来说具有关键作用。内群体是"相互信任且有共同义务的人构成的有边界的团体"（Brewer，1999：433）。在内群体中，成员们都希望能够相信其他成员不会伤害自己，且大家都会为了群体利益而行动。有些内群体成员会背叛群体成员建立起的信赖关系，他们要么脱离群体以追求个人利益，要么以只对自己有利的方式行事，从而对作为整体的群体带来伤害。这些成员的存在会减少内群体成员之间的信任感，增加不确定感，因此会招来群体成员的强烈反应。这种动态变化在核心成员身上表现得尤为明显。核心成员是群体的典范或领导者，他们背信弃义的行为会对群体平衡造成极严重的破坏（例如，van Vugt & Hart, 2004），导致人们对群体代表了什么、自己的群体成员身份，以及最根本的自我产生强烈的不确定感。

不确定性可以赋予领导者权力，因此，聪明的领导者常将不确定性作为一种战略资源完全是在意料之中的。马里斯（Marris，1996）对政治不确定性的分析支持了这一观点，即确定性就是权力，且有权者为了控制无权者，可以给其制造不确定性。因此，有些领导者，特别是那些被群体当作典型并获得信任的领导者，会发表制造不确定性的言论后再保证自己有能力解决这种不确定性，以此来恢复、维持或巩固自己的权力。这种方式能增强追随者对群体的认同，并使其更加支持领导者。霍曼及其同事（Hohman et al., 2010）的一项研究为该观点提供了一些实证支持。除此以外，经常可以从媒体新闻上看到，一些国家、宗教与企业领导人采用的正是这种策略，而正如我下文所述，这种策略很可能产生专制型（autocratic leadership）或极端型领导（extremist leadership）（Hogg，2007b）。

局外人：边缘成员、越轨成员和少数派

正如我们所见，领导者在处理自我不确定性上起到了重要作用，因为群体成员会参照他们来定义自己是谁，从而解决规范上的分歧或模糊性。群体规范上的分歧与模糊性会导致一系列不良反应。它会破坏群体实体性，使成员不再认同或更少地认同内群体，转而去认同其他实体性更高的群体。豪格与法夸尔森（Farquharson）等人（2010）对温和与激进群体的两项研究证实了不确定性可能会削弱个体对低实体性群体的认同。

当我们把关注点放在分歧的来源上时，会对规范模糊性、分歧、冲突等概念有更深的认识。当成员对领导者提出的规范存在异议时，若领导者是群体典范且深受信任，那么正如上文所述，成员会调整自己以适应领导者，并继续认同这一群体。然而，若领导者并非典范或不那么受信任，成员就会策划并要求领导者变更，或者他们只是觉得自己不再合群，在群体里没有固定身份，所以会削弱与群体的联系，不再认同群体，并选择离开。如果对群体规范的分歧发生在一个非典型且无领导作用的边缘成员身上，便和与外群体成员产生分歧的情况相同，很少引发内群体对规范的不确定性。相反，这种分歧只会促使群体向偏离者施压，迫使他们服从群体规范，或是对他们进行诋毁、边缘化、迫害和驱逐，而这通常是由群体领导者精心策划的（例如 Hogg et al., 2005; Marques et al., 2001; Marques & Paez, 1994）。

有些时候，提出规范分歧的边缘成员不会受到诋毁，反而会在澄清规范和减少不确定性上发挥积极作用。具体来说，他们并非仅仅表现分歧，而是会以批评者的身份对澄清和改进群体规范的措施提出有建设性的意见（例如 Hornsey，2005）。规范偏差影响群体的另一种方式是使那些偏离群体规范，从而破坏实体性、制造群体和身份不确定性的成员本身形成一个团体或群体。这种情况很常见，而且往往会导致围绕该群体表征

的不同观点产生分裂（例如 Sani & Reicher, 1998）。为了减少这种规范偏差带来的巨大不确定性，往往需要成员明确地认同其中一个派别，且一定会给原生群体带来永久的改变。

我们还可以将存在规范分歧的子群体看作试图扩大影响的活跃少数派。事实上，对少数派影响的研究证明，那些坚守新提出的不同立场的活跃少数派确实能够剧烈地动摇多数派的观念，就是因为他们使得多数派不确定自己拥护的主流立场是否正确（例如 Martin & Hewstone, 2008; Moscovici, 1980; Mugny & Pérez, 1991）。应对这种不确定性的办法是重新调整多数派的立场，并让众人强烈认同该立场，这便是社会变迁中的改宗效应（conversion effect）。就像外群体成员提出的异议比内群体同伴提出的更好处理，外群体少数派制造的不确定性也比内群体少数派制造的更少，对随后修改规范的影响更小。这与基于自我归类理论分析少数派影响的结果一致（例如 David & Turner, 2001），与科拉诺（Crano）的观点也不谋而合，即内群体少数派比外群体少数派的影响更大，因为内群体中存在一份宽大处理契约，只要少数派不表现得"过于极端"，多数派就会包容他们并考虑他们的想法（例如 Crano & Seyranian, 2009）。

本节的讨论基于一种观点，即群体认同能有效减少自我不确定性，因为群体原型明确地定义和规定了自我，并让群体成员在社会认同上达成共识。内群体分歧与规范偏离者的存在是破坏群体实体性以及削弱群体抵抗不确定性能力的潜在因素，所以我们又探讨了不同类型的规范分歧会如何引发不同后果。

我们最后分析了对自我典型性的感知。感觉到其他群体成员相信你是典型成员，接纳你，并把你当作"合群"的骨干成员，对于你确认身份，从而减少不确定性来说是十分重要的。显然，若你感觉自己并不合群，那么无论群体的实体性有多高，都难以有效减少你的自我不确定感，你会觉得自己像一个格格不入的冒牌货。事实上，对于认同与不确定性管理来说，无法融入高实体性群体可能是一个更严峻的问题。如果群体始终将你边缘化，就算你感觉自己适合成为群体的一员或为了融入群体而拼命努力，群体的拒绝与排斥也会一直让你对自己的群体地位感到不确定，而这通常会削弱你与群体的联系，最终使你脱离群体。

极端主义

不确定性 – 认同理论最大的拓展和意义之一便是对极端主义的分析（Hogg, 2004, 2005）。大量文献都记载了社会不确定性与多种极端主义形式间的关系，其中，极端主义的形式有"极权主义"团体（Baron et al., 2003）、邪教（Curtis & Curtis, 1993）、种族灭绝（Staub, 1989）、恐怖主义（Moghaddam & Marsella, 2004）、法西斯主义（Billig, 1978）、极端民族主义（Kosterman & Feshbach, 1989）、盲目爱国主义（Staub, 1997）、宗教激进主义（Altemeyer, 2003; Rowatt & Franklin, 2004）、独裁主义（Doty et al., 1991）、意识形态思维（Billig, 1982; Jost & Hunyady, 2002; Jost et al., 2003; Lambert et al., 1999），以及狂热主义（fanaticism）和"真正信徒"（Hoffer, 1951），更多内容也可参见豪格和布雷洛克的著作（Hogg & Blaylock, 2011）。总之，不确定性 – 认同理论可以描述不确定性滋生极端主义的过程。

极端组织封闭群体边界并仔细监控统一态度、价值观与成员标准，在习俗上不允许存在任何弹性。他们明确强调规则的影响和命令的作用（拥有清晰的规则与命令传输链），并且绝对不能容忍来自内部的分歧和批评，因而组织结构严密且等级分明。这样的群体往往具有民族中心主义、以自我为中心，对外群体持怀疑和蔑视的态度。他们会表现出与集体自恋（collective narcissism）类似的相对不合群且独断的行为（参见Baumeister et al., 1996；Golec de Zavala et al., 2009），即表现得夸大自负、嚣张傲慢，拥有特权，习惯占有剥削，盲目崇拜，缺乏共情，不择手段获取成功，且总有高人一等的优越感。与之相似，克鲁格兰斯基及其同事描绘了一系列被称为"群体中心主义"的行为。

很在乎与其他内群体成员共享观点；认可制定统一规范和标准的中央权威；镇压分歧、回避多样性，并表现出内群体偏爱；崇敬并坚定支持群体规范和传统。最重要的是，这些行为就像打包好的包裹那样，会一同涌现。（Kruglanski et al., 2006：84）

即使这些"极端"组织只有上述列举的某些特质，也能够给群体成员提供全方位、定义明确、排他且高度规范的社会认同与自我意识。

并非所有不确定性都会使人们加入极权主义群体。这些极端群体的约束会让人很不舒服，因为它们往往十分专制，试图控制和支配个体生活和身份的各个方面。然而，若不确定性的状况持续不断，并且程度非常极端，这些组织就会变得极具吸引力。例如，由经济崩溃、文化解体、内战、恐怖主义和大规模自然灾害制造的大范围社会不确定性，或者是由失业、丧亲、离婚、搬家、青春期等导致的自我不确定性。

在上述情况下，极权主义群体可以有效减少人们的自我不确定感。这些群体的与众不同之处在于它们的边界往往由群体监管，能明确定义出内群体和外群体，因而在成员身份上不存在任何模糊之处。这种定义身份的方式清晰明了、简单直白，往往能一针见血地将外群体分离出来。群体成员都十分清楚自己是谁，该如何行事，也知道其他人会如何行事。对同质化和共识的强烈期盼促进了对个体身份和世界观的强烈社会认同，但同时也会使人产生竖井心态（silo mentality），压制和诋毁反对者和批判者。这样的群体往往狭隘封闭，虽然给内群体成员提供了舒适的封闭环境，但也表现出了明显的民族中心主义（Brewer & Campbell, 1976），不仅加剧了对外群体的不信任与疑惧（Stephan W G & Stephan C W, 1985），也表现出了强烈的本质主义倾向（Haslam et al., 1998），这种倾向使得个体主观上认为自我和社会环境是稳定不变的。

极权主义群体中，追求正统之风盛行（例如，Deconchy, 1984）。判断是非的标准简单绝对、非黑即白，其背后是态度、价值观和行为方式与意识形态信念体系紧密交织在一起的独立、可被解释的思想体系（Larrain, 1979；Thompson, 1990），为成员对标准的确信奠定了坚实的基础。道德绝对主义、意识形态正统和民族中心主义的结合往往奠定了对外群体非人化对待的基础，这种泯灭人性的过程可能会产生可怕的后果（Haslam, 2006；Haslam et al., 2008）。

在看重道德与行为且有无数选择的后现代世界中，固定的意识形态系统十分吸引人，它们能解决邓恩（Dunn, 1998）提出的后现代悖论（postmodern paradox），即个体的选择自由带来了对行为和自我认识的不确定感，从而使个体对被强大的意识形态所限制的群体所有的道德绝对性极度渴望。

我们在上文中讨论过群体领导者对减少不确定性的重要作用，以及他们如何有策略地利用不确定性来保持他们在群体中的影响力。在极端组织中，领导力变得更为重要。这些组织依据成员的相对典型性形成明确公认的组织结构，原型自然是格外重要的。理想状态下，群体的典型成员成为领导者可谓势在必行，且这些人极具影响力。最终，这些领导者可能会醉心权术而与群体中的普通成员产生隔阂，很容易成为专制的独裁者（Hogg，2007b）。历史上这样的例子比比皆是，例如阿道夫·希特勒（Adolf Hitler）、伊迪·阿明（Idi Amin）、萨达姆·侯赛因（Saddam Hussein），等等。

从某种程度上说，极端组织就是高实体性群体的极端版，这也是为什么在不确定时，特别是在极端不确定时，这些极端组织会变得具有吸引力并获得人们的强烈认同。然而，实体性主要是一种描述群体结构的感知属性，它并没有说明群体行为，以及群体应采取温和还是激进的方式维护或提升成员的认同感和所能获得的利益。极端组织往往在支持和参与激进活动上具有强大的行动力。

如果群体的表征与自我相关，且受到威胁，那么群体认同对行为层面的影响可能就变得更加重要。当人们感到自身安全、财富和生活方式受到威胁时，会十分渴望认同能消除或缓解威胁的群体，比如表现出强大行动力的极端组织。在这种情况下，自我不确定性不仅会促进个体对独断极端主义群体的认同，将群体成员变成狂热分子、信徒和空想家、意识形态的盲从者，还可能削弱他们对非独断温和群体的认同。这样一来，对极端群体的认同可能产生强大的社会动员力，能够将态度转变为行动（例如 Hogg & Smith，2007；Klandermans，1997；Stürmer & Simon，2004）。

该观点最早的证据支持来自豪格和米汉（Meehan）等人（2010）的一项实验。在自我受到威胁的条件下，不确定性增强了学生对激进校园团体的认同，削弱了其对温和团体的认同。同时，认同在不确定性与代表群体参与活动的意愿之间起中介作用（也可参见 Hogg，Farquharson et al.，2010）。阿德尔曼（Adelman）等人（已投稿）在以色列进行的四项现场研究提供进一步的证据支持。巴勒斯坦穆斯林和以色列犹太人的民族和宗教认同更强烈、更重要、更核心，他们在高不确定条件下比低不确定条件下更支持暴力行动。

社会联结与社会交往

不确定性–认同理论不仅从理论角度对自我不确定感如何促进群体认同进行了解释，还对理解和干预重大社会议题有重要意义。例如，如上文所述，不确定性–认同理论有助于我们理解领导者走向独裁专制的条件（例如 Hogg，2007b），特定群体排斥、镇压、迫害反对者与批判者的原因，以及群体发展民族中心主义的竖井心态、非人化对待外群体的原因。它也能够解释为什么西方国家青少年会认同极端青少年群体，就算冒着损害健康的风险也要完成群体规定的危险行为（Hogg，Siegel，& Hohman，2011）。

不确定性–认同理论还可以解释为什么某些人会诉诸恐怖主义，这是因为在产生认同威胁、相对剥夺感和不确定性的时代背景下，高度自我不确定性可能让个体极度渴望寻找归属，并不顾一切地维护和巩固自己的社会认同。只要群体领导者有要求，个体甚至可以参与伤害无辜的极端暴力行动。这种行为可以看作是个体巩固群体认同、成为骨干成员的方式，是新成员和忠实信徒常有的狂热行为。

结 论

在本章中，我对不确定性－认同理论进行了阐述（例如 Hogg，2000，2007a），用个人叙述的方式陈述了该理论的起源与发展，阐明了它的基本概念、过程和现象，说明了它的理论意义、拓展和实践价值，还简要概括了该理论的社会关联。由于这是一本关于社会心理学理论的书，我们的重点在于说明概念，实证证据和案例的具体内容已经呈现在其他文献中，因此只在此作简要参考，不再赘述（例如 Hogg，2000，2007a）。

不确定性－认同理论指出，降低自我不确定感是社会认同过程及群体和群际行为的一个关键动机。这一理论将群体依恋、自我界定和群体结构的特定形式归因于人们借助群体认同、自我归类和基于原型的去个体化以追求减轻那些与自身有关的不确定感。我们可以从不确定性－认同理论的三个一般性前提中理解该理论的核心特征。

- **前提1**：人类有试图减少或避免不确定感的动机。不确定感包括对自我的不确定感，与自我相关的知觉、判断、态度、行为的不确定感，这些都与人们自己、人们的人际互动和社会地位有关。
- **前提2**：社会归类能够减少不确定性并使人免受其影响，因为社会归类可以削弱个体化的作用，强调要遵循内群体和外群体的原型来认识和评价一个人，如通过原型来了解他人将会做出的行为。原型定义了个体的身份，因而也规定了个体的知觉、态度、情感和行为，以及个体对待他人和自己的方式。对自我进行的社会归类（即自我归类）赋予了个体带有与内群体相关所有原型特征的身份。群体内部通常对内群体原型和相关的外群体原型持有一致的看法，这使得群体成员能够对行为和自我意识达成共识，从而进一步减少了不确定性。
- **前提3**：若原型简单清晰、明确规范、聚焦一致、连贯完整，且具有独立性和解释性等特征，就能更好地减少不确定性。这类原型通常出现在独特且结构完整的高实体性群体中，用于明确限定成员身份和定义群体。在面对不确定的情形下，人们会更强烈地认同高实体性群体。他们要么寻找可加入的高实体性群体，要么创造新的高实体性群体，要么将现有的群体变得更具实体性。

基于这些核心特征，我们可以对理论进行进一步的完善与拓展。例如，我们可以将理论与社会影响和群体规范，领导力和信任，反对者、越轨者和少数派联系起来。其中最重要的完善与拓展也许是该理论帮助解释极端主义社会群体的出现。在面临极端、持久的不确定性时，人们减少不确定性的动机会增强，且更需要获得高实体性群体的认同和清晰的原型。因此，人们可能迫切地将自己归类为忠实的信徒或狂热分子，寻找那些有封闭的边界、同质化与意识形态化的信念结构、僵化的习俗、激进任务的极端组织，这些组织往往结构严密、等级分明，充满民族中心主义、思想狭隘，且有群体自恋倾向，他们压制反对者、排除外来者，并参与激进的行动。这些组织为成员提供了可以概括一切的身份，可以有效缓解自我不确定感带来的影响。

生活中，不确定性无处不在。它既让我们体会到兴奋和刺激，也让我们感到害怕与压抑，而我们会尽自己所能去减少、控制或是避免它的出现。但我们无法做到完全确定，所以或多或少都会有不确定感。在本章中，我描述了不确定性-认同理论的内容，即不确定性与群体认同的原因和方式之间的关系，以及与认同特殊类型群体之间的联系，说明了极度不确定性会滋生狂热行为和极端主义。对于社会活动而言，狂热行为和极端主义无疑会给人类的生存埋下祸根，相较之下最好的情况是产生低效和压抑的群体，而在最坏的情况下，将给人类带来无尽的痛苦。

参考文献

Abrams, D. and Hogg, M.A. (1988) Comments on the motivational status of self-esteem in social identity and intergroup discrimination. *European Journal of Social Psychology*, 18, 317–334.

Abrams, D. and Hogg, M.A. (2004) Metatheory: Lessons from social identity research. *Personality and Social Psychology Review*, 8, 98–106.

Abrams, D. and Hogg, M.A. (2010) Social identity and self-categorization. In J.F. Dovidio, M. Hewstone, P. Glick and V.M. Esses (eds), *The SAGE Handbook of Prejudice, Stereotyping, and Discrimination*, pp. 179–193. London: Sage.

Adelman, J.R., Hogg, M.A. and Levin, S. (submitted) Support for political action as a function of religiousness and nationalism under uncertainty: A study of Muslims, Jews, Palestinians and Israelis in Israel. Manuscript submitted for publication.

Altemeyer, B. (2003) Why do religious fundamentalists tend to be prejudiced. *International Journal for the Psychology of Religion*, 13, 17–28.

Arkin, R.M., Oleson, K.C. and Carroll, P.J. (eds) (2010) *Handbook of the Uncertain Self*. New York: Psychology Press.

Baron, R.S., Crawley, K. and Paulina, D. (2003) Aberrations of power: Leadership in totalist groups. In D. van Knippenberg and M.A. Hogg (eds), *Leadership and Power: Identity Processes in Groups and Organizations*, pp. 169–183. London: Sage.

Bartlett, F.C. (1932) *Remembering*. Cambridge: Cambridge University Press.

Baumeister, R.F., Smart, L. and Boden, J.M. (1996) Relation of threatened egotism to violence and aggression: The dark side of high self-esteem. *Psychological Review*, 103, 5–33.

Berger, C.R. (1987) Communicating under uncertainty. In M.E. Roloff and G.R. Miller (eds), *Interpersonal Processes: New Directions in Communication Research*, pp. 39–62. Newbury Park, CA: Sage.

Billig, M. (1978) *Fascists: A Social Psychological View of the National Front*. London: Harcourt Brace Jovanovich.

Billig, M. (1982) *Ideology and Social Psychology: Extremism, Moderation and Contradiction*. London: Sage.

Blascovich, J. and Tomaka, J. (1996) The biopsychosocial model of arousal regulation. In M. Zanna (ed.), *Advances in Experimental Social Psychology*, Vol. 28, 1–51. New York: Academic Press.

Brewer, M.B. (1999) The psychology of prejudice: Ingroup love or outgroup hate? *Journal of Social Issues*, 55, 429–444.

Brewer, M.B. and Campbell, D.T. (1976) *Ethnocentrism and Intergroup Attitudes: East African Evidence*. New York: Sage.

Campbell, D.T. (1958) Common fate, similarity, and other indices of the status of aggregates of persons as social entities. *Behavioral Science*, 3, 14–25.

Castano, E., Yzerbyt, V.Y. and Bourguignon, D. (2003) We are one and I like it: The impact of ingroup entitativity on ingroup identification. *European Journal of Social Psychology*, 33, 735–754.

Crano, W.D. and Seyranian, V. (2009) How minorities prevail: The context/comparison–leniency contract model. *Journal of Social Issues*, 65, 335–363.

Curtis, J.M. and Curtis, M.J. (1993) Factors related to susceptibility and recruitment by cults. *Psychological Reports*, 73, 451–460.

David, B. and Turner, J.C. (2001) Majority and minority influence: A single process self-categorization analysis. In C.K.W. De Dreu and N.K. De Vries (eds), *Group Consensus and Innovation*, pp. 91–121. Oxford: Blackwell.

Deconchy, J.P. (1984) Rationality and social control in orthodox systems. In H. Tajfel, (ed.), *The Social Dimension: European Developments in Social Psychology, 2*, 425–445. Cambridge: Cambridge University Press.

Dewey, J. (1929/2005) *The Quest for Certainty: A Study of the Relation of Knowledge and Action*. Whitefish, MT: Kessinger Publishing.

Doty, R.M., Peterson, B.E. and Winter, D.G. (1991) Threat and authoritarianism in the United States, 1978–1987. *Journal of Personality and Social Psychology, 61*, 629–640.

Dunn, R.G. (1998) *Identity Crises: A Social Critique of Postmodernity*. Minneapolis: University of Minnesota Press.

Festinger, L. (1954) A theory of social comparison processes. *Human Relations, 7*, 117–140.

Fiske, S.T. and Taylor, S.E. (1991) *Social Cognition*, 2nd Edition. New York: McGraw-Hill.

Fromm, E. (1947) *Man for Himself: An Inquiry into the Psychology of Ethics*. New York: Rinehart.

Golec de Zavala, A., Cichocka, A., Eidelson, R. and Jayawickreme, N. (2009) Collective narcissism and its social consequences. *Journal of Personality and Social Psychology, 97*, 1074–1096.

Grieve, P. and Hogg, M.A. (1999) Subjective uncertainty and intergroup discrimination in the minimal group situation. *Personality and Social Psychology Bulletin, 25*, 926–940.

Hamilton, D.L. and Sherman, S.J. (1996) Perceiving persons and groups. *Psychological Review, 103*, 336–355.

Haslam, N. (2006) Dehumanization: An integrative review. *Personality and Social Psychology Review, 10*, 252–264.

Haslam, N., Loughnan, S. and Kashima, Y. (2008) Attributing and denying humanness to others. *European Review of Social Psychology, 19*, 55–85.

Haslam, N., Rothschild, L. and Ernst, D. (1998) Essentialist beliefs about social categories. *British Journal of Social Psychology, 39*, 113–127.

Heine, S.J., Proulx, T. and Vohs, K.D. (2006) The meaning maintenance model: On the coherence of social motivations. *Personality and Social Psychology Review, 10*, 88–111.

Higgins, E.T. (1998) Promotion and prevention: Regulatory focus as a motivational principle. In M.P. Zanna (ed.), *Advances in Experimental Social Psychology, 30*, 1–46. New York: Academic Press.

Hoffer, E. (1951) *The True Believer*. New York: Time.

Hofstede, G. (1980) *Culture's Consequences: International Differences in Work-related Values*. Beverly Hills, CA: Sage.

Hogg, M.A. (1993) Group cohesiveness: A critical review and some new directions. *European Review of Social Psychology, 4*, 85–111.

Hogg, M.A. (2000) Subjective uncertainty reduction through self-categorization: A motivational theory of social identity processes. *European Review of Social Psychology, 11*, 223–255.

Hogg, M.A. (2001) A social identity theory of leadership. *Personality and Social Psychology Review, 5*, 184–200.

Hogg, M.A. (2004) Uncertainty and extremism: Identification with high entitativity groups under conditions of uncertainty. In V. Yzerbyt, C.M. Judd and O. Corneille (eds), *The Psychology of Group Perception: Perceived Variability, Entitativity, and Essentialism*, pp. 401–418. New York: Psychology Press.

Hogg, M.A. (2005) Uncertainty, social identity and ideology. In S.R. Thye and E.J. Lawler (eds), *Advances in Group Processes, 22*, 203–230. New York: Elsevier.

Hogg, M.A. (2006) Social identity theory. In P.J. Burke (ed.), *Contemporary Social Psychological Theories*, pp. 111–136. Palo Alto: Stanford University Press.

Hogg, M.A. (2007a) Uncertainty-identity theory. In M.P. Zanna (ed.), *Advances in Experimental Social Psychology, 39*, 69–126. San Diego: Academic Press.

Hogg, M.A. (2007b) Organizational orthodoxy and corporate autocrats: Some nasty consequences of organizational identification in uncertain times. In C.A. Bartel, S. Blader and A. Wrzesniewski (eds), *Identity and the Modern Organization*, pp. 35–59. Mahwah, NJ: Erlbaum.

Hogg, M.A. (2008) Personality, individuality, and social identity. In F. Rhodewalt (ed.), *Personality and Social Behavior*, pp. 177–196. New York: Psychology Press.

Hogg, M.A. (2010a) Human groups, social categories, and collective self: Social identity and the management of self-uncertainty. In R.M. Arkin, K.C. Oleson, and P.J. Carroll (eds), *Handbook of the Uncertain Self*, pp. 401–420. New York: Psychology Press.

Hogg, M.A. (2010b) Influence and leadership. In S.T. Fiske, D.T. Gilbert and G. Lindzey (eds), *Handbook of Social Psychology*, 5th Edition, *2*,

1166–1207. New York: Wiley.

Hogg, M.A. and Abrams, D. (1988) *Social Identifications: A Social Psychology of Intergroup Relations and Group Processes*. London: Routledge.

Hogg, M.A. and Abrams, D. (1993) Towards a single-process uncertainty-reduction model of social motivation in groups. In M.A. Hogg and D. Abrams, (eds), *Group Motivation: Social Psychological Perspectives*, pp. 173–190. Hemel Hempstead: Harvester Wheatsheaf/New York: Prentice Hall.

Hogg, M.A. and Blaylock, D.L. (eds) (2011) *Extremism and the Psychology of Uncertainty*. Boston: Wiley-Blackwell.

Hogg, M.A., Farquharson, J., Parsons, A. and Svensson, A. (2010) When being moderate is not the answer: Disidentification with moderate groups under uncertainty. Unpublished manuscript, Claremont Graduate University.

Hogg, M.A., Fielding, K.S. and Darley, J. (2005) Fringe dwellers: Processes of deviance and marginalization in groups. In D. Abrams, M.A. Hogg, and J.M. Marques (eds), *The Social Psychology of Inclusion and Exclusion*, pp. 191–210. New York: Psychology Press.

Hogg, M.A., Meehan, C. and Farquharson, J. (2010) The solace of radicalism: Self-uncertainty and group identification in the face of threat. *Journal of Experimental Social Psychology, 46*, 1061–1066.

Hogg, M.A. and Mullin, B.-A. (1999) Joining groups to reduce uncertainty: Subjective uncertainty reduction and group identification. In D. Abrams and M.A. Hogg (eds), *Social Identity and Social Cognition*, pp. 249–279. Oxford: Blackwell.

Hogg, M.A. and Reid, S.A. (2006) Social identity, self-categorization, and the communication of group norms. *Communication Theory, 16*, 7–30.

Hogg, M.A., Sherman, D.K., Dierselhuis, J., Maitner, A.T. and Moffitt, G. (2007) Uncertainty, entitativity, and group identification. *Journal of Experimental Social Psychology, 43*, 135–142.

Hogg, M.A., Siegel, J.T. and Hohman, Z.P. (2011) Groups can jeopardize your health: Identifying with unhealthy groups to reduce self-uncertainty. *Self and Identity, 10*, 326–335.

Hogg, M.A. and Smith, J.R. (2007) Attitudes in social context: A social identity perspective. *European Review of Social Psychology, 18*, 89–131.

Hogg, M.A. and Svensson, A. (2010) Uncertainty, self-esteem and group identification. Unpublished manuscript, Claremont Graduate University.

Hogg, M.A. and van Knippenberg, D. (2003) Social identity and leadership processes in groups. In M.P. Zanna (ed.), *Advances in Experimental Social Psychology, Vol. 35*, 1–52. San Diego: Academic Press.

Hohman, Z.P., Hogg, M.A. and Bligh, M.C. (2010) Identity and intergroup leadership: Asymmetrical political and national identification in response to uncertainty. *Self and Identity, 9*, 113–128.

Hornsey, M.J. (2005) Why being right is not enough: Predicting defensiveness in the face of group criticism. *European Review of Social Psychology, 16*, 301–334.

Jetten, J., Hogg, M.A. and Mullin, B.-A. (2000) Ingroup variability and motivation to reduce subjective uncertainty. *Group Dynamics: Theory, Research, and Practice, 4*, 184–198.

Jost, J.T., Glaser, J., Kruglanski, A.W. and Sulloway, F.J. (2003) Political conservatism as motivated social cognition. *Psychological Bulletin, 129*, 339–375.

Jost, J.T. and Hunyady, O. (2002) The psychology of system justification and the palliative function of ideology. *European Review of Social Psychology, 13*, 111–153.

Kahneman, D., Slovic, P. and Tversky, A. (eds) (1982) *Judgment Under Uncertainty: Heuristics and Biases*. New York: Cambridge University Press.

Klandermans, B. (1997) *The Social Psychology of Protest*. Oxford: Blackwell.

Koffka, K. (1935) *Principles of Gestalt Psychology*. New York: Harcourt, Brace and Co.

Kosterman, R. and Feshbach, S. (1989) Towards a measure of patriotic and nationalistic attitudes. *Political Psychology, 10*, 257–274.

Kruglanski, A.W., Pierro, A., Mannetti, L. and De Grada, E. (2006) Groups as epistemic providers: Need for closure and the unfolding of group-centrism. *Psychological Review, 113*, 84–100.

Kruglanski, A.W. and Webster, D.M. (1996) Motivated closing of the mind: 'Seizing' and 'freezing'. *Psychological Review, 103*, 263–283.

Kuhn, T. (1962) *The Structure of Scientific Revolutions*. Chicago, IL: University of Chicago Press.

Lambert, A.J., Burroughs, T. and Nguyen, T. (1999) Perceptions of risk and the buffering hypothesis: The role of just world beliefs and right-wing authoritarianism. *Personality and Social Psychology Bulletin, 25*, 643–656.

Larrain, J. (1979) *The Concept of Ideology*. London: Hutchinson.

Lickel, B., Hamilton, D.L., Wieczorkowska, G., Lewis, A., Sherman, S.J. and Uhles, A.N. (2000) Varieties of groups and the perception of group entitativity. *Journal of Personality and Social Psychology, 78*, 223–246.

Lind, E.A. and Tyler, T.R. (1988) *The Social Psychology of Procedural Justice*. New York: Plenum Press.

Marques, J.M., Abrams, D. and Serôdio, R. (2001) Being better by being right: Subjective group dynamics and derogation of in-group deviants when generic norms are undermined. *Journal of Personality and Social Psychology*, *81*, 436–447.

Marques, J.M. and Paez, D. (1994) The 'black sheep effect': Social categorization, rejection of ingroup deviates and perception of group variability. *European Review of Social Psychology*, *5*, 37–68.

Marris, P. (1996) *The Politics of Uncertainty: Attachment in Private and Public Life*. London: Routledge.

Martin, R. and Hewstone, M. (2008) Majority versus minority influence, message processing and attitude change: The source-context-elaboration model. In M.P. Zanna (ed.), *Advances in Experimental Social Psychology*, *40*, 237–326. San Diego: Elsevier.

Maslow, A.H. (1987) *Motivation and Personality*, 3rd Edition. New York: Harper Collins.

McGarty, C., Turner, J.C., Oakes, P.J. and Haslam, S.A. (1993) The creation of uncertainty in the influence process: The roles of stimulus information and disagreement with similar others. *European Journal of Social Psychology*, *23*, 17–38.

McGregor, I. and Marigold, D.C. (2003) Defensive zeal and the uncertain self: What makes you so sure? *Journal of Personality and Social Psychology*, *85*, 838–852.

McGregor, I., Zanna, M.P., Holmes, J.G. and Spencer, S.J. (2001) Compensatory conviction in the face of personal uncertainty: Going to extremes and being oneself. *Journal of Personality and Social Psychology*, *80*, 472–488.

Moghaddam, F.M. and Marsella, A.J. (eds) (2004) *Understanding Terrorism: Psychosocial Roots, Consequences, and Interventions*. Washington, DC: American Psychological Association.

Moscovici, S. (1980) Toward a theory of conversion behavior. In L. Berkowitz (ed.), *Advances in Experimental Social Psychology*, *13*, 202–239. New York: Academic Press.

Mugny, G. and Pérez, J. (1991) *The Social Psychology of Minority Influence*. Cambridge: Cambridge University Press.

Mullin, B.-A. and Hogg, M.A. (1998) Dimensions of subjective uncertainty in social identification and minimal intergroup discrimination. *British Journal of Social Psychology*, *37*, 345–365.

Oakes, P.J. (1987) The salience of social categories. In J.C. Turner, M.A. Hogg, P.J. Oakes, S.D. Reicher and M.S. Wetherell, (eds), *Rediscovering the Social Group: A Self-categorization Theory*, pp. 117–141. Oxford: Blackwell.

Pickett, C.L. and Brewer, M.B. (2001) Assimilation and differentiation needs as motivational determinants of perceived ingroup and outgroup homogeneity. *Journal of Experimental Social Psychology*, *37*, 341–348.

Pickett, C.L., Silver, M.D. and Brewer, M.B. (2002) The impact of assimilation and differentiation needs on perceived group importance and judgments of ingroup size. *Personality and Social Psychology Bulletin*, *28*, 546–558.

Pollock, H.N. (2003) *Uncertain Science … Uncertain World*. Cambridge: Cambridge University Press.

Reid, S.A. and Hogg, M.A. (2005) Uncertainty reduction, self-enhancement, and ingroup identification. *Personality and Social Psychology Bulletin*, *31*, 804–817.

Rowatt, W.C. and Franklin, L.M. (2004) Christian orthodoxy, religious fundamentalism, and right-wing authoritarianism as predictors of implicit racial prejudice. *International Journal for the Psychology of Religion*, *14*, 125–138.

Saks, A.M. and Ashforth, B.E. (1997) Organizational socialization: Making sense of the past and present as a prologue for the future. *Journal of Vocational Behavior*, *51*, 234–279.

Sani, F. and Reicher, S.D. (1998) When consensus fails: An analysis of the schism within the Italian Communist Party (1991). *European Journal of Social Psychology*, *28*, 623–45.

Schwartz, S.H. (1992) Universals in the content and structure of values: Theoretical advances and empirical tests in 20 cultures. In M.P. Zanna (ed.), *Advances in Experimental Social Psychology*, *25*, 1–65. San Diego: Academic Press.

Sherman, D.K., Hogg, M.A. and Maitner, A.T. (2009) Perceived polarization: Reconciling ingroup and intergroup perceptions under uncertainty. *Group Processes and Intergroup Relations*, *12*, 95–109.

Sorrentino, R.M. and Roney, C.J.R. (1999) *The Uncertain Mind: Individual Differences in Facing the Unknown*. Philadelphia, PA: Psychology Press.

Staub, E. (1989) *The Roots of Evil: The Psychological and Cultural Origins of Genocide and Other Forms of Group Violence*. New York: Cambridge University Press.

Staub, E. (1997) Blind versus constructive patriotism: Moving from embeddedness in the group to critical loyalty and action. In D. Bar-Tal and E. Staub (eds), *Patriotism: In the Lives of Individuals and Nations*, pp. 213–228. Chicago: Nelson-Hall.

Stephan, W.G. and Stephan, C.W. (1985) Intergroup

anxiety. *Journal of Social Issues*, 41, 157–75.

Stürmer, S. and Simon, B. (2004) Collective action: Towards a dual-pathway model. *European Review of Social Psychology*, 15, 59–99.

Suls, J. and Wheeler, L. (eds) (2000) *Handbook of Social Comparison: Theory and Research*. New York: Kluwer/Plenum.

Swann, W.B. Jr., Rentfrow, P.J. and Guinn, J.S. (2003) Self-verification: The search for coherence. In M.R. Leary and J.P. Tangney (eds), *Handbook of Self and Identity*, pp. 367–383. New York: Guilford Press.

Tajfel, H. (1959) Quantitative judgement in social perception. *British Journal of Psychology*, 50, 16–29.

Tajfel, H. and Turner, J.C. (1979) An integrative theory of intergroup conflict. In W.G. Austin and S. Worchel (eds), *The Social Psychology of Intergroup Relations*, pp. 33–47. Monterey, CA: Brooks/Cole.

Thompson, J.B. (1990) *Ideology and Modern Culture: Critical Social Theory in the Era of Mass Communication*. Stanford, CA: Stanford University Press.

Turner, J.C. (1991) *Social Influence*. Milton Keynes: Open University Press.

Turner, J.C. (1999) Some current issues in research on social identity and self-categorization theories. In N. Ellemers, R. Spears and B. Doosje (eds), *Social Identity*, pp. 6–34. Oxford: Blackwell.

Turner, J.C., Hogg, M.A., Oakes, P.J., Reicher, S.D. and Wetherell, M.S. (1987) *Rediscovering the Social Group: A Self-categorization Theory*. Oxford: Blackwell.

Turner, J.C., Oakes, P.J., Haslam, S.A. and McGarty, C.A. (1994) Self and collective: Cognition and social context. *Personality and Social Psychology Bulletin*, 20, 454–463.

Tyler, T.R. (1997) The psychology of legitimacy: A relational perspective on voluntary deference to authorities. *Personality and Social Psychology Review*, 1, 323–345.

Tyler, T.R. and Lind, E.A. (1992) A relational model of authority in groups. In M.P. Zanna (ed), *Advances in Experimental Social Psychology*, 25, 115–191. New York: Academic Press.

Van den Bos, K. (2009) Making sense of life: The existential self trying to deal with personal uncertainty. *Psychological Inquiry*, 20, 197–217.

Van den Bos, K., Poortvliet, P.M., Maas, M., Miedema, J. and Van den Ham, E.-J. (2005) An enquiry concerning the principles of cultural norms and values: The impact of uncertainty and mortality salience on reactions to violations and bolstering of cultural worldviews. *Journal of Experimental Social Psychology*, 41, 91–113.

Van Vugt, M. and Hart, C.M. (2004) Social identity as social glue: The origins of group loyalty. *Journal of Personality and Social Psychology*, 86, 585–598.

Yzerbyt, V., Castano, E., Leyens, J.-P. and Paladino, M.-P. (2000) The primacy of the ingroup: The interplay of entitativity and identification. *European Review of Social Psychology*, 11, 257–295.

第 13 章

最优区分理论：历史及其发展

玛丽莲·B. 布鲁尔（Marilynn B. Brewer）

李雅雯[一] 译　王芳 审校

摘　要

最优区分理论是解释人们依恋与认同社会群体的内在动机的模型。这一理论提出两种对立的需要，正是它们决定了自我与社会群体中其他成员的关系。第一种是同化与包容的需要，这种对归属的渴望促使人们融入社会群体；第二种需要正相反，旨在与他人相区别。随着群体成员间越来越相互包容，人们的融入需要得到了满足，此时区分需要会被激活；反之，如果群体包容性下降，区分需要就会减弱，而融入需要则被激活。根据此模型，这两种对立的动机促使人们寻求与认同能够同时满足自己两种需要的特定群体。这一理论源自有关人类社会性进化的普遍观点，即人类是适应群体生活的生物，这种对于群体凝聚与合作的结构性需要在个体水平上塑造了社会动机系统。

引　言

回顾我的研究生涯，一切都要从唐纳德·坎贝尔说起。1964 年，我开始在美国西北大学心理学院攻读博士学位，方向是社会心理学，然而当时整个学校社会心理学方向的老师仅唐纳德一人，他认为一个人的学识或学术之路不应受限于某个学科或方向领域（参见 Campbell, 1969）。作为学术界的巨擘，唐纳德研究了来自认识论、人类进化以及科学社会学等领域的重大问题，但他并没有过多纠结于哲学、生物学或社会科学之间的区别，他也鼓励学生像他这样做。因此，与唐纳德共事让刚从一所小型文科学院毕业的我来说无比兴奋。

在我读研究生的时候，进化生物学家乔治·威廉姆斯（George Williams）出版了一部颇有影响力的书——《适应与自然选择：对部分现代进化观点的批判》（*Adaptation*

[一] 北京师范大学心理学部

and Natural Selection: A Critique of Some Current Evolutionary Thought, 1966), 几年后爱德华·威尔逊 (Edward O. Wilson) 出版了《社会生物学》(*Sociobiology*, 1975)。一直到1996年唐纳德去世,这两部作品都是我与他讨论和争议的重要基础。同威廉姆斯与威尔逊一样,唐纳德也认为人类与其他有机体一样从基因上来说就是自私的。他认为我们应当关注社会制度与强势文化及宗教传统的演化过程,这样才能理解人类的社会成就。这一观点在1975年他担任美国心理学会主席时体现得最为强烈。那时,他主张生物进化(出于个体利益而被选择)与社会进化(对利己主义形成外部约束,以维护群体的生存)间存在内在冲突,这意味着心理学家和其他社会科学家应当谨慎地去质疑那些道德传统,因为它们具有抑制人类自私行为的进化作用(Campbell, 1975)。

这就是我与唐纳德的讨论中最有趣也最具挑战性的部分。我就是不能接受这个观点,即人类的社会性和一直延续的群体生活仅仅是由在群体层面上选择的,与生物选择相反,体现在社会制度、传统和实践中的外部约束所维持的。(和在其他领域一样,唐纳德很支持这种争论,虽然他很少改变自己的想法,但仍然鼓励我去发展和论证自己的观点。)在他的主席致辞报告上,我简短地发表了自己的意见(Brewer, 1976;另见 Brewer, 1989)。我提出个人的自我满足与为了集体福祉做出自我牺牲之间的矛盾并非内在生物性动机与外部社会约束间的冲突,而是反映了人类作为社会性动物进化而来的一种天生的生物双重性(biological dualism)。我认为人类并非生来完全利己或完全利他,而是存在一种自我利益与群体利益行为间的功能性拮抗(functional antagonism)。由于推动人类社会行为的力量极其复杂,我提出人类社会性的分布更适合被描述为一个"黄金标准差"(golden standard deviation)而非"黄金平均数"(golden mean)。

总体来看,我和唐纳德都不认可在个体水平上驱动社会群体内竞争的自我利益在与集体水平上要求协调合作的群体利益之间存在本质的冲突。我们所争论的问题是,自我利益与社会合作间的冲突是否是生物天性与社会进化间对立的体现,还是说这一冲突反映了人类生物天性的双重性。

虽然多年间我与唐纳德对这些问题偶尔展开讨论,矛盾社会性(ambivalent sociality)、竞争性动机(opposing motives)的概念也潜移默化地影响了我对社会认同以及群体行为的兴趣,但直到15年后我才将这些想法真正发展为一个正式的理论。以1990年为美国人格与社会心理学会准备主席致辞为契机,我正式提出了以竞争性动机为核心的最优区分理论(Brewer, 1991)。那时我才确信,我们与非亲属群体产生强烈认同的能力与动机正是人类自利性与社会性间冲突的产物。这一结论融合了我在那15年间接触到的三种不同的研究和理论。

最优区分理论的起源

社会认同与种族中心主义

首先要介绍的是我在研究生时期接触到的种族中心主义与内群体认同的研究。在开始与唐纳德讨论人类社会性的同时,我们也在与人类学家罗伯特·莱文 (Robert LeVine, 他后来去了芝加哥大学) 合作开展了一项颇具野心的跨学科研究,旨在检验种族中心主义在人类社会中的跨文化普遍性(见 LeVine & Campbell, 1972)。"种族中心主义"这一概念最早由威廉·格雷厄姆·萨姆纳 (William Graham Sumner) 在他的著作

《民俗论》(*Folkways*，1906）中提出。他观察到人类社会的普遍特征是划分为内群体和外群体，即"我们－他们"的区分，这可以在个体中辨别出谁是忠诚与合作的。内－外群体的区分塑造了态度与价值观，而这也是个体看待内群体中其他成员的方式。用萨姆纳的话说，种族中心主义就是：

> 看待问题时将自己所属的群体视为一切的中心，并根据这一标准衡量其他事物……每个群体都有着自己的骄傲与虚荣，鼓吹自己的优越性，抬高自己的神性，藐视一切外来者。每个群体都认为只有自己的习俗才是正确的……种族中心主义使人们夸大和强化了那些得以区分自己与他人的特殊习俗。(Sumner, 1906：12-13)

种族中心主义的跨文化研究项目（The Cross-Cultural Study of Ethnocentrism，CCSE，由卡内基基金会资助经费）引入了一种全新的、融合了人种志案例研究和结构化访谈的数据收集方法。项目被委托给那些身处非洲、大洋洲、北美洲和亚洲的具有丰富的田野研究经验的民族学家们。他们调动当地最好的消息人士，通过结构化且开放式的访谈方法来获取关于前殖民地时期的内群体组织以及群际态度的信息。身在美国伊利诺伊州埃文斯顿的我在此项目中担任助理研究员，主要负责加工、组织和归档由民族学家们提交的来自各个地区的田野研究笔记。在此过程中我接触了大量关于社会行为的人种志材料，同时也见识到了其他国家在处理群体内及群际关系时的多样风俗、习惯和信念。这一经历让我对群体认同和群际态度产生了兴趣，开启了我的社会心理学研究生涯。

该项目为萨姆纳提出的种族中心主义和人类社会天性假设提供了一定证据。对来自遥远地区的访谈和问卷材料进行编码后，定性与定量分析均表明，人们会根据内－外群体的区分来区别社会环境，同时也会将内群体所具有的特性看得优于其他群体（Brewer, 1981, 1986；Brewer & Campbell, 1976）。而更重要的是，内群体的凝聚力和忠诚度水平与对外群体的负面态度程度并不相关。来自非西方社会的代表性样本的访谈结果表明，人们对外群体的态度存在较大差异，有的是尊敬和欣赏，有的无所谓，还有的明确表示敌意。正如某位受访者所说的"我们有我们的方式，他们有他们的方式"，对内群体的偏好并不一定意味着对外群体的排斥。于是，这次项目使我开始相信内群体偏好（ingroup preference）与外群体偏见（outgroup prejudice）是两种不同的构念，它们的来源与对群际行为的影响都不尽相同（Brewer, 1999, 2001）。但与萨姆纳最初的分析相反的是，经总结后，我认为内群体的形成和依恋并非来自群际冲突。

回到实验室，几乎在该项目收集数据的同一时期，亨利·泰弗尔在英格兰布里斯大学的社会心理学研究团队正在开发一项非常特别的、用于探索内群体偏见与群际歧视的研究范式，即"最简群际情境"（Tajfel, 1970；Tajfel et al., 1971）。泰弗尔的研究发现，仅仅是将个体随意分组就足以产生外群体歧视以及内群体偏好，即便不存在任何群体内交互或群体间冲突，结果也一样。后续实验也表明，仅进行社会分类就能够影响人们对内群体成员及整个群体的想法、感受和行为（Brewer, 1979）。

显而易见，跨文化田野研究与实验室研究均证实了"我们－他们"的区分威力巨大，换句话说，人们基于群体认同产生对他人的评价、喜好和相处之道。最简群际情境实验表明种族中心主义的忠诚和偏见并不取决于亲属关系或群体间的关系历史,仅从表面上操纵人们共享的特质或共同的命运就能轻易将其激发。此外,最简群际情境实验与种族中心主义的跨文化研究项目的数据结果一致,内群体偏好先于外群体贬损或敌意而产生,但不一定与之存在必然关联。对于内群体依恋而言,最重要的是区分谁是"我们",谁是"他们",这是一套既排外又内收的原则。即使不存在任何直接的个人获益,个体也愿意优待内群体成员,这一点在最简群体范式和内群体偏好的早期研究中可以找到证据。

为了解释最简群体的初期实验和后续内群体偏好研究的结果,社会认同理论诞生了(Tajfel, 1981; Tajfel & Turner, 1979)。这一理论假设,与社会群体的认同及情感依恋重新定义了个体的身份,使之从个体水平转变为群体水平。通过自我归类和群体认同,个体的自我意识和自我利益与群体利益及群体福祉紧密地联系了起来。事实上,社会认同是一种自我的转变,它重新定义了利己主义的意义(Brewer, 1991)。

1980年,我得到与亨利·泰弗尔以及他的研究团队在布里斯托大学短暂共事的机会,社会认同理论正是在那一时期得以发展和检验。人种志田野研究的定性数据、问卷的结果以及内群体偏好的实验室研究的一致结论使我进一步确信,群体认同是人类心理与生俱来的特征,作用是调节和维系个体与社会群体间的关系。社会认同约束了个体的自利行为,使得合作和群体延续成为可能。从此以后,在我看来,社会心理学研究的核心变成了去理解社会认同的本质以及驱动群体依恋维系的动机。

社会困境与集体决策

在学术生涯早期我曾研究过社会两难问题,这一经历对我产生了重要影响。社会群体认同存在一个前提性的根本特质,即当社会认同被激活时,群体利益和福祉取代了个体的个人利益。在大部分社会生活中,个体的个人利益和集体利益是一致的,所以合作和互依在服务于群体目标的同时也可以满足个体自身的需求。比如说,如果想在团队运动比赛中取胜,那么与己方队员合作显然是能够同时满足自己和集体目标的最佳选择。但是,个体目标并非总与集体目标一致。比如说,如果于我有利的是成为团队中得分最高的人,但团队的成功取决于我是否能够阻拦对方得分,此时我的个人目标和集体目标就存在冲突。集体生活和合作在长远上来说的确能带来好处,但它有时也要牺牲短期的个人利益。当个人利益和集体利益相对立时,人类天性中矛盾的那一面就体现出来了。

社会困境就是由一组个人与集体利益相互依存又相互冲突的问题组成的,当个体理性地争取个人利益时损害到了集体的利益,困境就产生了。1968年,加勒特·哈丁(Garret Hardin)教授在《科学》杂志上发表了一篇颇具开创性的文章,直接促使许多行为经济学家、政治科学家、社会学家和社会心理学家对社会两难情境下的个人决策问题产生了兴趣。在这篇文章中,哈丁(1968)提出了"公地悲剧"(tragedy of the commons)这一寓言。牧民们在公共牧场上放牧,每个牧民都知道为了自己的利益需要扩大畜群,但放牧的代价由所有牧民共同承担。如果牧民们真的这样做了,公共牧场环境势必会发生恶化,牧场无法负担这么多动物,最终会走向崩溃,到时候所有牧民都会遭遇损失。

哈丁提出的这一寓言表明,在某些情况下,理性的个人利益导向行为所导致的集体结果是灾难性的。在现代社会，社会困境经常包括维系稀有的集体资源（比如水资源和森林资源），保护公共产品（比如公园和公共电视）以及阻止环境污染和破坏等问题。人们可以通过利用集体资源获取个人利益，但如果每个人都如此这般，最终承担资源枯竭和环境破坏后果的还是所有人。正因社会生活如此，才需要有一些平衡个体和集体福祉的制度。

我与社会困境研究的缘分始于1973年，那时我在加州大学圣巴巴拉分校与研究社会交换与互依性的查尔斯·麦克林托克（Charles McClintock）和大卫·梅西克（David Messick）共事。我认为多人公地困境（n-person commons dilemma）是研究个体在面临个人与集体利益冲突时如何行为的最佳范式。我和大卫还有一群研究生共同设计出了在实验室模拟资源困境的方法（Park et al., 1983），与此同时我也和罗德·克拉默（Rod Kramer）开始合作研究社会认同对资源困境下的个体决策有何影响（Brewer & Kramer, 1986; Kramer & Brewer, 1984）。

我们以及其他研究者的实验结果均表明，个体在所有选择情境中并不总是表现得自私或无私，他们的行动取决于决策时的群体情境。当集体身份不存在时，个体倾向于消耗集体资源，以可持续发展为代价为自我利益服务；但是当象征性的集体身份凸显时，为了解决资源危机，个体会减少资源的利用（Brewer & Kramer, 1986; Brewer & Schneider, 1990）。此外，如果在短暂的集体讨论后进行公共物品决策，人们选择合作（决策过程是单独匿名进行的）的概率几乎为百分之百（Caporael et al., 1989）。这一结果表明，在一定条件下，个体在决策时选择群体福祉就和选择自我满足一样"自然"。特定场合下的情境线索、社会身份凸显以及他人的行为等共同决定了个体的行为倾向。

我们早期的实验表明，当互依群体中的社会身份被共享时，因集体利益而生的自我牺牲式合作行为就大幅度提升。在后续实验中，我们着重探讨了这种合作行为的内在机制，结果表明，为集体利益贡献的意愿一部分取决于个体自己的社会性动机，另一部分取决于个体对他人在两难情境下可能采取何种行为的预期，而共享的内群体认同可以同时影响这两个方面。

然而只有在其他成员同样也为集体利益而牺牲自我时，个体的自我牺牲行为才有意义。内群体的形成及偏好的功能之一是为解决社会合作和摆脱信任困境提供方法（Brewer, 1986）。在通常情况下，人际信任取决于个体对他人的了解程度，比如以往的互动历史或未来的合作可能。然而基于社会认同的合作不需要这些个人化的知识，也不需要与他人达成互惠关系，仅仅基于群体身份，共享的内群体认同就能提供一种"去个体化的信任"。这种基于群体的信任和合作需要：①双方意识到他们共享着同样的内群体身份；②群体内其他成员间的相处也是基于群体身份而进行的。也就是说，来自群体中其他成员的要求以及希望作为一员被接纳的期望约束了个体自己与他人的行为。内群体信任就是这样一种期望，别人会因为和我同属一个群体而与我合作（Foddy et al., 2008; Kramer & Wei, 1999; Tanis & Postmes, 2005）。

一些社会困境（如资源困境、公共物品困境）还会关注当个体自身的行为选择不会直接影响到他人的合作行为时，个体是否还会与群体合作。在这种情况下，如果个体期望他人做出合作行为（即为公共物品做出贡献，或者限制自己对公共资源的消耗），那么他们对于自身合作行为会付诸东流的恐惧

（即受骗）将有所降低。然而，因不合作而产生的个人利益并不会就此消失，如果每个人都被期望做出合作行为，那么不合作的人就能占他人合作成果的便宜，同时也能实现自我利益的最大化。所以，期望他人会做出合作行为并不足以成为个体合作的理由，内群体信任有时会被滥用，特别是在匿名和责任分散的情况下。只有在个体自身的行为被群体规范约束的情况下，基于群体的去个体化信任才能转换为合作行为，这一群体规范的基础就是对他人行为的预期。

就像社会认同理论所说的那样，群体认同的心理机制为群体内合作建立了基础，这一基础并不是只能依靠于群体成员间的人际信任。当个体将自我意识与群体认同相结合时，他们就将自己视为一个大型社会单位的可替换零件了（Turner et al., 1987）。这种社会认同不仅会导致个体对整个群体产生情感依恋，也会导致其动机和价值观由服务于个人转向服务于群体，并开始关心群体成员的福祉。由于自我被再定义，追求集体利益成为自我利益最直接也最自然的一种表达方式。也就是说，集体和个人利益是可以相互转换的。在自我的定义改变的同时，个人利益和自我服务动机的内涵也随之改变。集体认同意味着个人的目标从个体层面转换到了集体层面（De Cremer & Van Vugt, 1999；Kramer & Brewer, 1986）。

目标的转变为内群体合作提供了机会，从此内群体合作不再直接取决于对群体中他人互惠合作的期望。当社会认同较强时，为群体做贡献就是目标本身，与最后自己是否能得到好处并无关系。当群体不能维护共享的资源或公共物品，即群体成员的贡献不充分时，上述效应体现得尤为强烈。如果群体认同较弱，且群体中的其他成员并未合作，个体合作的动机将逐渐削弱，就会产生个人利益行为。但如果群体认同较强，负面的群体反馈对个体而言就意味着群体正需要他们的帮助，他们会更加努力以达成群体目标。与这一目标转换假设（goal-transformation hypothesis）一致，研究发现，强烈的群体认同会使人们真情实感地关心集体利益，而负面的群体反馈则会被当作对群体利益的威胁，意味着人们需要做点儿什么，促进他们进一步合作（Brewer & Schneider, 1990；De Cremer & van Dijk, 2002）。

在实验室及真实情境中研究社会困境里的人类行为多年之后，我更加确信群体认同激活了某种内在心理过程，使其约束了自利行为。这一潜藏在个体与社会群体关系背后的近端机制是什么还需要进一步探索。

分析水平与下向因果

科学哲学和进化理论也对最优区分理论的提出产生了影响。一开始是唐纳德引导我接触这些领域，后来在与琳达·卡波雷尔（Linnda Caporael）的长期合作中我再次与它们相遇（参见 Brewer & Caporael, 1990, 2006）。

在解释社会性中的自我牺牲这一面时遇到一个进化难题，即此类行为在个体水平上不具有繁殖适应价值，而繁殖适应价值往往是通过"群体选择"机制实现的。群体选择最早用于解释为什么种群的数量会一直维持在环境的承载力之内（Wynne-Edwards, 1962），根据推测，群体中的某些成员会牺牲自己繁殖的机会以服务群体。但以达尔文主义的逻辑进行思考，那些使个体做出"种群受益"行为的基因会在种群中迅速消失。因此，基于基因的进化理论时常批判群体选择的观点（Smith, 1964；Williams, 1996），在20世纪70年代之前，进化生物学家普遍是拒绝温内-爱德华兹（Wynne-Edwards）的群体选择理论的。

进化生物学的最新进展说明对于群体选择的批评并不公允。在里奥·巴斯（Leo Buss, 1987）出版《个性的进化》（*The Evolution of Individuality*）之后，科学界的共识逐渐由基于基因的进化模型转变至多水平的进化理论（Smith & Szathmáry, 1995；Sober & Wilson, 1998）。巴斯（1987）发现生物学家将多细胞个体视为理所当然的概念。他认为经由最初自我复制单位的整合，多细胞体自己完成了进化，进化变迁创造了新的选择水平，其中包括低级和更高级组织的整合和冲突。多水平进化模型为解释群体选择在人类进化中的作用提供了必要的概念框架（Brewer & Caporael, 2006）。

进化的多水平（或分层）模型认为必须在已有的框架中将"适应"概念化。作为组织中其中一个水平的基因，需要适应细胞运行的环境；细胞需要适应个体器官的环境；个体器官则需要适应容纳自身发挥作用的更高级组织环境。不同水平的社会组织和选择为水平间的整合及冲突提供了机会。在一个分层系统中，某一水平的适应必须为系统中更高一级的成功做出牺牲。另外，更高级组织的结构需求会限制更低水平内的竞争。

群体选择是人类进化的因素之一，而适应和自然选择在此基础上又提供了新的视角（Brewer & Caporael, 2006；Caporael & Brewer, 1995）。协调一致的群体生活是物种最为主要的生存策略，而社会群体实际上是在生物个体和物理环境的需求间充当缓冲器。因此，物理环境只能对人类的适应施以间接的选择作用，而社会生活的要求则构成了直接的选择环境。分层选择的动态性与坎贝尔（1974，1990）所说的跨越系统水平的"下向因果"（downward causation）如出一辙。下向因果指的是组织中更高水平的结构需求决定了低水平上的某些结构和功能（一种逆向还原论）。

如今，生物科学家和行为科学家都接受这样一个基本前提，即人类适应群体生活。粗略地回顾一些人类的先天身体素质，如瘦弱、无毛、长不大的婴儿等，这些都清楚表明人类不适合作为单独的个体生存，即使是作为一个小型家庭单元也不适合。这些进化出来的特性使得人类能够适应各种物理环境，比如人什么都吃，可以制造工具，也倚靠集体智慧和共享信息解决问题。因此，人类具有义务性互相依赖（obligatory interdependence）的特点（Caporael & Brewer, 1995），而我们的进化史就是基因、社会结构和文化共同进化的故事。

如果人类个体离开了群体就无法生存，那么维系群体生存的结构性需求就会对个体的生理和心理适应施以系统化的约束。合作的群体必须要满足某些结构化的要求才能够生存，就像生物体需要有某些结构性质才能生存一样。对于社区规模的群体而言，这些组织规则包括了动员与协调个人力量、沟通、内部分化、找到最适合的群体规模以及定义边界等。合作对于个体的意义只有在能够预测和协调其他个体行为的情况下才能实现，也就是说群体的生存取决于内部的组织和协调问题能否得到解决，换句话说，群体的生存成了影响个体生存和基因复制的因素之一。进化的多水平视角表明人类对他们所依靠（或身处于）的那个群体的生存问题异常敏感，而人类的动机也随之被调整为与集体的需求相一致。

最优区分理论：穿针引线

以上三个人类社会性和群体行为研究视角共同促成了最优区分理论的诞生。社会认同与种族中心主义内群体偏好的研究表明，内群体分化和群体间区分对于促进集体认同和关心他人福祉具有重要意义。在社会困境中，社会认同的出现使人们可以定义在何种情况下集体的福祉凌驾于个人利益之上，同时也让我更加坚定地认为，对于群体认同的需要是根植在人类动机系统中的。最后，对多水平选择和群体生存的研究为理解人类天性的双重性以及反映个体和群体生存冲突的社会动机提供了进化框架。

更为重要的是，最优区分理论的诞生还有一部分得益于从群体到个体分析水平这样下向因果的思维训练。对于远古人类来说，将社会互依与合作拓展至更大的同种系个体中具有以下优势：一方面，人们可以在更大范围的领地上利用资源；另一方面，这可以保护环境不会陷入匮乏的境地。但是扩张是有代价的，即要求更多的义务性分享以及对互惠合作规则的遵守。物理环境的承载力以及资源、援助和信息分配的能力不可避免地会限制社会合作网络的潜在规模，有效的社会群体不能太小也不能太大。为了正常运作，社会集体必须被限制在一个最佳规模之内——足够大和包容，以实现广泛合作的优势，但同时也要足够排他，以避免社会互依范围过大从而变得浅薄所带来的劣势。

基于上述对群体生存的结构性要求的分析，我假设扩张群体规模所带来的利益与代价冲突会在个体水平上塑造社会动机系统。如果人们适应了生活在群体中并依附群体的优势而生存，那么他们的动机系统也会随着群体发挥功能的需要而改变。群体太小，无法从共享资源中获益；群体太大，资源分配会过于分散。这两种情况都不令人满意。于是如果没有一个分化和排他的反向动力，融入的单向动力也无法具有适应性功能。正是这样对立的动机使双方相互制衡，人们不再会因身处孤立的环境或过大的集体中而感到不适。这些个体水平上的社会动机

使得群体同时具有边界性和独特性这两种特性。因此，最优大小的群体是那些既能使成员表现最高水平的忠诚、服从性和合作，也能在个体心理和群体结构间维持巧妙平衡的群体。

除了体现人类社会性的双重性，最优区分理论还能填补社会认同理论中现存的空白之处。最初的社会认同理论（Tajfel, 1981）和后续发展的自我归类理论（Turner et al., 1987）都主要建立在分类的认知过程和知觉强化的基础上。上述两个理论解释了特定的社会分类和内-外群体区分是为何以及如何得以凸显的，但都无法解释群体认同过程是受何种力量驱动的，特别是那些长期的认同。虽然理论曾假设社会认同会产生动机性的后效，即追求与内群体成员的区分（Tajfel & Turner, 1979），但仍缺乏对社会认同动力性前因的分析。

对许多社会心理学家来说，社会认同及其所有重要的情感和行为伴随物全部是建立在"冷认知"基础上的这一观点从直觉上来想就是不完整的。由于群体认同需要为了集体的利益和团结而牺牲自我，而为了理解个体为何以及何时会为凸显的群体认同而让渡自我意识，不仅需要认知层面的分析，也需要动机层面的分析。此外动机性解释在理解为什么群体身份并不总是能带来认同以及个体为什么会选择性地对某些内群体产生长期认同这些问题时也不可或缺。

最优区分理论：基础模型与一些澄清

最优区分模型的基础前提

如果说社会区分和群际界限对于社会合作来说是具有功能的，而社会合作又是人类生存的要素，那么在个体水平上一定存在着

某种促进和维系内群体认同和区分的心理机制。最优区分模型（Brewer，1991）提出人类有两种相互对立的需要，它们决定了自我概念与社会群体成员身份间的关系。第一种是对同化与包容的需要，这种对归属的渴望促使人们融入社会群体；第二种需要则正相反，旨在与他人相区别。随着群体成员间越来越相互包容，融入需要得到了满足，此时区分需要会被激活；反之，如果群体的包容性下降，区分需要就会减弱，而融入需要则被激活。两种需要相互制衡，确保某一方的利益不会总是牺牲给另一方。根据此模型，这两种对立的动机促使人们寻求与认同能够同时满足两种需要的特定群体。

最优区分模型的基础前提是两种认同需要（同化/包容与差异化/区分）相互独立且对立地影响群体认同。具体而言，我们假设在某一社会情境下，社会身份的选择和激活取决于这一身份在多大程度上能够达成包容和分化需要的平衡。最优认同能够同时满足内群体中的包容需要和内外群体之间的分化需要。在最初版本的理论中，我曾试图用图表的形式来描绘这两种相对立的驱力以及平衡点（如图 13-1 所示，改编自 Brewer，1991）。

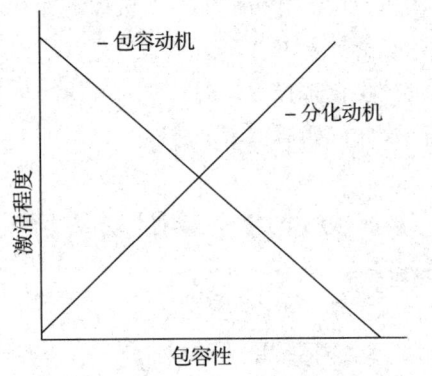

图 13-1　群体认同的最优区分模型
（来自 Brewer，1991）

实际上，最优社会认同也包含共享的区分性（shared distinctiveness，Stapel & Marx，2007）。个体会抗拒与那些太过包容或者太过分化的社会分类产生认同，他们会使用最优区分的社会认同来定义自己。通过对偏离最优的偏差进行纠正，平衡才能得以维系。过于个体化会激活对同化的需要，促使个体接受更具有包容性的社会认同。相反，如果感受到过多的去个体化，那么区分性的需要会被激活，促使个体寻求更加排他或独特的身份认同。

实证证据表明，人们会努力恢复被剥夺的需要。例如，实验室研究表明，独特群体身份的重要性会在激活同化或分化需要后有所上升（Pickett et al.，2002），而包容需要被威胁则会增强人们对群体特征的自我刻板化（Brewer & Pickett，1999；Pickett et al.，2002；Spears et al.，1997）。另外，群体独特性受到威胁后会激活过度排他（Brewer & Pickett，2002）和群际分化（Roccas & Schwartz，1993；Jetten et al.，1998；Hornsey & Hogg，1999；Jetten et al.，2004）；而且，相较于更大、更包容的多数群体，当处于独特的少数群体分类中时，人们有着更强的群体认同和自我刻板化（Brewer & Weber，1994；Leonardelli & Brewer，2001；Simon & Hamilton，1994）。这一系列证据均表明包容和分化的动机影响到了个体对群体的依恋。

一些成立条件与澄清

由最优区分理论衍生的一系列假设已经在各种情境中被不同的研究者所检验，但人们仍然经常对它产生误解。最重要的是这一模型并未假设只有一部分群体有最优区分的特性而其他群体没有，也并不是说个体会直接寻求这样的最优群体并与之产生认同，而是说所谓的最优性是包容和分化这两种对立动机被激活后发生交互作用产生的结果，而群体的一些特性会决定包容和分化被激活的水平。于是有助于理解最优区分的三个重要原则也随之产生。

第一，最优区分具有情境特异性。情境不仅影响了动机或需要的激活，也影响了特定社会分类的相对区分性。以我的职业群体身份为例。在一个国际心理学会议上，将我分类为"心理学家"过于包容，将我分类为"社会心理学家"更可能是最优区分。从另一个角度来说，如果我在社区里，作为社会心理学家的身份则会过于分化，因此将我的职业分类为"学者"是最优的，因为这将我分类至社区中一个有着大量相同职业地位的群体中，同时也将我与不属于此群体的邻居进行了区分。所以，"共享的区分性"要根据情境进行定义。

第二，最优区分是一个动态的平衡。即使在一个给定情境下，最优性也不是不可变的，因为包容和分化的动机会随时间的变化而发生改变。比如，当某人刚进入一个新群体时，意识到自己作为新人的边缘地位可能会增强对包容的需要，但是随着时间流逝，群体对他的包容更加稳固之后，分化的需要就变得更加凸显，此时保持区分性就会获得更高的优先级。群体的特性也会随着时间而改变，有时候相对集中于增强包容性，有时候则集中于重获区分性和排他性。

第三，认同动机因情境、文化和个体而不同。问一个人的包容动机有多"强"，就像问这个人有多"饿"一样。与其他需要或驱力一样，包容和分化的动机随当前需要满足或剥夺的程度而产生变化。但是，个体对包容性水平变化的敏感程度可能有所差异。就像有些人吃完饭一两个小时之后就会饿，有些人却会一整天忘记吃饭，有些人在包容性略微降低一点儿（或者群体边界略有扩张）时，就会产生十分强烈的反应，而另一些人对内群体包容性变化的忍受度则更大。因此，即使最优区分模型的原则被认为是具有普适性的，但它也可以适应不同个体、情境和文化在包容和分化需要的激活程度以及在最优认同上的差异。

如图 13-1 所描绘的一样，模型有四个重要参数：分化需要的高截距、包容需要的高截距、包容需要的负斜率和分化需要的正斜率。在这四个参数中，有一个被认为是固定的，即分化需要的截距。分化需要的截距（零激活）是完全的个体化（包容维度的起点），其他三个参数则可以自由变化，包容需要的截距和斜率或分化需要截距的任何变化都会带来平衡点的改变，这一平衡点正代表了最优认同。因此，图 13-1 所描绘的仅仅是众多模型中的一种，不同情境、文化和个体都可以通过两种需要斜线的变化体现出来。（见 Brewer & Roccas, 2001，一个关于文化差异如何体现在模型参数和平衡点上的讨论。）再次重申，重点在于最优区分并非某个群体或个体固定的特性，而是两种动机水平动态变化的结果。

最优区分理论的启示

理论意义

最优区分理论（Brewer, 1991）原本叫集体社会认同理论，更准确地说是"群体认同的包容分化对立动机调节理论"，其中的群体被定义为一个超越了个体水平认同的集体单位或实体。然而，将两个对立动机仅仅视为理解群体认同的调节因素过于狭窄，这个理论还有更加广阔的应用潜力。我认为在个体自我和关系自我上都存在类似于分化和同化的需要，这些需要决定了各水平上的最优认同（Brewer & Gardner, 1996: 91；

Brewer & Roccas，2001，表1）。在集体水平上，冲突的两端分别是归属包容需要和分离区分需要；在个体水平上，冲突的两端是相似性的需要和独特性的需要（Snyder & Fromkin，1980）；在人际（关系）水平上，冲突的两端则是独立自主的需要和与特定他人亲密的需要。每个人都需要在不同水平上达成特定冲突的最优平衡，进而才能定义自我与他人。

社会意义：最优区分的优缺点

如果社会认同动机本质源于安全需要和合作依赖，那么这就对社会认同作为亲社会行为动机的功能和限制具有重要意义。更准确地说，最优区分理论认为对于内外群体明确边界的需要会塑造信任与合作，而群体内和群际行为的差异也与此相关。

从好的方面来看，就像我提到的那样，最优群体认同可以视为发生在一个有边界的群体内的相互信任和普遍互惠合作。仅仅知道另一个个体与自己共享着群体身份就足以产生去个人化的信任与合作倾向，以及为了集体福祉牺牲当下个人利益的意愿。不过这一切的困境在于，群体内合作和信任需要群体边界以及群体内和群体间社会交换的明确区分。在个体层面上，最优区分理论所假定的社会动机引导个体依附于一个既有边界可以收纳自己，同时又能保证自己不失独特性的社会群体。然而，安全的包容也意味着对边界之外的排斥。群体的适应性价值在于促进群体内部互惠交换的互动规范，而不是将其扩展到群体外部。内群体认同和群体间界限的存在使得个体会依互动对象的群体身份而调整自己的社会行为。

这并不是说强烈认同内群体一定会带来与外群体的冲突。我们不认为内群体偏好一定伴随着外群体贬损，相反，内群体之爱不等于外群体之恨（Brewer，1999，2001）。

内群体偏好意味着仅对内群体成员产生喜爱和信任，这份爱与信任不会跨越群体边界，此时的群际关系应当被描述为缺乏信任，而并不一定会引发不信任。比如说，在一个基于群体的信任实验中，我们发现，当知道一个陌生人与自己属于相同内群体时，被试会做出接近90%水平的信任选择（Yuki et al.，2005）；而当与外群体陌生人在一起时，他们信任选择的水平显著下降，但也只是降到了50%左右，换句话说并没有像想象的那样将外群体成员视为不友好或恶意的对象，不然的话信任选择的水平会降到0。也就是说，在与外群体成员交互时，人们只是会表现出不确定和缺乏信任，而非不假思索地不信任或贬损。

尽管如此，内群体偏好和有边界的信任并非只有好的一面。就像内群体的种族中心主义信任具有一定的现实依据一样，与内外群体成员交互时采用有区别的规范和惩罚，也为不信任外群体及负面刻板印象奠定了现实基础。群体内在建立信任和合作的同时，也会使人们在群际交互时变得谨慎和束手束脚。从心理学的角度而言，对合作和安全的期望促使我们更加积极地看待其他内群体成员，也会使我们遵守内群体规范。此处所说的内群体规范是指那些能使我们被认定为好的或合格的内群体成员的表现和行为举止规范。这些能区分内外群体成员的行为标准具有非常重要的作用，它们不仅可以削弱内群体利益无意中惠及外群体成员的可能性，也能确保内群体成员意识到自己是因这些行为标准而得到了获利的许可。群体内的同化和群体间的分化因此得以互相强化，同样被强化的还有对内群体互动和内群体组织的种族中心主义偏好。因此，即使群体间不存在公开的冲突，差异化对待内外群体本身就会在群际知觉时创造出一种自我实现的预言。如同莱文和坎贝尔（1972：173）所说的那样："如果大多数或所有的群体事实上都是种族中心主义者，那么指控某外群体是种族中心主义者就成了'准确'的刻板印象。"

除此之外人们还会夸大地感知社会分类间的差异，于是就会产生一系列描绘内外群体差别的"普遍化刻板印象"。例如，"我们"是值得信任的、和平的、有道德的、忠诚的和可靠的，而"他们"是小家子气的、排外的和不值得信任的。最为有趣的是，同一种行为由内群体做出会被解读为合理的，而由外群体对内群体做出时，就会被解读为冒犯的和不被信任的。

因此，即使内群体偏好不一定带来外群体贬损，但隐藏在强烈的内群体依恋背后的动机性动力也为群际敌意和冲突埋下了隐患。更为重要的是，内群体独特性对群体生存和个体心理安全都有着至关重要的作用，这解释了为什么遭遇身份威胁时会引发群际冲突。即使在没有任何实质性威胁或重大利益冲突的情况下，一旦感知到内外群体间的边界有所减弱或者己方未能得到足够的尊重时，类似于领土被侵犯的反应就会随之出现。从历史上来看，不仅是宗教团体间以及种族间激烈且长期的冲突证明了这种维系身份的动力性的存在，上位群体（如宗教、国家）内部的亚群体之间同样存在此种现象。现代社会亦是如此，例如物质资源（如土地）相关的竞争和实际的群体生存息息相关，也与这些资源背后所代表的认同意义有关。

当个体感受到自己的内群体认同及其功能遭受威胁时，最优区分理论也能派上用场。如果内群体能够提供足够安全的包容和群际区分的话，那么只要这些需要被削弱，人们就会试图恢复最优性并强化群际区分。已有文献表明，内群体区分性受到外群体威胁后会引发对外群体的敌意（Jetten et al., 2004），而类似的效应也会发生在个体的内群体包容性感知受到威胁时（Pickett & Brewer, 2005）。当让群体中的一员相信他并非群体的典型成员或者并没有完全被群体接纳时，根据其对群体在归属感、安全感和同化需要方面依赖程度的不同，会表现出不同程度的痛苦体验。处在群体边缘地位的成员不仅需要担心自己是否与其他内群体成员具有相似性，还要担心他们是否会和外群体成员相混淆。因此我们还可以合理预测，边缘的内群体成员最关心群际距离的维系，同时对外群体的负面态度最强。

总之，理解内群体偏好的起源和性质以及区分内群体依恋和外群体敌意，对于最大化激发人类社会性，同时避免群际敌意的消极结果具有至关重要的作用。

总　结

最优区分理论对现代社会也有所启示：在群际边界逐渐上升至全球层面的当下，我们如何适应根植于历史进化中的对于独特内群体认同的需要？作为历史进化的结果，在有着共享群体身份以及清晰内外群体区分的情况下，我们的个人安全感和确定感才能够得到最大化的体现。"共同内群体认同"（common ingroup identity）有益于减轻群际歧视和冲突，但长期以来，社会认同以及维持内群体区分的需要一直被视为妨碍了共同内群体认同的发展。但是反过来，试图融合群体或者抹去社会分类间的区别又会威胁到最优认同，进而也会阻碍我们与更大、更包容的分类产生认同。

穆门代和温策尔（Mummendey & Wenzel, 1999）意识到了这一点，进而提出，我们要问的问题不应该是能否消除群际差异，而应该是在什么情况下能够接受甚至赞美群际差异。现代社会的复杂性使得不同情境下存在着多种最优群体认同,这为我们满足认同需要提供了各种方式。在一个更加广阔且复杂的社会,人们会被细分入许多有意义的社会维度,包括性别、人生阶段(如学生、雇员、退休者)、经济产业领域(如科技、服务、学术)、宗教、种族、政治意识形态以及休闲喜好等。每个维度都是共享认同和群体身份的基础,在未来也许会成为社会认同的重要来源。此外,大多数维度是交错纵横的,即人们可能在某一个维度上有着同样的内群体身份,但也可能在其他维度上属于不同的社会分类。因此,拥有不同的群体身份也许能够降低将社会世界局限至单一的内-外群体区分的可能性。我们在多大程度上能够意识到自己群体身份的多样性和复杂性,决定了我们接受群际差异以及在多元社会系统中生活的能力。

参考文献

Brewer, M.B. (1976) Comment on Campbell's 'On the conflicts between biological and social evolution'. *American Psychologist*, 31, 372.

Brewer, M.B. (1979) In-group bias in the minimal intergroup situation: A cognitive motivational analysis. *Psychological Bulletin*, 86, 307–324.

Brewer, M. B. (1981) Ethnocentrism and its role in intergroup trust. In M. Brewer and B. Collins (eds), *Scientific Inquiry in the Social Sciences*, pp. 214–231. San Francisco: Jossey-Bass.

Brewer, M.B. (1986) The role of ethnocentrism in intergroup conflict. In W. Austin and S. Worchel and W. Austin (eds), *The Psychology of Intergroup Relations*, pp. 88–102. Chicago: Nelson-Hall.

Brewer, M.B. (1989) Ambivalent sociality: The human condition. *Behavioral and Brain Sciences*, 12, 699.

Brewer, M.B. (1991) The social self: On being the same and different at the same time. *Personality and Social Psychology Bulletin*, 17, 475–482.

Brewer, M.B. (1999) The psychology of prejudice: Ingroup love or outgroup hate? *Journal of Social Issues*, 55, 429–444.

Brewer, M.B. (2001) Ingroup identification and intergroup conflict: When does ingroup love become outgroup hate? In R. Ashmore, L. Jussim, and D. Wilder (eds), *Social Identity, Intergroup Conflict, and Conflict Reduction*. Oxford: Oxford University Press.

Brewer, M.B. and Campbell, D.T. (1976) *Ethnocentrism and Intergroup Attitudes: East African Evidence*. Beverly Hills: Sage.

Brewer, M.B. and Caporael, L.R. (1990) Selfish genes versus selfish people: Sociobiology as origin myth. *Motivation and Emotion*, 14, 237–243.

Brewer, M.B. and Caporael, L.R. (2006) An evolutionary perspective on social identity: Revisiting groups. In M. Schaller, J. Simpson, and D. Kenrick (eds), *Evolution and Social Psychology*, pp. 143–161. New York: Psychology Press.

Brewer, M.B. and Gardner, W. (1996) Who is this 'we'? Levels of collective identity and self representation. *Journal of Personality and Social Psychology*, 71, 83–93.

Brewer, M.B. and Kramer, R.M. (1986) Choice behavior in social dilemmas: Effects of social identity, group size, and decision framing. *Journal of Personality and Social Psychology*, 50, 543–549.

Brewer, M.B. and Pickett, C.L. (1999) Distinctiveness motives as a source of the social self. In T. Tyler, R. Kramer, and O. John (eds), *The Psychology of the Social Self*, pp. 71–87. Mahwah, NJ: Lawrence Erlbaum and Associates.

Brewer, M.B. and Pickett, C.L. (2002) The social self and group identification: Inclusion and distinctiveness motives in interpersonal and collective identities. In J. Forgas and K. Williams (eds), *The Social Self: Cognitive, Interpersonal, and Intergroup Perspectives*, pp. 255–271. Philadelphia: Psychology Press.

Brewer, M.B. and Roccas, S. (2001) Individual values, social identity, and optimal distinctiveness. In C. Sedikides and M. Brewer (eds), *Individual Self, Relational Self, Collective Self*, pp. 219–237. Philadelphia: Psychology Press.

Brewer, M.B. and Schneider, S. (1990) Social identity and social dilemmas: A double-edged sword. In D. Abrams and M. Hoggs (eds), *Social Identity Theory: Constructive and Critical Advances*, pp. 169–184. London: Harvester-Wheatsheaf.

Brewer, M.B. and Weber, J.G. (1994) Self-evaluation effects of interpersonal versus intergroup social comparison. *Journal of Personality and Social*

Psychology, 66, 268–275.

Buss, L.W. (1987) *The Evolution of Individuality*. Princeton: Princeton University Press.

Campbell, D.T. (1969) Ethnocentrism of disciplines and the fish-scale model of omniscience. In M. Sherif and C. Sherif (eds), *Interdisciplinary Relationships in the Social Sciences*. Hawthorne, NY: Aldine.

Campbell, D.T. (1974) 'Downward causation' in hierarchically organised biological systems. In F. Ayala and T. Dobzhansky (eds), *Studies in the Philosophy of Biology*, pp. 179–186. London: Macmillan.

Campbell, D.T. (1975) On the conflicts between biological and social evolution and between psychology and moral traditions. *American Psychologist, 30,* 1103–1126.

Campbell, D.T. (1990) Levels of organization, downward causation, and the selection-theory approach to evolutionary epistemology. In G. Greenberg and E. Tobach (eds), *Theories of the Evolution of Knowing*, pp. 1–17. Hillsdale, NJ: Erlbaum.

Caporael, L.R. and Brewer, M.B. (1995) Hierarchical evolutionary theory: There is an alternative, and it's not creationism. *Psychological Inquiry, 6,* 31–34.

Caporael, L.R., Dawes, R.M., Orbell, J.M. and van de Kragt, A. (1989) Selfishness examined: Cooperation in the absence of egoistic incentives. *Behavioral and Brain Sciences, 12,* 683–739.

De Cremer, D. and van Dijk, E. (2002) Reactions to group success and failure as a function of identification level: A test of the goal-transformation hypothesis in social dilemmas. *Journal of Experimental Social Psychology, 38,* 435–442.

De Cremer, D. and Van Vugt, M. (1999) Social identification effects in social dilemmas: A transformation of motives. *European Journal of Social Psychology, 29,* 871–893.

Foddy, M., Platow, M. and Yamagishi, T. (2008) Group-based trust in strangers: The role of stereotypes and group heuristics. Unpublished manuscript.

Hardin, G. (1968) The tragedy of the commons. *Science, 162,* 1243–1248.

Hornsey, M.J. and Hogg, M.A. (1999) Subgroup differentiation as a response to an overly-inclusive group: A test of optimal distinctiveness theory. *European Journal of Social Psychology, 29,* 543–550.

Jetten, J., Spears, R. and Manstead, A.S.R. (1998) Intergroup similarity and group variability: The effects of group distinctiveness on the expression of in-group bias. *Journal of Personality and Social Psychology, 74,* 1481–1492.

Jetten, J., Spears, R. and Postmes, T. (2004) Intergroup distinctiveness and differentiation: A meta-analytic integration. *Journal of Personality and Social Psychology, 86,* 862–879.

Kramer, R.M. and Brewer, M.B. (1984) Effects of group identity on resource utilization in a simulated commons dilemma. *Journal of Personality and Social Psychology, 46,* 1044–1057.

Kramer, R.M. and Brewer, M.B. (1986) Social group identity and the emergence of cooperation in resource conservation dilemmas. In H. Wilke, D. Messick, and C. Rutte (eds), *Psychology of Decisions and Conflict, Vol. 3: Experimental Social Dilemmas*, pp. 205–230. Frankfurt: Verlag Peter Lang.

Kramer, R.M. and Wei, J. (1999) Social uncertainty and the problem of trust in social groups: The social self in doubt. In T.R. Tyler, R.M. Kramer, and O.P. John (eds), *The Psychology of the Social Self*, pp. 145–168. Mahwah, NJ: Lawrence Erlbaum Associates.

Leonardelli, G. and Brewer, M.B. (2001) Minority and majority discrimination: When and why. *Journal of Experimental Social Psychology, 37,* 468–485.

LeVine, R.A. and Campbell, D.T. (1972) *Ethnocentrism: Theories of Conflict, Ethnic Attitudes and Group Behavior*. New York: Wiley.

Maynard Smith, J. (1964) Group selection and kin selection. *Nature, 201,* 1145–1147.

Maynard Smith, J. and Szathmáry, E. (1995) *The Major Transitions in Evolution*. Oxford: W.H. Freeman.

Mummendey, A. and Wenzel, M. (1999) Social discrimination and tolerance in intergroup relations: Reactions to intergroup difference. *Personality and Social Psychology Review, 3,* 158–174.

Parker, R., Lui, L., Messick, D.M., Messick, C., Brewer, M.B., Kramer, R., Samuelson, C. and Wilke, H. (1983) A computer laboratory for studying resource dilemmas. *Behavioral Science, 28,* 298–304.

Pickett, C.L., Bonner, B.L. and Coleman, J.M. (2002) Motivated self-stereotyping: Heightened assimilation and differentiation needs result in increased levels of positive and negative self-stereotyping. *Journal of Personality and Social Psychology, 82,* 543–562.

Pickett, C.L. and Brewer, M.B. (2005) The role of exclusion in maintaining in-group inclusion. In D. Abrams, M. Hogg, and J. Marques (eds), *Social Psychology of Inclusion and Exclusion*, pp. 89–112. New York: Psychology Press.

Pickett, C.L., Silver, M.D. and Brewer, M.B. (2002). The impact of assimilation and differentiation needs on perceived group importance and judgments of group size. *Personality and Social Psychology*

Bulletin, *28*, 546–558.

Roccas, S. and Schwartz, S. (1993) Effects of intergroup similarity on intergroup relations. *European Journal of Social Psychology*, *23*, 581–595.

Simon, B. and Hamilton, D.L. (1994) Social identity and self-stereotyping: The effects of relative group size and group status. *Journal of Personality and Social Psychology*, *66*, 699–711.

Snyder, C.R. and Fromkin, H.L. (1980) *Uniqueness: The Human Pursuit of Difference*. New York: Plenum Press.

Sober, E. and Wilson, D.S. (1998) *Unto Others: The Evolution and Psychology of Unselfish Behavior*. Cambridge, MA: Harvard University Press.

Spears, R., Doosje, B. and Ellemers, N. (1997) Self-stereotyping in the face of threats to group status and distinctiveness: The role of group identification. *Personality and Social Psychology Bulletin*, *23*, 538–553.

Stapel, D.A. and Marx, D.M. (2007) Distinctiveness is key: How different types of self-other similarity moderate social comparison effects. *Personality and Social Psychology Bulletin*, *33*, 437–448.

Sumner, W.G. (1906) *Folkways*. New York: Ginn.

Tajfel, H. (1970) Experiments in intergroup discrimination. *Scientific American*, *223*, 96–102.

Tajfel, H. (1981) *Human Groups and Social Categories*. Cambridge: Cambridge University Press.

Tajfel, H., Billig, M., Bundy, R. and Flament, C. (1971) Social categorization and intergroup behaviour. *European Journal of Social Psychology*, *1*, 149–178.

Tajfel, H., and Turner. J.C. (1979) An integrative theory of intergroup conflict. In W. Austin and S. Worchel (eds), *Social Psychology of Intergroup Relations*, pp. 33–47. Chicago, Nelson.

Tanis, M. and Postmes, T. (2005) A social identity approach to trust: Interpersonal perception, group membership and trusting behaviour. *European Journal of Social Psychology*, *35*, 413–424.

Turner, J.C., Hogg, M., Oakes, P., Reicher, S. and Wetherell, M. (1987) *Rediscovering the Social Group: A Self-categorization Theory*. Oxford: Blackwell.

Willams, G.C. (1966) *Adaptation and Natural Selection: A Critique of Some Current Evolutionary Thought*. Princeton, NJ: Princeton University Press.

Wilson, E.O. (1975) *Sociobiology*. Cambridge, MA: Harvard University Press.

Wynne-Edwards, V.C. (1962) *Animal Dispersion in Relation to Social Behaviour*. London: Oliver and Boyd.

Yuki, M., Maddux, W.W., Brewer, M.B. and Takemura, K. (2005) Cross-cultural differences in relationship- and group-based trust. *Personality and Social Psychology Bulletin*, *31*, 48–62.

第 14 章

攻击行为的认知 – 新联想理论

伦纳德·伯科威茨（Leonard Berkowitz）

李呈锦[⊖] 李永娟 译

摘 要

本文作者提出的攻击行为的认知 – 新联想（cognitive-neoassociation of aggression, CNA）分析可以追溯到1939年多拉德（Dollard）等人的挫折攻击假说（frustration-aggression hypothesis），以及后来尼尔·米勒（Neal Miller）对该假说的拓展，如敌意转移冲突模型（conflict model of hostility displacement）。从20世纪50年代末开始，作者的研究和著作都普遍支持这一假说。这些研究最初都在探究情境刺激（如武器和电影中的暴力）对攻击增强的影响，但从20世纪80年代中期开始，消极情感的作用受到了越来越多的关注。作者修正了最初的挫折 – 攻击假说，提出只有体验到明显不快时，个体实现目标过程中遇到的障碍才会引发攻击倾向。本章对攻击行为的认知 – 新联想模型的阐述如下：与攻击有关的刺激和负性事件（aversive occurrences）往往会自动激活攻击反应，而随后进行的认知加工会增强或削弱攻击倾向。本章最后提出了一些尚待解决的重要问题。

理论基础

我在攻击研究中所采用的理论观点都源于耶鲁大学的约翰·多拉德（John Dollard）、伦纳德·杜布（Leonard Doob）、尼尔·米勒、奥瓦尔·霍巴特·莫瑞尔（Orval Hobart Mowrer）和罗伯特·西尔斯（Robert Sears）[以下简称为耶鲁小组（Yale group）]于1939年出版的专著《挫折与攻击》(Frustration and Aggression)。在这本篇幅不长的书中，作者们主张"攻击行为总是挫折的一种结果"（1939: 1），并将这一中心命题广泛拓展至社会化、青少年行为、犯罪行为，甚至法西斯主义等许多领域。此书一经出版就在当时引起了心理学界极大的轰动，以至于1941年出版的一期《心理学评

[⊖] 中国科学院心理研究所

论》杂志中，有三分之二的文章都在讨论这一观点。1947年，这些文章又被当时极其重要的《社会心理学读物》全文转载[1]。

攻击的概念深深地吸引了我。我在1955年加入威斯康星大学心理学系时，需要讲授一门心理学专题的高级课程，那一学期的大部分时间我都在研究攻击，也将课程讲授集中在耶鲁小组提出的观点上。这一年的讲义为我后来申请美国国家精神卫生研究所的基金和《心理学公报》文章的发表奠定了良好的基础（Berkowitz, 1958）。几年后，我发表了一篇心理学视角下攻击行为的综述（Berkowitz, 1963），再次响应了多拉德、米勒及其同事们提出的观点以及他们后来做出的修正和拓展（Miller, 1941, 1948；也见 Miller, 1959）。虽然我在课程讲授和文献综述中都关注挫折－攻击假说，也发表过关于这个主题的两篇文章（Berkowitz, 1969；Berkowitz, 1989），但我早期的研究（20世纪60年代和70年代）都没有直接检验挫折对后续攻击行为的影响。我的学生拉塞尔·吉恩（Russell Geen, 1968）在他的博士论文中研究了挫折的影响效应。除此之外，敌意转移等问题也激起了我更多的兴趣，我将在之后详细讨论。

尽管我对耶鲁小组的理论观点十分感兴趣，但我并不完全认同他们的分析。多拉德及其同事（1939）最初认为，每次攻击行为的出现"都以受到挫折为前提"（1939：1）。但我认为（例如，参见 Berkowitz, 1963, 1989），即使个体在目标实现过程中没有遇到障碍，攻击行为也可能会出现，并且攻击的目标也不限于使被攻击对象受伤。许多攻击行为可能是为了达成一个非侵犯性的目标，因此，多拉德等人（1939）的分析只适用于有限的情境。

耶鲁小组的理论吸引我的原因有以下几点。首先，最重要的是该理论的广泛性和可检验性，而不是其中心假定；其次，他们对攻击行为的思考比当时该领域的普遍认识更深入。正如米勒（Miller, 1941）详细记录的那样，他们并不认为攻击行为是个体受到挫折后的唯一反应，甚至也不是最主要的反应。耶鲁小组认为，个体实现目标受挫会引发多种不同的反应，攻击行为只是其中一种。然而，米勒（Miller, 1941）同样指出，当非攻击行为无法解决个体在实现目标过程中遇到的挫折时，"挫折诱发攻击行为的可能性变得更大，并逐渐占据主导，最终导致攻击行为真正出现"（1941：339）。

源自耶鲁小组的理论概念

自动化和认知控制的攻击反应

我喜欢耶鲁小组观点的另一个原因在于他们暗示挫折反应是自动唤起的。由于耶鲁小组的成员普遍坚持赫尔行为理论（Hullian behavior theory；Miller, 1959），我猜测他们认为个体的挫折－应对反应会自动产生，即这种反应的产生几乎不需要个体的思考和注意，且除了想要伤害目标的冲动之外，并无其他意图引导。我在思考许多攻击行动时强调了这种自动性，尤其但不限于个体在盛怒之下出现的攻击行动（Berkowitz, 2008）。尽管耶鲁小组的理论对我个人来说很有吸引力，但它与整个社会科学领域普遍认同的攻击行为的观点并不相符。社会科学领域大多数对攻击行为的分析普遍认为，当攻击者认定伤害目标能够很好地达到目的时，就会实施攻击行为，而这种判断不一定是有意识的。脚本理论是这一观点的现代版。该理论认为，攻击者会通过他们头脑中的认知脚本来判断接下来可能发生的事，从而选择攻击目标（Bushman & Anderson,

2001；Huesmann，1988）。

挫折 – 攻击间的关系是学习的结果吗

在我看来，尽管米勒（1941：340）曾声明他和同事并没有对"挫折 – 攻击间的关系是先天形成的还是通过学习产生的"做出假设，但多拉德等人（1939）对此有系统阐述，他们认为挫折 – 攻击反应之间至少在某种程度上是先天形成的结果。但是，许多批评者反对挫折与攻击反应之间存在"内在"联系，批评者认为挫折反应是习得的，挫折并不一定产生攻击冲动（例如 Bandura & Walters，1963）。然而，对婴幼儿的实验发现，当一幅令人愉快的图画（Lewis，1993）或一个想要的玩具（Stifter & Grant，1993）被意外拿走时，相当多的婴儿会表现出愤怒的面部表情。由此可见，对挫折的愤怒反应不一定总是习得的。

敌意转移

多拉德等人（1939）认为当受挫者的直接攻击行为被抑制时，理论上相对间接形式的攻击可能会出现；他们指出，被抑制的攻击冲动也可能表现为对挑衅者以外的人的攻击。他们借用弗洛伊德的术语，用"攻击转移"来描述这一现象（1939：41）。纽霍尔（Newhall）和同事们（2000）通过对大量社会心理学文本的内容分析发现，该领域的学者曾经对攻击转移很感兴趣。尽管攻击转移是一个"稳健"的现象，但近年来心理学家们对这一现象的关注越来越少（Marcus-Newhall et al.，2000）。但因攻击转移与我的理论观点非常一致，仍然值得再次研究。

攻击转移至对少数族裔的敌意

耶鲁小组指出（如，1939：41-44），攻击转移也可以表现在对少数族裔（如"黑人"）的敌对态度方面。霍夫兰和西尔斯（见 Dollard et al.，1939：31）做了这一主题最著名的研究。由于棉花是当时南方最主要的经济作物，研究者们假设，当棉花价格较低时，南方的农场主会因经济问题受挫。与他们的预期一致，1882年至1930年期间，南方各州棉花的价格与被处以私刑的黑人数量之间呈显著负相关。显然，农场主们因经济困难而诱发的攻击冲动转移到了黑人身上。

在随后的几十年里，此项研究在社会科学领域被广泛地讨论，有时会招来批评，但也得到了运用更复杂统计分析的研究支持（见Green et al.，1998）。后续研究中最为细致深入的是格林等人（Green et al.，1998）的探索，他们指出，棉花价格 – 私刑之间的相关只在经济大萧条之前成立。此外，格林等人（1998）还研究了经济困难对非致命性仇恨犯罪的影响。结果发现，在他们研究之前的十年内，纽约市的失业率与同期报告的针对同性恋者、犹太人、黑人和亚洲人的仇恨犯罪数量无关。总而言之，当人们遭受经济挫折或其他社会压力时，只有当他们认为重要他人，即内群体不会反对时，才会公开地将自己的攻击冲动指向特定的少数群体。近几十年来，对少数族裔直接攻击的禁令抑制了公开的偏执表现。甚至可以预期，少数族裔自身不再具有那些招致暴力倾向者攻击的明显消极特质。

导致攻击转移的刺激特性

尼尔·米勒（1948）的开创性研究展示了如何从刺激 – 反应泛化的角度来理解攻击转移，这有助于解释为什么有一些目标容易受到攻击，而另一些不会受到伤害。这一理论因其涉及攻击者既想又害怕公开攻击某人的情境，通常被称为冲突模型。米勒（1948）分析指出，冲突的解决通常取决于三个因素：攻击诱因的强度（通常称为趋近倾向），当下能够抑制个体公开直接攻击力量的强度（回避倾向），以及每个可能的攻击目标与最初挑衅者的关系程度。尼尔·米勒（1948，1959）也提出，每个攻击目标与挑衅者之间的关系越密切，回避倾向（抑制攻击泛化梯度）越比趋近倾向（诱发攻击泛化梯度）上升得快。因此，冲突模型指出，当受挫者想要攻击挑衅者却又害怕时，他们会避免直接攻击挑衅者本人，甚至是与挑衅者关系密切的人，转而去攻击那些与挑衅者关系平常的人。与挑衅者有很少或者没有关系的人很少会成为攻击对象。

我通过对菲茨（Fitz, 1976）实验的再分析，验证了米勒（Miller, 1948）模型的有效性。在这项研究中，相信自己可以安全地"报复"挑衅者的愤怒男性被试的行为模式符合米勒的预测：他们会最猛烈地攻击挑衅者，其次是与挑衅者关系密切的人，而一个与挑衅者没有关系的陌生人受到的攻击最少。同理，按照这个模型，害怕挑衅者"报复"的男性被试的攻击行为也表现出攻击转移的模式，挑衅者受到较少的攻击惩罚，但挑衅者的朋友受到的惩罚要严重得多（陌生人几乎没有受到惩罚）。

可攻击对象与挑衅者的各种联系

引发攻击的联系可以通过多种方式建立。休伊特（Hewitt, 1974）指出，可攻击目标与挑衅者在年龄方面的相似性可以引发攻击的泛化。伯科威茨和科努尔克（Berkowitz & Knurek, 1969）的实验表明，相同的负面标签也可能将挑衅者与他人联系起来。在这项实验中，先引导参与者讨厌一个名字（消极名字），然后他们会被叫此名字的人激怒。随后，当参与者与另一个叫这个消极名字或中性名字的同伴互动时，他们对前者的评价更加苛刻。消极名字的挑衅者所引发的参与者敌意显然泛化到其他含有相同不快标签的人身上。

对少数族裔的厌恶是其成为替罪羊的一个因素？

我一直认为，如果我们要解释为什么一些少数族裔特别容易成为攻击转移的目标，就必须考虑这些群体所拥有的刺激特征。理论学家从不同的角度对此进行了解释（见 Brewer & Brown, 1998），这些观点大多可以被概括为一条重要的通用原则：它们都提供了为什么特定群体被强烈地厌恶的原因，因为这一群体拥有一个强烈的负性线索。据此，我认为由其他原因引发的敌意很容易被泛化至特定的群体。

许多实验的结果都支持这一命题。在一项早期的研究中（Berkowitz & Holmes, 1960），女性参与者首先被诱导不喜欢一个同伴或对其产生中立态度，其次，实验主试会侮辱或以中立的方式对待参与者。之后，每位参与者都有机会以施加电击的方式对同伴的任务表现进行评价。那些被主试以侮辱方式对待的参与者会对最开始被诱导不喜欢的同伴施加最严厉的电击。主试在第二步的负性线索显然增加了参与者对最开始被诱导不喜欢的同伴的敌意。

另一项威斯康星州的研究表明，有偏见倾向的人更容易将这种敌意泛化至不喜欢的人。伯科威茨（Berkowitz, 1959）的实验利用了当时美国中西部地区的大学生拥有可以公开表达偏见的自由。在女性参与者被实验者故意贬损后，那些具有高度反犹太主义态度的参与者往往会对周围持中立态度的女性表现出最大的敌意[2]。

认知-新联想视角

在上述研究之后的几十年里，我重点关注情境刺激在自动引发攻击行为中的作用，但同时也发展出了一些与传统刺激－反应视角不同的新概念。其中之一是对挫折－攻击假说的一个重要修正，另一个与自动化和控制认知加工过程中的相互影响和攻击行动的产生有关。

为什么挫折会导致攻击反应：消极情感的作用

1989 年，我在一篇关于挫折－攻击理论的综述中（Berkowitz，1989），对人们在努力达成预期目标过程中遇到挫折之后，并不总会产生攻击行为提出了一个可能的解释：这样的挫折并不足以困扰到他们。我认为（也见 Berkowitz，1983，1993），个体在实现目标过程中遇到的挫折只有真正达到令人不愉快的程度时，才会引发攻击行为。

从这个视角看，目标实现过程中遇到的意外的或不合理的障碍会比预期中的或合理的障碍更容易引发攻击行为，因为前者通常更令人不快。同样，蓄意阻碍我们实现目标的个体会比无意阻碍者更让人愤怒，因为前者带来的挫折更让人烦恼。此外，多拉德及其同事发现了决定挫折－诱发攻击行为强度的因素，例如，无法令人满意的内驱力的强度或目标实现的受阻程度（Dollard et al., 1939: 28），这些因素通过控制个体体验到的不愉悦程度产生效应。我不认为应该像其他一些心理学家所做的那样，抽象地比较挫折和侮辱所诱发的攻击行为的效果。不同的挫折令人烦恼的程度不一样，不同的侮辱令人不愉快的程度也不一样。总而言之，重要的不是负性事件本身，而是由此产生的消极情感的强度。

认知－新联想视角

我提出认知－新联想模型，显然在很大程度上受到了 20 世纪 60 年代"认知革命"（cognitive revolution）之前，心理学界表现突出的学习理论/联想主义理论化（learning theory/associationistic theorizing）的影响，也在很大程度上受到了鲍尔认知－新联想主义的影响，特别是他有关心境对记忆影响的研究（例如，Bower，1981）。

我的思路是，认知和自动化联想过程都能在很大程度上引起无意识的攻击反应。这种情况下，认知可以将一个事件定义为明显令人不快（当然，有些事件本身就是令人厌恶的），并且也可以对一些情境细节赋予攻击性的意义。但攻击行为的认知－新联想模型主要关注厌恶刺激带来的后果，而非厌恶的来源。该模型认为，个体一旦体验到强烈的不愉悦，就会引起一系列的反应。这些反应一开始主要由联想过程主导，之后认知可能变得越来越重要。如图 14-1 所示，明显令人不快的情况最初会自动地、无意识地激活至少两种"原始"倾向：一种是逃离或避免厌恶刺激，另一种是攻击甚至破坏这种刺激的来源。换句话说，对事件的反感可能同时激活个体"战斗"和"逃跑"的倾向，而这两种倾向都不会一直占据主导地位。遗传因素、学习经验以及情境影响共同决定了这些不同反应的相对强度。

同样重要的是，逃跑和战斗倾向都应被视为综合征，是由相互联系的生理、肌肉运动和认知成分组成的网络。被激活的逃跑相关的症状被有意识地体验为害怕，而被激活的战斗相关的症状被感知为生气、恼怒（相对弱的水平）或愤怒（相对较强的水平）。因为这些症状是相互联系的网络，所以任何症状的激活都有可能激活其他成分。因此，除了基于认知概念的阐述，该理论还可用于某一特定情感状态（如愤怒）的面部表情和身体姿势能够引起这一情感状态的典型感受的研究（见 Duclos et al., 1989）。

攻击行为的认知－新联想模型与安德

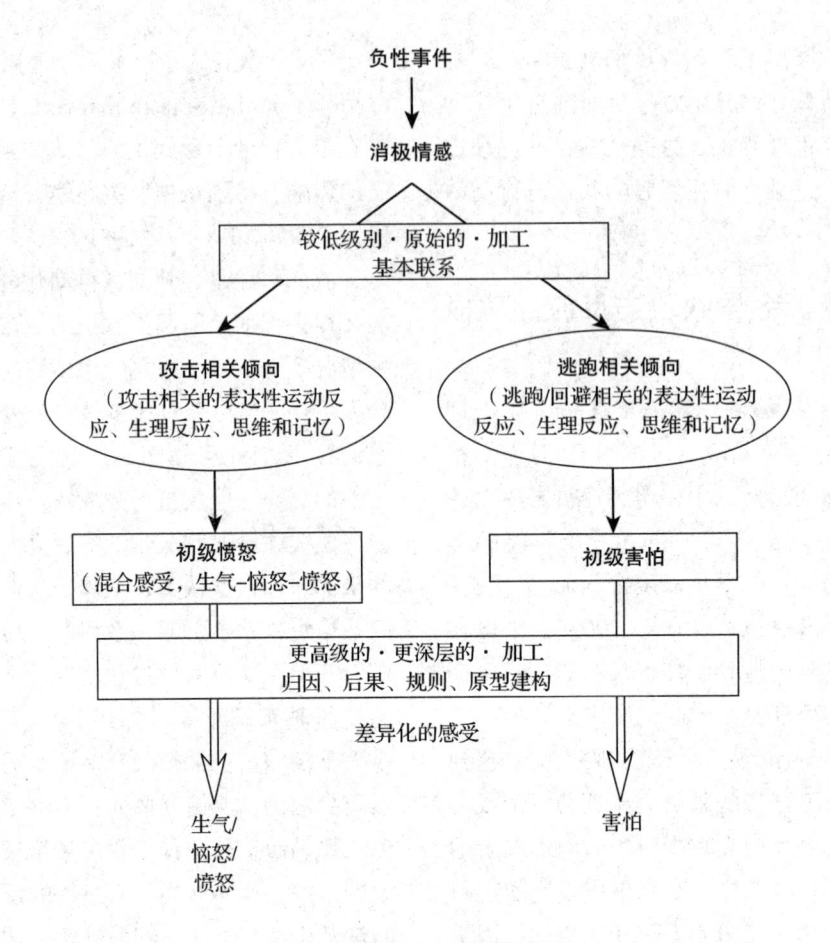

```
                          负性事件
                             ↓
                          消极情感
                             │
                ┌────────────┴────────────┐
                │  较低级别·原始的·加工       │
                │      基本联系             │
                └────┬───────────────┬─────┘
                     ↓               ↓
            ┌─────────────┐    ┌─────────────┐
            │  攻击相关倾向  │    │  逃跑相关倾向  │
            │（攻击相关的表达性│    │（逃跑/回避相关的│
            │ 运动反应、生理反│    │表达性运动反应、│
            │ 应、思维和记忆）│    │生理反应、思维和│
            │             │    │   记忆）     │
            └──────┬──────┘    └──────┬──────┘
                   ↓                  ↓
            ┌─────────────┐    ┌─────────────┐
            │  初级愤怒    │    │   初级害怕   │
            │（混合感受，  │    │             │
            │生气-恼怒-愤怒）│    │             │
            └──────┬──────┘    └──────┬──────┘
                   │                  │
            ┌──────┴──────────────────┴──────┐
            │   更高级的·更深层的·加工          │
            │   归因、后果、规则、原型建构       │
            └──────┬──────────────────┬──────┘
                        差异化的感受
                   ↓                  ↓
                生气/                 害怕
                恼怒/
                愤怒
```

图 14-1　认知 – 新联想模型

森的一般攻击模型（例如，见 Anderson et al., 1995）的不同之处主要在于，它强调了体验到消极情感后，个体最初的、相对自动化的、非认知中介的反应。但如图 14-1 所示，在认识到认知可以发挥重要作用后，攻击行为的认知 – 新联想模型还提出，相当原始的反应可以被修改，甚至在第一反应倾向发生之后都可以有本质的变化。在第二阶段，任何被激活的信息加工都可以使个体再次评估、归因等，从而修改或消除最初的反应。因此，如果没有评价/归因理论所假定的复杂思维过程的参与，人们会变得愤怒，有时还会冲动地攻击别人。事实上我认为，置身于明显令人不快的压力情境中的个体，有时会把他们的挫折归咎于一个凸显的可攻击目标，因为他们内心已经产生了敌意和愤怒感受。他们的归因可能是情感反应的结果，而不是情感反应产生的原因（支持证据见 Quigley & Tedeschi, 1996; Keltner et al., 1993）。

一些支持了攻击行为的认知 – 新联想理论的研究发现，暴露于明显令人不快的生理刺激中会增加个体的攻击行为（也见于，Berkowitz, 1983, 1993）。我的想法并不是全新的（例如，见 Baron et al., 1974），而是与安德森一致（例如，Anderson et al., 1995）。在对情感攻击的攻击行为的认知 – 新联想分析中，我提出一个主要命题，主张消极情感会唤起从激怒到攻击在内的一系列消极反应。

身体不适的影响

身体疼痛

身体疼痛几乎总是令人厌恶，而且常能激起攻击倾向。费尔南德斯和特克（Fernandez & Turk, 1995: 165）通过研究经常出现疼痛的患者发现，愤怒是"慢性疼痛的特征之一"，也是"与疼痛最显著相关的情绪之一"（又见 Greenwood et al., 2003）。当然，愤怒很可能加剧疼痛（Fernandez & Turk, 1995; Greenwood et al., 2003），而疼痛也可能使个体产生愤怒和攻击倾向。费尔南德斯和瓦桑（Fernandez & Wasan, 2010）已经注意到，遭受痛苦的个体常会对周围人产生敌意的评价。这样的评价不正是他们对正在经历的愤怒和攻击冲动的表现吗？

伯科威茨等人（1981）的研究发现，即使是相对适度的疼痛也能激发个体的攻击冲动。实验中，研究者们通过让一半的女性参与者将一只手放在很冷的水中浸泡6分钟来操纵疼痛，这个过程中她们需要评估同伴对几个规定问题的解决方案。另一半的女性参与者进行评估时，浸泡手的水温比较舒适。参与者可以给同伴奖励（硬币）或惩罚（不愉快的噪声）作为评估结果。两种水温条件下，均有一半参与者被告知她们给予的任何惩罚实际上都会激励同伴更好地思考，而另一半参与者则被告知，惩罚会伤害她们的同伴。

那些体验到相对适度的疼痛的参与者和那些相信自己能够伤害到同伴的参与者倾向于给予同伴最多的惩罚而非奖励。即使是相对适度的疼痛，也显著增加了她们伤害可攻击目标的冲动。

令人不适的温度条件

明显令人不适的环境条件即使不会带来明显的疼痛，也能增加攻击倾向。以下简要回顾关于高温环境影响的大量有争议的文献（更完整的讨论见 Anderson & Anderson, 1996, 1998; Cohn & Rotton, 1997）。

社会学家们很早就注意到，在一些北半球国家，较温暖的南纬地区的暴力犯罪率往往高于较凉爽的北部地区。安德森（1996, 1998）引用了最近的研究对这些早期的观察结果进行了补充，结果支持了这一观点。他们自己对美国各地区差异的深入分析表明，即使排除社会和经济因素的影响，那些天气最热的城市通常暴力犯罪率也最高（1998: 264-265）。

美国南部相对较高的凶杀率就是这种地区对暴力影响的例子。几代人以来的数据发现，在控制人口规模之后，美国南部各州的谋杀和袭击事件都多于北部各州。尼斯贝特和科恩（Nisbett & Cohen, 1996）以及其他学者将这种差异主要归因于美国南部地区盛行的荣誉文化。在这个地区长大的白人男性可能已经习得，他们必须通过攻击冒犯者来减轻对他们荣誉的威胁，从而维护自己强硬的形象，并保护自己以及自己的财产。尽管尼斯贝特和科恩（1996）提供了与他们论点一致的证据，安德森（1996, 1998）仍然驳斥了这一观点，认为地区温度而非"荣誉文化"才是美国南部地区高暴力犯罪率的一个更好预测因素。他们对美国1980年260个标准大都市的数据进行分析后发现，南方人之所以能够发展并保持鼓励暴力的态度和价值观，很大程度上是因为该地区炎热的天气（1998: 270）。

其他研究表明，在解释温度和暴力犯罪之间的关系时，人际交往的可能性和性质是需要考虑的重要因素。科恩和罗腾（Cohn & Rotton, 1997）的数据显示，暴露在令人不适的高温下的个体很可能会产生攻击冲动，但如果有能够分散他们注意力的活动，或者附近没有合适的攻击目标，或者他们对攻击的抑制能力相当强并且附近有抑制攻击行为的人的存在，他们的攻击冲动就不会表现为公开行为。

然而相关的实验室研究结果似乎相当不一致（Anderson & Anderson, 1998: 283）。安德森小组的研究一再表明，与舒适的环境温度相比，令人不适的温度（过冷或过热）会产生更强烈的负面情感、愤怒以及敌意的态度和认知。但这些反应并不总是伴随着对可攻击目标的强烈攻击。例如，在他们的一项研究中发现（见 Anderson & Anderson, 1998），在过冷或过热房间里的参与者比在适宜温度下的参与者更愤怒，且有更多的敌意态度，但前者只有在第一次可以实施惩罚时对同伴表现出更多的攻击性，而随后的几次则不会。可能一开始，由于攻击倾向的诱发，他们或多或少会冲动地攻击对手，但后来他们意识到最好克制自己。

社会压力

一些社会学家指出，严酷的社会情境，特别是挫折，是导致犯罪活动的主要因素。社会学家和犯罪学家常把这些情况称为社会压力和犯罪成因的压力理论，而心理学家通常更明确地使用挫折（frustration）这个词。但无论在这些分析中使用什么词，它们都强调了消极情感在反社会行为中的核心作用。

帕斯曼和马尔赫恩（Passman & Mulhern, 1977）做了一项相关的实验。在这项研究中，母亲们在完成一项指定任务的同时，还需要监控她们的孩子在拼图游戏中的表现。与那些在舒服条件下完成任务的对照组相比，那些因为任务要求被主试故意设置混乱而处于高度紧张状态的母亲，对孩子错误的惩罚更严厉。日常生活中遇到的压力也会导致更多自然情境下的攻击行为。斯特劳斯及其同事（Straus, 1980）的研究以全美代表性样本为研究对象，请被试报告他们在18个压力性生活事件中的经历，如"在工作中与他人冲突""亲密的人的离世""搬到一个新的社区或城镇"以及"家庭成员有健康或行为问题"。无论被试的性别如何，报告过去一年经历的压力事件的数量越多的个体，越可能报告自己虐待过孩子。其他沿着这一思路的研究表明，由社会拒绝带来的心理痛苦感受会导致攻击反应的产生（MacDonald & Leary, 2005），有些人在看到同性恋活动时所体验到的消极情感能够引发他们针对男同性恋者的攻击倾向（Parrott et al., 2006）。

情境刺激导致攻击行为的自动产生

武器效应

自20世纪60年代末以来，我的许多研究都关注与攻击密切相关的环境刺激的作用（例如，Berkowitz, 1964a）。我的实验验证的"武器效应"（Berkowitz & LePage, 1967）就是一个例子。由于武器通常与攻击有关，我那时曾经相信仅看到武器就会增加具有攻击特质个体的攻击倾向，看到武器会诱发个体会产生敌意，甚至可能启动与攻击相关的运动反应。因此，看到武器的个体会猛烈抨击他们的目标，特别是如果他们当时已经准备好攻击某人，而限制他们的因素相对较弱时。

虽然有几项研究未能重复伯科威茨和勒帕热（LePage）最初的研究结果，但有大量的研究支持了武器效应的存在。此外，武器效应也在比利时、克罗地亚[3]、意大利、瑞典和美国得到了验证（Berkowitz, 1993）。我在此不对这些研究做详细的回顾，但有一点值得强调，在特纳等人的几项实验中（见 Berkowitz, 1993），即使参与者没有意识到自己正在参加一个实验，也会表现出高度的攻击性。在其中一项研究中，特纳和同事在一个大学主办的嘉年华会上设立了一个摊位并邀请学生参加，学生可以随心所欲地向目标人物投掷海绵对其进行"攻击"。当附近有一支步枪时，学生向目标投掷的海绵比没有武器时多。

攻击的观察学习效应

我的联想主义观点也促使我研究在电影和电视屏幕上看到的攻击行为的影响。一些精神分析理论的支持者认为，看别人打架会产生一种宣泄的效果，从而"清除"观众的攻击冲动。而我认为目睹的暴力行为会作为一种攻击线索，自动唤起与攻击有关的想法和运动冲动。

我早期的研究支持了这一预期（见 Berkowitz, 1964a, 1964b, 1965, 1993）。基恩和奥尼尔（Geen & O'Neal, 1969）也用威斯康星范式增加了支持证据。他们的研究表明，看过暴力电影的个体如果在生理上迅速被一个无关信息极大地唤醒，他们在随后对可攻击目标的判断中会变得具有高度惩罚性。这与赫尔的行为理论非常一致（见 Miller, 1959），"无关的唤醒"强化了电影诱导的攻击反应。

更有趣的是，几项威斯康星州的研究（Berkowitz, 1965）表明，认知过程也会影响观察者在看过暴力电影后的行动。在某些条件下，如攻击行为被描述为合理正当时，观察者对自己攻击行为的抑制会减少。因此，那些看过这种"合理"攻击的人很容易对之前周围惹恼他们的人进行严厉报复。这样的结果被多次验证，产生了一些令人不安的启示。在许多甚至是大多数暴力电影中，"好人"殴打"坏人"，让"坏人"受到应得的伤害。英雄的攻击行为被认为是合理正当的。这种对攻击行为的描述特别容易强化观众在自己生活中攻击"坏人"的意愿，至少在观看后的短时间内是如此。

威斯康星州的一项研究表明，这种认知效应显然可以与观众的联想一起影响他们对电影暴力的反应。在这个实验中（Berkowitz, 1965），威斯康星大学正好拥有一支拳击队，每位男性参与者都和冒充对拳击非常感兴趣或演讲专业的学生（这些学生实际上是主试的同盟）配对。在进行简短的交流后，主试同盟或者会以轻蔑的话语激怒参与者，或者以中立的态度对待参与者；然后参与者会得到他们将要观看的职业拳击赛电影的概要。在这个概要中，电影中的比赛失败者会被描述为一个讨厌的人——因此对他的殴打是合理的，或被描述为一个讨人喜欢的人——因此对他的攻击是不合理的。而且，正如许多威斯康星州实验的标准做法，在看完拳击电影后，每个参与者都会立即得到一个对目标（如主试同盟）实施电击的机会，这表面上是为了作为参与者对同伴（同盟者）解决规定问题的评价。

当联想和认知的影响都起作用，即激怒参与者的主试同盟与电影中的攻击行为联系在一起，并且电影中攻击行为被描述为合理的时，同盟受到了最严重的惩罚。激怒参与者的主试同盟与观察到的攻击行为间的联系自动地为该同盟吸引了强烈攻击，而对攻击电影的合理解释减少了参与者对攻击行为的抑制。

自动化和控制性认知加工

由于有了这些发现，我现在从自动化和控制性认知加工两个角度来分析攻击行为，尽管我继续对前者——主要由联系支配的自动反应给予更多的关注。一般来说，基于施奈德和谢夫林（Schneider & Shiffrin, 1977）的观点，由于对刺激的注意足以触发联想反应，自动加工是快速的、毫不费力的、习惯性的、无意识的，并且可以与其他过程并行。另外，控制性加工要求注意力明确地集中在情境的特定方面，必须付出努力，并且是有目的的。认知能力的降低会伤害认知控制性加工，但不会限制自动化加工。

我在 1984 年发表的关于媒体效应的认知－新联想分析的论文（Berkowitz，1984）是我的术语变化的一个预兆。我在那篇文章中指出，情境性事件（如目睹暴力），可以启动语义相关的思维，增加目击者产生其他攻击想法甚至攻击倾向的可能性。约翰·巴奇和他的同事们（Bargh & Williams，2006；Todorov & Bargh，2002）也许是当代最杰出的自动化引发社会行为的研究者，他们提出了一个相似的构想，并以多种巧妙的方式检验了社会行为如何被周围特定的情境信息自动触发（例如 Chen & Bargh，1997）。

对外表没有吸引力的目标的自动化攻击反应

在之前关于攻击转移的讨论中，我提出可攻击目标的负面特征会促进攻击反应。另一个威斯康星州的实验（Berkowitz & Frodi，1979；总结见 Berkowitz，2008）将这一原则扩展到那些目标具有明显不吸引人的身体特征的情况。在这项研究中，预先被惹恼的女大学生们观看监视器上正在完成任务的一个男孩，并被告知她们的工作是在随后的一系列试次中纠正男孩的表现。女大学生们不知道的是，她们实际上看到的是一盘事先准备好的录像带，在这盘录像中，男孩的外表或古怪或正常，而在这两组中，又各有一半的男孩或口吃或表达正常。为了提高参与者对所见内容做出自动反应的可能性，研究人员要求她们在观察孩子的行为过程中执行另外一项任务，与此同时还要求她们随时在认为男孩犯错时给他一阵噪声。

男孩的身体特征明显影响了参与者对他所犯错误的惩罚（参见 Berkowitz，2008，图 2）。尽管实验参与者被先前的主试惹恼，并且在纠正男孩错误的同时还要进行一项分心任务，结果仍然表明，与表达正常的孩子相比，口吃男孩受到更严厉的对待；同样，与外表正常的男孩相比，外表古怪的男孩受到更严厉的对待。研究结果说明，潜在目标的负面特征自动引发了更强的攻击反应。

认知强化自动引发的攻击

认知可以强化或抑制自动激活的倾向。例如，当观众主动认为他们所看到的暴力是"真实"且实际发生的，而不是"虚假"或表演的，这些自动的攻击反应就会加强。当目睹的攻击行为看起来很真实时，我们中的许多人特别容易将其与自己的生活联系起来（Berkowitz & Alioto，1973：207）。然后，我们可能会在心理上卷入所发生的事情，以至于如果我们天生具有攻击倾向（并且所看到的攻击行为似乎是合理的），那么任何自动产生的攻击倾向都会增强。

当人们认同攻击发起者，也就是说当他们积极地想象自己实施所目睹的攻击行为时，他们特别容易将看到的行为与自己联系起来。然而，另一个威斯康星州的实验（Turner & Berkowitz，1972）表明，对攻击者的认同可以加强愤怒观众自身的攻击倾向。实验中，每位男性参与者首先被同伴对他解决规定问题方案的不满意评价所激怒。然后在我们的标准简短的格斗电影播放之前将参与者分到三个条件组里：第一个条件，参与者被要求把自己想象成格斗的胜利者（在电影中痛击失败者）；第二个条件，他要把自己想象成格斗的裁判；最后一个情况，没有给予参与者任何的想象角色。随后，参与者以施加电击的形式评价他的同伴对同样的规定问题的解决方案。

正如我们的预期，那些把自己想象成格斗胜利者的愤怒参与者对冒犯他们的人给予的惩罚比其他两组都要严厉得多。在认同电影中殴打对手的角色时，他们显然将自己也代入了这场攻击，从而加强了他们的攻击冲动。

认知抑制攻击反应

认知也可以通过多种方式促进攻击倾向的减少，例如，产生一个合适的自我调节（例如，见 Baumeister & Vohs，2004）。在此，我将仅总结我自己的一些研究，解释认知过程参与自动诱发攻击的自我调节。

我过去几十年的学术生涯的大部分研究都集中在如下观点：强烈的不快可以激起攻击冲动（Berkowitz，1993，2003）。为了验证这一观点，我和同事们在实验中让参与者以各种方式体验消极情感，如请他们从事不愉快的且有压力的体育活动。在这些早期的研究中，跟此类研究很常见的那样，我们请参与者在有机会表达他们的敌意之前首先评价自己的感受。令我们惊讶的是，在我们最初的一些研究中，与"要求特征"的观点完全相反，消极情感反而导致了低水平的敌意表达。我能想到的解释是，参与者在评价自己的感受时，可能已经完全意识到他们不愉快的情感和敌对的倾向；他们当时就可能认为这些情绪反应不恰当，并因此力图调节自己的反应。

这种解释与卡弗和沙伊尔（1981）在他们关于自我意识和自我调节理论中的推理非常相似。他们认为，从本质上讲，当人们清晰认识自己时，他们也会非常清楚与自己所处情境有关的个人标准。如果这些标准与他们当时想做的事情之间存在差异，他们就会试图将这种差异降到最低，并按照自己的个人价值观行事。我们在实验操纵后要求学生描述他们的感受，可能会产生类似的效果：他们可能会清晰地意识到自己和自己产生的敌意倾向，认为在目前的情况下，讨厌自己的实验同伴不合适，因此他们可能会避免对同伴的消极反应。

伯科威茨和特罗科利（Berkowitz & Troccoli，1990）的实验验证了这一现象。该实验要求一半的女性参与者将她们的非惯用手臂向外伸出，这让她们的身体很不舒服，而另一半女性只需将手臂放在她们面前的桌子上。然后，参与者一边保持手臂放在规定的位置上，一边听一段女性求职者介绍自己的录音。录音结束后，一半的参与者被要求回想她们当时的感受，而另一半则被要求做一个分散注意力的字词联想任务。大约5分钟后，在参与者仍然保持规定的手臂姿势的情况下，对女性求职者进行评价。

与我们的预期一致，那些注意力从自己身上转移开的女性表现出通常的情感一致性效应；与那些身体舒适的参与者相比，那些身体不适的参与者对同伴的评价更加严苛。然而相比之下，那些注意到自己消极情感的被试显然表现出了由自我意识引发的自我调节，那些身体姿势不舒适的参与者实际上比身体姿势舒服的同伴对求职者更友好。

然而，我们的另一项研究表明，被调节的是消极情感所引发的行动，而不是感觉本身。在这个实验中（Berkowitz & Jo，1992，未发表的文章），实验者对女性参与者的感受进行操纵，但她们可能不知道自己所体验到的情感的来源。遵从斯特拉克等人（Strack et al.，1988）描述的程序，女性参与者被要求以一种特定的方式保持嘴巴的姿势，从而做出微笑或皱眉的面部表情。在这个表情呈现后不久，一些参与者对她们的感受进行了评价，从而清晰地意识到自己的情感状态，而其他参与者则被要求列出几个关联的单词以分散注意力。然后，所有的参与者都阅读了求职者的自述,并像伯科威茨和特罗科利（1990）的实验一样,对求职者进行评价。

这个实验得到的结果与前一项研究的结果相似。在这里,当参与者的注意力从自己身上转移开时,评价与参与者的感受是一致的;微笑的女性比皱眉的女性给目标的评价更正向。而且,正如之前所发现的,参与者对自己感受的关注导致了感受-判断的不一致,皱眉的参与者比微笑的参与者对求职者的评价更友善。由自我导向的注意力产生的主动认知加工显然抑制了皱眉参与者对求职者的敌意表现。

冲动性攻击

本文中总结的结果以及其他研究的发现,比如巴奇和同事们的研究（例如 Bargh & Williams, 2006; Todorov & Bargh, 2002）表明,攻击的语言和动作可以由与攻击相关的刺激自动触发。我常把这些攻击称为冲动（impulsive;例如 Berkowitz, 1993, 2003）,因为个体在对情境特征做出反应时几乎没有思考,并且很少（如果有的话）有意识的指导和注意。一些冲动性攻击主要是过快决策的结果,但更多冲动性攻击往往是情境诱发反应的去抑制的影响因素的产物,而"高阶"认知加工所起的作用很小。

布什曼和安德森（Bushman & Anderson, 2001）质疑了这一论点,他们认为许多攻击行动是由相关的情境刺激自动激活的冲动反应,而不是因为已经做好的决定。相反,他们坚持认为,最好是把每一个攻击行动看作受个体知识结构影响很大的决策过程的产物。尽管如此,在我看来,很多对攻击行为的个体差异的研究都支持我对冲动的、自动引发的攻击和认知控制、选择性攻击之间的区分。因此,道奇（例如 Crick & Dodge, 1996）在区分反应型（reactive）和主动型（proactive）攻击时,强调信息加工在这两种情况下的作用（也见于 Berkowitz, 2008）。也有研究（例如 Raine et al., 2006）指出,反应型攻击者往往容易高冲动。就这一点而言,以研究冲动性而闻名的巴勒特（Barratt, 1999）似乎更喜欢冲动与预谋攻击行动（premeditated aggressive acts）的概念,而不是道奇的区分。

当然,很多因素都会影响对可攻击目标冲动性攻击的强度,图 14-2 列出了攻击行为

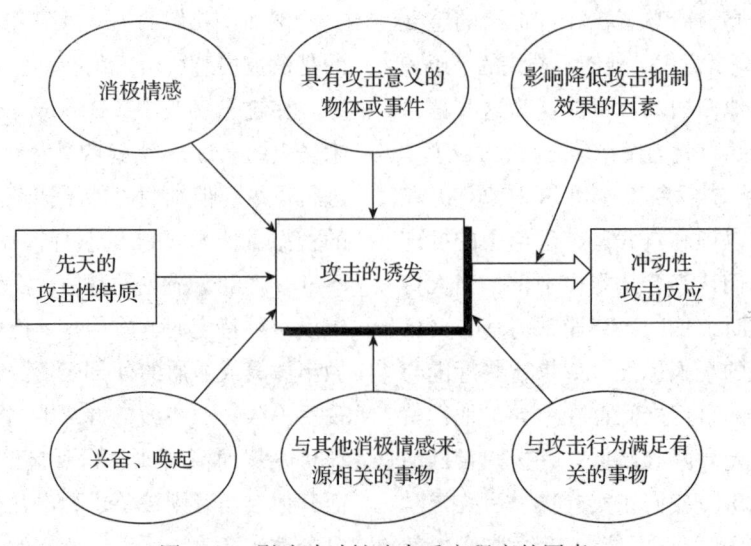

图 14-2 影响冲动性攻击反应程度的因素

的认知-新联想模型提出的影响因素。到目前为止，我主要讨论了消极情感和具有攻击意义的物体或事件的启动作用，但在这里，我想多说一点关于冲动时攻击抑制因素的不足。

冲动有许多不同的操作定义（例如，见 Dickman, 1990; White et al., 1994），但几项研究表明，冲动行动往往沿着两个潜在维度变化：一个主要是不受约束的行动，另一个是因不完整、不充分的信息加工，而过快地做出决定。迪克曼（Dickman, 1990）在早期的研究里发现了好像可以与这两个维度吻合的两个因子。他采用自我报告的题目进行因素分析发现，因子1载荷最高的题项包括"我不喜欢快速做出决定，即使是简单的决定"（不同意），以及"当我必须迅速做决定时，我感到不舒服"（不同意），表明该因子与非常仓促的决策有关。因子2的样题有"我说话做事经常不思考后果"和"我经常因为行动前没有思考而陷入麻烦"，似乎反映了一种冲动行动的倾向。这两个因素间相关系数低，但呈显著正相关。另一项研究（Endicott et al., 2006）在调查自我报告的冲动的相关因素时，也区分了"非计划性"冲动和"运动性冲动"，后者主要与"抑制失控"有关。还有一项研究也发现了这两种类型的冲动。怀特和莫菲特（Moffitt）及其同事（1994）在他们的研究中，对11种不同的测量冲动的方法进行因素分析，结果发现了两种相关但形式不同的冲动。其中第一个因子被称为"行为冲动"（behavioral impulsivity），反映了行为控制的缺乏，在这个因子上载荷最高的变量是"抑制不住、控制不住的行为"。第二个因子被称为"认知冲动"（cognitive impulsivity），它更多地与"努力的和有计划的认知表现"方面的缺陷有很大关系。怀特等人（1998）发现，这两类冲动都与违法犯罪有关，且数据表明行为冲动和违法犯罪之间的关系与智力无关。

结 论

诚然，在这里引用的我和其他研究者在实验室实验中发现的攻击反应相当弱。尽管如此，我认为这些研究发现，特别是当与更多的自然调查结合在一起时，可为许多家庭暴力乃至暴力犯罪提供一种可能的解释。在这些攻击中（如图14-2所示），具有攻击特质的人，由于他们的个性或他们正体验到的强烈的消极情感，很可能冲动地攻击一个可得目标，尤其当这个目标具有对攻击者来说非常突出的消极特征时，攻击者不一定意识到自己的攻击决定。现在越来越多的法律学者和哲学家认识到像这样的心理学发现给司法系统带来的难题。法典通常用对犯罪者意图的判断来决定他应受到何种惩罚。但是如果犯罪者几乎意识不到自己的意图呢？例如，在家庭暴力案例中，是否至少应该将由外部影响自动引发的攻击倾向视为减轻处罚的特例？

当然，一个答案是，人们应该克制自己的攻击冲动，惩罚的威胁可以促进这种必要的自我调节。但是，正如不断涌现的关于自我调节的文献（例如 Baumeister & Vohs, 2004）所显示的那样，还有更多甚至更好的方式能让人们控制自己。例如，前文提到的伯科威茨和特罗科利（1990）的实验表明，有攻击倾向的人可以通过学习非攻击的行为标准和提高他们在有攻击倾向时的自我意识让自己受益，这一结果与卡弗和沙伊尔（1981）的分析一致。毫无疑问，很有必要进一步研究攻击冲动的自我调节。

除了强调引发攻击的情境刺激的作用外，攻击行为的认知-新联想理论还特别关注常见的负性事件，特别是明显的消极情感。体验到压力是这个主题的一个方面。前文提到的研究记录了处于压力之下的个体如何变得有攻击性。战争引起的压力又是另一个例子。《纽约时报》（2009年1月2日）调查了120多名参加过伊拉克或阿富汗战争的美国退伍军人回国后被控谋杀的案例。该报记者总结道，战斗的创伤和压力"似乎为（许多）犯罪行为提供了舞台"（第A12页）。有趣的是，这篇文章还指出，一些被指控谋杀的人以前曾试图自杀，这支持了我的观点（Berkowitz，1993），即强烈的抑郁也可以产生攻击冲动，既针对他人，也针对自己。在这方面，更多的问题有待继续探索。我一直认为强烈的消极情感会产生攻击倾向（可能公开表达，也可能不公开表达；如图14-1所示），直觉来看，某些类型的强烈不愉快的情感会比其他类型更容易诱发攻击。我的猜测是，激进的不愉悦会比"平淡"、淡漠的心境更容易产生攻击后果。然而，我们不确定是否真的如此，甚至不知道是什么因素引起了这些不同的消极情感。

总而言之，本文所阐述的攻击行为的认知–新联想模型只是一个初步的表述，仍有许多重要的问题没有回答，但至少它提出了这些问题。希望其他研究者能够继续探索这些问题的答案。

注　释

1. 这些讨论可以在1941年41卷第4期的《心理学评论》杂志以及由纽科姆和哈特利（1947）主编、纽约霍尔特出版社出版的《社会心理学读物》中找到。
2. 佩德森、米勒及其同事（例如Pedersen et al.，2000）对"触发攻击"（triggered aggression）的研究是上文刚总结的、更常见的攻击转移研究的一个有趣和重要的拓展，我曾打算在本文中引用他们的一些实验，但遗憾的是，由于篇幅有限，没办法实现。
3. 以克罗地亚的研究为例，有研究（Berkowitz，1993）表明，在自由游戏的情境中，如果监管儿童的成年人对攻击行为总体上表达了中立或积极的态度，之前感到沮丧的儿童在看到真枪或玩具枪后与看到中性物体的儿童相比，对同龄人更具攻击性。

参考文献

Anderson, C. and Anderson, K. (1996) Violent crime rate studies in philosophical context: A destructive testing approach to heat and southern culture of violence effects. *Journal of Personality and Social Psychology*, 70, 740–756.

Anderson, C. and Anderson, K. (1998) Temperature and aggression: Paradox, controversy, and a (fairly) clear picture. In R. Geen and E. Donnerstein (eds), *Human Aggression: Theories, Research, and Implications for Social Policy*, pp. 247–298. San Diego: Academic Press.

Anderson, C., Deuser, W. and DeNeve, K. (1995) Hot temperatures, hostile affect, hostile cognition, and arousal: Tests of a general model of affective aggression. *Personality and Social Psychology Bulletin*, 21, 434–448.

Bandura, A. and Walters, R. (1963) *Social Learning and Personality Development*. New York: Holt, Rinehart and Winston.

Bargh, J. and Williams, E. (2006) The automaticity of social life. *Current Directions in Psychological Science*, 15, 1–4.

Baron, R., Byrne, D. and Griffitt, W. (1974) *Social Psychology*. Boston: Allyn and Bacon.

Barratt, E. (1999) Impulsive and premeditated aggression: A factor analysis of self-reported acts. *Psychiatry Research*, 86, 163–173.

Baumeister, R. and Vohs, K. (2004) *Handbook of Self-regulation*. New York: Guilford Press.

Berkowitz, L. (1958) The expression and reduction of hostility. *Psychological Bulletin*, 55, 257–283.

Berkowitz, L. (1959) Anti-Semitism and the displacement of aggression. *Journal of Abnormal and Social Psychology*, 59, 182–187.

Berkowitz, L. (1963) *Aggression: A Social Psychological Analysis*. New York: McGraw-Hill.

Berkowitz, L. (1964a) Aggressive cues in aggressive behavior and hostility catharsis. *Psychological Review, 71*, 104–122.

Berkowitz, L. (1964b) The effects of observing violence. *Scientific American, 210*, 35–41.

Berkowitz, L. (1965) Some aspects of observed aggression. *Journal of Personality and Social Psychology, 2*, 359–369.

Berkowitz, L. (ed.) (1969) *Roots of Aggression: A Re-examination of the Frustration-aggression Hypothesis*. New York: Atherton Press.

Berkowitz, L. (1983) Aversively stimulated aggression: Some parallels and differences in research with animals and humans. *American Psychologist, 38*, 1135–1144.

Berkowitz, L. (1984) Some effects of thoughts on anti- and prosocial influences of media events: A cognitive-neoassociation analysis. *Psychological Bulletin, 95*, 410–427.

Berkowitz, L. (1989) The frustration-aggression hypothesis: Examination and reformulation. *Psychological Bulletin, 106*, 59–73.

Berkowitz, L. (1993) *Aggression: Its Causes, Consequences, and Control*. New York: McGraw-Hill.

Berkowitz, L. (2003) Affect, aggression, and antisocial behavior. In R. Davidson, K. Scherer and H. Goldsmith (eds), *Handbook of Affective Sciences*, pp. 804–823. Oxford: Oxford University Press.

Berkowitz, L. (2008) On the consideration of automatic as well as controlled psychological processes in aggression. *Aggressive Behavior, 34*, 117–129.

Berkowitz, L. and Alioto, J. (1973) The meaning of an observed event as a determinant of its aggressive consequences. *Journal of Personality and Social Psychology, 28*, 206–217.

Berkowitz, L., Cochran, S. and Embree, M. (1981) Physical pain and the goal of aversively stimulated aggression. *Journal of Personality and Social Psychology, 40*, 687–700.

Berkowitz, L. and Frodi, A. (1979) Reactions to a child's mistakes as affected by her/his looks and speech. *Social Psychology Quarterly, 42*, 420–425.

Berkowitz, L. and Holmes, D. (1960) A further investigation of hostility generalization to disliked objects. *Journal of Personality, 28*, 427–442.

Berkowitz, L. and Knurek, D. (1969) Label-mediated hostility generalization. *Journal of Personality and Social Psychology, 13*, 200–206.

Berkowitz, L. and LePage, A. (1967) Weapons as aggression-eliciting stimuli. *Journal of Personality and Social Psychology, 7*, 202–207.

Berkowitz, L. and Troccoli, B. (1990) Feelings, direction of attention, and expressed evaluations of others. *Cognition and Emotion, 4*, 305–325.

Bower, G. (1981) Mood and memory. *American Psychologist, 36*, 129–148.

Brewer, M. and Brown, R. (1998) Intergroup relations. In D. Gilbert, S. Fiske, and G. Lindzey (eds) *Handbook of Social Psychology, Vol. 2*, 4th Edition, pp. 554–594. New York: McGraw-Hill.

Bushman, B. and Anderson, C. (2001) Is it time to pull the plug on the hostile versus instrumental aggression dichotomy? *Psychological Review, 108*, 273–279.

Carver, C. and Scheier, M. (1981) *Attention and Self-regulation*. New York: Springer.

Chen, M. and Bargh, J. (1997) Nonconscious behavioral confirmation processes: The self-fulfilling consequences of automatic stereotype activation. *Journal of Experimenal Social Psychology, 33*, 541–560.

Cohn, E. and Rotton, J. (1997) Assault as a function of time and temperature: A moderator-variable time-series analysis. *Journal of Personality and Social Psychology, 72*, 1322–1334.

Crick, N. and Dodge, K. (1996) Social information-processing mechanisms in reactive and proactive aggression. *Child Development, 67*, 993–1002.

Dickman, S. (1990) Functional and dysfunctional impulsivity: Personality and cognitive correlates. *Journal of Personality and Social Psychology, 58*, 95–102.

Dollard, J., Doob, L., Miller, N., Mowrer, O. and Sears, R. (1939) *Frustration and Aggression*. New Haven: Yale University Press.

Duclos, S., Laird, J., Schneider, E., Sexter, M., Stern, L. and Van Lighten, O. (1989) Emotion-specific effects of facial expressions and postures on emotional experience. *Journal of Personality and Social Psychology, 57*, 100–108.

Endicott, P., Ogloff, J. and Bradshaw, J. (2006) *Personality and Individual Differences, 41*, 285–294.

Fernandez, E. and Turk, D. (1995) The scope and significance of anger in the experience of chronic pain. *Pain, 61*, 165–175.

Fernandez, E. and Wasan, A. (2010) The anger of pain sufferers: Attributions to agents and appraisals of wrongdoing. In M. Potegal, G. Stemmler, and C. Spielberger (eds), *International Handbook of Anger*: Constituent and Concomitant Biological, Psychological, and Social Processes, pp. 449–464. New York: Springer.

Fitz, D. (1976) A renewed look at Miller's conflict theory of aggression displacement. *Journal of Personality and Social Psychology, 33*, 725–732.

Geen, R. (1968) Effects of frustration, attack, and prior training in aggressiveness upon aggressive behavior. *Journal of Personality and Social Psychology, 9*, 316–321.

Geen, R. and O'Neal, E. (1969) Activation of cue-elicited aggression by general arousal. *Journal of Personality and Social Psychology, 11*, 289–292.

Green, D., Glaser, J. and Rich, A. (1998) From lynching to gay bashing: The elusive connection between economic conditions and hate crime. *Journal of Personality and Social Psychology, 75*, 82–92.

Greenwood. K., Thurston, R., Rumble, M., Waters, S. and Keefe, F. (2003) Anger and persistent pain: Current status and future directions. *Pain, 103*, 1–5.

Hewitt, L. (1974) Who will be the target of displaced aggression? In J. De Wit and W. Hartup (eds), *Determinants and Origins of Aggressive Behavior*, pp. 217–223. The Hague: Mouton.

Huesmann, L. (1988) An information processing model for the development of aggression. *Aggressive Behavior, 14*, 13–24.

Keltner, D., Ellsworth, P. and Edwards, K. (1993) Beyond simple pessimism: Effects of sadness and anger on social perception. *Journal of Personality and Social Psychology, 64*, 740–752.

Lewis, M. (1993) The development of anger and rage. In R. Glick and S. Roose (eds), *Rage, Power, and Aggression*, pp. 148–168. New Haven: Yale University Press.

Loew, C. (1967) Acquisition of hostile attitude and its relation to aggressive behavior. *Journal of Personality and Social Psychology, 5*, 335–341.

Marcus-Newhall, A., Pedersen, W., Carlson, M. and Miller, N. (2000) Displaced aggression is alive and well: A meta-analytic review. *Journal of Personality and Social Psychology, 78*, 670–689.

MacDonald, G. and Leary, M. (2005) Why does social exclusion hurt? The relation between social and physical pain. *Psychological Bulletin, 131*, 202–223.

Miller, N. (1941) The frustration-aggression hypothesis. *Psychological Review, 48*, 337–342.

Miller, N. (1948) Theory and experiment relating psychoanalytic displacement to stimulus-response generalization. *Journal of Abnormal and Social Psychology, 43*, 155–178.

Miller, N. (1959). Liberalization of basic S-R concepts: Extensions to conflict behavior, motivation and social learning. In S. Koch (ed.), *Psychology: A Study of a Science, 2*, 196–292. New York: McGraw-Hill.

Nisbett, R. and Cohen, D. (1996) *Culture of Honor: The Psychology of Violence in the South*. Boulder, CO: Westview Press.

Parrott, D., Zeichner, A. and Hoover, R. (2006) Sexual prejudice and anger network activation: Mediating role of negative affect. *Aggressive Behavior, 32*, 7–16.

Passman, R. and Mulhern, R. (1977) Maternal punitiveness as affected by situational stress: An experimental analogue of child abuse. *Journal of Abnormal Psychology, 86*, 565–569.

Pedersen, W., Gonzales, C. and Miller, N. (2000) The moderating effect of trivial triggering provocation on displaced aggression. *Journal of Personality and Social Psychology, 78*, 913–927.

Quigley, B. and Tedeschi, J. (1996) Mediating effects of blame attributions on feelings of anger. *Personality and Social Psychology Bulletin, 22*, 1280–1288.

Raine, A., Dodge, K., Loeber, R., Gatzke-Kopp, L., Lynam, D., Chandra, R., Stouthamer-Loeber, M. and Lie, J. (2006) The reactive-proactive aggression questionnaire: Differential correlates of reactive and proactive aggression in adolescent boys. *Aggressive Behavior, 32*, 159–171.

Schneider, W. and Shiffrin, R. (1977) Controlled and automatic human information processing: I. Detection, search, and attention. *Psychological Review, 84*, 1–66.

Stifter, C. and Grant, W. (1993) Infant responses to frustration: Individual differences in the expression of negative affect. *Journal of Nonverbal Behavior, 17*, 187–204.

Strack. F., Martin, L. and Stepper, S. (1988) Inhibiting and facilitating conditions of the human smile: A nonobtrusive test of the facial feedback hypothesis. *Journal of Personality and Social Psychology, 54*, 768–777.

Straus, M. (1980) Stress and child abuse. In H. Kempe and R. Helfer (eds), *Stress and Child Abuse*, 3rd Edition. Chicago: University of Chicago Press.

Todorov, A. and Bargh, J. (2002) Automatic sources of aggression. *Aggression and Violent Behavior, 7*, 53–68.

Turner, C. and Berkowitz, L. (1972) Identification with film aggressor (covert role taking) and reactions to film violence. *Journal of Personality and Social Psychology, 21*, 256–264.

White, J., Moffitt, T., Caspi, A., Bartusch, D., Needles, D. and Stouthamer-Loeber, M. (1994) Measuring impulsivity and exploring the relationship to delinquency. *Journal of Abnormal Psychology, 103*, 192–205.